楠溪江
瓯江
温瑞塘河
飞云江
鳌江

# 温州植物志

## 第四卷

（安息香科—菊科）

主　　编　丁炳扬　金　川
本卷主编　陈贤兴
本卷副主编　熊先华

中国林业出版社

# 内容简介

本志是近100年来温州植物资源调查和分类研究的系统总结。全书分概论、各论、附录三部分："概论"简要论述温州的自然环境、植物研究简史、植物区系、植物资源的现状与评价、植物资源保护和利用对策等；"各论"按系统记载温州已知的野生维管束植物（即蕨类植物、裸子植物和被子植物），包括科、属、种的检索表，科、属、种的名称、形态特征、产地与生境及主要用途等，80%以上的种类附有实地拍摄的彩色照片。"各论"记载的野生植物共210科1035属2544种36亚种178变种（不包括存疑种），其中近年发现的新种5个、浙江分布新记录属9个、温州分布新记录属29个、浙江分布新记录种32个、温州分布新记录种192个。全书共分五卷，除索引外，第一卷包含概论、蕨类植物、裸子植物和被子植物木麻黄科至蛇菰科，第二卷包含被子植物蓼科至豆科，第三卷包含被子植物酢浆草科至山矾科，第四卷包含被子植物安息香科至菊科，第五卷包含被子植物香蒲科至兰科、主要参考文献及附录。

本志可作为林业、农业、医药、环保等相关部门科技人员的工具书，农林、生物、医药、环境、生态等专业师生的教学参考书，也是中小学师生和广大植物爱好者的学习资料。

**图书在版编目（CIP）数据**

温州植物志. 第四卷 / 丁炳扬，金川主编. -- 北京:中国林业出版社，2017.1
ISBN 978-7-5038-8791-8

Ⅰ. ①温… Ⅱ. ①丁… ②金… Ⅲ. ①植物志-温州 Ⅳ. ①Q948.525.53

中国版本图书馆CIP数据核字(2016)第287003号

**出版发行** 中国林业出版社(100009 北京市西城区德内大街刘海胡同7号)
**电　　话** (010)83143563
**制　　版** 北京美光设计制版有限公司
**印　　刷** 北京中科印刷有限公司
**版　　次** 2017年7月第1版
**印　　次** 2017年7月第1次
**开　　本** 889mm×1194mm　1/16
**印　　张** 30
**字　　数** 795千字
**定　　价** 300.00元

# 《温州植物志》编辑委员会

# 《温州植物志》第四卷
# 作者及其分工


**本卷主编：陈贤兴**（温州大学）

**本卷副主编：熊先华**（杭州师范大学、温州大学）

**本卷编著者：陈贤兴**（温州大学）

安息香科、夹竹桃科、萝藦科、旋花科、紫草科、 茄科、玄参科、紫葳科、胡麻科、爵床科、苦槛蓝科、败酱科、桔梗科

**周化斌**（温州大学）

木犀科、忍冬科

**丁炳扬**（温州大学）

马钱科、龙胆科、马鞭草科

**熊先华**（杭州师范大学、温州大学）

唇形科

**吴棣飞、林爱寿**（温州市公园管理处）

列当科、苦苣苔科

**张庆勉**（温州市教育科学研究院）

狸藻科

**高末**（瑞安市玉海中心小学）、**丁炳扬**（温州大学）

透骨草科、车前科、菊科

**雷祖培**（浙江乌岩岭国家级自然保护区管理局）

茜草科、葫芦科

# 序　一

地处浙江东南部的温州，东濒东海，属中亚热带季风气候区，生物、生境、生态系统多样性丰富。优越的自然条件孕育着丰富的植物资源。温州为东南沿海开放城市，民资殷实、市场经济发达，但科技创新动力相对不足，对生物特别是植物资源蕴藏量掌握不甚了然，在一定程度上阻碍着区域社会经济的科学发展。

在浙江省亚热带作物研究所牵头下，联合温州大学等单位，于2010年起历时6载余，对温州市野生植物资源开展了全面系统的调查研究，共采集植物标本37850号，拍摄照片57630余幅，鉴定整理出维管束植物210科1035属2758种（含种下等级），分别占浙江省维管束植物总数的92.92%、81.56%、63.75%，植物种类丰富、区系成分复杂，其中仅药用植物就有171科647属1131种；并在此基础上编撰完成了彩图版《温州植物志》（共5卷）。

《温州植物志》的出版，是地方自然资源研究、保护与利用的前提和基础工作，为本地区植物资源的合理开发与利用、生物多样性保护、生态城市建设提供了基础资料，同时为浙江省乃至全国研究植物区系提供了科学资料，对温州乃至浙江发展绿色生态经济、保护生物和环境、普及科学知识等具有重要意义。

中国科学院院士
中国科学院昆明植物研究所研究员　孙汉董

2016年7月21日

# 序　二

植物志书作为植物学各相关研究领域必不可少的工具书，是一个地区乃至国家植物学基础研究水平的集中体现。它是植物资源的信息库，可为植物资源合理开发利用、生物多样保护、城乡生态建设等提供科学依据；它也是一种独特的文化产品，蕴含着丰富多样的森林文化和生态文化。

温州地区，由于特有的气候条件，成为浙江植物种质资源丰富的区域和浙、闽、赣交界山地植物区系的重要组成部分，而浙、闽、赣交界山地也是我国 17 个具有全球意义的生物多样性保护关键区域之一。《温州植物志》（共 5 卷）汇聚和记录了温州地区丰富的植物资源和森林文化。它的出版发行，将为浙江现代林业发展，构筑现代生态农业、现代富民林业和现代人文林业提供科学依据，在农村致富、农民增收、城市生态和美丽浙江建设中发挥重要的参考作用。

《温州植物志》编撰过程中，植物科技工作者几度春秋、几多艰辛，先后开展多次野生植物资源普查，采集数万份标本，基本摸清了温州植物资源家底。自 2010 年开始，由浙江省亚热带作物研究所牵头，组织 30 余位在温州的植物学和林业方面的专业技术人员开展编著工作，成就了省内第一部地市级植物志书，并建成“温州野生植物网”信息服务系统，结成硕果。该套志书图文并茂，具有很强的科学性、实用性，色彩鲜明。《温州植物志》的出版，凝聚了编研人员的心血和智慧，反映了温州植物学的研究水平，为从事植物学、农林业、植物资源开发、生态环境保护等领域的研究和教育科技人员提供了准确翔实的资料，必将对区域经济发展、生态文明建设、森林文化传播等发挥独特的作用。

在本套志书出版之际，谨作短序，一则对编写人员的劳动成果表示衷心祝贺；二则希望广大林业工作者，从生态文明建设、现代林业发展的高度，积极进取，凝聚智慧，创造更多的研究和发展成果，为推动“两富”、“两美”浙江建设，促进全省林业走出一条“绿水青山就是金山银山”的现代林业发展路子，实现省委、省政府提出的“五年绿化平原水乡，十年建成森林浙江”的宏伟目标，做出更大的贡献。

浙江省林业厅厅长 林云举

2016年9月1日

# 前　言

温州位于浙江省东南部，东临东海，南毗福建，西及西北与丽水相连，北及东北与台州相接，全境介于27° 03'~28° 36'N、119° 37'~121° 18'E之间。全市陆域总面积12065km$^2$，海域面积约11000km$^2$，辖鹿城、瓯海、龙湾、洞头4区，乐清与瑞安2县级市及永嘉、文成、平阳、苍南、泰顺5县；全市有67个街道、77个镇、15个乡，5405个建制村，152个居委会、229个城市社区。温州市为浙江省人口最多的城市，2015年末户籍人口811.21万人，常住人口911.7万人。境内地势从西南向东北呈梯形倾斜，大致可分为西部中低山地、中部低山丘陵盆地、东部沿海平原、沿海岛屿等类型，绵亘有括苍、洞宫、雁荡诸山脉，泰顺县乌岩岭白云尖海拔1611m，为境内最高峰；主要水系有瓯江、飞云江、鳌江，东部平原河网交错，大小河流150余条。

温州是浙江省植物种类最丰富的地区之一，位于华东和华南植物区系交界处，大部分属华南植物区系范围，在区系上具独特性。我国许多植物学工作者先后在温州开展了植物资源调查与标本采集，如钟观光、胡先骕、秦仁昌、钟补勤、陈诗、贺贤育、耿以礼、佘孟兰、章绍尧、裘佩熹、左大勋、单人骅、邢公侠、张朝芳、林泉、温太辉、郑朝宗等，积累大量标本和资料，发现诸多新类群，丰富了浙江省植物资源内容。但是，绝大部分调查集中于平阳、泰顺、文成和乐清，其他县域鲜有涉及，甚至空白。在《浙江植物志》和《中国植物志》中，虽然记载了不少温州分布的植物种类，但由于调查不系统、不全面，仍有大量种类遗漏或分布点记载不全面，制约了植物资源的开发利用，不利于开展生物多样性保护。

随着社会文明和科技经济的发展，摸清区域植物资源家底，探明野生植物资源的种类与分布、资源现状与利用前景，加强植物资源保护和合理利用，具有重要的现实意义。2010年6月，在温州市委、市政府的重视支持下，“温州野生植物资源调查与植物志编写”项目获财政专项资助并启动实施。项目由浙江省亚热带作物研究所牵头，联合温州大学、温州科技职业学院、温州市林业局、温州市公园管理处、杭州师范大学、乐清中学等单位30多名植物学专家教授、科研教学工作者组成项目组，历时6年，完成项目任务。期间，组织了12次大型考察，历时65天，参加人数达236人次，重点对泰顺（乌岩岭、垟溪等7地）、苍南（莒溪、马站等7地）、永嘉（四海山、龙湾潭等6地）、平阳（顺溪、怀溪等5地）、文成（铜铃山、金星林场等4地）、瑞安（红双林场、大洋坑等4地）进行了详细考察；由各单位和个人自行组织的小型考察230多次，参加人数550人次，对乐清中雁荡山、永嘉巽宅、瓯海泽雅、鹿城临江、瑞安湖岭、文成桂山、平阳青街、苍南玉苍山、泰顺筱村等55地进行了调查，共采集植物标本37850号，拍摄照片57630余幅。此外，还先后组织13次海岛调查，历时46天，参加人数91人次，对乐清大乌岛、洞头大门岛、平阳南麂列岛、苍南星仔岛等47个海岛进行调查。项目组在对温州境内植物资源做全面系统调查研究的基础上，详细记录境内野生维管束植物种类组成、形态特征、分布与生境、利用途径等信息，实地拍摄大量彩色照片，并查阅省内外标本馆中收藏的采集

于温州地区的相关标本，收集、整理了涉及温州市的植物区系、分类和生态调查资料。在此基础上，通过巨量的标本鉴定、特征描述、研究分析后编撰成书，于2016年6月完成书稿。

《温州植物志》共5卷，从“概论”和“各论”两方面论述。“概论”记述了温州的自然环境、植物研究简史、植物区系、植物资源的现状与评价、植物资源保护与利用对策等；“各论”记载了温州地区野生维管束植物（蕨类植物、裸子植物和被子植物）共210科1035属2544种36亚种178变种，包括原生的植物、归化植物以及少量有悠久栽培历史并在野外逸生的植物。其中，通过本项目实施而发现的新种5个、浙江分布新记录属9个、温州分布新记录属29个、浙江分布新记录种32个、温州分布新记录种192个。为方便广大读者使用，蕨类植物科的概念和排列顺序按照秦仁昌系统，裸子植物科的概念和排列顺序按照郑万钧系统，被子植物科的概念和排列顺序按照恩格勒系统，即与《浙江植物志》相同。除列举科、属、种的中文名和学名外，还附有种类的主要别名和异名，以及种类的形态特征和具体分布点（常见种到县级为止，稀见种到乡、镇或山脉），80%以上种类附有野外实地拍摄的植物图片。在项目实施期间发现的浙江或温州分布新记录（其中有些已在期刊作过报道）均注明“浙江分布新记录”或“温州分布新记录”；对于国家或浙江省重点保护的珍稀濒危植物，注明其保护级别；文献记载温州有分布但未见标本且在野外调查中也未见的注明“未见标本”，以便今后考证与补充。书末附有温州的珍稀濒危野生维管束植物和采自温州的模式标本2个附录。

温州市委常委任玉明，原温州市委常委和市人大常委会副主任黄德康，中共洞头区委书记（原温州市委副秘书长）王蛟虎，温州市人民政府副秘书王仁博等领导，温州市财政局、科技局等部门，为项目立项和志书出版，提供了卓有成效的指导和经费支持；浙江农林大学、杭州植物园、浙江大学、浙江自然博物馆、中国科学院植物研究所等植物标本馆为项目组在标本查阅过程中给予了热情帮助；浙江乌岩岭国家级自然保护区、瑞安花岩国家级森林公园、永嘉四海山国家级森林公园及各地林业系统相关部门等在野外调查工作中给予了大力协助；浙江大学郑朝宗教授、浙江农林大学李根有教授、浙江森林资源监测中心陈征海教授级高工、浙江自然博物馆张方钢研究馆员提出了建设性意见；马乃训、王军峰、刘西、叶喜阳、陈立新、周喜乐、李华东、郑方车、刘冰、方本基、李攀、鲍洪华、孙庆美等为志书提供了精美的植物图片。在本书出版之际，向所有为本项目实施提供支持、帮助、指导的单位和个人表示衷心的感谢！

尽管项目组为《温州植物志》的出版付出了很多努力，但由于工作量浩繁，加之作者水平所限，疏漏和错误之处在所难免，敬请广大读者不吝指正！

浙江省亚热带作物研究所所长 

2016年11月8日

# 目 录

# 108. 安息香科 Styracaceae

乔木或灌木，常被星状毛或鳞片状覆盖物。单叶，互生。总状花序、聚伞花序或圆锥花序，稀单花腋生；花两性，辐射对称；花萼杯状、钟状或管状，部分至全部与子房贴生，通常顶端4~5裂；花冠合瓣，极少离瓣，裂片4~7；雄蕊常为花冠裂片数的2倍，稀同数而与其互生；子房上位至下位，3~5室或有时基部3~5室，而上部1室，每室有胚珠1至多枚，生于中轴胎座上。核果或蒴果，具宿存花萼。种子无翅或有翅。

11属约180种，主要分布于亚洲东南部和美洲热带地区。我国10属54种，分布于长江以南各地区；浙江6属14种1变种；温州5属12种。

本科多数可作为观赏植物；有些种为木材用，有的种子油可供药用或制造高级芳香油。

### 分属检索表

1. 冬芽具鳞片；先开花后出叶。
  2. 总状花序或为丛生花束；花4数；核果具2~4条宽纵翅 ······ **2. 银钟花属 Halesia**
  2. 花单生或双生；花5数；果木质，不开裂，有棱 ······ **3. 陀螺果属 Melliodendron**
1. 冬芽不具鳞片；先出叶后开花。
  3. 果为蒴果，具多数有翅的种子 ······ **1. 拟赤杨属 Alniphyllum**
  3. 果为核果或核果状，不开裂或作3瓣不规则开裂；种子无翅。
    4. 子房上位；果下部为宿存的萼筒所包围，但两者可分离，通常作3瓣不规则开裂；种子具坚硬的种皮和大而基生的种脐 ······ **5. 安息香属 Styrax**
    4. 子房下位；果皮和萼筒相愈合不可分离，果不开裂 ······ **4. 白辛树属 Pterostyrax**

## 1. 拟赤杨属 Alniphyllum Matsum.

落叶乔木或灌木。单叶，互生，边缘有锯齿。总状花序或圆锥花序，顶生或腋生；花两性；花萼杯状，5深裂，裂片比萼筒长；花冠钟状，5深裂；雄蕊10枚，5长5短，花丝上部分离，下部合生成短管；子房卵形，半下位，5室，每室有胚珠5~7枚。蒴果木质，长椭圆形，成熟时室背纵裂成5果瓣。种子多数，两端有不规则膜翅；种皮硬角质。

约3种，分布于亚洲东南部和我国南部。我国3种，产于长江以南部各地区；浙江1种，温州也有。

### ■ 拟赤杨　赤杨叶　图1

**Alniphyllum fortunei** (Hemsl.) Makino

落叶乔木。高15~20m。树皮暗灰色，有灰白色斑块。小枝圆柱形，紫褐色。叶互生，纸质，长8~18cm，宽4~10cm，边缘具疏细锯齿；叶柄长约1cm。花序总状或圆锥状；花萼钟状，5裂；花冠白色或略带粉红色，花冠裂片长圆形或椭圆形；雄蕊10；子房近上位，被星状毛，5室，胚珠多数。蒴果长椭圆形，长1.5~2cm，室背开裂。种子多数，两端具膜质翅，连翅长6~10mm。花期4~5月，果期10~11月。

见于乐清、永嘉、瑞安、文成、平阳、泰顺等地，生于向阳山坡杂木林中。

木材可供制火柴杆。

图 1　拟赤杨

## 2. 银钟花属 **Halesia** Ellia ex Linn.

落叶灌木或小乔木。冬芽被鳞片。单叶，互生，无托叶，边缘有锯齿。总状花序或近簇生；花两性，花萼杯状，筒部与子房结合，顶端有 4 小齿；花冠钟状，常 4 裂，花蕾时作覆瓦状排列；雄蕊 8 枚，花丝基部合生；子房下位，2~4 室，每室有胚珠 4 枚。核果，有纵翅 2~4 条，顶端有宿存的花柱或萼齿。种子长圆形，长 8~9mm。

约 5 种，分布于北美洲和我国。我国产 1 种，浙江及温州也有。

### ■ 银钟花　图 2

**Halesia macgregorii** Chun

落叶乔木。高 6~10m。树皮光滑，灰白色。叶纸质，长 5~10cm，宽 2.5~4cm，边缘有细锯齿，下面脉腋有簇毛；叶柄长 7~15mm。总状花序缩短，2~7 朵似簇生于去年生的小枝叶腋内，先于叶开放或与叶同时开放；花白色，常下垂，宽钟形，直径约 1.5cm，花梗纤细；萼筒倒圆锥形，萼齿三角状

图2 银钟花

披针形；花冠4深裂；雄蕊8枚；花柱较花冠长，纤细，无毛。核果，长2.5~3cm，宽2~3cm，有4翅，顶端常有宿存的花柱。种子长圆形。花期4月，果期7~10月。

见于乐清、瑞安、文成、泰顺等地，零星生于阔叶林中或林缘。

为浙江省重点保护野生植物，间断分布于我国和北美洲，对研究我国和北美洲地区植物区系间的联系有一定的科学价值；本种树干通直，边材淡黄色，心材淡红色，纹理致密，可供制造各种家具或农具；也可作绿化及观赏树种。

## 3. 陀螺果属 Melliodendron Hand.-Mazz.

落叶乔木。单叶，互生，边缘有细锯齿。花单生或成对，生于叶腋；花萼管状，顶端有5齿；花冠钟状，5深裂几达基部；雄蕊10枚；子房2/3下位，不完全5室，每室有胚珠4枚。核果木质，不开裂，稍具棱或脊，宿存花萼与果实合生，包围果实全长的2/3或至近顶端。种子椭圆形，扁平；种皮膜质；胚乳肉质。

1种，特产于我国西南部至中南部，浙江及温州也有。

### ■ 陀螺果 鸦头梨

**Melliodendron xylocarpum** Hand.-Mazz.

落叶乔木。高7~15m。树皮灰白色，光滑。叶片倒披针形、卵状披针形，长6~11cm，宽4~6cm，边缘有细锯齿；具长5~10mm的柄。花单生或成对生于去年枝的叶腋内；花萼管状，筒长约4mm；花冠黄白色，花冠裂片5；雄蕊10，花丝下部1/3合生成筒，筒的里面生白色长柔毛；子房高度半下位。核果木质，倒卵形，长3~4cm，直径1.5~2.5cm，上部3/4处留有环状萼檐的残迹，被星状柔毛。花期3月，果熟期8月。

仅见于泰顺（垟溪），生于向阳阔叶林中。

木材质轻，可供制作器具；树形优美，可作绿化树种。浙江省重点护野生植物。

## 4. 白辛树属 Pterostyrax Sieb. et Zucc.

落叶乔木或灌木。单叶互生，叶片全缘或有锯齿。圆锥花序，顶生或生于小枝上部叶腋；花萼钟状，顶端5齿；花冠5裂，几达基部；雄蕊10，离生或下部合生成膜质管；子房近下位，3室，稀4~5室，胚珠每室4枚，生于中轴胎座上。核果干燥，几全部为宿存的花萼所包围，不开裂，有翅或棱。种子1~2。

约4，产于亚洲东部。我国2种，分布于华南和西南地区；浙江的1种，温州也有。

### ■ 小叶白辛树 图3

**Pterostyrax corymbosus** Sieb. et Zucc.

落叶灌木或小乔木。高4~10m。嫩枝密被灰色星状毛；老枝无毛，灰褐色。叶纸质，长6~14cm，宽3.5-8cm，边缘有锐尖的细齿；嫩叶两面均被星状柔毛，尤以背面被毛较密，成长后上面无毛，下面稍被星状柔毛。圆锥花序，长8~12cm；花黄白色；花萼钟状，顶端5齿；花冠裂片5，长约1cm，与花萼均被星状短柔毛；雄蕊10，5长5短，花丝宽扁；子房下位，通常3~4室，胚珠多枚。核果倒卵形，长1.2~1.7cm，具4~5条狭翅，密被星状绒毛，顶端具长喙。种子被星状绒毛。花期4~5月，果期7月。

见于永嘉、瑞安、文成、平阳、苍南、泰顺等地，生于山坡、沟谷溪边林下。

圆锥花序大，芳香，可供观赏。

陈贤兴 摄

陈贤兴 摄

陈贤兴 摄

图3 小叶白辛树

## 5. 安息香属 Styrax Linn.

乔木或灌木。单叶互生。聚伞花序，有时呈总状花序或圆锥花序状，极少单花或数花腋生；花萼杯状，顶端具不明显 5 齿；花冠常 5 深裂，稀 4 裂；雄蕊 10，稀 8~9 或 11~13，贴生于花冠管上；子房上位，上部 1 室，下部 3 室，每室有胚珠 1~4 枚；核果球形或长圆形，肉质或干燥，基部宿存花萼。种子 1~2。

约 130 种，主要分布于亚洲、欧洲及北美洲的热带或亚热带地区。我国 31 种，主产于长江以南各地区；浙江 11 种；温州 8 种。

### 分种检索表

1. 叶片下面密被星状绒毛。
  2. 叶薄革质，具粗锯齿……………………………………**8. 越南安息香 S. tonkinensis**
  2. 叶革质或薄革质，全缘或具细小锯齿。
    3. 叶片革质；第 3 级小脉近于平行；叶柄长 7~15mm……………………**7. 红皮树 S. suberifolius**
    3. 叶片纸质或近革质；第 3 级小脉呈网状；叶柄长 1~3mm……………**1. 灰叶安息香 S. calvescens**
1. 叶片下面无毛或疏被星状毛，但不为星状绒毛。
  4. 花梗较花为长……………………………………………**5. 野茉莉 S. japonicus**
  4. 花梗较花为短。
    5. 叶柄长 5~7mm；种子表面具鳞片状星状毛 ……………………**6. 郁香安息香 S. oadoratissimus**
    5. 叶无柄或叶柄长 1~3mm；种子表面不具鳞片状星状毛。
      6. 顶生总状花序具 3~5 花，其花序下有单花腋生……………………**4. 白花龙 S.faberi**
      6. 顶生总状花序或圆锥花序，具多花，腋生的花常 2 花聚生或排成总状。
        7. 总状花序少花，花长 1.5~2.2cm；果直径 8~13mm；种子表面光滑或具微皱纹 ………**2. 赛山梅 S. cofusus**
        7. 圆锥花序多花，花长 1~1.7cm；果直径 5~7mm；种子表面具极深的皱纹…………**3. 垂珠花 S. dasyanthus**

### ■ 1. 灰叶安息香 图 4

**Styrax calvescens** Perk.

落叶灌木或小乔木。小枝疏被黄褐色星状微柔毛，以后变无毛。叶互生，纸质或近革质，长 3~13cm，宽 2.5~5cm，边缘具细小锯齿，下面密被灰色星状绒毛；叶柄长 1~3mm。总状花序或圆锥花

陈贤兴 摄

陈贤兴 摄

陈贤兴 摄

图 4 灰叶安息香

图5　赛山梅

序，顶生或腋生，有10余花，长3.5~9cm；花白色，长1.2cm；花梗长5~10mm；花萼杯状，革质，长5mm；萼齿不规则5裂；花冠5裂；雄蕊10，花丝下部联合成管；子房倒卵形，外面被绒毛，3室，每室胚珠多数，花柱无毛。核果球形，长约8mm，直径5~7mm。种子无毛。花期5~6月，果期7月。

见于永嘉、瑞安、平阳、文成、苍南、泰顺，生于低山杂木林中。

## 2. 赛山梅　图5

**Styrax cofusus** Hemsl. [*Styrax philadelphoides* Perk.]

落叶灌木或小乔木。高2~8m。幼枝有褐色星状毛。树皮灰褐色。叶坚纸质，长4~11cm，宽2.5~6cm，边缘有细小不明显的小齿；两面叶脉常具星状绒毛；叶柄达3 mm。总状花序顶生，有3~8花，下部常有1~3花聚生于叶腋；花序梗；花白色；花萼杯状，顶端有5齿；花冠5深裂；雄蕊10；子房上位。果实球形，直径8~13mm，密被灰星状绒毛。种子倒卵形，褐色。花期5~6月，果期9~10月。

本市各地常见，生于杂木林中或灌丛中。

## 3. 垂珠花　图6

**Styrax dasyanthus** Perk.

落叶灌木或小乔木。小枝红褐色，嫩时被深褐色短柔毛。树皮暗灰色或灰褐色。叶厚纸质，长5~13cm，宽2.5~6cm，中部以上边缘有稍内弯细锯齿。圆锥花序或总状花序顶生或腋生，具多花，长4~10cm，下部常2至多花聚生于叶腋；花序梗和花梗均密被灰黄色星状细柔毛；花梗长6~8mm；花白色，长9~16mm；花萼钟状，顶端具5齿；花冠5深裂，花蕾时作镊合状排列；花柱较花冠长。果实圆球形，直径5~7mm，被灰白色绒毛。种子黄褐色，表面具深皱纹。花期5~6月，果期10~12月。

见于永嘉、瓯海、文成、平阳、泰顺等地，生于向阳山坡杂木林中。

种子用于榨油，供作油漆及制肥皂；叶药用。

## 4. 白花龙 图7

**Styrax faberi** Perk.

落叶灌木。小枝初被深褐色星状毛，后变无毛。叶互生，纸质，椭圆形，长2~7cm，宽1.2~5cm，边缘具细锯齿；叶柄长1~2mm。总状花序顶生，有3~5花，下部常单花腋生；花序梗和花梗均密被灰黄色星状短柔毛；花白色；花萼杯状，外面密被灰黄色星状绒毛和星状短柔毛，萼齿5；花冠5裂，外面密被黄色星状短柔毛；雄蕊10，花丝下部联合成管；子房倒卵形，被毛，花柱较花冠等长，无毛。

陈贤兴 摄

陈贤兴 摄

陈贤兴 摄

图6 垂珠花

图7 白花龙

果实卵形，长 8~9mm，直径 5~7mm，外面密被锈色星状短柔毛。花期 4~5 月，果期 8 月。

见于瓯海、苍南等地，生于杂木林中。

## 5. 野茉莉 图8

**Styrax japonicus** Sieb. et Zucc.

落叶灌木或小乔木，高 4~8m。一年生枝紫色或深紫色。树皮暗褐色或灰褐色。叶互生，坚纸质，长 2.5~10cm，宽 1.5~6cm，边缘具浅锯齿，两面无毛；叶柄长 5~10mm。单花腋生或总状花序顶生，有 5~8 花；花白色，长 1.5~2cm；花梗纤细，开花时下垂，长 2.5~3cm，无毛；花萼钟形，无毛，顶端具 5 圆齿；花冠 5 裂；雄蕊 10；子房上位，被毛，基部贴生于花萼上，花柱细长，无毛。果实球形至卵圆形，长 8~15mm，顶端具短尖头，花萼宿存于基部；种子紫褐色，有深皱纹。花期 4~5 月，果期 8 月。

产于永嘉、瓯海、瑞安、文成、泰顺等地，生于海拔 100~1500m 的林中。

花美丽、芳香，可作庭园观赏植物；种子油可供作肥皂或机器润滑油，油粕可作肥料；花、叶、果供药用。

图8 野茉莉

## 6. 郁香安息香 芬芳安息香 图9

**Styrax oadoratissimus** Champ.

落叶灌木或小乔木。高4~10m。树皮灰褐色。叶互生，薄革质，长7~15cm，宽4~8cm；叶柄长5~7mm。总状花序具2~6花，顶生或腋生；花白色；花梗长1.5~1.8cm；花萼杯状，顶端具不明显5齿裂，外面密被黄色短绒毛；花冠裂片5深裂，花蕾时作覆瓦状排列；雄蕊10，下部密被星状短柔毛；子房上位，3室，基部贴生于花萼上，花柱被白色星状柔毛。果实近球形，直径约10mm，顶端具凸尖，密被灰黄色星状绒毛。种子卵形，密被褐色鳞片状毛和瘤状凸起。花期4~5月，果期7~8月。

见于永嘉、瑞安、平阳、文成、苍南、泰顺等地，生于山坡疏林或灌丛中。

## 7. 红皮树 栓叶安息香 图10

**Styrax suberifolius** Hook. et Arn.

常绿灌木或小乔木。高4~10m。树皮红褐色。幼枝密被锈褐色星状绒毛；老枝渐变无毛。叶互

陈贤兴 摄

陈贤兴 摄

陈贤兴 摄

图9 郁香安息香

生，革质，长6~16cm，宽3~6cm，近全缘，下面密被锈色星状绒毛；叶柄长7~15mm。总状花序或圆锥花序，顶生或腋生，长3~8cm；花白色；花萼杯状，顶端平截或具5浅齿，密被星状短柔毛；花冠4~5裂；雄蕊8~10；子房3室，花柱细长，无毛。果实球形或近球形，直径1~1.8cm，密被灰色至褐色星状绒毛，成熟时从顶端向下3瓣开裂，具宿存花萼。种子褐色，表面近光滑。花期4~6月，果期8~9月。

见于永嘉、瑞安、文成、平阳、苍南、泰顺等地，生于海拔200~700m山坡杂木林中。

根和叶药用，可祛风、除湿、理气止痛、治风湿关节痛等。

## 8. 越南安息香 图11

**Styrax tonkinensis** (Pierre) Craib ex Hartw.

乔木。高6~30m。树皮暗灰色或灰褐色，有纵裂纹。嫩枝被褐色星状毛，成长后变为无毛。叶互生，薄革质，长5~11cm，宽3~6cm，全缘或上部具不明显的锯齿，下面密被灰白色星状微绒毛。圆

陈贤兴 摄

陈贤兴 摄

陈贤兴 摄

图10 红皮树

图 11　越南安息香

锥花序或渐缩小成总状花序，或单花腋生或2花并生；花序长3~10cm；花白色；花萼杯状；花冠裂片膜质，花蕾时作覆瓦状排列；雄蕊10，花丝扁平。果实近球形，直径10~12mm，外面密被灰黄色星状绒毛；种子褐色，密被小瘤状凸起和微硬毛。花期4~6月，果期8~10月。

仅见于泰顺（垟溪），生于山坡或山谷、阔叶林或灌丛中。

可作火柴杆、家具及板材；种子油称“白花油”，可供药用，治疥疮；树脂称“安息香”，含有较多香脂酸，是医药上贵重药材，并可供制造高级香料。

# 109. 木犀科 Oleaceae

乔木、灌木或木质藤本。分枝和小枝具皮孔。单叶或奇数羽状复叶，对生，稀互生或轮生；无托叶。花辐射对称，两性，稀单性或杂性异株，常组成顶生或腋生的圆锥花序或聚伞花序；花萼杯形或钟形，4（~16）裂或近截平，稀缺如；花冠钟形、漏斗形或高脚碟形，4（~16）裂，有时缺如；雄蕊2（~4），着于花冠筒或子房下部；子房上位，2室。核果、浆果、蒴果或翅果。种子1~4，稀更多，多数有胚乳。

约28属400种，分布于温带和热带地区。我国10属160种；浙江9属34种1亚种5变种；温州野生的6属16种1变种。

本科植物大部分可供观赏，有些种类花芳香，有些种类可供药用，有些种类具特用经济价值，用途广泛。

### 分属检索表

1. 果为翅果或蒴果。
  2. 蒴果；枝空心或具片状髓；先于叶开花；花冠筒比裂片短……………… **1. 连翘属 Forsythia**
  2. 翅果，翅在果的顶端伸长；羽状复叶，叶缘具齿……………… **2. 梣属 Fraxinus**
1. 果为核果或浆果。
  3. 核果。
    4. 花簇生或为短圆锥花序，花冠裂片在蕾中覆瓦状排列……………… **6. 木犀属 Osmanthus**
    4. 花排成圆锥花序，花冠裂片在蕾中镊合状排列……………… **5. 木犀榄属 Olea**
  3. 浆果。
    5. 灌木或乔木；单叶；花冠小，漏斗状；果单生……………… **4. 女贞属 Ligustrum**
    5. 藤本或直立灌木；稀单叶，三出或羽状复叶；花冠大，高脚碟状；果常双生……………… **3. 素馨属 Jasminum**

## 1. 连翘属 Forsythia Vahl

落叶灌木。小枝圆柱形或四棱形，中空或有片状髓。单叶对生，叶片全缘或有锯齿。花先于叶开放，两性，1~3（~5）花生于叶腋，具花梗；花萼4深裂，宿存；花冠黄色，钟状，4深裂；雄蕊2，着生于花冠基部；子房上位，2室，花柱细长，柱头2裂。蒴果室背开裂。种子多数，具狭翅，无胚乳。

约11种，主要分布于欧洲、东亚。我国6种；浙江2种；温州1种。

### ■ 金钟花 图12

**Forsythia viridissima** Lindl.

落叶灌木。高1~3m。冬芽褐色。小枝直立，四棱形，绿色，无毛，髓呈薄片状。单叶，对生，叶片薄革质或纸质，椭圆状长圆形至卵状披针形，长3~15cm，宽1~4cm，先端锐尖，基部楔形，边缘中部以上有锯齿，两面无毛，中脉在上面常微凹，在下面凸起。花先于叶开放，1~4花簇生于叶腋；花萼钟形，4裂至中部，裂片卵形或椭圆形；花冠黄色，钟形；雄蕊2，着生于花冠筒基部。蒴果卵球形，顶端尖，基部圆形，表面常散生棕色鳞秕或疣点。花期3~4月，果期7~8月。

见于乐清、永嘉、瓯海、瑞安、文成、平阳、泰顺，生于海拔800m以下的沟谷或溪边的林下或灌丛中。

果实可入药；花供观赏；种子油供制皂和化妆品用。

图 12　金钟花

## 2. 梣属 Fraxinus Linn.

落叶乔木或灌木。奇数羽状复叶对生；无托叶；叶柄和小叶柄通常基部加厚；叶轴常有沟槽。花两性、单性或杂性同株或异株；圆锥花序生于当年或去年的枝上；花冠白色或淡黄色，4 深裂，蕾时内向镊合伏排列；雄蕊 2；子房上位，2 室，每室有 2 胚珠。翅果扁平，翅在果顶伸长。种子单生，扁平，长椭圆形；种皮薄；胚乳肉质。

60 余种，主要分布在温带地区和北半球热带地区。我国 22 余种；浙江 4 种 1 变种；温州 3 种。

### 分种检索表

1. 花无花冠，与叶同时开放 ························ **1. 白蜡树 F. chinensis**
1. 花有花冠，先叶后花。
    2. 小叶无柄或近无柄；小叶卵形至披针形 ························ **3. 庐山梣 F. sieboldiana**
    2. 小叶柄明显，长 0.5 ~ 1.5 cm；小叶片长圆形或卵状披针形 ························ **2. 苦枥木 F. insularis**

## ■ 1. 白蜡树　尖叶白蜡树 尖尾白蜡树　图 13

**Fraxinus chinensis** Roxb. [*Fraxinus chinensis* var. *acuminata* Lingelsh ; *Fraxinus caudata* J. L. Wu]

落叶乔木或小乔木。高 3~10m。冬芽圆锥形黑褐色。枝暗灰色，散生皮孔，无毛。奇数羽状复叶；叶长 12~35cm，叶柄长 3~9cm；小叶 3~7（~9），小叶柄长 2~15mm，小叶柄基部膨大呈关节状；小叶革质，长圆形，长 4~16cm，宽 2~7cm，先端渐尖，基部楔形，边缘有锯齿，上面无毛，下面沿中脉下部有灰白色柔毛；叶柄、叶轴和小叶柄均无毛。圆锥花序生于当年生枝顶，无毛；花萼杯形；花冠缺如。翅果倒披针形。花期 5~6 月，果期 8~9 月。

见于乐清、永嘉、泰顺，生于海拔 800m 以下的沟谷或溪边杂木林中。

图 13　白蜡树

## ■ 2. 苦枥木　图 14

**Fraxinus insularis** Hemsl.

乔木。高5~20m。冬芽圆锥形，黑褐色。枝灰褐色，散生皮孔，无毛。奇数羽状复叶；叶长10~30cm，叶柄长5~8cm；小叶3~5（~7），小叶柄长0.5~1.5cm；小叶片革质，长圆形或卵状披针形，长6~12cm，宽2~4cm，先端渐尖或尾状渐尖，边缘有疏钝锯齿或近全缘，无毛；叶柄、叶轴和小叶柄均无毛。圆锥花序生于当年生枝顶，无毛；花萼杯形，顶端啮蚀状或近截平；花冠白色，匙形裂片。翅果红色到棕色，线状扁平倒披针形。花期5~6月，果期7~9月。

见于乐清、永嘉、瓯海、瑞安、文成、平阳、泰顺，生于海拔 300~1100m 的山坡杂木林中。

图 14　苦枥木

## ■ 3. 庐山梣　小白蜡树　图 15

**Fraxinus sieboldiana** Bl. [*Fraxinus mariesii* Hook. f.]

落叶小乔木或灌木。高 5~8m。冬芽圆锥形，黑褐色。枝细瘦，灰褐色；幼枝密被灰黄色短柔毛；老枝无毛。奇数羽状复叶；叶长 7~15cm，叶柄紫色；小叶 3~5（~7）；小叶片薄革质，卵形至披针形，顶生小叶较大，自上而下渐小，先端渐尖，基部宽楔形，边缘有疏钝锯齿，下面沿中脉被细微短柔毛

图 15 庐山梣

或近无毛；叶柄、叶轴和小叶柄均有短柔毛。圆锥花序生于当年生枝顶，密被灰黄色短柔毛；花冠白色到淡黄色。翅果紫色，线状倒披针形，扁平。花期 5~6 月，果期 6~7 月。

见于乐清、永嘉、平阳、泰顺，生于海拔 400~1000m 的山坡杂木林中。

## 3. 素馨属 Jasminum Linn.

灌木。茎直立或攀援，小枝绿色，常有棱。单叶或奇数羽状复叶对生，稀互生；叶柄常有关节；无托叶。花两性，组成二歧或三歧的聚伞花序或聚伞状圆锥花序、总状花序、伞房花序或伞形花序，稀单生；花萼杯形、钟形或圆筒形，4~16 浅裂；花冠高脚碟状，白色或黄色；雄蕊 2。浆果。种子每室 1，稀 2。

约 200 种，分布于非洲、亚洲和澳大利亚、南太平洋群岛、地中海地区等。我国 43 种；浙江 7 种；温州野生的 2 种。

### ■ 1. 清香藤 图 16

**Jasminum lanceolaria** Roxb.[*Jasminum lanceolaria* var. *puberulum* Hemsl.]

木质藤本。茎长 10~15m。枝圆柱形，幼枝绿色，无毛或有疏柔毛。叶对生，三出复叶；小叶片革质，椭圆形、长圆形或披针形，长 3.5~16cm，宽 1~9cm，顶生小叶与侧生小叶片等大或稍大，全缘，稍背卷，上面绿色有光泽，下面淡绿色，具褐色小斑点，侧脉不明显；叶柄长 1.5~2.5cm，与顶生小叶柄等长，无毛，侧生小叶柄稍短，上部呈关节状。复聚伞花序顶生，无毛或有短柔毛；花萼杯形，裂片小，浅齿状；花冠白色，顶端 4 或 5 裂。浆果球形；果梗粗壮。花期 4~10 月，果期 6 至翌年 3 月。

见于本市各地，生于沟谷溪边的疏林下或灌丛中。

### ■ 2. 华素馨 华清香藤 图 17

**Jasminum sinense** Hemsl.

缠绕藤本。茎长 1~8m。枝圆柱形，幼时密被灰黄色短柔毛。叶对生，三出复叶；叶片革质，卵形或卵状披针形，长 2.5~9cm，宽 1.5~4.5cm；顶生小叶约为侧生小叶长的 2 倍或以上，全缘，背卷，两面密被灰黄色柔毛，老时变无毛，侧脉 4~5 对，上平下凸；叶柄长 0.5~3.5cm，与顶生小叶柄近等长，侧生小叶柄极短，长 1~2mm，有柔毛。复聚伞花序顶生，密被灰黄色柔毛；花萼杯形，5 裂片，线形，有柔毛；花冠白色或黄色，高脚碟状。浆果球状，黑色。花期 6~10 月，果期 9 至翌年 5 月。

见于乐清、洞头、平阳、泰顺，生于沟谷溪边的疏林下或灌丛中。

本种与清香藤 *Jasminum lanceolaria* Roxb. 的主要区别在于：本种幼枝和叶下面有灰黄色柔毛；侧小叶比顶生小叶明显小；花萼裂片线形。

图 16　清香藤

图 17　华素馨

## 4. 女贞属 **Ligustrum** Linn.

常绿或落叶灌木或小乔木。单叶对生，具短柄；叶片全缘。聚伞花序再组成圆锥花序，顶生；花两性；花萼钟形，4 裂或不规则齿裂；花冠白色，漏斗状，4 裂；雄蕊 2，着生于花冠筒上部；子房上位，球形，2 室，每室 2 胚珠。浆果状核果；内果皮薄，膜质或纸质。种子 1~4；胚乳肉质。

约 45 种，分布于欧洲、亚洲和澳大利亚。我国约 27 种；浙江 8 种 1 亚种 1 变种；温州 5 种。

## 分种检索表

1. 常绿灌木或乔木。
   2. 植株全体无毛；叶片革质；果肾形或近肾形……………………**3. 女贞 L. lucidum**
   2. 枝密被短柔毛；叶片薄革质；果椭圆形……………………**2. 华女贞 L. lianum**
1. 落叶灌木或小乔木。
   3. 叶片两面无毛或仅在中脉被毛……………………**4. 小叶女贞 L. quihoui**
   3. 叶片两面（至少幼时）被毛。
      4. 幼枝被短柔毛；叶片先端锐尖、短渐尖至渐尖，或钝而微凹；花冠裂片与筒近等长……………………**5. 小蜡 L. sinense**
      4. 幼枝被硬毛、柔毛或后期无毛；叶片先端锐尖或短尖；花冠裂片比筒短……………………**1. 蜡子树 L. leucanthum**

### ■ 1. 蜡子树 图 18

**Ligustrum leucanthum** (S. Moore) P. S. Green
[*Ligustrum molliculum* Hance]

落叶灌木。高 1~3m。枝灰色或灰褐色，幼枝有短柔毛，老时变无毛，散生白色圆形皮孔。叶片厚纸质，长圆形或长圆状卵形，长 2.5~10cm，宽 2~4.5cm，通常枝下部的一对叶片较小，先端急尖或渐尖，有时下部叶片先端圆钝，基部宽楔形或楔形，全缘。圆锥花序顶生；花梗长 0~2mm；花萼杯形；花冠白色，漏斗形；雄蕊 2，花丝短，花药伸出达花冠裂片中部或中部以上。浆果状核果，宽椭圆形或近球形，熟时蓝黑色。花期 6~8 月，果期 9~11 月。

见于乐清、永嘉、文成、平阳、泰顺，生于海拔 300~800m 的沟谷或溪边杂木林下。

图 18 蜡子树

### ■ 2. 华女贞 李氏女贞 图 19

**Ligustrum lianum** Hsu

常绿灌木或小乔木。枝灰色，当年枝黄褐色，被微柔毛后脱落。叶片薄革质，椭圆形至卵形，长 4~13cm，宽 1.5~5.5cm，先端渐尖或尾状渐尖，基部宽楔形或圆形，全缘，下面淡绿色，无毛，有腺点，中脉被微柔毛，平坦侧脉 4~5 对，在上

图 19 华女贞

面不明显，在下面明显；叶柄长5~15mm，被微柔毛或后脱落。圆锥花序顶生；花萼杯形；花冠白色，花冠筒约同长于裂片；雄蕊2，着生于花冠喉部。浆果状核果，椭圆形，熟后黑色。种子单生。花期7月，果期10月。

见于苍南、文成、泰顺，生于海拔400~800m的山谷或溪边灌丛中。

## ■ 3. 女贞 图20

**Ligustrum lucidum** Ait. f.

灌木或乔木。高可达15m。树皮灰色，光滑不裂。枝无毛，有皮孔。单叶对生；叶片革质而脆，卵形、宽椭圆形或椭圆状，长6~17cm，宽3~8cm，先端渐尖或急尖，基部宽楔形，全缘。圆锥花序顶生；花近无梗；花萼杯形；花冠白色，花冠筒长2.5mm，顶端4裂，裂片卵形或长圆形，与花冠筒近等长；雄蕊2，着生于花冠喉部。浆果状核果，长圆形，熟后蓝黑色。种子单生，表面有皱纹。花期7月，果期10月至翌年3月。

见于乐清、永嘉、瑞安、平阳、泰顺，各地有栽培，生于山谷灌丛或杂木林中。

绿化树种；果入药。

陈贤兴 摄

陈贤兴 摄

陈贤兴 摄

图20 女贞

## ■ 4. 小叶女贞 图21

**Ligustrum quihoui** Carr.

常绿灌木。高约2~3m。枝灰色，当年枝密被灰黄色短柔毛。叶片薄革质，无毛，长圆形或长圆卵形，稀倒卵圆形，长1~4cm，宽0.7~2cm，先端钝或微凹，基部楔形，全缘；中脉在上面平坦而在下面微凹，侧脉4~5对。圆锥花序具叶状苞片，顶生，密被灰色短柔毛；花无梗；花萼杯形，无毛；花冠白色；雄蕊2，着生于花冠喉部，伸出花冠外。浆果状核果，宽椭圆形或近球形；无梗，熟时黑色。花期7~8月，果期10月。

见于乐清、永嘉、瑞安、苍南、文成、泰顺，生于海拔100～500m的山坡或溪边的灌丛中。

## ■ 5. 小蜡 亮叶小蜡 图22

**Ligustrum sinense** Lour.[*Ligustrum sinense* var. *nitidum* Rehd.]

灌木或小乔木。高约2~5m。枝灰色，密被短柔毛，在果期脱落变无毛。叶片纸质，长圆形或椭圆形到披针形，长2~13cm，宽1~5cm，先端钝或急尖，常微凹，基部宽楔形或楔形，全缘，稍背卷，上面常无毛，下面有短柔毛，有时仅沿中脉有明显柔毛，

图21 小叶女贞

图22 小蜡

有细小腺点；中脉在下面凸起，侧脉5~8对，近叶缘处网结。圆锥花序顶生或腋生；花萼杯形；花冠白色，顶端4裂，裂片长圆形或长圆状卵形；雄蕊2，伸出花冠外。浆果状核果近球，熟时黑色。花期7月，果期9~10月。

见于本市各地，野生或栽培，生于沟谷或溪边的灌丛中。

可酿酒；供制皂；药用等。

## 5. 木犀榄属 Olea Linn.

乔木或灌木。叶对生，单叶，叶片常为革质，稀纸质，全缘或具齿，常被细小的腺点，有时具鳞片状毛；具叶柄。圆锥花序顶生或腋生，有时为总状花序或伞形花序；花小，两性、单性或杂性，白色或淡黄色，干时常呈玫瑰红色；花萼小，钟状，4裂，裂片齿状，或近截形，宿存；花冠筒短，裂片4，常较花冠筒短，稀较长或等长，花蕾时呈内向镊合状排列，稀无花冠；雄蕊2；子房2室。核果，球形、椭圆形。

约40余种，分布于非洲南部、欧洲南部和亚洲。我国约15种；浙江1种；温州1种。

### ■ 云南木犀榄 云南木犀榄 异株木犀榄

**Olea tsoongii** (Merr.) P. S. Green [*Olea yuennanensis* Hand.-Mazz.; *Olea dioica* Roxb. ]

常绿灌木或乔木。树皮灰白色，纵裂。小枝圆柱形，被短柔毛，节处稍压扁。叶片革质，倒披针形或倒卵状椭圆形，长3~12cm，宽1.5~6cm，先端锐尖或渐尖，基部楔形，常全缘或具不规则的锯齿，叶缘稍反卷，上面深绿色，下面淡绿色；中脉在上面凹入，在下面凸起，侧脉4~11对，在上面稍凹入，在下面平坦；叶柄长0.5~1cm，被短柔毛，上面具深沟。花序腋生，圆锥状；花冠白色、淡黄色或红色，杂性异株；雄花序长2~15cm，花梗纤细，长1~5mm，无毛；两性花序长1~8cm，花梗短粗，长0~2mm。果卵球形、长椭圆形或近球形，呈紫黑色。花期2~11月，果期5~12月。

见于瑞安、泰顺，生于海拔800m以上的灌丛或林中。

种子油用于食品工业。

## 6. 木犀属 Osmanthus Lour.

常绿灌林或小乔木。单叶对生。花芳香，两性或单性，雌雄异株或雌花、两性花异株，簇生于叶腋或组成腋生的短聚伞花序、总状花序或圆锥花序；花萼钟形，4裂；花冠白色、黄色至橙红色，4裂，稀缺如；雄蕊2（~4）；子房上位，2室，每室胚珠2。核果；内果皮坚硬或骨质。种子1；种皮薄；有肉质胚乳。

30余种，分布于亚洲和美洲。我国23种；浙江8种2变种；温州4种1变种。

### 分种检索表

1. 聚伞花序簇生于叶腋；叶柄通常长1cm或更短。
   2. 小枝、叶柄和叶片上面的中脉多少被毛；叶片全缘，压干后平展，侧脉不明显……………………**1. 宁波木犀 O. cooperi**
   2. 小枝、叶柄和叶片上面的中脉常无毛；叶缘有锯齿至全缘，压干后常呈皱褶状，侧脉较明显………**2. 木犀 O. fragrans**
1. 聚伞花序组成短小圆锥花序；叶柄长1~4cm。
   3. 花序排列紧密；叶片厚革质，全缘……………………………………………………**3. 厚边木犀 O. marginatus**
   3. 花序排列疏松；叶片薄革质或纸质，叶边缘通常上半部具锯齿……………………………**4. 牛矢果 O. matsumuranus**

### 1. 宁波木犀 华东木犀 图23

**Osmanthus cooperi** Hemsl.

常绿灌木或小乔木。高4~8m。枝灰褐色，无毛。叶片革质，椭圆形或倒卵形，长4~10cm，宽2.5~5cm，先端渐尖，基部楔形，全缘，或在营养枝上有疏锯齿，边缘稍背卷，无毛，上面亮绿色，下面淡绿色，叶片压干后平展不皱褶；中脉在上面常微凹，在下面凸起，侧脉在两面均不明显；叶柄长1~2cm，无毛。聚伞花序簇生或束生于叶腋，常3~5朵成一束；花萼浅杯形，4裂片；花冠白色，顶端4裂，裂片长圆形或卵形。核果黑色，长圆形，1.5~2cm。花期7~8月，果期翌年2~3月。

见于永嘉、泰顺，生于海拔800m以下的山坡杂木林中。

周化斌 摄

图23 宁波木犀

### 2. 木犀 桂花 图24

**Osmanthus fragrans** Lour.

常绿乔木或小乔木。高3~10m。枝灰褐色，无毛。叶片革质，椭圆形至椭圆形披针形，长6~15cm，宽2~5cm，先端渐尖，基部楔形，通常上半部有锯齿或疏锯齿至全缘，上面暗绿色，下面淡绿色，有

陈贤兴 摄

图 24 木犀

细小腺点，叶片压干后呈皱褶状；侧脉 7~12 对，在上面常微凹，在下面凸起；叶柄无毛。聚伞花序簇生于叶腋，3~5 朵成一束；花萼浅杯形，花冠淡黄白色，雄蕊 2，花丝短，着生于花冠筒上。核果椭圆形，熟时紫黑色。花期 8~10 月，果期翌年 2~4 月。

本市各地有广泛栽培，偶有野生，生于山坡杂木林中。

花芳香，供作观赏植物或食品添加剂。

## ■ 3. 厚边木犀 厚叶木犀 图 25

**Osmanthus marginatus** (Champ. ex Benth.) Hemsl.
[*Osmanthus pachyphyllus* H. T. C. ]

常绿灌木或乔木。高 5~10m。枝灰色，无毛，叶柄和叶片无毛。叶片厚革质，宽椭圆形到披针形椭圆形或很少倒卵形，长 7~15cm，宽 2.5~5.5cm，基部宽楔形或楔形，稍下延至叶柄，全缘，稍背卷；中脉在上面平坦或稍凹陷，在下面凸起，侧脉 7~9 对，在两面平坦。圆锥花序腋生，无毛；花萼浅杯形，

图 25 厚边木犀

图 26　长叶木犀

4 深裂；花冠白色或淡黄或带绿色；雄蕊 2，稍伸出花冠外。核果黑色，椭圆形。花期 5 月，果期 9~10 月。

见于瑞安、泰顺，生于海拔 400~800m 的常绿阔叶林中。

### 3a. 长叶木犀　图 26

**Osmanthus marginatus** var. **longissimus** (H. T. Chang) R. L. Lu [*Osmanthus longissimus* H. T. Chang]

本变种的叶革质，边缘较薄，反卷，长 12~21cm，宽 2.5~4cm，先端渐尖，基部狭楔形；叶柄长 2~4cm。果序梗较细弱。

见于文成、平阳、泰顺，生于海拔 400~800m 的常绿阔叶林中。

### 4. 牛矢果　图 27

**Osmanthus matsumuranus** Hayata

常绿灌木或小乔木。高 2.5~10m。树皮灰褐色；枝灰色或灰褐色，无毛。叶片薄革质或纸质，倒披针形，很少倒卵形或狭椭圆形，长 7~12cm，宽 2.5~6cm，先端渐尖或短尖，基部楔形，无毛；中脉在上面平坦，在下面凸起，侧脉 5~10 对，在上面平坦，下面微凸；叶柄无毛。圆锥花序腋生，无毛；花萼

图 27　牛矢果

杯形，顶端 4 裂片，卵形；花冠带绿色或浅黄绿色。核果长圆形，熟时紫黑色，有棱。花期 5~6 月，果期 9~10 月。

见于乐清、永嘉、苍南、泰顺，生于海拔 300~600m 的山谷杂木林中。

## 存疑种

### 1. 流苏树

**Chionanthus retusus** Lindl. ex Paxt.

落叶灌木或小乔木。嫩枝有短柔毛。单叶，对生，叶片厚纸质；网脉在下面明显凸起。聚伞状圆锥花序顶生；花单性，雌雄异株；花冠白色，与花萼均 4 深裂。核果椭圆形。

《南麂列岛自然保护区综合考察文集》有记载，但未见标本。

### 2. 蒙自木犀

**Osmanthus henryi** P. S. Green

常绿小乔木或灌木。小枝黄白色，有皮孔。单叶，对生，叶片厚革质，椭圆形至倒披针形，全缘或每边有 20 对牙齿状锯齿；侧脉 7~9 对，与小脉连接略呈网状，在两面稍凸起。花序簇生于叶腋；花冠白色或淡黄色，花冠管裂片长于花冠管。果长椭圆形，长约 2cm。

据季春峰等（2005）报道泰顺乌岩岭有产，但未见标本。

# 110. 马钱科 Loganiaceae

木本，稀草本。茎直立、缠绕或攀援。单叶，对生，少数互生或轮生。花两性，辐射对称；单生或排列成聚伞花序或圆锥花序，有时近穗状；花萼4~5裂；花冠高脚碟状、漏斗状或辐状，通常4~5裂；雄蕊与花冠裂片同数而互生；雌蕊由2心皮合生；子房上位，中轴胎座，胚珠多数，稀1枚。果为蒴果、浆果或核果。种子常具翅。

约29属500种，分布于全世界的热带和亚热带地区。我国8属45种；浙江4属7种；温州3属5种。

### 分属检索表

1. 木本植物。
    2. 灌木或小乔木；花冠高脚碟状或漏斗状；蒴果……1. 醉鱼草属 Buddleja
    2. 藤本植物；花冠辐状；浆果……2. 蓬莱葛属 Gardneria
1. 一年生草本植物……3. 尖帽花属 Mitrasacme

## 1. 醉鱼草属 Buddleja Linn.

灌木或小乔木，常有星状毛。叶对生，稀互生，叶片全缘或具锯齿。聚伞花序多花排成头状、穗状或圆锥花序；花萼钟形，4裂；花冠高脚碟状或漏斗状，4裂，裂片在蕾中覆瓦状排列；雄蕊4，着生于花冠筒下部、中部或喉部；子房2室，每室有多枚胚珠。果为蒴果。

约100种，分布于亚洲、非洲以及美洲的热带和亚热带地区。我国25种；浙江3种；温州2种。

### 1. 驳骨丹 图28

**Buddleja asiatica** Lour.

落叶灌木。高可达3m。小枝近圆柱形，幼时被灰白色或浅黄色绒毛。单叶对生，叶片纸质，披针形或狭披针形，先端长渐尖，基部楔形，全缘或具小齿，上面无毛，下面被灰白色绒毛。穗状或圆锥花序顶生或腋生，常下垂，花梗极短；花具芳香；花萼钟形，4裂，密毛；花冠白色，管状，4裂；

图28 驳骨丹

雄蕊4，着生于花冠筒中部；子房无毛，柱头头状。蒴果卵状椭圆形。种子细小。花果期5~11月。

见于文成、平阳、苍南、泰顺，生于海拔500m以下的溪沟边或村落旁灌草丛。

根、枝、叶可入药，具祛风化湿、活血通络之效。

## 2. 醉鱼草 图29

**Buddleja lindleyana** Fort.

落叶灌木。高可达2m。小枝四棱形，棱上具窄翅；嫩枝、嫩叶及花序均有棕黄色星状毛和鳞片。单叶对生，叶片卵形至卵状披针形，先端渐尖，基部宽楔形或圆形，全缘或疏生波状细齿，下面棕褐色。穗状花序顶生，下垂，长可达50cm，由多数聚伞花序集生而成；花梗极短；花萼狭钟形，4浅裂，裂片三角状卵形，与花冠筒均密被棕黄色细鳞片；花冠管状，略弯曲，紫色，顶端4裂；雄蕊4，着生于花冠筒基部。蒴果长圆形。花果期6~11月。

见于本市各地，生于海拔1000m以下的山坡疏林下或溪沟灌丛。

根和全草可药用，具化痰止咳、散瘀止痛之功效；枝、叶也可用于毒鱼或杀虫；花色艳、花期长，可供观赏。

本种与驳骨丹 *Buddleja asiatica* Lour. 的主要区别在于：小枝四棱形；叶片卵形至卵状披针形，下面棕褐色；花紫色。

胡仁勇 摄

吴棣飞 摄

丁炳扬 摄

图29 醉鱼草

## 2. 蓬莱葛属 Gardneria Wall. ex Roxb.

常绿木质藤本。枝圆柱形，节上有线状隆起的托叶痕。叶对生，全缘，羽状脉。花单生或成聚伞花序，腋生；花萼小，4~5 裂；花冠近辐状，4~5 裂，裂片在蕾中镊合状排列；雄蕊 4~5，着生于花冠筒上；子房 2 室，每室 1 胚珠。浆果球形。

共 5 种，分布于亚洲东部和东南部。我国 5 种均产；浙江 2 种，温州均有。

### 1. 柳叶蓬莱葛

**Gardneria lanceolata** Rehd. et Wils.

常绿攀援藤本。枝圆柱状，无毛。单叶对生，叶片近革质，披针形或长圆状披针形，先端渐尖，基部楔形，全缘，略反卷，下面苍白色；托叶退化成线状凸起。花单生于叶腋，花梗基部有 1 钻形苞片，近中部有 1~2 小苞片；花萼杯状，5 裂，裂片圆形，具睫毛；花冠辐状，白色，花冠筒短，顶端 5 裂，裂片披针形；雄蕊 5，着生于冠筒上，花丝极短，花药合生；子房球形。浆果球形。花未见，果期 7~9 月。

见于文成（石垟，铜铃山）、泰顺（垟溪），生于海拔 500~1000m 的山坡林下或林缘灌丛。温州分布新记录种。

《浙江植物志》记载的是少花蓬莱葛 *Gardneria nutans* Sieb. et Zucc.，并将前者作为该种的异名，但《Flora of China》则将它们分立，区别是前者花药合生，而后者离生。温州未见花标本，暂录于此，有待进一步研究。

### 2. 蓬莱葛 图 30

**Gardneria multiflora** Makino

常绿攀援藤本。枝圆柱状，无毛，节上有线状隆起的托叶痕。单叶对生，叶片革质，披针形或椭圆状披针形，先端渐尖，基部宽楔形，全缘，略反卷；托叶退化成线状痕迹。聚伞花序腋生，基部具三角形苞片；花萼 4~5 裂，裂片半圆形，不等大，具睫毛；花冠近辐状，黄色，花冠筒短，顶端 4~5 裂，裂片

丁炳扬 摄

吴裕颔 摄

周庄 摄

图 30 蓬莱葛

披针状椭圆形；雄蕊 5，着生于冠筒上，花丝极短，花药离生；子房 2 室，每室有 1 胚珠。浆果圆球形，成熟时红色。花期 6~7 月，果期 8~9 月。

除洞头外本市各地有零星分布，生于海拔 100~1000m 的山坡、山谷林下或灌丛中。

本种与柳叶蓬莱葛 *Gardneria lanceolata* Rehd. et Wils. 的主要区别在于：后者叶较狭窄，基部楔形；花单生，白色。

## 3. 尖帽花属 （姬苗属） Mitrasacme Labill.

一年生草本。茎圆柱形或四棱形。单叶，对生；无托叶。1 花至数花簇生于茎上部叶腋，或排成顶生聚伞花序；花萼 4 裂；花冠钟形，4 裂，裂片在蕾中镊合状排列；雄蕊 4，着生于花冠筒上；子房上或半下位。蒴果球形。

约 40 种，主产于澳大利亚，延伸至太平洋岛屿和亚洲东南部。我国 2 种；浙江 1 种，温州也有。

### ■ 水田白 图 31

**Mitrasacme pygmaea** R. Br.

一年生草本。茎呈花莛状，高约 10cm。单叶对生，通常基部几对叶集生，叶片草质，卵形至长圆形，长不超过 1cm，先端急尖或钝，基部近圆形，全缘，两面疏生柔毛，具不明显的三出脉；几无叶柄。聚伞花序顶生或腋生，通常具花 3~5；花梗细长；花萼 4 裂，裂片三角状披针形；花冠白色，钟状，4 裂，裂片宽卵形；雄蕊 4，着生于花冠筒上；子房圆球形。蒴果球形，成熟时顶端 2 裂。花果期 9~10 月。

见于永嘉（四海山），生于海拔 700m 的田边草丛中。《永嘉四海山林场维管束植物名录》有记载，为温州分布新记录种。

图 31 水田白

## 存疑种

### ■ 1. 密蒙花

**Buddleja officinalis** Maxim.

落叶灌木。高 1~4m。小枝略呈四棱形，灰褐色，与叶下面、叶柄和花序均密被灰白色星状短绒毛。叶对生，叶片纸质，狭椭圆形、卵状披针形或长圆状披针形，长 4~19cm。花多而密集，组成顶生聚伞圆锥花序；花冠紫堇色，后变白色或淡黄白色。

楼炉焕（1988）报道泰顺有分布，但《浙江植物志》未收录，笔者也未见到标本。

### ■ 2. 钩吻 断肠草

**Gelsemium elegans** (Gardn. et Champ.) Benth.

常绿木质藤本。茎缠绕，圆柱形，无毛。叶对生，叶片卵状椭圆形至卵状披针形，边全缘。聚伞花序顶生，或生于茎和分枝上部叶腋；花冠黄色，漏斗形，5 裂。蒴果卵形，具宿萼。

《浙江植物志》记载平阳有产，但未见标本。笔者仅在浙江农林大学标本馆见到采自苍南马站的 1 份标本，记录为栽培。

# 111. 龙胆科 Gentianaceae

一年生至多年生草本。茎直立或缠绕。大多为单叶，对生或基生，少互生，叶片全缘；无托叶。聚伞、头状或伞形花序，顶生或腋生，少单生；花两性，辐射对称，偶两侧对称；花萼管状，4~5裂；花冠漏斗状、管状、钟状或辐状，裂片4~5，常旋转状排列；雄蕊与花冠裂片同数而互生，常生于花冠筒上；子房上位，侧膜胎座，胚珠多数。蒴果，2瓣裂，稀浆果。种子多数。

约80属700种，全球分布。我国20属419种；浙江7属18种；温州5属12种1变种。

**分属检索表**

1. 浮叶水生草本；茎生叶片近圆形；蒴果不开裂……………………………………3. 荇菜属 Nymphoides
1. 陆生草本；茎生叶片各种形状，但非圆形；蒴果开裂或浆果状。
  2. 直立或平卧草本。
    3. 花冠高脚碟状、漏斗状或钟状；花冠裂片基部无腺窝。
      4. 花序为疏散的聚伞花序；花冠高脚碟状；花药在花后螺旋状扭转……………1. 白金花属 Centaurium
      4. 花单生或簇生；花冠漏斗状或钟状；花药花后不扭转………………………2. 龙胆属 Gentiana
    3. 花冠辐状；花冠裂片基部具腺窝………………………………………………4. 獐牙菜属 Swertia
  2. 多年生缠绕草本………………………………………………………………5. 双蝴蝶属 Tripterospermum

## 1. 白金花属 Centaurium Hill

一年生纤细草本。叶对生，无柄。聚伞花序具多数花，排成假二叉状或成穗状；花萼筒状，4~5深裂；花冠高脚碟状，冠筒细长，4~5浅裂；雄蕊着生于花冠筒喉部，花药初时直立，后卷作螺旋扭转；子房半2室，花柱细长，柱头2裂。蒴果内藏。种子多数，细小，具浅蜂窝状网纹。

共40~50种，广布于世界。我国2种；浙江1种1变种；温州1种。

### ■ 日本白金花

**Centaurium japonicum** (Maxim.) Druce

一年生草本。全株光滑无毛。茎直立，略四棱形，多分枝。基生叶具短柄，匙形；茎生叶对生，叶片长圆形或卵状椭圆形，先端钝圆，基部圆形，半抱茎，无柄。花单生于叶腋和小枝顶端，呈穗状聚伞花序，无梗；花萼5裂，裂片狭椭圆形；花冠高脚碟状，上部粉红色，下部白色，喉部突然膨大，5裂，裂片狭矩圆形；雄蕊5，着生于冠筒喉部；子房狭椭圆形，无柄。蒴果无柄，狭长圆形，先端具长的宿存花柱。种子多数，黑褐色，圆球形。花果期5~7月。

见于乐清（西门岛）、洞头（洞头岛和大衢岛），生于海滨或山坡灌草丛。

## 2. 龙胆属 Gentiana Linn.

一年生或多年生草本。茎直立，稀基部平卧，单一或分枝丛生状。单叶，对生，叶片全缘。花顶生或腋生，单一或簇生，无梗或有短梗；花萼管状或钟状，常具龙骨状凸起或翅，顶端5裂；花冠漏斗状或钟状，通常为蓝色，5裂，裂片旋转状排列，裂片间常有褶片存在；雄蕊5；子房上位，1室，常有子房柄。蒴果2瓣裂，具多数细小种子。

约360种,分布于亚洲、欧洲和美洲以及非洲西北部、澳大利亚东部。我国248种;浙江7种;温州5种。

## 分种检索表

1. 植株披散状,分枝平卧,先端斜升;花簇生于枝端呈头状……………………**1. 五岭龙胆 G. davidii**
1. 植株直立,分枝不平卧;花单生或簇生于枝端。
  2. 植株较高大,高20~80cm;叶片较大,长3~7cm……………………**4. 龙胆 G. scabra**
  2. 植株矮小,高不超过15cm;叶小型,长0.6~2cm。
    3. 基生叶与茎生叶不同型,基生叶较宽大……………………**2. 黄山龙胆 G. delicata**
    3. 基生叶较茎生叶大,但两者叶型相似。
      4. 花较大,花冠长1.3~1.8cm,花冠裂片背部无鸡冠状凸起……………………**3. 华南龙胆 G. lourirei**
      4. 花较小,花冠长0.8~1.0cm,花冠裂片背部有鸡冠状凸起……………………**5. 灰绿龙胆 G. yokusai**

### 1. 五岭龙胆 图32

**Gentiana davidii** Franch.

多年生草本。高5~20cm。主茎粗壮,自基部分出多个平卧枝,分枝先端斜升。叶对生,在营养枝基部密集成莲座状;叶片线状披针形或椭圆状披针形,先端钝,基部渐狭,边缘微外卷。花多数,簇生于枝端呈头状,被包围于分枝先端苞叶状的叶丛中;无花梗;花萼狭倒锥形,萼筒膜质,5裂,

丁炳扬 摄

丁炳扬 摄

丁炳扬 摄

胡仁勇 摄

图32 五岭龙胆

裂片不等长，线状披针形或披针形；花冠蓝色，狭漏斗形，裂片卵状三角形；雄蕊着生于冠筒下部，整齐；子房线状椭圆形，两端渐狭，具长5~7mm的柄。蒴果内藏或外露，狭椭圆形或卵状椭圆形。种子淡黄色，有光泽，近圆球形。花果期8~11月。

见于永嘉、鹿城、瑞安、文成、平阳、苍南、泰顺，生于海拔500~1600m的山坡、山谷、山顶的林下或灌草丛中。

全草可供药用，具清热解毒、利尿的功效；也可作地被植物用于绿化。

## 2. 黄山龙胆 图33

**Gentiana delicata** Hance[*Gentiana hwangshangensis* T. N. He ; *Gentiana heterostemon* H. Smith var. *chingii* Marq. ]

一年生草本。高4~8cm。茎单一或基部分枝，圆柱形。基生叶密集成莲座状；叶片卵形或椭圆形，具三出脉；茎生叶对生，较小，叶片披针形或线状披针形，先端急尖，基部渐狭连合近无柄，两面无毛。1~2花生于小枝顶端，花梗紫红色；花萼5裂，裂片线状披针形，与萼筒等长或稍短；

图33 黄山龙胆

花冠漏斗形，淡蓝色，有斑点；雄蕊5，着生于冠筒中部；子房椭圆形，具子房柄。蒴果倒卵状长椭圆形，先端外露，2瓣开裂。种子多数，椭圆形。花果期4~7月。

见于乐清（百岗尖），生于山坡岩石缝中。温州分布新记录种。

## 3. 华南龙胆 图34

**Gentiana lourirei** (D. Don) Griseb.

多年生草本。高3~8cm。根略肉质，粗壮。茎少数丛生，紫红色，少分枝。茎基部叶较大，叶片长圆状椭圆形；茎上部叶较小，椭圆形或椭圆披针

图 34 华南龙胆

形，先端急尖，基部变狭，连合成鞘状，具不明显的软骨质边缘，有短睫毛。花单生于枝端，花梗紫红色；花萼钟形，5 裂，裂片披针形；花冠漏斗形，外面黄绿色，内面蓝紫色，5 裂，裂片卵形；雄蕊 5，着生于冠筒上；子房椭圆形，两端渐狭，具短柄。蒴果倒卵形，先端圆，有翅。花果期 4~8 月。

见于瑞安、文成、平阳、泰顺等地，生于海拔 1200m 以下的丘陵、山地旷地草丛或疏林下，或田边和路边草丛。

全草可供药用。

## 4. 龙胆 图 35

**Gentiana scabra** Bunge

多年生草本。簇生多数条状根。茎直立，高达 80cm，略具 4 棱，具乳头状毛。叶对生，叶片卵形或卵状披针形，先端渐尖，基部圆形，有三至五基出脉，无柄。花大，单生或簇生于茎端或叶腋，无花梗；花萼长 2~2.5cm，5 裂，萼筒钟状，裂片线状披针形，与萼筒近等长；花冠蓝紫色，管状钟形，5 裂，裂片卵形，褶片三角形；雄蕊 5，花丝基部具宽翅，与雌蕊近等长；子房长椭圆形，有近等长的子房柄。蒴果长圆形。种子多数，线形，边缘有翅。花果期 10~11 月。

见于乐清、永嘉、鹿城、文成、苍南、泰顺等地，散生于海拔 600~1500m 的山坡灌草丛或山顶草丛中。

根和根茎药用。

图 35 龙胆

## 5. 灰绿龙胆

**Gentiana yokusai** Burkill

一年生矮小草本。茎单一或 2~4 分枝呈丛生状，高可达 10cm，密被乳头状毛。基生叶莲座状，叶片卵形或宽卵形；茎生叶对生，基部渐狭成鞘状合生，近无柄，有小睫毛，具 1 脉。花单生于分枝顶端，下托以叶状苞片；花萼 5 裂，裂片卵形，边缘膜质；花冠淡紫蓝色，长 0.8~1.0cm，5 裂，裂片卵形，背部有鸡冠状凸起，褶片宽卵形或卵形；雄蕊 5，基部贴生于花冠筒上；子房椭圆形，具短子房柄。蒴果倒卵形。种子多数，椭圆形，有网状线纹。花果期 4~5 月。

见于鹿城、瑞安等地，生于林缘草丛。

## 3. 荇菜属 Nymphoides Seguier

多年生浮叶草本。具根状茎。茎细长，节上有时生根。单叶，互生，叶片浮于水面。花簇生于叶腋；花萼5裂至近基部；花冠辐状，常5深裂，喉部有5束长柔毛，裂片在蕾中镊合状排列；雄蕊5，着生在花冠筒上，与花冠裂片互生；子房1室，胚珠少至多数，柱头2裂。蒴果不开裂，种子少至多数。

约40种，分布于热带和温带。我国6种；浙江2种；温州1种。

### ■ 荇菜 图36

**Nymphoides peltata** (Gmel.) Kuntze

多年生水生草本。有匍匐根状茎；茎分枝，沉于水中，生不定根。叶互生，上部的近对生，漂浮于水面上；叶片质厚，卵形或近圆形，有时肾圆形，先端圆形，基部深心形，边缘微波状，下面常带紫红色，有腺点；叶柄长短不一，基部扩大成鞘。花簇生于叶腋；花萼5深裂，裂片长圆状披针形；花冠黄色，喉部具毛，5深裂，裂片卵圆形，边缘啮齿状或流苏状；雄蕊5，花药狭箭形；子房卵圆形，基部具5蜜腺。蒴果狭长圆形，表面有褐色小斑点。种子多数，褐色，狭卵形。

《浙江植物志》记载各地有广泛分布，《泰顺县维管束植物名录》也有记载，但仅见温州大学有1份标本，无记录，产地不明。市区公园偶有栽培。

全草可供药用，也可用于水面绿化。

吴棣飞 摄

吴棣飞 摄

图36 荇菜

## 4. 獐牙菜属 Swertia Linn.

一年生或多年生草本。茎直立，粗壮或纤细，稀无茎。叶对生，稀互生或轮生。聚伞花序或单花；花萼5深裂至近基部；花冠辐状，5深裂，裂片基部或中部具腺窝或腺斑；雄蕊着生于花冠筒基部且与裂片互生；子房1室，花柱2裂。蒴果包藏于宿存的花被中，2瓣裂。种子多而小。

约150种，主要分布于亚洲和非洲，少数分布于北美和欧洲。我国75种；浙江2种1变种；温州2种1变种。

**分种检索表**

1. 较高大草本，高50~120cm；茎生叶片较大，宽超过1.5cm……………………**2. 獐牙菜 S. bimaculata**
1. 较细弱草本，高20~60cm；茎生叶片较小，宽不超过1cm。
   2. 花瓣基部有1圆形腺窝，覆盖有1小型鳞片……………**1. 美丽獐牙菜 S. angustifolia var. pulchella**
   2. 花瓣基部有2长圆形腺窝，边缘有流苏状毛……………**3. 浙江獐牙菜 S. hickinii**

图37 美丽獐牙菜

## 1. 美丽獐牙菜 图37

**Swertia angustifolia** Buch.-Ham. var. **pulchella** (Buch.-Ham.) H. Smith

一年生草本。茎直立，高达50cm，通常不分枝，四棱形，棱上有狭翅。叶对生，狭披针形，先端渐尖，无柄。聚伞花序成狭圆锥状，顶生或腋生；花小，具短梗；花萼4深裂，裂片披针形；花冠白色，具淡紫色小斑点，4深裂，裂片长圆形，有短尖，在基部有1圆形腺窝，腺窝边缘光滑；雄蕊4，花丝基部稍扩大；子房卵状椭圆形，柱头2瓣裂。蒴果圆锥形。种子近圆形，褐色，表面具瘤状凸起。花果期8~10月。

见于永嘉（巽宅）、文成（石垟）、泰顺（乌岩岭）等地，生于山坡灌草丛或山顶草丛中。

全草可供药用，有清肝利胆、除湿清热之效。

## 2. 獐牙菜 图38

**Swertia bimaculata** Hook. f. et Thoms.

一年生草本，高达120cm。茎直立，圆形，稍具棱，中部以上分枝。叶对生；基生叶具长柄，叶片长圆形，在花期枯萎；茎生叶无柄或具短柄，叶片椭圆形至卵状披针形，先端长渐尖，基部钝，具3~5条弧形脉。大型圆锥状复聚伞花序疏松；花梗较粗，不等长；花萼绿色，5深裂，裂片长圆状披针形；花冠淡黄绿色，5深裂，裂片长圆状披针形，中部具2黄色大腺斑；雄蕊5；子房无柄，披针形。蒴果狭卵形。种子褐色，圆形，表面具瘤状凸起。花果期10~12月。

见于乐清、永嘉、文成、泰顺等地，散生于海拔200~1000m的山坡或山顶灌草丛或竹林中。

## 3. 浙江獐牙菜 图39

**Swertia hickinii** Burkill

一年生草本。茎直立，高可达50cm，分枝多，具4棱，带紫色。叶对生；叶片狭长椭圆形或倒披针形，先端急尖或稍钝，基部狭窄近无柄，下面带紫色；茎上部叶逐渐缩小。聚伞花序生于叶腋集成圆锥状；花萼5深裂，裂片披针形或卵状披针形；花冠白色有紫色条纹，5深裂，裂片卵状披针，基

图 38　獐牙菜

图 39　浙江獐牙菜

部有2长圆形腺窝，边缘有流苏状毛；雄蕊5；子房长圆形，花柱极短，柱头2裂。蒴果2瓣开裂。种子近圆形，有网状凹点。花果期9~11月。

见于永嘉、鹿城、瑞安、文成、苍南、泰顺等地，生于海拔1300m以下的山坡、山谷疏林下或灌草丛中。

全草可供药用。

## 5. 双蝴蝶属 Tripterospermum Bl.

多年生缠绕草本。叶对生或基生。聚伞花序，腋生或顶生；花萼筒钟形，脉5条凸起呈翅状；花冠钟形或筒状钟形，5裂，裂片间有褶；雄蕊着生于花冠筒上，顶端向一侧弯曲；子房常具柄，1室，含多数胚珠，基部具环状花盘。浆果或蒴果。种子多数。

约25种，分布于亚洲东部和南部。我国19种；浙江3种，温州也有。

### 分种检索表

1. 叶片两面通常绿色；子房具柄，将子房托出萼筒之上。
    2. 基生叶无柄而对生，平贴地面呈莲座状；叶片上面有网纹……………………**1. 华双蝴蝶 T. chinensis**
    2. 基生叶具短柄，不平贴地面呈莲座状；叶片上面无网纹……………………**2. 细茎双蝴蝶 T. filicaule**
1. 叶片下面常带紫色；子房近无柄，子房一半包在萼筒之内……………………**3. 香港双蝴蝶 T. nienkui**

### 1. 华双蝴蝶 图40

**Tripterospermum chinensis** (Migo) H. Smith ex Nilsson

多年生无毛草本。茎细长缠绕。基生叶4片，对生而无柄，呈莲座状，叶片椭圆形，上面常有网纹；茎生叶片披针形，常有短柄。花单生于叶腋，偶多数簇生；花萼具5脉，脉上有膜质翅，顶端5裂，裂片线形；花冠淡紫色或紫红色，狭钟状，5裂，裂片三角形，褶片三角形；雄蕊5，花丝中

胡仁勇 摄

丁炳扬 摄

丁炳扬 摄

图40 华双蝴蝶

部以下与花冠筒黏合；子房狭长椭圆形，具子房柄。蒴果 2 瓣开裂。种子多数，三棱形。花果期 10~11 月。

见于全市丘陵至山区各地（但洞头未见），生于海拔 200~1600m 的山坡疏林下、灌草丛或山顶草丛中。

全草可供药用，具清肺止咳、利尿、解毒之效；叶和花美丽，可栽培供观赏。

### 2. 细茎双蝴蝶 图 41

**Tripterospermum filicaule** (Hemsl.) H. Smith

多年生无毛草本。茎纤细缠绕，节间常较叶长。叶对生；基生叶不成莲座状，叶片卵形，边缘有细皱波，常具 3 脉，两面通常绿色，有短柄；茎生的叶片卵状椭圆形，有较长柄。1~3 花生于叶腋；花萼有 5 脉，脉上具膜质翅，顶端 5 裂，裂片披针状线形；花冠玫瑰红色，狭钟状或管状钟形，5 裂，裂片三角形或三角状披针形；褶片半圆形；雄蕊 5，着生于花冠筒上；子房狭椭圆形，具较长子房柄，将子房托出花筒之上。蒴果。花果期 10~11 月。

见于永嘉、平阳、苍南、泰顺等地，生于山坡疏林下或灌草丛中。

花别致，可作垂直绿化用。

### 3. 香港双蝴蝶 图 42

**Tripterospermum nienkui** (Marq.) C. J. Wu

多年生无毛草本。茎纤细缠绕，基部节间短而密。叶对生；基生叶不成莲座状，叶片卵状椭圆形或卵状披针形，边缘啮齿状，常具 3 脉，下面常呈

吴棣飞 摄

周庄 摄

图 41 细茎双蝴蝶

胡仁勇 摄

图 42　香港双蝴蝶

紫红色，叶柄长约 1cm；茎生的叶片卵状椭圆形，有较长柄。1~3 花生于叶腋；花萼管状，顶端 5 裂，裂片线形，与萼筒等长或较短；花冠狭钟状，淡绿色且有紫色条纹，5 裂，裂片卵形；褶片三角形；雄蕊 5，着生于花冠筒上；子房长圆形，近无柄。蒴果一半包藏在萼筒内。花果期 10~11 月。

见于苍南（天井）、泰顺等地，生于竹林中或山坡疏林下。

## 存疑种

### ■ 条叶龙胆

**Gentiana manshurica** Kimgawa

外形与龙胆 *Gentiana scabra* Bunge 相似，主要区别在于：中部的叶片较大，披针形或线状披针形，边缘反卷，具 1~3 脉，下部叶片为鳞片状，上部的叶片线形；1~3 花簇生于茎顶端；种子两端有翅。

《泰顺县维管束植物名录》有记录，浙江农林大学有 1 号标本，但疑似龙胆 *Gentiana scabra* Bunge。

# 112. 夹竹桃科 Apocynaceae

灌木或木质藤木，稀草本。具乳汁或水液。单叶对生、轮生，稀互生，全缘，稀有细齿。花两性，辐射对称，单生或多花组成聚伞花序，顶生或腋生；花萼裂片 5，稀 4；花冠合瓣，高脚碟状、漏斗状、坛状、钟状、盆状，稀辐状，裂片 5，稀 4；雄蕊 5；子房上位，稀半下位，为 2 离生或合生心皮所组成，胚珠 1 至多枚。果为浆果、核果、蒴果或蓇葖果。种子通常一端被毛，稀两端被毛或仅有膜翅或毛翅均缺。

约 115 属 2000 余种，分布于全世界热带、亚热带地区。我国 44 属 176 种，主要分布于长江以南各地区及台湾省等沿海岛屿，少数分布于北部及西北部；浙江 7 属 12 种；温州 6 属 11 种。

本科植物常有毒，尤以种子和乳汁毒性最大，含有多种生物碱，为重要的药物原料；有些植物含有胶乳，为野生橡胶植物，可供提制一般日用橡胶制品；有些植物供观赏用。

### 分属检索表

1. 叶轮生，稀对生；花无花盘，花药长圆形；核果常连接成链珠状 ……………… **1. 链珠藤属 Alyxia**
1. 叶对生；花有花盘或缺，花药箭头形；蓇葖果。
  2. 花药顶端伸出花冠筒喉部之外；圆锥状聚伞花序三至五歧；蓇葖果双生，细长下垂 ………… **3. 帘子藤属 Pottsia**
  2. 花药顶端内藏不伸出花冠筒喉部之外（除络石属 Trachelospermum Lem. 有些种以外）。
    3. 花冠近坛状 ……………… **6. 水壶藤属 Urceola**
    3. 花冠高脚碟状。
      4. 花药顶端被长柔毛；雄蕊着生于花冠筒中部以上；蓇葖果线状披针形，通常一长一短，柔弱下垂 ……………… **4. 毛药藤属 Sindechites**
      4. 花药顶端无毛。
        5. 雄蕊着生于花冠筒基部；蓇葖果椭圆形；种子具喙 ……………… **2. 鳝藤属 Anodendron**
        5. 雄蕊着生于花冠筒膨大处；蓇葖果长圆状披针形；种子无喙 ……………… **5. 络石属 Trachelospermum**

---

## 1. 链珠藤属 **Alyxia** Banks ex R. Br.

木质藤本。具乳汁。叶 3~4 枚轮生，稀对生。花小；排列成腋生或近顶生的聚伞花序；花萼 5 深裂；花冠高脚碟状，花冠裂片 5，向左覆盖；雄蕊 5，着生在花冠筒中部之上，花药内藏；子房为 2 离生心皮组成，花柱丝状，每心皮有胚珠 4~6 枚，2 排。核果，卵形或长椭圆形，通常联结成链珠状，稀单生或对生。

约 70 种，分布于热带亚洲和澳大利亚及太平洋群岛。我国 12 种，分布于西南及华南各地区；浙江 1 种，温州也有。

### ■ 链珠藤 图 43

**Alyxia sinensis** Champ. ex Benth.

常绿木质藤本。长达 3m。具乳汁。叶对生或 3 叶轮生，叶片革质，长 1~4cm，宽 8~20mm。聚伞花序腋生或近顶生；总花梗长 2~4mm；花小，长 5~6mm；花 5 数；花萼裂片卵圆形，近钝头，长 1.5mm；花冠先淡红色后褪变白色，花冠筒长约 2.3mm，近花冠喉部紧缩，花冠裂片卵圆形，长约 1.5cm；雄蕊 5，内藏；子房具长柔毛。核果卵形，长约 1cm，直径约 0.5cm，2~3 枚组成链珠状，有时 2 枚以上连接而种子间收缩成链珠状。花期 7~10 月，果期 9~12 月。

见于本市各地，生于山谷溪边、坑边、岩壁、阔叶林下及林缘灌木丛中。

全株入药，根有小毒，有祛风除湿、活血止痛之效。

图 43　链珠藤

## 2. 鳝藤属 Anodendron A. DC.

常绿木质藤本。具乳汁。叶对生。聚伞花序顶生或生于上枝的叶腋内；花萼 5 深裂；花冠高脚碟状，花冠裂片 5；雄蕊 5，着生于花冠筒的基部；子房具 2 离生心皮，胚珠在每心皮内众多。蓇葖果双生，叉开，端部渐尖。种子呈压扁状，卵圆形，有喙；种毛沿种子的喙而生。

约 16 种，分布于斯里兰卡、印度、越南和马来西亚。我国 5 种 2 个变种；浙江 1 种，温州也有。

### ■ 鳝藤　图 44

**Anodendron affine** (Hook. et .Arn.) Druce

藤状灌木。全株无毛，具乳汁。叶对生，矩圆状披针形，长 3~10cm，宽 1.2~2.5cm，顶端渐尖，侧脉疏距，干时有皱纹。聚伞花序顶生，小苞片甚多；花萼 5 深裂；花冠白色或黄绿色，高脚碟状，花冠裂片 5 枚向右覆盖；雄蕊 5。蓇葖果卵状椭圆形，基部膨大，向上渐尖，长达 13cm，直径 3cm。种子棕黑色，有喙；顶端种毛长约为种子的 3 倍。花期 11 月到翌年 4 月，果期 6~12 月。

见于乐清、瑞安、平阳、泰顺，生于山谷路旁灌丛中及溪边树上。

图 44　鳝藤

## 3. 帘子藤属 **Pottsia** Hook. et Arn.

木质藤本。具乳汁。叶对生。圆锥状聚伞花序三至五歧，顶生或腋生；萼片5深裂；花冠高脚碟状，花冠裂片5；雄蕊5枚，着生在花冠喉部；花丝极短，花盘环状，顶端5裂；子房具2离生心皮，胚珠多数。蓇葖果双生，线状长圆形，细而长。种子线状长圆形，无喙，顶端具一簇白色绢质种毛。

约4种，分布于亚洲东南部。我国2种，分布于贵州、云南、广西、广东、湖南、江西和福建等地区。浙江1种，温州也有。

### ■ 大花帘子藤 图45
**Pottsia grandiflora** Markgr.

常绿木质藤本。具乳汁。茎长达5m。枝无毛。叶薄纸质，长6.5~12.5cm，宽3~7cm；叶柄长1~2.2cm，叶柄间具钻状腺体。花多数组成总状式的聚伞花序，顶生或腋生，花序长达18.5cm，具长总花梗；花萼小，内面具腺体；花冠紫红色或粉红色；雄蕊着生在花冠筒喉部；子房无毛，由2离生心皮组成，每心皮有胚珠多枚。蓇葖果双生，下垂，线状长圆形，长达25cm；外果皮薄。种子长圆形，基部渐尖，顶端具一簇白色绢质种毛；种毛长4cm。花期5~9月，果期9~12月。

见于瑞安、文成、平阳、苍南、泰顺等地，生于溪谷山脚边及山坡常绿阔叶林下，常攀援树上。

图45 大花帘子藤

## 4. 毛药藤属 **Sindechites** Oliv.

木质藤本。具乳汁。茎、枝条无毛。叶对生；圆锥状聚伞花序顶生或近顶生；花萼小，5裂；花冠高脚碟状，顶端裂片5；雄蕊5，着生在花冠筒中部以上，花丝短，离生；子房由2离生心皮组成，每心皮有胚珠多枚，着生在子房腹缝线的胎座上。蓇葖果双生，线状披针形，无毛。种子线状披针形，顶端具黄白色绢质种毛。

约2种，分布于我国、老挝和泰国。我国2种均有，分布于我国西南部、中部和南部，稀见于东部各地区；浙江1种，温州也有。

■ **毛药藤** 图46

**Sindechites henryi** Oliv. [*Cleghornia henryi* (Oliv.) P. T. Li]

木质藤本。茎长达8m。茎、枝条、叶无毛。具乳汁。叶薄纸质，长5.5~12.5cm，宽1.5~3.7cm；叶柄长4~10mm，叶柄间及叶腋内具线状腺体。总状式聚伞花序顶生或近顶生，着花多数；花白色；花萼小；花冠长9mm；雄蕊着生在花冠筒近喉部；子房由2离生心皮组成，藏于花盘之中，每心皮有胚珠多枚。蓇葖果双生，一长一短，线状圆柱形，渐尖，长3~14cm，直径2.5~3mm。种子线状长圆形，扁平，长1.3cm，宽约1.5mm，顶端具黄色绢质种毛；种毛长2.5cm。花期5~7月，果期7~10月。

见于永嘉、瑞安、文成、苍南、泰顺等地，生于海拔600~1300m的山地疏林中、山腰路旁阳处灌木丛中或山谷密林中水沟旁。

本植物在广西民间常作补药用，但孕妇忌用。

图46 毛药藤

## 5. 络石属 Trachelospermum Lem.

攀援灌木。全株具白色乳汁。叶对生。花序聚伞状，有时呈聚伞圆锥状，顶生、腋生或近腋生；花白色或紫色；花萼5裂；花冠高脚碟状，顶端5裂；雄蕊5，着生在花冠筒膨大之处，花丝短；花盘环状，5裂；子房由2离生心皮所组成，每心皮有胚珠多枚。蓇葖果双生，长圆状披针形。种子线状长圆形，顶端具种毛；种毛白色绢质。

约15种，1种分布于北美洲，其余分布于亚洲。我国产6种，几乎分布于全国各地区；浙江6种均产，温州也都有。

## 分种检索表

1. 花冠筒中部、喉部或近喉部膨大；雄蕊着生于花冠筒中部、喉部或近喉部；蓇葖果叉生。
  2. 花蕾顶端渐尖；花萼裂片紧贴在花冠筒上，花药顶端伸出花冠喉部外……………………**1. 亚洲络石 T. asiaticum**
  2. 花蕾顶端钝；花萼裂片展开或反卷；花药顶端隐藏在花冠喉部内。
    3. 叶片长椭圆形或倒卵状长圆形；雄蕊着生在花冠筒的近喉部；花萼裂片展开，花冠筒长 7~10mm；蓇葖果长达 14~22cm……………………**3. 贵州络石 T. bodinieri**
    3. 叶片椭圆形、宽椭圆形、卵状椭圆形或披针形；雄蕊着生在花冠筒中部；花萼裂片反卷；蓇葖果长 5~18cm……………………**6. 络石 T. jasminoides**
1. 花冠筒基部或近基部膨大；雄蕊着生于花冠筒基部或近基部；蓇葖果 2，平行黏生，稀叉生。
  4. 子房及蓇葖果无毛。
    5. 叶片厚纸质；花暗紫红色；蓇葖果平行黏生，熟时略叉开，长 10~15cm……………………**2. 紫花络石 T. axillare**
    5. 叶片薄纸质；花白色；蓇葖果叉生，长 11~23.5cm，直径 0.3~0.5cm……………………**4. 短柱络石 T. brevistylum**
  4. 花白色；子房及蓇葖果有柔毛；蓇葖果合生，长 7cm，直径 1.2cm……………………**5. 锈毛络石 T. dunnii**

### 1. 亚洲络石　细梗络石　图 47

**Trachelospermum asiaticum** (Sieb. et Zucc.) Nakai

[*Trachelospermum gracilipes* Hook. f.]

攀援灌木。幼枝被黄褐色短柔毛，老时无毛。叶膜质，长 4~8.5cm，宽 1.5~4cm；叶腋间和叶腋外的腺体长 1mm。花序顶生或近顶生，着花多数；花白色，芳香；花蕾顶端渐尖；花萼裂片紧贴在花冠筒上；花冠筒圆筒形，花冠喉部膨大；雄蕊着生在花冠喉部；子房由 2 离生心皮组成，无毛，每心皮胚珠多枚，着生于腹缝线胎座上。蓇葖果双生，叉开，线状披针形，长 10~28cm，宽 3~4mm。种子多数，线状长圆形，长 2~15cm，宽约 2mm，顶端被白色绢质种毛。花期 4~6 月，果期 8~10 月。

见于永嘉、鹿城、瑞安、文成、泰顺等地，生于山地路旁或山谷密林中，攀援树上或灌木丛中。

### 2. 紫花络石　图 48

**Trachelospermum axillare** Hook. f.

木质藤本。具乳汁。茎和枝条有皮孔。叶片厚纸质，长 8~15cm，宽 3~4.5cm。聚伞花序腋生，有时近顶生，长 1~3cm；花蕾顶端钝；萼片卵圆形；花冠暗紫色，高脚碟状；雄蕊着生于花冠筒的基

图 47　亚洲络石

部，花药内藏；花盘环状5裂，裂片与子房等长；子房卵圆形，无毛，花柱线形，柱头近头状。蓇葖果双枚平行黏生，圆柱状长圆形，长10~15cm，直径10~15mm，无毛。种子倒卵状长圆形或宽卵圆形，长约15mm，宽7mm，暗紫色；顶端种毛长约5cm。花期5~7月，果期8~10月。

见于永嘉、瑞安、文成、平阳、苍南、泰顺等地，生于山谷及疏林中或水沟、溪边灌木丛中。

植株可供提取树脂及橡胶；茎皮纤维韧，可供织麻袋等；种毛作填充物。

## 3. 贵州络石　乳儿绳　温州络石　图49

**Trachelospermum bodinieri** (Lévl.) Woods. [*Trachelospermum wenchowense* Tsiang;*Trachelospermum cathayanum* Schneid.]

攀援灌木。除幼花被短柔毛外，其余无毛。叶长圆形，长5.5~6cm，宽1.7~2cm。聚伞花序圆锥状，顶生和腋生；花蕾顶部钝形；萼片渐尖；花冠白色；雄蕊着生于近花喉部，花药顶端不伸出花喉之外，花丝短，被短柔毛；子房由2离生心皮组成。蓇葖果双生，长14~22cm，宽2~3mm，无毛。种毛

陈贤兴 摄

陈贤兴 摄

陈贤兴 摄

图48　紫花络石

图 49 贵州络石

长 2.5~3.5cm。花期 5~7 月。果期 8~12 月。

见于乐清、永嘉、瑞安、文成、苍南、泰顺等地，生于山坡林中及溪旁树上。

## 4. 短柱络石 图 50

**Trachelospermum brevistylum** Hand.-Mazz.

木质藤本，较为柔弱。长 2m。具乳汁。全部无毛。叶薄纸质，长 5~10cm，宽 3cm；叶柄长 2~5mm。花序顶生及腋生，比叶短，无毛；花萼裂片卵状披针形锐尖；花白色，裂片斜倒卵形，长 5~7mm；雄蕊着生于花筒的基部，花药全部隐藏；子房长椭圆状，无毛。蓇葖果叉生，线状披针形，向顶端渐尖，长 11~23.5cm，直径 0.3~0.5cm；外果皮黄棕色，无毛。种子长圆形，长 1~2.8cm，直径 1.5~2.5cm；种毛色白，绢质，长 2.5~3 cm。花期 5~7 月，果期 8~12 月。

见于文成、苍南、泰顺等地，生于海拔 600~1100m 的山地空旷疏林中，缠绕于树上或石上。

## 5. 锈毛络石 韧皮络石

**Trachelospermum dunnii** (Lévl.) Lévl.

[*Trachelospermum tenax* Tsiang]

木质攀援藤本。幼嫩部分被黄色柔毛，老渐无毛；茎直径 1~3mm。叶近革质，无毛，卵圆状椭圆形或长圆状椭圆形，长 4.5~10cm，宽 1.5~4.5cm；叶柄间及腋内的腺体黑色，线形，众多，长 1mm。花序腋生，被黄色柔毛，长 3~4cm，宽 3~5cm，着花 3~10；花蕾顶端钝；花萼 5 深裂，长 4mm，宽 2mm，花萼内面基部有腺体 10，腺体具细牙齿，无毛；花冠白色。蓇葖果合生，线状披针形，有黑色

图 50　短柱络石

柔毛，长 7cm，直径约 1.2cm。种子倒卵形，具短尖头，长 1.5cm，直径 8mm。种毛白色，绢质，长约 4cm。花期 3 月，果期 8~11 月。

仅见 1 份采自温州的标本，但无具体地点。

## ■ 6. 络石　红对叶肾　图 51

**Trachelospermum jasminoides** (Lindl.) Lem.
[*Trachelospermum jasminoides* var. *heterophyllum* Tsiang]

常绿木质藤本。茎长达10m。具乳汁。有皮孔。叶革质或近革质，长2~10cm，宽1~4.5cm；叶柄内和叶腋外腺体钻形，长约1mm。二歧聚伞花序腋生或顶生，花多数组成圆锥状，与叶等长或较长；花白色，芳香；花萼5深裂；花蕾顶端钝；花冠筒圆筒形，中部膨大；雄蕊着生在花冠筒中部；子房由2离生心皮组成。蓇葖果双生，叉开，无毛，线状披针形，向先端渐尖，长5~18cm，宽3~10mm。种子多数，褐色，线形，长1.5~2cm，直径约2mm，顶端具白色绢质种毛；种毛长1.5~3cm。花期5~6月，果期7~10月。

见于本市各地，生于山野、溪边、路旁、林缘或杂木林中，常缠绕于树上或攀援于墙壁上、岩石上。

根、茎、叶、果实供药用，有祛风活络、利关节、止血、止痛消肿之效；温州民间作为补肾药，为“七肾汤”之一；乳汁有毒；茎皮纤维拉力强，可供制绳索、造纸及人造棉；花可供提取“络石浸膏”。

图 51 络石

## 6. 水壶藤属 Urceola Roxb.

常绿木质大藤本。具乳汁。叶对生，无腺点。聚伞花序圆锥状广展，三次以上分歧；花萼 5 深裂；花冠近坛状，花冠裂片 5，向右覆盖；雄蕊 5，着生在花冠筒基部，花丝短；花盘环状，全缘或 5 裂；子房为 2 离生心皮组成，胚珠多枚。蓇葖果双生，叉开，圆筒状。种子顶端具种毛。

约 15 种，分布于东南亚地区。我国 8 种，分布于南部和西南部各地区；浙江 1 种，温州也有。

### ■ 酸叶胶藤 图 52

**Urceola rosea** (Hook. et Arn.) D. J. Middleton
[*Ecdysanthera rosea* Hook. et Arn. ]

常绿木质大藤本。茎长达 10m。具乳汁。茎皮深褐色，无明显皮孔。枝条上部淡绿色，下部灰褐色。叶纸质，长 3~7cm，宽 1~4cm，叶背被白粉。聚伞花序圆锥状，宽松展开，多歧，顶生，着花多数；花小，粉红色；花萼 5 深裂；花冠近坛状；雄蕊 5，着生于花冠筒基部；子房由 2 离生心皮所组成，被短柔毛，花柱丝状，柱头顶端 2 裂。蓇葖果 2，叉开成近一直线，圆筒状披针形，长达 15cm，外果皮有明显斑点。种子长圆形，顶端具白色绢质种毛。花期 4~12 月，果期 7 月至翌年 1 月。

见于平阳、泰顺，生于山地杂木林山谷中、水沟旁较湿润的地方。

植株含胶质地良好，是一种野生橡胶植物；全株供药用。

图 52 酸叶胶藤

# 113. 萝藦科 Asclepiadaceae

多年生草本、藤本、直立或攀援灌木。具有乳汁。常有块根。单叶，对生或轮生，稀互生，全缘；叶柄顶端通常具有丛生的腺体。聚伞花序通常伞形，有时成伞房状或总状；花两性，整齐，5数，稀4数；花冠合瓣，顶端5裂片；副花冠通常存在；雄蕊5，与雌蕊黏生成中心柱，称合蕊柱，每花药有花粉块2或4；子房上位，由2离生心皮所组成，胚珠多数。蓇葖果双生，或因1枚不发育而成单生。种子多数。

约250属2000多种，分布于世界热带、亚热带和少数温带地区。我国44属245种33变种，分布于西南及东南部为多，少数在西北与东北各地区；浙江11属23种；温州8属18种。

### 分属检索表

1. 副花冠5深裂，每花粉器具4花粉块，着粉腺细小，淡色，无柄……7. 弓果藤属 Toxocarpus
1. 副花冠筒状，顶端短5裂，每花粉器具2花粉块，着粉腺紫红色，有柄。
  2. 叶肉质或革质。……3. 球兰属 Hoya
  2. 叶非肉质。
    3. 花粉块下垂。
      4. 柱头短，不伸出花药外……1. 鹅绒藤属 Cynanchum
      4. 柱头延伸成长喙，伸出花药外……6. 萝藦属 Metaplexis
    3. 花粉块直立或平展。
      5. 副花冠生在花冠筒的弯缺处而成为5个硬条带……2. 匙羹藤属 Gymnema
      5. 副花冠健全地发育，生于合蕊冠上或雄蕊背部。
        6. 花冠高脚碟状
          7. 副花冠背部加厚，裂片通常钻状……5. 牛奶菜属 Marsdenia
          7. 副花冠背部扁平，裂片细小或全无……4. 黑鳗藤属 Jasminanthes
        6. 花冠辐状或广辐状，副花冠为5卵形肉质的裂片所组成……8. 娃儿藤属 Tylophora

## 1. 鹅绒藤属 Cynanchum Linn.

灌木或多年生草本，直立或攀援。叶对生，稀轮生。聚伞花序多数呈伞状；花萼5深裂；花冠近幅状或钟形，副花冠膜质或肉质；花粉块每室1，下垂，多数长圆形；柱头基部膨大，五角形，顶端全缘或2裂。蓇葖果双生或1枚不发育，长圆形或披针形；外果皮平滑，稀具软刺。或具翅；种子顶端具种毛。

约200种，分布于非洲东部、地中海地区及欧亚大陆的热带、亚热带及温带地区。我国57种，主要分布于西南各地区，也有分布在西北及东北各地区；浙江10种；温州8种。

### 分种检索表

1. 茎直立。
  2. 叶片线状或线状披针形；茎无毛。
    3. 花紫红色，花冠内面有毛；聚伞花序腋生……8. 柳叶白前 C. stauntonii
    3. 花黄绿色，花冠内面无毛；聚伞圆锥状花序生于茎上端叶腋内……7. 徐长卿 C. paniculatum
  2. 叶片宽卵形、宽椭圆形、长圆形或长圆状披针形；茎常被1~2列毛。
    4. 叶片长圆形或长圆状披针形，宽不超过1.5cm……4. 白前 C. glaucescens
    4. 叶片宽卵形或宽椭圆形，宽常超过1.5cm……5. 竹灵消 C. inamoenum

1. 茎通常缠绕。
    4. 茎下部直立，上部缠绕……2. 蔓剪草 C. chekiangense
    4. 植株全部缠绕。
        5. 叶较小，长 2~10 cm，宽 1.5~5 cm；花紫红色；茎密被黄色绒毛……6. 毛白前 C. mooreanum
        5. 叶较大；花白色至淡黄色。
            6. 叶长 5~8 cm，宽 3~4.5 cm，基部圆形至微心形，叶柄长 0.5~2 cm……3. 山白前 C. fordii
            6. 叶长 4~12 cm, 宽 4~10 cm，基部心形，两侧耳状，叶柄长 3~6 cm……1. 牛皮消 C. auriculatum

## 1. 牛皮消 图 53

**Cynanchum auriculatum** Royle ex Wight

多年生缠绕半灌木状草本。具乳汁。根肥厚，呈块状。茎被微柔毛。叶对生，膜质，心形至卵状心形，长 4~12cm，宽 4~10cm，全缘，上面深绿色，下面灰绿色，被微毛。聚伞花序伞房状，有 30 花；花萼裂片卵状长圆形；花冠白色，辐状，裂片反折，内面被疏柔毛，副花冠，5 深裂，肉质。蓇葖果双生，披针状圆柱形，长 8~11cm，直径可达 1cm。种子长颈瓶状，长约 7mm；种毛白色。花期 6~8 月，果期 9~11 月。

见于乐清、永嘉、瑞安、文成、平阳、苍南、泰顺等地，生长于海拔 600~1600m 的山坡、路旁、溪边或灌木丛中。

块根药用。

## 2. 蔓剪草 图 54

**Cynanchum chekiangense** M. Cheng ex Tsiang et P. T. Li

多年生草本。单茎直立，端部蔓生，缠绕。根须状。全株近无毛。叶薄纸质，对生或在中间两对甚为靠近，似四叶轮生状，长 10~28cm，宽 4~15cm；叶柄长 2~2.5cm。伞形聚伞花序腋生；花序梗长 5mm，具有微毛；花梗长约 11mm；花萼裂片具缘毛；花冠深红色，副花冠比合蕊冠短或等长，裂片三角状卵形，顶端钝；花粉块椭圆形，下垂。蓇葖果常单生，线状披针形，长达 10cm，直径 1cm，向端部渐狭，无毛。种子卵形，基部圆形，顶端截形；种毛白色，绢质，长 3.5cm。花期 5~6 月，果期 7~9 月。

见于文成（石垟）、泰顺（乌岩岭）等地，生于山谷、溪旁、密林中。

根药用。

陈贤兴 摄

丁炳扬 摄

陈贤兴 摄

图 53 牛皮消

图 54　蔓剪草

## 3. 山白前　图 55

**Cynanchum fordii** Hemsl.

缠绕藤本。茎被 2 列柔毛。叶对生，长 5~8cm，宽 3~4.5cm，两面均被散生柔毛，叶片基部有丛生腺体。伞房状聚伞花序腋生，长约 4cm，着 5~15 花；花萼裂片卵状三角形，花萼内面基部腺体 5；花冠黄白色，无毛，长 9mm；花粉块每室 1，下垂，卵状长圆形。蓇葖果单生，长 5~5.5cm，直径 1cm。种子扁卵形；种毛白色绢质，长 2.5cm。花期 5~8 月，果期 8~12 月。

见于乐清（雁荡山）、苍南等地，生于海拔 100~300m 的山地林缘或山谷疏林下或路边灌木丛中向阳处。浙江分布新记录种。

## 4. 白前

**Cynanchum glaucescens** (Decne.) Hand.-Mazz.

直立矮灌木。高达 50cm。茎具 2 列柔毛。叶对生，无毛，长 2~5cm，宽 0.7~1.5cm，近无柄。伞形聚伞花序腋内或腋间生，比叶短，无毛或具微毛，着 10 余花；花萼 5 深裂，内面基部有腺体 5，极小；花冠黄色，辐状，副花冠浅杯状，裂片 5，肉质，卵形，龙骨状内向；花粉块每室 1，下垂；柱头扁平。蓇葖果单生，纺锤形，先端渐尖，长约 6cm，直径

图 55　山白前

约 1cm。种子扁平，宽约 5mm；种毛白色，绢质，长 2cm。花期 6~8 月，果期 8~10 月。

见于泰顺，生于海拔 100~300m 的江边河岸及沙石间，也有生于路边丘陵地区。

根及根茎药用。

## ■ 5. 竹灵消 图 56

**Cynanchum inamoenum** (Maxim.) Loes.

多年生直立草本。基部分枝甚多。根须状。茎干后中空，被单列柔毛。叶薄膜质，长4~8cm，宽1.5~5cm，无毛或两面仅脉上被微毛，边缘有睫毛。伞形聚伞花序近顶部腋生，着8~13花；花黄色；花冠辐状，裂片卵状长圆形，钝头，副花冠较厚，裂片三角形，短急尖；花药在顶端具1圆形的膜片；花粉块每室1，下垂，花粉块柄短，近平行；柱头扁平。蓇葖果双生，稀单生，狭披针形，向端部长渐尖，长达6cm，直径约5mm。花期5~7月，果期7~10月。

见于乐清（雁荡山），生于山谷林下及路边林下。

图 56　竹灵消

## ■ 6. 毛白前 图 57

**Cynanchum mooreanum** Hemsl.

多年生柔弱缠绕藤本。茎密被黄色短柔毛。叶对生，长 2~10cm，宽 1.5~5cm，两面均被黄色短柔毛，叶背较密；叶柄长 1~2cm，被黄色短柔毛。伞形聚伞花序腋生，着 3~8 花；花序梗或长或短，长达 2cm，被黄色柔毛；花冠紫红色，裂片长圆形，副花冠杯状，5 裂，裂片卵圆形，钝头；花粉块每室 1，下垂；子房无毛，柱头基部五角形，顶端扁平。

图 57　毛白前

蓇葖果单生，披针形，向端部渐尖，长7~9cm，直径约1cm。种子暗褐色，不规则长圆形；种毛白色，绢质。花期6~7月，果期8~10月。

见于乐清、文成、平阳、泰顺等地，生于海拔200~700m的山坡、灌木丛中或丘陵地疏林中。

全株可药用，民间用作洗疮疥。

## 7. 徐长卿

**Cynanchum paniculatum** (Bunge) Kitagawa

多年生直立草本。高可达1m；根须状，多至50余条；茎不分枝，稀从根部发生几条，无毛或被微生。叶对生，纸质，长5~13cm，宽5~15mm；叶柄长约3mm。圆锥状聚伞花序生于顶端的叶腋内，长达7cm，着10余花；花萼内的腺体或有或无；花冠黄绿色，近辐状，副花冠裂片5，基部增厚，顶端钝；花粉块每室1，下垂；子房椭圆形，柱头5角形，顶端略为凸起。蓇葖果单生，披针形，长6cm，直径6mm，向端部长渐尖。种子长圆形，长3mm；种毛白色，绢质，长1cm。花期7~9月，果期9~12月。

本种野外调查没有发现，而标本查阅记录洞头、平阳、文成、苍南、泰顺等地有分布，可能有些是柳叶白前 *Cynanchum stauntonii* (Decne) Schltr. ex Lévl. 的误定，需进一步研究；生于向阳山坡及草丛中。

全草可药用。

## 8. 柳叶白前 图58

**Cynanchum stauntonii** (Decne) Schltr. ex Lévl.

直立半灌木。高30~70cm。须根纤细，节上丛

陈贤兴 摄

陈贤兴 摄

陈贤兴 摄

图58 柳叶白前

生。分枝或不分枝。叶对生，纸质，长6~11cm，宽3~15mm；叶柄长约5mm。伞形聚伞花序腋生；有3~8花；花序梗长达1cm，小苞片众多；花萼5深裂；花冠紫红色，辐状，内面具长柔毛，副花冠裂片盾状，隆肿，比花药短；花粉块每室1，长圆形，下垂；柱头微凹，包在花药的薄膜内。蓇葖果单生，长披针形，长达9cm，直径6mm。花期6~8月，果期9~10月。

见于乐清、永嘉、文成、泰顺等地，生于低海拔的山谷湿地、水旁。

全株供药用。

## 2. 匙羹藤属 Gymnema R. Br.

木质藤本或藤状灌木。具乳汁。叶对生。聚伞花序伞形状，腋生；花萼5裂片；花冠近辐状、钟状或坛状，裂片5；雄蕊5，着生于花冠的基部；花粉块每室1，直立；子房由2离生心皮组成。蓇葖果双生，披针状圆柱形，渐尖，基部膨大。种子顶端具白色绢质种毛。

约25种，分布于亚洲热带和亚热带地区、非洲南部和大洋洲。我国7种，分布于西南部和南部；浙江1种，温州也有。

### ■ 匙羹藤 图59

**Gymnema sylvestre** (Retz.) Schult.

木质藤本。具乳汁。茎皮灰褐色，具皮孔。叶对生，长 3~6cm，宽 1.5~4cm，仅叶脉上被微毛；叶柄长 3~10mm，顶端具丛生腺体。聚伞花序伞形状，腋生，比叶短；花序梗长 2~5mm；花萼裂片卵圆形；花冠绿白色，钟状，副花冠着生于花冠裂片的湾缺下；雄蕊着生于花冠筒的基部；花粉块长圆形，直立；柱头宽而短圆锥状，伸出花药之外。蓇葖果双生，卵状披针形，长 5~6cm，基部膨大，顶部渐尖。种子卵圆形；种毛白色，绢质，种毛长 3.5cm。花期 6~8 月，果期 10 月至翌年 1 月。

见于乐清、永嘉、洞头、瑞安、平阳、苍南、泰顺等地，生于山坡林中或灌木丛中。

全株可药用，民间用来治风湿痹痛、脉管炎、毒蛇咬伤；外用治痔疮、消肿、枪弹创伤，也可杀虱；植株有小毒，孕妇慎用。

陈贤兴 摄

陈贤兴 摄

陈贤兴 摄

图 59 匙羹藤

## 3. 球兰属 Hoya R. Br.

灌木或半灌木，附生或卧生。叶肉质或革质。聚伞花序腋间或腋外生，伞状，着花多数；花萼短，5深裂；花冠肉质，辐状，5裂，副花冠5裂；花粉块在每个药室有1，直立，长圆形，边缘有透明的薄膜；柱头顶端钝或具细尖头。蓇葖果细长。种子顶端具有白色绢质种毛。

约100余种，分布于亚洲东南部至大洋洲各岛。我国32种，分布于我国南部；浙江1种，温州也有。

### ■ 球兰 图60

**Hoya carnosa** (Linn. f.) R. Br.

攀援灌木，附生于树上或石上。茎节上生气根。叶对生，肉质，卵圆形至卵圆状长圆形，长3.5~10cm，宽3~4cm，顶端钝，基部圆形。聚伞花序伞形状，腋生，着约30花；花白色，直径约1.5cm；花冠辐状，花冠筒短，裂片外面无毛。蓇葖果线形，光滑，长7.5~10cm，宽约5mm。种子顶端具白色绢质种毛。花期4~6月，果期7~8月。

见于乐清、瓯海、洞头、平阳、苍南、泰顺等地，生于海岛的山地阴湿处或岩石上。

著名观赏植物；全株供药用。

图60 球兰

## 4. 黑鳗藤属 Jasminanthes Bl.

藤状灌木。具乳汁。叶对生。聚伞花序伞状，腋生；花萼5深裂；花较大；花冠高脚碟状或近漏斗状，裂片5，副花冠5裂，着生于雄蕊背面；雄蕊5，与雌蕊黏生；花粉块每室1，直立；子房由2离生心皮组成，花柱短，柱头圆锥状或头状。蓇葖果粗厚，钝头或渐尖。种子顶端具白色绢质种毛。

约5种，分布于泰国、印度尼西亚、马来西亚、古巴和马达加斯加等。我国4种，分布于云南、广西、广东、湖南、福建、浙江和中国台湾等地区；浙江1种，温州也有。

### ■ 黑鳗藤 图61

**Jasminanthes mucronata** (Blanco) W. D. Stev.
[*Stephanotis mucronata* (Blanco) Merr.]

木质藤本。茎长达10m；茎被2列黄褐色柔毛。枝被短柔毛。叶纸质，长7~12cm，宽4.5~8cm；叶柄长2~3cm，顶端具丛生腺体。聚伞花序伞形状，腋生或腋外生，通常着2~4花；花萼裂片披针形；花冠白色，合蕊柱比花冠筒短，副花冠5，着生于雄蕊背面；花粉块每室1，卵圆形，直立，花粉块柄横生；子房无毛，卵圆形，心皮离生，基部五角形，顶端不明显2裂。蓇葖果长披针形，长12cm，直径1cm，渐尖，无毛。种子长圆形，长约1cm，顶端具白色绢质种毛；种毛长约2.5cm。花期5~6月，果期9~10月。

见于乐清、永嘉、瓯海、瑞安、文成、平阳、苍南、泰顺等地，生于海拔500m以下的山地疏密林中，攀援于大树上。

陈贤兴 摄

陈贤兴 摄

吴棣飞 摄

图61 黑鳗藤

## 5. 牛奶菜属 Marsdenia R. Br.

攀援灌木，稀直立灌木或半灌木。叶对生。聚伞花序伞形状，单生或分歧，顶生或腋生；花萼深5裂；花冠钟状、坛状或高脚碟状，与雄蕊合生的副花冠裂片5，通常肉质；合蕊柱较短；花粉块每室1，直立，通常长圆形，具花粉块柄；子房由2心皮所组成。蓇葖果圆柱状披针形。种子顶端具种毛。

约100种，分布于美洲、亚洲及热带非洲。我国25种5变种，分布于华东、华南及西南各地区；浙江3种；温州2种。

### 1. 海枫藤
**Marsdenia officinalis** Tsiang et P. T. Li

木质藤本。全株被黄色绒毛。叶纸质，长8~14cm，宽4~6cm；叶柄长约2cm。聚伞花序伞形状，腋生于侧枝的近端处，长4cm，着10余花；花序总梗长1~1.5cm；花萼5裂，内面基部有10腺体；花冠近钟状，副花冠裂片与花药几等长；花粉块每室1，直立，长圆形，花粉块柄横生，着粉腺长仅为花粉块的一半；柱头细长，基部膨大。蓇葖果近纺锤形，长约10cm，直径3cm；外果皮无毛，干时呈暗褐色。种子卵圆形；种毛白色绢质，长约4cm。花期7~8月，果期8~11月。

见于乐清、永嘉，生于山地林中岩石上及攀援于树上。

药用全株，有舒经通络、散寒、除湿、止痛之功效。

### 2. 牛奶菜 图62
**Marsdenia sinensis** Hemsl.

粗壮木质藤本。全株被绒毛。叶长8~12cm，

图62 牛奶菜

宽5~8cm，叶背被黄色绒毛；叶柄长约2cm。伞形状聚伞花序腋生，长2~9cm，着10~20花；花序梗、花梗和花萼均被黄色绒毛；花萼内面基部有腺体10余；花冠白色或淡黄色，副花冠短，高仅达雄蕊之半；花药顶端具卵圆形膜片；花粉块每室1，直立，肾形；柱头基部圆锥状，顶端2裂。蓇葖果纺锤状，向两端渐尖，长约10cm，直径约3cm；外果皮被黄色绒毛。种子卵圆形，扁平，长约5mm；种毛长约4cm。花期8~10月，果期翌年8~10月。

见于永嘉、瑞安、泰顺等地，生于海拔500m以下的山谷疏林中。

全株供药用。

本种与海枫藤 *Marsdenia officinalis* Tsiang et P. T. Li 的主要区别在于：本种副花冠短，长仅雄蕊的一半，花粉块肾形；而海枫藤副花冠与雄蕊等长，花粉块长圆形。

## 6. 萝藦属 Metaplexis R. Br.

多年生草质藤本。具乳汁。叶对生。聚伞花序总状式，腋生；花萼5深裂；花冠近辐状，花冠筒短，裂片5，副花冠环状，着生于合蕊冠上，5短裂；雄蕊5，着生于花冠基部；花粉块每室1，下垂；子房由2离生心皮组成，每心皮有胚珠多数。蓇葖果叉生，纺锤形或长圆形。种子顶端具白色绢质种毛。

约6种，分布于亚洲东部。我国2种，分布于西南、西北、东北和东南部；浙江1种，温州也有。

### ■ 萝藦 图63

**Metaplexis japonica** (Thunb.) Makino

多年生缠绕草本。有乳汁。根细长，绳索状。茎圆柱形，中空。叶对生，卵状心形，长5~12cm，宽3~9cm，顶端渐尖，背面粉绿色、无毛；叶柄长2~5cm，顶端有丛生腺体。总状聚伞花序腋生，有长的总花梗；花萼有柔毛；花冠白色，近辐状，内面有柔毛，副花冠杯状，5浅裂；花柱延伸成喙状，长于花冠，柱头2裂。蓇葖果单生，纺锤形，长8~10cm，宽2~3cm，平滑。种子褐色，扁平，卵圆形，长6~7mm，有膜质边缘；种毛长约2cm。花期7~8月，果期9~11月。

见于本市各地，生于山坡、田野或路旁草丛中。

茎皮纤维可供制人造棉；根入药，种子绒毛可以止血。

图63 萝藦

## 7. 弓果藤属 Toxocarpus Wight et Arn.

攀援灌木。被长柔毛、锈色绒毛，稀无毛。叶对生，顶端具细尖头，基部双耳形。花序腋生，伞状聚伞花序；花萼细小，5深裂；花冠辐状，稀钟状，花冠筒极短，副花冠裂片5，着生于合蕊冠基部；花粉块每室2，每着粉腺上有4花粉块；柱头伸出于花冠之外，顶端2裂或全缘。蓇葖果双生，通常被茸毛。种子具种毛。

约40种，分布于热带非洲、东南亚和太平洋各岛。我国10种，分布于西南和华南等地区；浙江1种，温州也有。

### ■ 毛弓果藤

**Toxocarpus villosus** (Bl.) Decne.

藤状灌木。幼嫩部分被锈色绒毛。叶对生，厚纸质，长5~11.5cm，宽2~6cm，叶背被锈色长柔毛。聚伞花序腋生，不规则两歧；花序梗长3~10cm，被锈色绒毛；花黄色，长1.5cm；花冠辐状，花冠筒短，副花冠裂片的顶端钻状，比花药短；花粉块每室2，直立；花柱长圆柱状，柱头高出花药。蓇葖果近圆柱状，长约8cm，直径1cm，有时仅有1枚发育。种子众多，线形，有边缘，长10mm，宽2mm；种毛长约2cm。花期4月，果期6月。

见于泰顺（垟溪），生于丘陵地带的疏林中。

## 8. 娃儿藤属 Tylophora R. Br.

缠绕或攀援藤本，稀多年生草本或直立小灌木。叶对生。伞形或短总状式的聚伞花序，腋生，稀顶生；通常总花梗曲折；花小；花萼5裂；花冠5深裂，辐状或钟状，副花冠由5肉质、膨胀的裂片组成；花粉块每室1，近直立；子房由2离生心皮所组成，花柱短。蓇葖果双生，稀单生，长圆状披针形。种子顶端具白色绢质种毛。

约60种，分布于亚洲、非洲、澳大利亚的热带和亚热带地区。我国35种，分布于黄河以南各地区；浙江3种，温州也有。

**分种检索表**

1. 叶下面侧脉不明显 ························ **3. 贵州娃儿藤 T. silvestris**
1. 叶侧脉明显。
   2. 叶窄长卵形或长卵状戟形；花序多歧曲折，花淡紫色 ························ **1. 七层楼 T. floribunda**
   2. 叶长圆形或长圆状披针形；花序轴不分枝，近直伸，花黄绿色 ························ **2. 通天连 T. koi**

### ■ 1. 七层楼 图64

**Tylophora floribunda** Miq.

多年生缠绕藤本。具乳汁。根须状，黄白色。全株无毛。茎纤细，分枝多。叶长3~5cm，宽1~2.5cm，叶面深绿色，叶背淡绿色。聚伞花序广展，腋生或腋外生，比叶长；花序梗曲折，每一曲度生有一至二回伞房式花序；花淡紫红色，小；花萼裂片长圆状披针形；花冠辐状，副花冠裂片卵形，贴生于合蕊冠基部；花粉块每室1，近球状，平展；子房无毛，柱头盘状五角形，顶端小凸起。蓇葖果双生，叉开度180°~200°，长5cm，直径4mm。种子近卵形，棕褐色，顶端具白色绢质种毛；种毛长2cm。花期5~9月，果期8~12月。

见于瑞安、文成、平阳、苍南、泰顺等地，生于海拔500m以下阳光充足的灌木丛中或疏林中。

根可药用。

图 64　七层楼

## 2. 通天连 图 65

**Tylophora koi** Merr.

攀援灌木。全株无毛。叶薄纸质，长圆形或长圆状披针形，大小不一，小叶长 2~5cm，宽 1cm，大叶长 8~11cm，宽 2~5cm。聚伞花序近伞房状，腋生或腋外生；花黄绿色；花萼 5 深裂，内面基部有腺体 5；副花冠裂片卵形；花粉块每室 1，近球状，平展；子房无毛，柱头略凸起，端部不明显 2 裂。蓇葖果通常单生，线状披针形，长 4~9cm，直径 5mm，无毛；种子卵圆形，顶部具白色绢质种毛；种毛长 1.5cm。花期 6~9 月，果期 7~12 月。

见于文成、平阳、苍南、泰顺，生于海拔 1000m 以下的山谷潮湿密林中或灌木丛中，常攀援于树上。

全株供药用。

## 3. 贵州娃儿藤 图 66

**Tylophora silvestris** Tsiang

攀援灌木。茎灰褐色；节间长8~9cm。叶近革质，长3~7cm，宽10~12mm。聚伞花序假伞形，腋生，比叶短，不规则两歧，着10余花；花紫色；花萼5深裂；花冠辐状，副花冠裂片卵形，肉质肿胀；花粉块每室1，圆球状，平展，花粉块柄上升，着粉腺近菱形；子房无毛，柱头盘状五角形。蓇葖果披针形，长7cm，直径0.5cm。种子顶端具白色绢质种毛。花期3~5月，果期5月以后。

见于永嘉、文成、泰顺，生于海拔 500m 以下的山地密林中及路旁旷野地。

图 65　通天连

图 66　贵州娃儿藤

# 114. 旋花科 Convolvulaceae

草本或灌木或为寄生植物。植物体常有乳汁。有些种类地下具肉质的块根。茎缠绕或攀援，有时平卧或匍匐，偶有直立。叶互生，寄生种类无叶或退化成小鳞片，通常为单叶。花通常美丽，单生于叶腋，或少花至多花组成腋生聚伞花序，有时总状、圆锥状、伞状或头状花序；花整齐，两性，5数；花萼分离或仅基部连合；花冠合瓣，漏斗状、钟状、高脚碟状或坛状；雄蕊与花冠裂片等数，互生；子房上位。通常为蒴果。种子和胚珠同数。

约58属1650种以上，广泛分布于热带、亚热带和温带，主产于美洲和亚洲的热带、亚热带。我国20属大约129种，南北均有；浙江12属21种1亚种2变种；温州野生的7属15种1亚种。

有些种类供食用，如番薯是主要的粮食作物之一，蕹菜为常见栽培的蔬菜；有些种类供药用；还有不少种类作为观赏用。

### 分属检索表

1. 寄生植物；无叶或有鳞片状叶；花冠筒部内面雄蕊下有5流苏状的鳞片……**2. 菟丝子属 Cuscuta**
1. 非寄生植物；茎上具营养叶。
 2. 匍匐小草本；子房分裂为2，花柱2，基生于离生心皮之间……**3. 马蹄金属 Dichondra**
 2. 子房不分裂，花柱1或2，顶生。
  3. 直立或平卧草本；花柱2，每1花柱顶端2尖裂，具圆柱状或棒状的柱头……**5. 土丁桂属 Evolvulus**
  3. 花柱1，不分裂。
   4. 总状或圆锥花序；全部萼片或3外萼片在结果时极增大成翅状；蒴果小，2瓣裂或不开裂，具1种子……**4. 飞蛾藤属 Dinetus**
   4. 萼片在果期不增大或稍增大，不成翅状；果开裂后宿存于果梗。
    5. 花萼包藏在2大苞片内；柱头2，扁平……**1. 打碗花属 Calystegia**
    5. 花萼不为苞片所包，若有总苞片则柱头1，头状。
     6. 花冠通常黄色；瓣中带通常有5条暗色脉；花粉粒无刺……**7. 鱼黄草属 Merremia**
     6. 花冠白色、淡红色、红色、淡紫色；瓣中带2条脉；花粉粒有刺……**6. 番薯属 Ipomoea**

## 1. 打碗花属 Calystegia R. Br.

多年生缠绕或平卧草本。叶箭形或戟形。花腋生，单一或稀为少花的聚伞花序；苞片2，叶状，包藏着花萼，宿存；萼片5，宿存；花冠钟状或漏斗状，白色或粉红色；雄蕊及花柱内藏；雄蕊5；子房1室或不完全的2室，4胚珠。蒴果卵形或球形，1室，4瓣裂。种子4。

约25种，分布于两半球的温带和亚热带。我国6种，南北均产；浙江2种1亚种，温州均有。

### 分种检索表

1. 叶片肾形；苞片短于萼片；果卵球形；多生于海滨沙地……**3. 肾叶打碗花 C. soldanella**
1. 叶片非肾形；苞片覆盖萼片。
 2. 苞片较大，长1.5~2.4cm；宿萼及苞片增大包藏果实；花较大，长4cm以上……**2. 旋花 C. silvatica subsp. orientalis**
 2. 苞片较小，长0.8~1.5cm；宿萼及苞片与果近等长或稍短；花较小，长4cm以下……**1. 打碗花 C. hederacea**

## 1. 打碗花 图 67

**Calystegia hederacea** Wall. ex Roxb.

多年生草本。茎缠绕或平卧，常自基部分枝，具细长白色的根。基部叶片长圆形，长 2~3（~5）cm，宽 1~2.5cm，顶端圆，基部戟形，上部叶片 3 裂；叶柄长 1~5cm。花腋生，1 花；花梗长于叶柄；苞片宽卵形，长 0.8~1.6cm，顶端钝或锐尖至渐尖；萼片长圆形；花冠淡红色，钟状；雄蕊近等长，贴生花冠管基部；子房无毛，柱头 2 裂。蒴果卵球形，长约 1cm，宿存萼片与之近等长或稍短。花期 5~8 月，果期 8~10 月。

见于本市各地，生于农田、荒地、路旁，为常见的杂草。

根药用。

图 67　打碗花

## 2. 旋花 图 68

**Calystegia silvatica** (Kitaibel) Griseb. subsp. **orientalis** Brummitt

多年生草本。全体不被毛。茎缠绕，伸长，有细棱。叶形多变，三角状卵形或宽卵形，长 4~10cm，宽 2~6cm 或更宽。花腋生，1 花；花梗通常稍长于叶柄，长达 10cm；苞片宽卵形，长 1.5~2.5cm；萼片卵形，长 1.2~1.6cm；花冠通常白色或有时淡红色或紫色，漏斗状，长 5~7cm；雄蕊花丝基部扩大；子房无毛，柱头 2 裂，裂片卵形，扁平。蒴果卵形，长约 1cm，为增大宿存的苞片和萼片所包被。种子黑褐色，长 4mm，表面有小疣。花期 5~8 月，果期 8~10 月。

见于本市各地，生于路旁、溪边草丛、农田边或山坡林缘。

图 68　旋花

## 3. 肾叶打碗花 图 69

**Calystegia soldanella** (Linn.) R. Br.

多年生草本。全体近于无毛，具细长的根。茎细长，平卧，有细棱或有时具狭翅。叶肾形，长0.9~4cm，宽1~5.5cm，质厚。花腋生，1花；花梗长于叶柄；苞片宽卵形，比萼片短，长0.8~1.5cm；萼片近于等长，长1.2~1.6cm，外萼片长圆形，内萼片卵形，具小尖头；花冠淡红色，钟状，长4~5.5cm；雄蕊花丝基部扩大，无毛；子房无毛，柱头2裂，扁平。蒴果卵球形，长约1.6cm。种子黑色，长6~7mm，表面无毛亦无小疣。花期5~7月，果期7~9月。

见于本市沿海地区，生于海滨沙地或海岸岩石缝中。

陈贤兴 摄

丁炳扬 摄

陈贤兴 摄

图 69 肾叶打碗花

## 2. 菟丝子属 Cuscuta Linn.

缠绕寄生草本。无叶或退化成鳞片状。茎黄色或红色，具吸器。花小，白色或淡红色，总状、穗状或簇生成头状花序；萼片5，基部多少连合；花瓣4~5，合生成管状或钟状，近基部有5流苏状鳞片；雄蕊5，与花冠裂片互生；子房上位，2室，胚珠4枚。蒴果，有时稍肉质，周裂或不规则破裂。种子1~4。

约 170 种，分布于全球热带至温带。我国约 11 种，各地均有；浙江 4 种，温州均产。

**分种检索表**

1. 植株较粗壮；花序近穗状，花柱 1 ……………………………………………………… **4. 金灯藤 C. japonica**
1. 植株较纤细；花序近球形，花柱 2，柱头头状。
  2. 果熟时宿存花冠全部包住蒴果 ……………………………………………………… **3. 菟丝子 C. chinensis**
  2. 果熟时宿存花冠仅包住蒴果的下半部。
    3. 鳞片较大，约为花冠管等长，边缘具长毛 ……………………………… **2. 原野菟丝子 C. campestris**
    3. 鳞片较小，约为花冠管的一半，边缘短流苏状 …………………………… **1. 南方菟丝子 C. australis**

### 1. 南方菟丝子 图 70

**Cuscuta australis** R. Br.

一年生寄生草本。茎缠绕，金黄色，纤细，直径 1mm 左右，无叶。花序侧生，少花或多花簇生成小伞形或小团伞花序；总花序梗近无；花梗稍粗壮，长 1~2.5mm；花萼杯状，基部联合；花冠乳白色或淡黄色，杯状，宿存；雄蕊着生于花冠裂片弯缺处，鳞片小，边缘短流苏状；子房扁球形，花柱 2，等长或稍不等长，柱头球形。蒴果扁球形，直径 3~4mm，下半部为宿存花冠所包，成熟时不规则

图 70 南方菟丝子

图71 原野菟丝子

开裂，不为周裂。通常有4种子，淡褐色，卵形，长约1.5mm，表面粗糙。花果期8~10月。

见于本市各地，寄生于田边、路旁的豆科、菊科、马鞭草科牡荆属等草本或灌木上。

种子可药用，功效同菟丝子 *Cuscuta chinensis* Lam.。

## 2. 原野菟丝子 图71

**Cuscuta campestris** Yuncker

一年生寄生草本。茎缠绕，表面光滑，初为黄绿色，后转为黄色至橙色，直径0.5~0.8mm，无叶，伞形花序或簇生为团伞花序；花萼杯状，近基部开裂，裂片5；花冠白色，5裂，向外反折，花冠内鳞片与花冠筒近等长，边缘长流苏状；雄蕊10；子房球形，花柱2。蒴果扁球形，直径约3mm，下半部为宿存花冠包围，成熟时不规则开裂。种子通常3~4，黄褐色，卵形。花期8~10月，果期9~11月。

见于瓯海区茶山，生于荒地，寄生于苍耳等植物上。浙江分布新记录种。

## 3. 菟丝子 图72

**Cuscuta chinensis** Lam.

一年生寄生草本。茎缠绕，黄色，纤细，直径约1mm，无叶。花序侧生，少花或多花簇生成小伞形或小团伞花序；花萼杯状，中部以下连合，裂片三角状；花冠白色，壶形，向外反折，宿存；雄蕊着生于花冠裂片弯缺微下处；鳞片长圆形，边缘长流苏状；子房近球形，花柱2，等长或不等长，柱头球形。蒴果球形，直径约3mm，几乎全为宿存的花冠所包围，成熟时整齐地周裂。种子2~4，淡褐色，卵形，长约1mm，表面粗糙。花果期7~10月。

见于本市各地，通常寄生于豆科、菊科、蓼科、茄科等多种植物上。

本种种子药用。

图72 菟丝子

图 73 金灯藤

## 4. 金灯藤 图 73

**Cuscuta japonica** Choisy

一年生寄生缠绕草本。茎较粗壮，肉质，直径1~2mm，黄色，常带紫红色瘤状斑点，无毛，多分枝，无叶。花无柄或几无柄，形成穗状花序，长达3cm，基部常多分枝；花萼碗状，5 裂几达基部，背面常有紫红色瘤状凸起；花冠钟状，淡红色或绿白色，长 3~5mm，顶端 5 浅裂；雄蕊 5；鳞片 5，长圆形，边缘流苏状，伸长至冠筒中部或中部以上；子房球状，2 室，花柱细长，合生为 1，与子房等长或稍长，柱头 2 裂。蒴果卵圆形，长约 5mm，近基部周裂。种子 1~2，光滑，长 2~2.5mm，褐色。花果期 8~10 月。

见本市各地，寄生于草本或灌木上。

种子药用，功效同菟丝子 *Cuscuta chinensis* Lam.；其寄生习性对一些木本植物造成危害。

# 3. 马蹄金属 Dichondra J. R. et G. Forst.

多年生匍匐小草本。叶小，肾形或心形至圆形，全缘；具叶柄。花小，单生于叶腋；苞片小；萼片 5，近等长；通常匙形；花冠宽钟形，深 5 裂；雄蕊 5，较花冠短，花丝丝状，花药小，花粉粒平滑；子房深 2 裂，2 室，每室 2 枚胚珠。蒴果，分离成 2 果瓣或不分裂，各具 1 或稀 2 种子。

约 14 种，大多数分布于美洲。我国 1 种，浙江及温州也有。

## 马蹄金 图 74

**Dichondra micrantha** Urban [*Dichondra repens* Forst. ]

多年生匍匐小草本。茎细长，被灰色短柔毛，节上生根。叶肾形至圆形，直径4~25mm；叶柄长（1.5~）3~5cm。花单生于叶腋，花梗短于叶柄；萼片倒卵状长圆形至匙形；花冠钟状，较短至稍长于萼，黄色，深5裂；雄蕊5，着生于花冠2裂片间弯缺处，花丝短，等长；子房被疏柔毛，2室，具4枚胚珠，花柱2，柱头头状。蒴果近球形，直径约1.5mm。种子1~2，黄色至褐色，无毛。花期4~5月，果期7~8月。

见于本市各地，生于山坡草地、路旁或沟边。

全草供药用；也可作地被植物种植。

图74 马蹄金

## 4. 飞蛾藤属 **Dinetus** Buch.-Ham. ex Sweet

草质或木质藤本。茎缠绕或攀援。叶互生，基部大多心形，全缘。花腋生或顶生，排成总状或圆锥花序；萼片5，结果时明显增大成翅状，与果一起脱落；花白色或淡蓝紫色；花冠钟状或漏斗状，冠檐近全缘或5裂；雄蕊5；子房1~2室，胚珠2~4枚。蒴果近球形或长圆形，2瓣裂或不裂。种子通常1，无毛。

约8种，主要分布于亚洲热带及亚热带，少数种在非洲及邻近岛屿、大洋洲、美洲。我国6种，主要分布于西南至华南；浙江1种，温州也有。

■ **飞蛾藤** 图 75

**Dinetus racemosus** (Wall.) Sweet [*Porana racemosa* Roxb.]

多年生草质藤本。茎圆柱形，高达10m，被疏柔毛。叶卵形，长3~11cm，宽1.5~8cm。花序总状或圆锥状，腋生，少花或多花；苞片叶状，小苞片钻形；花梗长1~3mm；萼片线状披针形，长1.5~2.5mm，果时全部增大；花冠漏斗形，长约1cm，白色，5裂至中部；雄蕊，2长3短，内藏；子房无毛，柱头棒状，2裂。蒴果卵形，长7~8mm，具小短尖头，无毛。种子1，卵形，长约5mm，暗褐色或黑色，平滑。花期8~9月，果期9~10月。

见于文成、泰顺等地，多生于山麓灌草丛。

全草可作药用。

图 75 飞蛾藤

## 5. 土丁桂属 Evolvulus Linn.

一年生或多年生草本、亚灌木或灌木。茎平卧或上升。叶小，互生，全缘。花小，腋生，单生或排成聚伞、穗状或头状花序等；萼片5；花冠辐状、漏斗状或高脚碟状，冠檐近全缘或5浅裂；雄蕊5；子房2室，胚珠4枚。蒴果球形或卵形，2~4瓣裂。种子1~4，无毛。

约100种，主产于美洲热带。我国仅1种，分布于长江以南各地区；浙江1种，温州也有。

图 76 土丁桂

■ **土丁桂** 图 76

**Evolvulus alsinoides** (Linn.) Linn.

多年生草本。茎少数至多数，平卧或上升，细长，被灰白色柔毛。叶长（7~）15~22mm，宽 2~5mm。花单一或数花组成聚伞花序；花梗与萼片等长或通常较萼片长；苞片线状钻形至线状披针形，长 1~2.5mm；萼片披针形，长 3~4mm；花冠辐状，淡蓝色；雄蕊 5，内藏；子房无毛；花柱 2，每 1 花柱 2 尖裂，柱头圆柱形，先端稍棒状。蒴果球形，无毛，直径约 3mm，4 瓣裂。种子 4 或较少，黑色，平滑。花果期 5~9 月。

见于乐清、苍南、泰顺等地，生于山坡、灌丛及路边。

全草药用。

## 6. 番薯属（甘薯属） Ipomoea Linn.

匍匐草本，稀直立呈灌木，通常缠绕。有时具乳汁。叶全缘或分裂。花单生或组成聚伞花序，腋生；苞片各式；萼片 5，宿存，常于结果时多少增大；花冠通常钟状或漏斗形，冠檐 5 浅裂，稀 5 深裂；雄蕊 5，内藏，花粉粒常具刺；子房 2~4 室，具胚珠 4 枚。蒴果。种子无毛或有毛。

约 500 种，广泛分布于热带、亚热带和温带地区。我国约 29 种，南北均产，但大部分产于华南和西南；浙江 9 种；温州野生 5 种，其中本土的 1 种，外来的 4 种。

本属有些种类供食用，如蕹菜、番薯；有些种类用以观赏或药用；有些是危害严重的入侵植物。

### 分种检索表

1. 叶片不分裂。
  2. 茎被稀疏的疣基毛 ………… **2. 瘤梗甘薯 I. lacunosa**
  2. 茎被粗硬毛或被灰白色倒向硬毛。
    3. 叶片心形；粉粒有刺；花冠长 4~5cm ………… **4. 圆叶牵牛 I. purpurea**
    3. 叶心形或心状三角形；粉粒无刺；花冠长 1.2~1.5cm ………… **1. 毛牵牛 I. biflora**
1. 叶片 3 裂或顶端 2 裂或微凹。
  4. 叶片卵形、长圆形或圆形，顶端微凹或 2 裂 ………… **3. 厚藤 I. pes-caprae**
  4. 叶片宽卵形至圆形，深 3 裂，或不裂 ………… **5. 三裂叶薯 I. triloba**

## 1. 毛牵牛　心萼薯　图 77

**Ipomoea biflora** (Linn.) Pers. [*Aniseia biflora* (Linn.) Choisy]

攀援或缠绕草本。茎细长，直径约 1.5~4mm，有细棱，被灰白色倒向硬毛。叶心形或心状三角形，长 4~9.5cm，宽 3~7cm。花序腋生，短于叶柄，花序梗长 3~15mm，或有时更短则花梗近于簇生，通常着生 2 花，有时 1 或 3；苞片小，线状披针形，萼片 5，萼片于结果时稍增大；花冠白色，狭钟状，长 1.2~1.5cm；雄蕊 5，内藏；子房圆锥状，无毛，花柱棒状，长 3mm，柱头头状，2 浅裂。蒴果近球形，直径约 9mm，果瓣内面光亮。种子 4，卵状三棱形，高 4mm，毛被不尽相同，被微毛或被短绒毛，沿两边有时被白色长绵毛。

见于洞头、瑞安、平阳、苍南等沿海、岛屿，多生于山谷、山坡、路旁和林下。

广西民间用茎、叶治小儿疳积，种子治跌打、蛇伤。

图 77　毛牵牛

## 2. 瘤梗甘薯 图 78

**Ipomoea lacunosa** Linn.

茎缠绕，多分枝，被稀疏的疣基毛。叶互生，叶卵形至宽卵形，长 2~6cm，宽 2~5cm，全缘，基部心形，先端具尾状尖，上面粗糙，下面光滑；叶柄无毛或有时具小疣。花序腋生，花序梗无毛但具明显棱，具瘤状凸起；花冠漏斗状，无毛，白色、淡红色或淡紫红色；雄蕊内藏，花丝基部有毛；子房近卵球形，被毛。蒴果近球形，中部以上被毛，具花柱形成的细尖头，4 瓣裂。种子无毛。

原产于热带美洲，现温州鹿城、瓯海、洞头等地有归化，生于路旁荒地。

陈贤兴 摄

## 3. 厚藤 图 79

**Ipomoea pes-caprae** (Linn.) R. Br. [*Ipomoea pes-caprae* (Linn.) Sweet]

多年生草本。全株无毛。茎平卧，有时缠绕。叶肉质，干后厚纸质，长3.5~9cm，宽3~10cm，顶端微缺或2裂；叶柄长2~10cm。多歧聚伞花序，腋生，有时仅1花发育；花序梗粗壮；萼片厚纸质，卵形，顶端圆形，具小凸尖，外萼片长7~8mm，内萼片长9~11mm；花冠紫色或深红色，漏斗状，长4~5cm；雄蕊和花柱内藏。蒴果球形，直径1.1~1.7cm，2室；果皮革质，4瓣裂。种子三棱状圆形，长7~8mm，密被褐色茸毛。花果期5~10月。

见于平阳、苍南等地，生于海滨沙滩向阳处。

全草入药。

陈贤兴 摄

图 78　瘤梗甘薯

图79　厚藤

## 4. 圆叶牵牛　图80

**Ipomoea purpurea** (Linn.) Roth [*Pharbitis purpurea* (Linn.) Voigt]

一年生草本。全株被粗硬毛。茎缠绕，多分枝。叶片心形，长5~12cm，先端尖，基部心形，全缘或3裂，有掌状脉；叶柄长4~9cm。花序腋生，1~5花；总花梗较叶柄略长或近等长；苞片线形；萼片卵状披针形，长1.2~1.5cm，先端钝尖，基部有粗硬毛；花冠漏斗形，白色、淡红色或紫色，长4~5cm，有5浅裂；雄蕊不等长，花丝基部不肿大，

图80　圆叶牵牛

图 81　三裂叶薯

有毛；子房 3 室，柱头头状，3 裂。蒴果球形，光滑。种子卵圆形，无毛。花期 7~9 月，果期 9~11 月。

原产于热带美洲，本市各地栽培供观赏，洞头、瑞安等地有归化，生于荒地或村旁。

本种原为牵牛属 *Pharbitis* Choisy，《Flora of China》将其归入甘薯属 *Ipomoea* Linn.。

### ■ 5. 三裂叶薯　图 81

**Ipomoea triloba** Linn.

草本。茎缠绕或有时平卧，无毛或散生毛。叶宽卵形至圆形，长 2.5~7cm，宽 2~6cm，全缘或有粗齿或深 3 裂；叶柄长 2.5~6cm。花序腋生，花序梗短于或长于叶柄，长 2.5~5.5cm，1 花或少花至数花成伞状聚伞花序；花梗多少具棱，有小瘤突；萼片近相等或稍不等；花冠漏斗状，淡红色或淡紫红色，冠檐裂片短而钝，有小短尖头；雄蕊内藏，花丝基部有毛；子房有毛。蒴果近球形，直径 5~6mm，具花柱基形成的细尖，被细刚毛，2 室，4 瓣裂。种子 4 或较少，长 3.5mm，无毛。花果期 5~8 月。

原产于热带美洲，现已成为热带地区的杂草，本市各地常见，为外来入侵植物，生于丘陵路旁、荒草地或田野。

## 7. 鱼黄草属 Merremia Dennst.

草本或灌木。茎缠绕，有时平卧。叶互生，全缘或分裂。花单生或排成各式分枝的聚伞花序；萼片 5；花冠漏斗状或钟状，白色或淡红色，通常黄色；雄蕊 5，内藏，花粉粒无刺；子房 2 或 4 室，胚珠 4 枚。蒴果通常 4 瓣裂。种子 4 或较少。

约 80 种，广布于热带地区。我国约 19 种，主产于中国台湾、广东、海南、广西、云南等地区；浙江 1 种，温州也有。

## ■ 篱栏网　鱼黄草　图 82

**Merremia hederacea** (Burm. f.) Hallier f.

缠绕或匍匐草本。匍匐时下部茎上生须根；茎细长，有细棱，无毛或疏生长硬毛，有时散生小疣状凸起。叶心状卵形，长 1.5~7.5cm，宽 1~5cm，基部心形或深凹，全缘或通常具不规则的粗齿或锐裂齿，有时为深或浅 3 裂；叶柄细长，长 1~5cm，具小疣状凸起。聚伞花序腋生，有 3~5 花，有时更多或偶为单生；花冠黄色，钟状；雄蕊 5；子房球形。蒴果扁球形或宽圆锥形，4 瓣裂，内含种子 4。

见于洞头、瓯海（丽岙）等地，生于灌丛或路旁草丛中。

全草及种子有消炎的作用。

图 82　篱栏网

# 115. 紫草科 Boraginaceae

草本或半灌木，稀灌木或乔木。全株通常被有硬毛或刚毛。单叶，互生，极少对生或轮生，全缘或有锯齿。花两性，辐射对称；聚伞花序成单歧蝎尾状或两歧伞房状或圆锥状；花萼5裂，宿存；花冠辐状、钟状、漏斗状或高脚碟状，白色或蓝色；雄蕊5；子房上位，2室，每室含2胚珠。果实为4枚小坚果或成核果状。

约156属2500种，分布于温带和热带地区。我国47属294种，遍布全国，但以西南部最为丰富；浙江10属14种1亚种；温州6属9种。

本科植物可作药用、观赏及染料，又可作饲料用；木材坚硬可用作建筑。

### 分属检索表

1. 木本；花白色；花柱顶生 …… **3. 厚壳树属 Ehretia**
1. 草本；花常为蓝色，稀白色；花柱基生。
    2. 花冠喉部无附属物，但有毛的皱褶 …… **4. 紫草属 Lithospermum**
    2. 花冠喉部或花冠筒有向内凸出与花冠裂片对生的5附属物。
        3. 小坚果有锚状刺 …… **2. 琉璃草属 Cynoglossum**
        3. 小坚果无锚状刺。
            4. 小坚果背面有碗状凸起 …… **5. 盾果草属 Thyrocarpus**
            4. 小坚果背面无碗状凸起。
                5. 小坚果肾形，密生小疣状凸起，腹面中部有凹陷 …… **1. 斑种草属 Bothriospermum**
                5. 小坚果四面体形或卵形，无小疣状凸起 …… **6. 附地菜属 Trigonotis**

## 1. 斑种草属 Bothriospermum Bunge

一年生或二年生草本。茎直立或伏卧。单叶，互生。花小，蓝紫色或白色，具柄；聚伞花序腋生或顶生；花萼5裂；花冠辐状，筒短，喉部有5鳞片状附属物；雄蕊5，着生于花冠筒部，内藏；子房4深裂。小坚果4，肾形，背面具疣状凸起。

约5种，广布于亚洲热带及温带。我国约5种，广布于南北各地区；浙江1种，温州也有。

### ■ 柔弱斑种草 图83

**Bothriospermum zeylanicum** (J. Jacq.) Druce
[*Bothriosprmum tenellum* (Hornem.) Fisch. et C. A. Mey.]

一年生草本。高15~30cm。茎细弱，丛生，直立或平卧，多分枝，被向上贴伏的糙伏毛。叶长1~2.5cm，宽0.5~1.5cm。花序柔弱，长10~20cm；苞片椭圆形或狭卵形；花萼长1~1.5mm，果期增大，长约3mm；花冠蓝色或淡蓝色，喉部有5半圆形的附属物，附属物高约0.2mm；花柱圆柱形，极短，长约0.5mm。小坚果4，肾形，长约1mm，密生小疣状凸起，腹面具纵椭圆形的环状凹陷。花期4~5月，果期6~7月。

见于本市各地，生于山坡路边、田间草丛、山坡草地及溪边阴湿处。

图 83 柔弱斑种草

## 2. 琉璃草属 Cynoglossum Linn.

二年生或多年生草本，稀一年生。叶为单叶，基生或同时茎生，全缘。花生于聚伞花序之一侧；花萼 5 裂，果期增大；花冠通常蓝色，稀为白色，高脚碟状或漏斗状，喉部有 5 梯形或半月形的附属物；雄蕊 5，内藏，着生于花冠筒中部或中部以上；子房 4 深裂。小坚果 4，卵形，有锚状刺，着生面居果的顶部。

约 75 种，分布于温带和亚热带地区。我国 12 种，广布于全国各地区；浙江 2 种，温州也有。

### 1. 琉璃草 图 84

**Cynoglossum furcatum** Wall. [*Cynoglossum zeylanicum* (Vahl) Thunb.]

二年生草本。高 40~80cm。茎单一或数条丛生，密被被黄褐色糙伏毛。基生叶及茎下部叶具柄，长 12~20cm（包括叶柄），宽 3~7cm；茎上部叶无柄。花序顶生及腋生，分枝钝角叉状分开，果期延长呈总状；花萼长 1.5~2mm，果期稍增大；花冠蓝色，漏斗状，长 3.5~4.5mm，喉部有 5 梯形附属物；雄蕊 5，内藏；子房 4 深裂，花丝基部扩张，着生于花冠筒上 1/3 处。小坚果 4，卵球形，长 2~3mm，

图 84 琉璃草

背面凸，密生锚状刺。花期5~6月，果期7~8月

见于乐清、永嘉、文成、苍南、泰顺等地，生于海拔300~1500m的林间草地、向阳山坡及路边。

根、叶供药用。

## 2. 小花琉璃草 图85

**Cynoglossum lanceolatum** Forsk.

多年生草本。高20~70cm。茎直立，由中部或下部分枝；分枝开展，密生短硬毛。基生叶及茎下部叶具柄，长8~14cm，宽约3cm；茎中部以上叶无柄或具短柄，长4~7cm，宽约1.5cm；茎上部叶极小。花序顶生及腋生，分枝钝角叉状分开，果期延长呈总状；花萼长1~1.5mm，果期稍增大；花冠淡蓝白色，钟状，长1.5~2.5mm，喉部有5半月形附属物；雄蕊5，内藏；子房4深裂，花柱肥厚，四棱形。小坚果4，卵球形，长2~2.5mm，背面凸，密生长短不等的锚状刺，边缘锚状刺基部不连合。花果期4~9月。

见于泰顺，生于海拔300~1300m的丘陵、山坡草地及路边。

全草入药。

本种与琉璃草 *Cynoglossum furcatum* Wall. 的主要区别在于：本种叶片较小，基部叶长8~14cm，宽约3cm；花也较小，长仅1.5~2.5mm，花冠喉部有5半月形附属物。

图85 小花琉璃草

## 3. 厚壳树属 Ehretia Linn.

乔木或灌木。单叶，互生，全缘或具锯齿。聚伞花序多少呈二歧分枝成腋生或顶生的伞房或圆锥花序；花小，白色；花萼5浅裂；花冠筒状或钟形，5裂；雄蕊5，着生于花冠筒上；子房圆球形，2室，每室含2枚胚珠，柱头2，头状或棒状。核果近圆球形，内果皮成熟时分裂为2枚具2种子或4枚具1种子的分核。

约50种，大多分布于非洲、亚洲南部的热带地区。我国14种，主产于长江以南各地区。浙江2种，温州也有。

### 1. 厚壳树 图86

**Ehretia acuminate** R. Br. [*Ehretia thysiflora* (Sieb. et Zucc.) Nakai]

落叶乔木。高达15m。具条裂的黑灰色树皮。小枝有明显的短糙毛或无毛。叶长5~20cm，宽4~10cm；叶柄长1~2.5cm。花多数，小形，芳香，密集成大型的圆锥花序，长8~15cm，宽5~8cm；花萼长1.5~2mm；花冠钟状，白色，长3~4mm；雄蕊伸出花冠外，着生于花冠筒基部以上0.5~1mm处；花柱长1.5~2.5mm，分枝长约0.5mm。核果橘红色，

陈贤兴 摄

陈贤兴 摄

陈贤兴 摄

图86 厚壳树

图 87 粗糠树

近球形，直径3~4mm；成熟时分裂为2枚具2种子的分核。花期6月，果期7~8月。

见于永嘉、瑞安、文成、苍南、泰顺等地，生于海拔 100~1700m 的丘陵、平原疏林、山坡灌丛及山谷密林，为适应性较强的树种。

### 2. 粗糠树 图 87

**Ehretia dicksonii** Hance [*Ehretia macrophylla* Wall.]

落叶乔木。高约 10m。树皮灰褐色，纵裂。小枝被短糙伏毛。叶长 8~18cm，宽 5~10cm；叶柄长 1~3cm。聚伞花序顶生，呈伞房状或圆锥状，宽 6~9cm；花萼长 3.5~4.5mm；花冠筒状钟形，白色，芳香，长 8~10mm；雄蕊伸出花冠外，着生于花冠筒基部以上 3.5~5.5mm 处；花柱长 6~9mm。核果黄色，近球形，直径 10mm，内果皮成熟时分裂为 2 枚具 2 种子的分核。花期 4~5 月，果期 6~8 月。

见于洞头、瑞安（北麂下岙岛），生于山坡疏林及土质肥沃的山脚阴湿处。

本种与厚壳树 *Ehretia acuminate* R. Br. 的主要区别在于：叶片有糙伏毛，花冠裂片短于花冠筒；核果黄色，熟时黑色，直径约 10mm。

## 4. 紫草属 Lithospermum Linn.

一年生或多年生草本。有短糙伏毛或硬毛。单叶，互生。聚伞花序顶生或腋生；花萼 5 裂至基部；花冠白色、蓝紫色或黄色，漏斗状或高脚碟状；雄蕊 5，内藏，花丝很短；子房 4 裂。小坚果 4，卵圆形，直立，平滑或有疣状凸起，着生面在果的基部。

约 50 种，分布于温带地区。我国 5 种，南北各地区均有分布；浙江 3 种，温州 1 种。

### 梓木草

**Lithospermum zollingeri** A. DC.

多年生匍匐草本。匍匐茎长可达30cm，有开展的糙伏毛；花茎直立，高5~25cm。基生叶有短柄，叶片长3~6cm，宽8~18mm；茎生叶与基生叶同形而较小，近无柄。花序长2~5cm，有1花至数花；苞片叶状；花萼长约6mm；花冠蓝色，长1.5~1.8cm；雄蕊5，着生于花冠筒中部以下；子房4深裂,柱头头状。小坚果4，椭圆形，长2.5~3mm，乳白色而稍带淡黄褐色。花期4~6月，果期7~8月。

《泰顺县维管束植物名录》有记载，但没见确切标本。

全草入药。

## 5. 盾果草属 Thyrocarpus Hance

一年生或多年生草本。基生叶大，具柄；茎生叶较小，互生。花小，具短柄，排列成有叶状苞片的聚伞花序；花萼5深裂，果期稍增大；花冠紫色或白色，漏斗状；雄蕊5，着生于花冠筒中部；子房4深裂。小坚果4，卵形，密生疣状凸起，上部外面有2层碗状凸起，外层有齿，内层全缘，着生在果腹面的顶部。种子卵形，背腹扁，直立。

约3种，分布于我国和越南。浙江2种；温州1种。

### ■ 盾果草 图88

**Thyrocarpus sampsonii** Hance

一年生草本。茎单一或数条，直立或斜升，高20~45cm，常自下部分枝，有开展的长硬毛和短糙毛。基生叶丛生，有短柄，匙形，长3.5~15cm，宽1~5cm；茎生叶较小，无柄。花序长7~20cm，生于苞腋或腋外；花萼长约3mm；花冠淡蓝色或紫色，喉部附属物线形，长约0.7mm，肥厚，有乳头凸起，先端微缺；雄蕊5，着生于花冠筒中部。小坚果4，长约2mm，黑褐色，碗状凸起的外层边缘色较淡，齿长约为碗高的一半，伸直，先端不膨大，内层碗状凸起不向里收缩。花果期4~8月。

见于乐清、永嘉、文成、泰顺等地，生于山坡草丛或灌丛下。

图88 盾果草

## 6. 附地菜属 Trigonotis Stev.

一年生或多年生纤弱或披散草本。茎直立或铺散，通常被糙毛或柔毛。单叶互生。花小，有梗，成顶生单歧聚伞花序，果时伸展近似疏散的总状花序；花萼5深裂，结实后不增大或稍增大；花冠小形，蓝色或白色，裂片5；雄蕊5，内藏；子房深4裂，柱头头状；小坚果4，三角状四面体形。

约58种，分布于东南亚。我国39种，分布于广西南部至东北部；浙江2种，温州也有。

### 1. 台湾附地菜 图89

**Trigonotis formosana** Hayata

多年生草本。具较长的匍匐茎，匍匐茎上常生有花序，茎高10~20cm，不分枝，除下部及叶柄被开展或斜上的糙毛外，全株通常被伏毛。基生叶长椭圆形至披针形，长2~5cm；茎生叶及匍匐枝上的叶似基生叶，但较短而宽。花序生于枝顶端，长5~15cm，密生多数花；花萼裂片卵状三角形，长0.5-1.5mm；花冠筒部长约1mm，裂片宽椭圆形；

图89 台湾附地菜

雄蕊着生于花冠筒中部。小坚果 4，倒三棱锥状四面体形，长约 1mm，成熟后黑色，有光泽。温州分布新记录种。

见于文成、泰顺等地，生于海拔 400~1000m 的林下阴湿处。

## 2. 附地菜 图 90

**Trigonotis peduncularis** (Trev.) Benth. ex Bak. et Moore

一年生或多年生草本。茎通常多条丛生，稀单一，密集，铺散，高 5~30cm，基部多分枝，被短糙伏毛。基生叶呈莲座状，有叶柄，叶片匙形，长 2~5cm；茎上部叶长圆形或椭圆形，具短柄或无柄。花序生于茎顶，长 5~20cm，只在基部具 2~3 叶状苞片，其余部分无苞片；花梗短，花后伸长，长 3~5mm，花萼裂片卵形；花冠淡蓝色，喉部附属物 5；雄蕊 5。小坚果 4，三棱锥状四面体形，长 0.8~1mm。花果期 3~6 月。

见于本市各地，生于平原、丘陵草地、林缘、田间及荒地。

全草入药；嫩叶可供食用。

本种与台湾附地菜 *Trigonotis formosana* Hayata 的主要区别在于：台湾附地菜具有较长的匍匐茎；基生叶长椭圆形至披针形。而本种植株直立或斜升，无匍匐茎；基生叶呈莲座状，有叶柄，叶片匙形。

图 90 附地菜

# 116. 马鞭草科 Verbenaceae

灌木或乔木，少数为草本或藤本。叶对生，单叶或掌状复叶，无托叶。花组成聚伞、穗状或总状花序，或再由聚伞花序再组成伞房状或圆锥状；花小型，两性，两侧对称或辐射对称；花萼宿存，4~5 齿裂；花冠二唇形或略不相等的 4~5 裂；雄蕊多为 4，着生在花冠筒上，花药内向纵裂或裂缝上宽下窄呈孔裂状；子房上位，心皮大多为 2，通常 2 室，中轴胎座，每室有 1~2 胚珠。果实为核果、浆果状核果或蒴果。

共 91 属约 2000 种，主要分布于热带和亚热带地区。我国 20 属 182 种；浙江 9 属 35 种；温州 7 属 28 种 5 变种。

### 分属检索表

1. 花无梗，组成穗状花序，或缩短成伞房状。
  2. 直立草本，节上不生根；穗状花序细长如鞭或短缩成伞房状……**6. 马鞭草属 Verbena**
  2. 匍匐草本，节上生根；头状或穗状花序紧缩成呈圆柱形或卵形……**4. 过江藤属 Phyla**
1. 花有梗，组成聚伞花序或由聚伞花序再组成各式花序，稀单生于叶腋。
  3. 半灌木或多年生草本而茎基部木质化；蒴果……**2. 莸属 Caryopteris**
  3. 灌木或乔木；核果或浆果状核果。
    4. 花序全部腋生；花辐射对称，雄蕊近等长……**1. 紫珠属 Callicarpa**
    4. 花序顶生或有时顶生兼腋生；花冠二唇形或不等 5 裂，雄蕊多少二强。
      5. 单叶；花冠二唇形或不等 5 裂，裂片大小不悬殊。
        6. 花冠 5 裂，裂片稍不等长，但不呈二唇形；花萼果时明显增大……**3. 大青属 Clerodendrum**
        6. 花冠 4 裂，二唇形；花萼果时仅稍增大……**5. 豆腐柴属 Premna**
      5. 常状复叶，稀单叶；花冠下唇中央一裂片明显较大……**7. 牡荆属 Vitex**

## 1. 紫珠属 Callicarpa Linn.

落叶灌木或乔木，稀攀援藤状。单叶，对生，叶片有锯齿或小齿，稀全缘，通常被星状毛，背面常有腺点。聚伞花序腋生；花小，辐射对称；花萼杯状或钟状，顶端 4 裂；花冠辐状、钟状或管状，4 裂；雄蕊 4，着生于花冠基部，花药纵裂或顶端裂缝扩大成孔裂状；子房 4 室，每室 1 胚珠。核 果或浆果状核果。

约 140 种，主要分布于亚洲热带和亚热带。我国 48 种，主产于长江以南；浙江 14 种；温州 13 种 3 变种。

### 分种检索表

1. 叶片下面和花各部均有红色腺点。
  2. 植物体各部均被星状毛；叶片宽 4~8cm；花丝明显长于花冠……**1. 紫珠 C. bodinieri**
  2. 植株除嫩枝和总花梗略有星状毛外无毛；叶片宽 1.5~4cm；花丝与花冠近等长或略长……**3. 华紫珠 C. cathayana**
1. 叶片下面和花各部有黄色腺点，有时不明显。
  3. 植物体密被黄褐色分枝茸毛；花萼管状；果实几全为宿萼所包……**8. 枇杷叶紫珠 C. kochiana**
  3. 植物体被单毛、星状毛或星状茸毛，或无毛；花萼杯状或钟状；果实大部裸露于花萼之外。
    4. 总花梗远长于叶柄，长 1.5cm 以上；叶片基部宽楔形、圆形或心形。
      5. 叶柄通常长 8mm 以上；叶片基部宽楔形或钝圆。
        6. 攀援灌木；叶片全缘；花序宽大，宽 5cm 以上……**7. 全缘叶紫珠 C. integerrima**
        6. 直立灌木；叶片有细锯齿；花序宽不到 5cm……**5. 杜虹花 C. formosana**

5. 叶柄极短，长 7mm 以下；叶片基部心形。
7. 小枝、叶和花序均密被多节长柔毛；萼齿钝三角形，长约 1mm ……………………………**10. 长柄紫珠 C. longipes**
7. 小枝、叶和花序被黄褐色星状毛或无毛；萼齿不显著，长约 0.5mm ………………………………**12. 红紫珠 C. rubella**
4. 总花梗短于或略长于叶柄，但决不到 1.5cm；叶片基部楔形，稀钝圆或心形。
8. 小枝略呈四棱形；叶片下面密生下凹的黄色腺点；花序生于叶腋上方 …………………………**4. 白棠子树 C. dichotoma**
8. 小枝圆柱形；叶片下面密生颗粒状腺点；花序生于叶腋。
9. 花丝长为花冠的 2 倍；花药椭圆形，药室纵裂 ……………………………………………………………**6. 老鸦糊 C. giraldii**
9. 花丝等于或略长于花冠，但不到花冠的 2 倍；花药长圆形，药室孔裂。
10. 叶柄极短，长不超过 3mm；叶片基部钝圆或浅心形；花萼长 23mm。
11. 小枝和叶片下面疏被星状毛；叶片基部钝圆或楔形；花萼无毛 ……………………**2. 短柄紫珠 C. brevipes**
11. 小枝和叶片下面近无毛；叶片基部浅心形或圆形；花萼被星状毛 ………………………**9. 光叶紫珠 C. lingii**
10. 叶柄较长，长 5~10mm；叶片基部楔形；花萼长约 1.5mm。
12. 叶片薄纸质，下面腺点不明显；花序细瘦，总花梗长 8mm 以下…………………………………………………………………………………………………………………**11. 膜叶紫珠 C. membranacea**
12. 叶片厚纸质，下面具明显的黄色腺点；花序较粗壮，总花梗长 1.2~1.4mm ……………………………………………………………………………………………**13. 上狮紫珠 C. siongsaiensis**

## 1. 紫珠 图 91

**Callicarpa bodinieri** Lévl.

落叶灌木。小枝、叶柄和花序均被星状毛。叶对生，叶片卵状或倒卵状长椭圆形，先端渐尖，基部楔形，边缘有细钝锯齿，上面干后暗棕褐色，有短柔毛，下面密被星状毛，两面都有暗红色细粒状腺点；叶柄长 0.5~1cm。聚伞花序 4~5 次分歧；总花梗长约 1cm；花萼有星状毛和红色腺点，萼齿锐三角形；花冠紫红色，疏生星状毛和红色腺点；花丝长近花冠的 2 倍，花药纵裂，药隔有红色腺点。果实球形，熟时紫色。花期 6~7 月，果期 9~10 月。

见于永嘉、瑞安、泰顺等地，生于山坡疏林下或林缘灌丛。

叶可供药用；入秋果紫红色，可供观赏。

## 2. 短柄紫珠 图 92

**Callicarpa brevipes** (Benth.) Hance

落叶灌木。小枝略呈四棱形，幼时具黄褐色星状毛，后变无毛。叶对生，叶片披针形或狭披针形，先端渐尖，基部钝，背面有黄色腺点，叶脉上有星状毛，边缘中部以上疏生小齿；叶柄长约 3mm。聚伞花序 2~3 次分歧，花序梗纤细，约与叶柄等长，

图 91　紫珠

图 92 短柄紫珠

具黄褐色星状毛；花萼杯状，近无毛，具黄色腺点，萼齿钝三角形或近截头状；花冠白色，无毛；花丝约与花冠等长，花药孔裂；子房无毛，柱头略长于雄蕊。果实球形，熟时紫色。花期 6~7 月，果期 9~11 月。

见于瑞安、文成、平阳、泰顺等地，生于海拔 500~1000m 的山坡或沟谷林下或林缘灌丛。

## 3. 华紫珠 图 93

**Callicarpa cathayana** H. T. Chang

落叶灌木。小枝纤细，嫩枝有星状毛。叶对生，叶片薄纸质，卵状椭圆形至卵状披针形，先端长渐尖，基部楔形下延，两面近无毛而有红色或红褐色腺点，边缘密生细钝锯齿；叶柄长 4~8mm。聚伞花

图 93 华紫珠

序纤细，3~4 次分歧，略有星状毛；总花梗约与叶柄近等长；花萼有星状毛和红色腺点，萼齿不明显；花冠淡紫红色，有腺点；花丝与花冠近等长或略长，花药孔裂，药隔有红色腺点；子房无毛。果实球形，紫色。花期 6~8 月，果期 9~10 月。

见于乐清、永嘉、文成、平阳、泰顺等地，生于海拔 900m 以下的溪沟边或山坡灌丛或疏林下。

根、叶、果可供药用，具清热凉血、止血之效。

## ■ 4. 白棠子树 图 94

**Callicarpa dichotoma** (Lour.) K. Koch

落叶灌木。小枝细长，略呈四棱形，淡紫红色，嫩梢略有星状毛。叶对生，叶片纸质，倒卵形，先端急尖至渐尖，基部楔形，边缘上半部疏生锯齿，两面近无毛，下面密生下凹的黄色腺点；叶柄长 2~5mm。聚伞花序着生于叶腋上方，2~3 次分歧；总花梗纤细，长 1~1.5cm；花萼无毛而有腺点，顶端有不明显的裂齿；花冠淡紫红色，无毛；花丝长约花冠的 2 倍，花药纵裂；子房无毛而有腺点。果实球形，紫色，直径约 2mm。花期 7~8 月，果期 9~10 月。

见于乐清、永嘉、瑞安、泰顺等地，生于海拔 500m 以下的溪沟边或农舍旁灌丛。

陈贤兴 摄

图 94 白棠子树

根、叶、果可供药用，有清热、凉血、止血之功效；叶可供提取芳香油；入秋果紫红色，有光泽，可供观赏。

## ■ 5. 杜虹花 图 95

**Callicarpa formosana** Rolfe

落叶灌木。全株密被黄褐色星状毛。小枝圆柱形。单叶对生，叶片纸质，椭圆形、卵状椭圆形或宽卵形，形状变异大，先端锐尖至渐尖，基部圆形

丁炳扬 摄

丁炳扬 摄

吴棣飞 摄

图 95 杜虹花

或钝，叶缘有细锯齿或仅有小尖头，表面疏被星状短毛，后因毛脱落变为质感粗糙，背面具细小的黄色腺点；叶柄粗壮，长0.8~1.2cm。聚伞花序腋生，4~5次分歧；花序梗比叶柄长；花萼4浅裂，被灰黄色星状毛及腺点；花冠淡紫色或粉红色，无毛，具稀少的细腺点；雄蕊4，伸出冠筒之外，花药纵裂；子房无毛，顶端具腺点。果实近球形至椭圆形，成熟时紫色。花期5~6月，果期8~11月。

本市各地普遍分布，生于海拔600m以下的山坡、山谷、溪沟边或山顶的林下或灌丛中。

叶可供药用；花、果美丽，可供观赏。

## ■ 6. 老鸦糊 图96

**Callicarpa giraldii** Hesse ex Rehd.

落叶灌木。小枝灰黄色，被星状毛。叶对生，叶片纸质，宽椭圆形至披针状长圆形，先端渐尖，基部楔形或宽楔形，边缘有锯齿或小齿，上面近无毛，下面疏生星状毛，密被黄色腺点；叶柄长1~2cm。聚伞花序4~5次分歧，被星状毛；总花梗长5~10mm；花萼钟形，疏生星状毛和黄色腺点；花冠紫红色，稍被星状毛；雄蕊明显伸出花冠外，花药纵裂；子房疏生星状毛，后常脱落。果实球形，成熟时紫色，无毛。花期5~6月，果期8~10月。

除洞头外本市山区或半山区均有分布，生于海拔1100m以下的丘陵山地的林下或灌丛中。

根、叶、果可供药用；入秋果紫红色，可供观赏。

## ■ 6a. 毛叶老鸦糊 图97

**Callicarpa giraldii** var. **subcarescens** Rehd. [*Callicarpa giraldii* var. *lyi* Rehd.]

本变种以小枝、叶片下面及花各部分均密被灰色星状毛，叶片略小且薄而与原种不同，但存在一些过渡类型，有时与原种不易区别。花果期与原种同。

见于乐清、永嘉、文成、苍南、泰顺等地，生

陈贤兴 摄

丁炳扬 摄

图96 老鸦糊

丁炳扬 摄

图 97　毛叶老鸦糊

于海拔 1000m 以下的山谷、山坡的林下或灌丛中。

## 7. 全缘叶紫珠　图 98

**Callicarpa integerrima** Champ.

落叶藤状灌木。小枝圆柱形，嫩枝、叶柄和花序密生黄褐色分枝厚茸毛。叶对生，叶片革质，宽卵形或卵圆形，先端急尖或短渐尖，基部宽楔形至浑圆，稀浅心形，全缘，表面深绿色，幼时有黄褐色星状毛，老后脱落几无毛，背面密生灰黄色厚茸毛；叶柄长约 2cm。聚伞花序宽 8~11cm，7~9 次分歧；花序梗长 3~5cm；花梗及萼筒密生星状毛，萼齿不明显或截头状；花冠紫色，无毛；雄蕊长过花冠约 2 倍，药室纵裂；子房有星状毛。果实近球形，紫色，初被星状毛，成熟后脱落。花期 6~7 月，果期 8~10 月。

见于乐清、瑞安、文成、苍南、泰顺等地，生于海拔 100~800m 的低山沟谷或山坡林中。

叶可供药用。

## 7a. 藤紫珠　图 99

**Callicarpa integerrima** var. **chinensis** (Pei) S. L. Chen [*Callicarpa peii* H. T. Chang]

本变种与原种的主要区别在于：叶片背面被黄褐色星状毛，毛被较薄；花梗和花萼无毛。

见于永嘉、文成、泰顺（里光及垟溪）等地，生境与原种相同。

图 98　全缘叶紫珠

图 99　藤紫珠

## 8. 枇杷叶紫珠　图 100

**Callicarpa kochiana** Makino

落叶灌木。小枝、叶柄与花序密生黄褐色分枝茸毛。叶对生，叶片厚纸质，长椭圆形、卵状椭圆形或长椭圆状披针形，长可达 20cm，顶端渐尖或锐尖，基部楔形，边缘有锯齿，背面密生黄褐色星状毛和分枝茸毛，两面被不明显的黄色腺点，叶脉在叶背隆起；叶柄长 1~3cm。聚伞花序宽 3~6cm，3~5 次分歧；花序梗长 1~2cm；花萼管状，被茸毛，萼齿线形或三角形披针形；花冠淡红色或紫红色，裂片密被茸毛；雄蕊伸出花冠筒外，花药纵裂。果实圆球形，几全部包藏于宿存的花萼内。花期 7~8 月，果期 9~12 月。

见于乐清、瑞安、文成、平阳、苍南、泰顺等地，生于海拔 800m 以下的山坡、沟谷林中或灌丛。

叶和根可供药用；叶也可提取芳香油。

## 9. 光叶紫珠　图 101

**Callicarpa lingii** Merr.

落叶灌木。幼枝紫褐色，微有星状毛，基部 1~2 节常短缩。叶对生，叶片倒卵状长椭圆形或长椭圆形，顶端渐尖或急尖，中部以下收窄，基部浅心形或圆形，两面无毛或表面有微毛，背面密生细小的黄色腺点，边缘具小齿或近全缘，背面中脉略

图 100　枇杷叶紫珠

图 101　光叶紫珠

带紫色；叶柄极短或近无柄。聚伞花序 2~4 次分歧，被黄褐色星状毛；花序梗长 5~10mm；花萼杯状，无毛或微有星状毛，萼齿钝三角形或近截头状；花冠白色至紫红色，近无毛；花丝略短于花冠，花药孔裂；子房无毛。果实倒卵形或卵形，有黄色腺点。花期 6~7 月，果期 9~11 月。

见于瑞安、文成、平阳、泰顺等地，生于海拔 300~1500m 的山坡林下或灌丛中。

入秋果紫红色，有光泽，可供观赏。

本种和短柄紫珠 *Callicarpa brevipes* (Benth.) Hance 的区别较小，所不同者为：短柄紫珠叶片通常披针形，背面在主脉上有星状毛，果实为球形。

## ■ 10. 长柄紫珠 图 102

**Callicarpa longipes** Dunn

落叶灌木。小枝棕褐色，被多细胞腺毛和单毛。叶对生，叶片纸质，倒卵状椭圆形至倒卵状披针形，顶端急尖至尾尖，基部心形，稍偏斜，两面被多细胞单毛，背面有细小黄色腺点，边缘具细齿或三角

图 102　长柄紫珠

状锯齿；叶柄长4~8mm。聚伞花序3~4次分歧，被毛与小枝同；花序梗长2.5~4cm；花萼钟状，被腺毛及单毛，萼齿钝三角形；花冠红色，疏被毛；雄蕊长约为花冠的2倍，花药纵裂；子房无毛。果实球形，紫红色。花期7~8月，果期9~11月。

见于乐清、文成、苍南、泰顺等地，生于海拔400~1000m的山坡、山谷、溪边林下或灌丛中。

《浙江植物志》记载温州产的为钝齿红紫珠 *Callicarpa rubella* f. *crenata* Pei，但《Flora of China》既没记载也未作归并处理，从毛被、叶形和花序梗长短上看与本种最接近，但萼齿为钝三角形，长不超过0.4mm，与典型的长柄紫珠（萼齿狭三角形，长约1mm）有区别，值得进一步研究。

## ■ 11. 膜叶紫珠　窄叶紫珠　图103

**Callicarpa membranacea** H. T. Chang [*Callicarpa japonica* Thunb. var. *angustata* Rehd. ]

落叶灌木。除嫩枝和幼叶可略有星状毛外全体无毛。小枝圆柱形，略带紫红色。叶对生，叶片薄纸质，倒卵状披针形、倒披针形或披针形，先端急尖至尾尖，基部楔形，稀宽楔形，边缘上半部有锯齿，下面无腺点或有不明显的黄色腺点；叶柄长5~8mm。聚伞花序细弱而短小，2次分歧，总花梗与叶柄等长或稍短；花萼杯状，萼齿钝三角形；花冠淡红色；花丝与花冠几等长，花药孔裂。果实球形，熟时浆果状易压扁，紫红色。花期6~7月，果期8~10月。

见于乐清、瑞安、文成、泰顺等地，散生于山坡、沟谷林中或林缘灌丛中。

本种原是日本紫珠 *Callicarpa japonica* Thunb. 的变种，区别在于：日本紫珠叶片较宽大，倒卵状椭圆形或椭圆形；聚伞花序较粗壮，2~3次（稀4次）分歧。

## ■ 12. 红紫珠　图104

**Callicarpa rubella** Lindl.

落叶灌木。小枝圆柱形，被黄褐色星状毛和多节腺毛。叶对生，叶片薄纸质，倒卵形或倒矩圆形，先端尾尖或渐尖，基部心形，两侧耳状，边缘

图103　膜叶紫珠

图104　红紫珠

有三角状锯齿或不整齐锯齿，上面有短柔毛，下面密被灰白色星状毛；叶柄短，长不过4mm。聚伞花序2~3分歧，被毛与小枝同，花序梗长2~3cm；萼杯状，萼齿不显著，具腺点；花冠淡紫红色，外面被细毛；花丝长2倍于花冠，花药纵裂；子房无毛或有疏毛。核果球状，红色。花期5~6月。果期8~10月。

见于永嘉、瑞安、文成、平阳、苍南、泰顺等地。生于海拔300~1000m的山坡、沟谷林下或灌丛中。

根和叶可供药用。

## ■ 12a. 秃红紫珠 图 105

**Callicarpa rubella** var. **subglagra** (Pei) H. T. Chang

本变种与原种的主要区别在于：全体无毛，小枝略带紫褐色；叶片纸质，基部浅心形至圆形，两侧不呈耳状；叶柄明显，长可达 6mm。

见于永嘉、文成、泰顺等地，生于山坡、沟谷林下或灌丛中。

图 105 秃红紫珠

图 106 上狮紫珠

### 13. 上狮紫珠 图 106

**Callicarpa siongsaiensis** Metc.

落叶灌木。小枝灰黄色，与叶柄和花序梗疏生星状毛；老枝有明显皮孔。叶对生，叶片厚纸质，椭圆形或倒卵状椭圆形，先端急尖，基部宽楔形，边缘有锯齿或浅钝齿，两面近无毛，背面具细小黄色腺点；叶柄长 1~1.5cm，上面有槽。聚伞花序在叶腋稍上方着生，3~5 次分歧，花序梗粗壮，约与叶柄等长；花萼杯状，顶端近平截；花冠淡紫红色，无毛；花丝与花冠近等长。果实球形或倒卵状球形，熟时紫红色。花期 6~8 月，果期 8~10 月。

见于平阳(南麂列岛)，生于山坡林下或灌丛中。

本种的小枝灰黄色，叶片先端急尖，基部宽楔形至钝圆，花序梗较粗壮等性状均似杜虹花 *Callicarpa formosana* Rolfe，但叶两面近无毛，花序梗与叶柄近等长，花萼顶端平截等性状，显与杜虹花不同。

## 2. 莸属 Caryopteris Bunge

多年生草本或亚灌木，直立或披散状。茎圆柱形或四方形。单叶，对生，叶片全缘或具齿，常有黄色腺点。聚伞花序腋生或顶生，稀单花腋生；花萼宿存，结果时增大，5 裂；花冠二唇形，常 5 裂，下唇中间裂片较大；雄蕊 4，着生于花冠筒上，常 2 长 2 短，伸出花冠外；子房不完全 4 室，每室 1 胚珠。蒴果 4 瓣裂。

共 16 种，分布于亚洲的中部和东部。我国 14 种；浙江 2 种；温州 1 种 1 变种。

### 1. 兰香草 图 107

**Caryopteris incana** (Thunb.) Miq.

直立半灌木。高达 60cm。茎圆柱形，被向上弯曲的灰白色短柔毛。叶对生，叶片厚纸质，卵状披针形或长圆形，先端钝圆或急尖，基部宽楔形或近圆形，边缘有粗齿，两面密被稍弯曲的短柔毛；叶柄长 0.5~1.5cm，被毛与枝同。聚伞花序紧密，腋生和顶生，无苞片和小苞片；花萼杯状，果时增大，宿存，外面密被短柔毛；花冠淡紫色或紫蓝色，二唇形，外面具短柔毛，花冠筒喉部有毛环，下唇中裂片较大，边缘流苏状；雄蕊与花柱均伸出花冠筒外；子房顶端被短毛。果实倒卵状球形，上半部被粗毛。花果期 10~11 月。

见于乐清、永嘉、洞头、苍南、泰顺等地，生于海拔 800m 以下的较干燥的山坡林下、林缘或岩石旁灌草丛中。

根和全草可供药用。

图 107　兰香草

## ■ 1a. 狭叶兰香草　图 108

**Caryopteris incana** var. **angustifolia** S. L. Chen et R. L. Guo

本变种与原种的主要区别在于：叶片狭披针形，宽不超过 1cm，先端锐尖，两面疏被短柔毛；叶柄较短，长 3~7mm。

见于文成（石垟）、泰顺（垟溪、洲岭、东溪）等地，生于溪沟边草丛或岩石缝中。

图 108　狭叶兰香草

## 3. 大青属 Clerodendrum Linn.

灌木或小乔木，稀攀援灌木或草本，落叶或常绿。植物体常具腺点、腺体或毛。单叶，对生。聚伞花序再组成伞房状、圆锥状或短缩成头状；花萼钟状或杯状，果时明显增大；花冠高脚碟状或漏斗状，顶端 5 裂；雄蕊 4，着生于花冠筒上部；子房 4 室，每室 1 枚胚珠。浆果状核果，内有 4 分核。

约 400 种，主要分布于热带和亚热带，少数至亚洲、非洲和美洲的温带。我国 34 种，主产于西南和华南；浙江 9 种，温州也有。

## 分种检索表

1. 直立灌木或乔木；花序通常具多数花，顶生或兼生于枝顶叶腋；花萼浅至深裂，果时不平截。
  2. 叶片下面无鳞片状腺体；花序分枝绿色或灰黄色。
    3. 聚伞花序紧缩成头状。
      4. 植株疏被柔毛；花萼裂片三角形至线状披针形，边缘不重叠，外面具数枚盘状腺体。
        5. 花萼裂片三角形或狭三角形，长1~3mm ······ **1. 臭牡丹 C. bungei**
        5. 花萼裂片披针形至线状披针形，长4~7mm ······ **8. 尖齿臭茉莉 C. lindleyi**
      4. 植株密被开展的长柔毛；花萼裂片卵形或宽卵形，边缘重叠，外面无盘状腺体 ······ **2. 灰毛大青 C. canescens**
    3. 聚伞花序疏展，不呈头状。
      6. 小枝髓充实，无薄片状横隔；叶片椭圆形、卵状椭圆形或长圆状披针形。
        7. 叶片两面近无毛；苞片线形；花萼长3~4mm ······ **3. 大青 C. cyrtophyllum**
        7. 叶片两面被短柔毛；苞片叶状；花萼长5~6mm ······ **7. 江西大青 C. kiangsiense**
      6. 小枝髓有淡黄色薄片状横隔；叶片宽卵形或卵形。
        8. 花萼小，长约3mm，裂片三角形 ······ **6. 浙江大青 C. kaichianum**
        8. 花萼大，长11~15mm，裂片卵形或卵状椭圆形 ······ **9. 海州常山 C. trichotomum**
  2. 叶片下面密被鳞片状腺体；花序及分枝深红色 ······ **5. 赪桐 C. japonicum**
1. 攀援状灌木；花序腋生，通常仅具3花；花萼微5裂，果时几平截 ······ **4. 苦郎树 C. inerme**

### ■ 1. 臭牡丹 图109

**Clerodendrum bungei** Steud.

落叶灌木。植株具臭味。幼枝被短柔毛，皮孔明显。叶对生，叶片纸质，宽卵形或卵形，长、宽可达20cm，先端急尖或渐尖，基部心形或近于截形，边缘有粗锯齿或小齿，上面疏被短柔毛，下面脉上疏被柔毛，基部脉腋有盘状腺体；叶柄长8~12cm。顶生聚伞花序密集成头状，直径约10cm；花萼钟状，带紫红色，顶端5裂，裂片三角状卵形或狭三角形；花冠淡红色或紫红色，有芳香，下部合生成细管状，先端5裂，裂片倒卵形；雄蕊4，花丝与花柱均伸出花冠外。核果近球形，外围有宿存的花萼。花期7~8月，果期9~10月。

见于乐清、鹿城、文成、平阳、泰顺等地，生于海拔600m以下的山坡灌丛或路边和房舍旁荒地，时有栽培。

根、叶或全草可药用；花繁色艳，可供观赏。

### ■ 2. 灰毛大青

**Clerodendrum canescens** Wall.

落叶灌木。全体密被灰褐色长柔毛。小枝略四棱形，髓白色，实心。叶对生，叶片宽卵形或卵形，

图109 臭牡丹

长、宽达 18cm，顶端渐尖，基部心形至近截形，边缘上半部有浅齿或牙齿状锯齿，两面都有柔毛，下面脉上尤密；叶柄长 3~8cm。聚伞花序密集成头状，通常 2~5 枝生于枝顶；苞片叶状，卵形或椭圆形；花萼由绿变红色，钟状，5 深裂，裂片卵形或宽卵形，边缘重叠；花冠白色或淡红色，花冠管长约 2cm，顶端 5 裂，裂片倒卵状长圆形；雄蕊 4，与花柱均伸出花冠外。核果近球形，成熟时深蓝色或黑色，藏于红色增大的宿萼内。花果期 8~10 月。

见于平阳（顺溪），生于山坡农田边灌草丛。

## 3. 大青 图 110

**Clerodendrum cyrtophyllum** Turcz.

落叶灌木或小乔木。植株有臭味。枝黄褐色，被短柔毛，髓白色，充实。叶对生，叶片纸质，椭圆形、卵状椭圆形或长圆状披针形，先端渐尖或急尖，基部圆形或宽楔形，全缘，但萌枝上的叶片常有锯齿，两面沿脉疏生短柔毛；叶柄长 3~6cm。伞房状聚伞花序松散平展，生于枝顶或近枝顶叶腋；总花梗纤细，常略呈披散状下垂；苞片线形，长 3~5mm；花萼杯状，长 3~4mm，外面被黄褐色短柔毛，顶端 5 裂；花冠绿白色，花冠筒长约 1cm，裂片卵形，长约 5mm；雄蕊和花柱均伸出花冠外。核果球形至倒卵形，熟时蓝紫色。花期 5~8 月，果期 9~11 月。

本市各地均产，生于海拔 1200m 以下的山坡、山谷的林下或灌丛中，或农田边灌草丛中。

叶和根可药用，具清热、凉血、解毒的功效；在温州嫩叶也可作蔬菜或做汤食用。

## 4. 苦郎树

**Clerodendrum inerme** (Linn.) Gaertn.

攀援状落叶灌木。幼枝稍四棱形，被灰色短柔毛，髓实心。叶对生，叶片薄革质，卵形或椭圆形，先端圆形或钝尖，基部宽楔形，全缘，边缘略反卷，两面无毛而散生腺点。聚伞花序生于枝端叶腋，常有 3 花；花序梗长 1~3cm；花萼钟形，果时略增大，外面被细毛和腺点，顶端 5 裂，果时几平截；花冠白色，有芳香，花冠筒长 2.5~3cm，裂片长椭圆形；雄蕊 4，花丝紫红色，与花柱均伸出花冠外。核果倒卵形，黄灰色。花果期 9~11 月。

见于苍南（马站渔寮），生于海边灌草丛中。

根可供药用；也可作沿海防护造林树种。

## 5. 赪桐 图 111

**Clerodendrum japonicum** (Thunb.) Sweet

落叶灌木。高可达 4m。小枝四棱形，幼枝被短柔毛，节上有 1 圈长柔毛，髓充实。叶对生，叶片纸质，圆心形，先端急尖或短渐尖，基部心形，边缘有小齿，下面密生鳞片状腺体。聚伞花序组成大而开展的顶生圆锥花序，向一侧偏斜，花序分枝、

图 110 大青

图 111　赪桐

花梗、花萼和花冠均为鲜艳的深红色；花萼外面散生鳞片状腺体，深 5 裂，裂片卵形或卵状披针形；花冠筒长约 2cm，裂片长圆形；子房无毛，花柱和雄蕊均伸出花冠外。核果椭圆状球形，熟时蓝黑色。花果期 6~12 月。

见于乐清（北雁荡山）、瑞安（红双林场）、平阳（南雁荡山）、泰顺（龟湖），常于寺院或农房旁栽培或逸生。

花序、花梗、花萼和花冠均鲜红艳丽，可供观赏；全株也可供药用。

## 6. 浙江大青　图 112

**Clerodendrum kaichianum** Hsu

落叶灌木或小乔木。高 2~5m。嫩枝略四棱形，密生黄褐色、褐色短柔毛；老枝褐色，髓白色，有淡黄色薄片状横隔。叶片厚纸质，椭圆状卵形或卵形，先端渐尖，基部宽楔形或近截形，两侧稍不对称，全缘，两面疏被短糙毛，基部脉腋常有盘状腺体；叶柄长 3~6cm。伞房状聚伞花序顶生，常自花序基部分出 4~5 枝，无总花梗；花萼钟状，外面有盘状腺体，顶端 5 裂，裂片三角形；花冠乳白色，花冠筒长 1~1.5cm，顶端 5 裂，裂片卵圆形或椭圆形；雄蕊 4，与花柱均伸出花冠外。核果倒卵状球形至球形，蓝绿色，基部为紫红色的宿萼所托。花果期 6~10 月。

见于瑞安（南岙），泰顺（乌岩岭、竹里）等地，生于 500~1500m 的山谷、山坡阔叶林中或溪沟边灌丛。

图 112　浙江大青

## 7. 江西大青

**Clerodendrum kiangsiense** Merr. ex H. L. Li

落叶灌木。幼枝密被褐色短柔毛，皮孔不明显，髓充实。叶对生，叶片纸质，椭圆状卵形或椭圆形，顶端渐尖或短尾尖，基部圆形或近截形，全缘，稀波状或有不明显的细齿，两面多少被短柔毛，背面密生腺点；叶柄长 2~4.5cm，被短柔毛。伞房状聚

图 113 尖齿臭茉莉

伞花序疏展，花序轴和分枝均密被短柔毛；苞片叶状，长圆形；花萼钟状，长 5~6mm，外面被短柔毛和腺点，顶端 5 裂，裂片狭三角形；花冠淡红色，花冠筒纤细，顶端 5 裂，裂片长圆形；雄蕊 4，与花柱同伸出花冠外。核果近球形，为宿萼所托。花果期 6~10 月。

见于平阳，具体地点不详，生于低海拔的林中。

本种与大青 *Clerodendrum cyrtophyllum* Turcz. 较接近，主要区别在于：叶两面均被短柔毛；苞片叶状；花萼较大，长达 6mm；花冠淡红色。

## 8. 尖齿臭茉莉 图 113

**Clerodendrum lindleyi** Decne. ex Planch.

落叶灌木。小枝幼时近四棱形，后变近圆形，皮孔不明显，被短柔毛。叶对生，叶片纸质，宽卵形或卵形，顶端渐尖，基部截形或心形，边缘有不规则的锯齿或小齿，两面有短柔毛，基部脉腋有数枚盘状腺体；叶柄长 5~9cm，被短柔毛。聚伞花序密集成伞房状，顶生，花序梗被短柔毛；苞片叶状，披针形；花萼钟形，密被短柔毛和少数盘状腺体，萼片披针形或线状披针形，长 5~6mm；花冠紫红色或淡红色，花冠筒长 2~3cm，裂片倒卵形；雄蕊与花柱均伸出花冠外。核果近球形，熟时蓝黑色，宿存花萼增大。花果期 6~11 月。

见于永嘉、瑞安、文成、平阳、苍南、泰顺等地，生于海拔 500m 以下的山谷、溪边林缘或村落房舍旁。

叶和根可供药用；花色鲜艳，可供观赏。

## 9. 海州常山 图 114

**Clerodendrum trichotomum** Thunb.

落叶灌木，稀小乔木。幼枝、叶柄及花序通常多少被柔毛，有时无毛或密被长柔毛；髓白色，有

图 114 海州常山

淡黄色薄片状横隔。叶对生，叶片纸质，卵形、卵状椭圆形，先端渐尖，基部宽楔形至截形，全缘，有时有不规则齿，两面幼时疏生短柔毛，下面脉上较密；叶柄长2~8cm。伞房状聚伞花序生于枝顶及上部叶腋，疏展；苞片叶状，狭椭圆形，早落；花萼蕾时绿白色，果时增大，紫红色，5深裂，裂片三角状披针形或长卵形；花冠白色，芳香，花冠筒长2cm，裂片长椭圆形；雄蕊与花柱均伸出花冠外。核果近球形，成熟时蓝黑色，被宿萼所包。花果期8~12月。

本市各地星散分布，生于海拔700m以下的山坡或沟谷边灌丛，地边或房舍旁也有。

叶、根或全株可供药用；花萼花时绿白色，果时紫红色，似开第2次花，可供观赏。

## 4. 过江藤属 Phyla Lour.

多年生平卧草本。茎四方形，基部常木质化，节上生根。单叶，对生。头状或穗状花序，结果时伸长；花小，花萼近二唇形；花冠常二唇形，下唇略大于上唇；雄蕊4，着生于花冠筒中部，2枚在上，2枚在下；子房2室，每室1枚胚珠。蒴果，2瓣裂。

约10种，分布于亚洲、非洲和美洲。我国1种，浙江及温州也有。

### ■ 过江藤 图115

**Phyla nodiflora** (Linn.) Greene

多年生草本。全株被紧贴“丁”字形短毛。有木质宿根。茎平卧，多分枝，节上易生根。花枝斜升。叶对生，近无柄，叶片倒披针形至倒卵状披针形，先端钝圆，基部狭楔形，中部以上边缘有锐锯齿。穗状花序腋生，圆柱形或卵形，花序梗长可达3cm；苞片宽卵形；花萼2深裂，宿存；花冠紫红色或白色，无毛；雄蕊4，着生于花冠筒中部，内藏；子房无毛。果实淡黄色，成熟后2瓣裂。花果期6~10月。

见于永嘉（岵口村）、龙湾（灵昆）、苍南（沿浦），生于海滨田边草丛。

全草可供药用。

图115 过江藤

## 5. 豆腐柴属 **Premna** Linn.

乔木或灌木，稀攀援状。枝圆柱形。单叶，对生，叶片全缘或有锯齿。聚伞花序组成伞房花序、圆锥花序或总状花序。花萼杯状或钟状，果时略增大；花冠多少呈二唇形，通常4裂；雄蕊4，常2长2短；子房完全或不完全4室，每室1枚胚珠。核果。

约200种，分布于旧世界热带和亚热带。我国46种，主要分布于华南和西南；浙江1种，温州也有。

### ■ 豆腐柴　腐婢　图116

**Premna microphylla** Turcz.

落叶灌木。高2~6m。幼枝有上向柔毛；老枝渐无毛。叶对生，叶片纸质，揉之成团有气味，卵状披针形、椭圆形或卵形，先端急尖或渐尖，基部楔形下延，全缘或具疏锯齿；叶柄长0.5~1.5cm。顶生聚伞花序组成塔形的圆锥花序；花萼杯状，果时略增大，5浅裂，裂片边缘有睫毛；花冠淡黄色，顶端4浅裂，略呈二唇形，外面被柔毛和腺点；雄蕊4，2长2短，着生于花冠筒上，内藏。核果球形至倒卵形，紫黑色。花期4~6月，果期8~10月。

本市丘陵至山区有普遍分布，生于海拔1400m的山坡林下、林缘灌丛。

叶可供制“清凉豆腐”，供食用；叶富含果胶，提取可用于食品工业；根、叶可供药用。

图116　豆腐柴

## 6. 马鞭草属 **Verbena** Linn.

一年生至多年生草本或半灌木。茎常四方形。叶对生，叶片有锯齿或羽状分裂。穗状花序伸长或短缩，顶生或腋生；花萼管状，有5短齿；花冠略二唇形，5裂；雄蕊4，着生于花冠筒中部，2枚在上，2枚在下；子房4室，每室1枚胚珠。蒴果包藏于宿存花萼内，成熟后4瓣裂。

约250种，主产于热带美洲。我国野生1种，浙江及温州也有。

图 117　马鞭草

■ **马鞭草** 图 117

**Verbena officinalis** Linn.

多年生草本。茎四棱形，节和棱上有硬毛。叶对生，基生叶花时常枯萎，叶片卵圆形，边缘有粗锯齿和缺刻；茎生的叶片长圆状披针形，3 深裂或羽状深裂，裂片边缘有不整齐的锯齿，两面均有硬毛，基部楔形下延于叶柄上。穗状花序顶生或生于茎上部叶腋，开花时伸长达 25cm；花小，初密集，果时疏离；苞片狭三角状披针形，稍短于花萼，与穗轴均具硬毛；花萼具硬毛，顶端有 5 齿；花冠淡紫红色，5 裂，略呈二唇形。果实长圆形。花果期 4~10 月。

本市各地有普遍分布，生于海拔 1200m 以下的山脚地边、路旁草丛或村落边荒地。

地上部分可供药用。

## 7. 牡荆属 Vitex Linn.

常绿或落叶乔木或灌木。小枝四棱形。常状复叶，偶为单叶。圆锥状聚伞花序顶生或腋生；花萼钟状，顶端平截或有小齿，宿存，果时略增大；花冠蓝紫色或白色，二唇形，下唇中间裂片较大；雄蕊 4，2 长 2 短或等长；子房 2~4 室，每室有胚珠 1~2 枚。核果或浆果状，球形或倒卵形。

共约 250 种，主产于热带，延至两半球的温带。我国 14 种；浙江 3 种 1 变种；温州 2 种 1 变种。

### 分种检索表

1. 小乔木或直立灌木；常状复叶，小叶 3~5。
　2. 落叶灌木；小叶两面有柔毛，下面腺点不明显……………… **1. 牡荆 V. negundo** var. **cannabifolia**
　2. 常绿小乔木；小叶片两面除中脉外无毛，下面有明显的金黄色腺点……………… **2. 山牡荆 V. quinata**
1. 藤状灌木；单叶，叶片全缘 ……………… **3. 单叶蔓荆 V. rotundifolia**

## 1. 牡荆 图 118

**Vitex negundo** Linn. var. **cannabifolia** (Sieb. et Zucc.) Hand.-Mazz.

落叶灌木。有香气。小枝四棱形，密被灰黄色短柔毛。掌状复叶对生，小叶 3~5；小叶片长椭圆状披针形，边缘常具较多粗锯齿，稀可在枝条上部的叶片仅具少数锯齿乃至全缘，下面淡绿色，疏生短柔毛；叶柄密被短柔毛。圆锥状聚伞花序顶生，较宽大，长可超过 20cm；花萼钟状，顶端 5 浅裂；花冠淡紫色，顶端 5 裂，二唇形，花冠筒略长于花萼；雄蕊与花柱均伸出花冠筒外；子房近无毛。核果干燥近球形，黑褐色。花果期 6~11 月。

本市各地均产，生于海拔 800m 以下的山坡、谷地灌丛或林中。

干燥果实名“黄荆子”，与根、茎、叶均可供药用。

永嘉、瑞安和文成各有 1 号标本，花枝的叶基本全缘，与原种黄荆 *Vitex negundo* Linn. 近似，但叶两面颜色和毛被仍与本变种无异。由于此变种和原种的小叶边缘的锯齿数因所处位置不同而变异，故两者的区别应以叶片下面的毛被状况及其颜色特征为主。

丁炳扬 摄

丁炳扬 摄

## 2. 山牡荆 图 119

**Vitex quinata** (Lour.) Will.

常绿小乔木。有香气。树皮灰褐色，嫩枝四棱形，近无毛。掌状复叶对生，小叶 3~5；小叶片倒卵状披针形或椭圆状披针形，中央小叶最大，顶端渐尖，基部楔形，全缘，两面除中脉有疏柔毛外无毛，表

吴棣飞 摄

图 118 牡荆

图 119　山牡荆

面有白色腺点，下面密被金黄色腺点。聚伞花序成顶生圆锥花序，与花萼，花冠均被灰色柔毛和腺点；花萼钟状，顶端 5 钝齿；花冠淡黄色，顶端 5 裂，二唇形；雄蕊伸出花冠外；子房具腺点。核果球形，熟后黑色，为宿存萼片所包被。花果期 8~11 月。

见于乐清、永嘉、龙湾、瑞安、文成、平阳、苍南、泰顺等地。生于海拔 500m 以下的山坡或溪边林中。

木材坚重，可供材用；根、茎、叶可供药用。

## 3. 单叶蔓荆 图 120

**Vitex rotundifolia** Linn. f. [*Vitex trifolia* Linn. var. *simplicifolia* Cham.]

落叶藤状灌木，有香气。茎匍匐，节上生不定根。小枝四棱茎，密生细柔毛。单叶对生，叶片倒卵形或近圆形，先端圆钝，基部楔形至圆形，全缘，上面绿色，被微柔毛，下面密被灰白色短绒毛。圆锥花序顶生，与花梗密被灰白色短绒毛；花萼钟形，顶端 5 浅裂，外面密生灰白色短绒毛；花冠淡紫色或蓝紫色，两面有毛，顶端 5 裂，二唇形，下唇中裂片较大；雄蕊 4，与花柱均伸出花冠外；子房无毛而有腺点。浆果近球形，熟时黑色。花果期 7~12 月。

本市沿海及岛屿均产，生于海滨沙滩、岩石缝或灌草丛中。

根、叶和果实（名蔓荆子）可供药用；也可作海滨防沙造林树种。

图 120　单叶蔓荆

## 存疑种

### 1. 苦梓

**Gmelina hainanensis** Oliv.

落叶乔木。树皮呈片状脱落。叶片厚纸质，卵形或宽卵形，全缘，下面粉绿色，被微绒毛。圆锥花序顶生，被绒毛；花萼钟形，宿存，呈二唇形；花冠漏斗状，淡紫红色，二唇形。核果倒卵形。

《浙江植物志》记载据说苍南桥墩有野生但未见标本，温州市区、永嘉、瑞安、平阳、苍南均有栽培。

### 2. 日本紫珠

**Callicarpa japonica** Thunb.

落叶灌木。除嫩枝和幼叶疏被星状毛外全体无毛。叶片纸质或薄纸质，倒卵状椭圆形或椭圆形，下面无腺点或有不明显的黄色腺点。聚伞花序2~3次分歧；总花梗与叶柄近等长；花丝与花冠几等长，花药孔裂。浆果球形，紫红色，直径约4mm。

《泰顺县维管束植物名录》有记载，但未见确切的标本。

### 3. 单花莸

**Caryopteris nepetaefolia** (Benth.) Maxim.

多年生蔓生草本。茎基部木质化。小枝方形，被向下弯曲的柔毛。叶片纸质，宽卵形至近圆形，两面均被柔毛和腺点。花单生于叶腋；花梗纤细；花冠蓝白色，有紫色条纹和斑点；子房密被绒毛。

《泰顺县维管束植物名录》有记载，但未见确切的标本。

# 117. 唇形科 Labiatae (Lamiaceae)

一至多年生草本、半灌木或灌木。常具芳香性气味。茎和枝条常为四棱形。单叶或复叶，对生，少轮生；托叶无。花两性，两侧对称，通常于花序的节上由2个相对的聚伞花序构成轮伞花序，常再组成穗状或总状；萼宿存，常5裂，有时二唇形；花冠常二唇形，通常上唇2裂，稀3~4裂，下唇3裂，稀假单唇形，花冠筒内通常有毛环；雄蕊4，2长2短，或上面2枚不育，花药2室，平行、叉开或为延长的药隔所分开，纵裂；子房上位，心皮2，浅裂或常4深裂为4室，花柱通常着生于子房裂隙的基部，柱头2裂。果实常由4枚小坚果组成。

约220属3500余种，全球广布，主要分布于地中海及西南亚。我国97属约808种；浙江45属111种；温州32属67种6变种。

## 分属检索表

1. 花柱着生于子房中部；花冠单唇形或假单唇形（上唇不发达）；小坚果联合面高于子房1/2以上。
  2. 花冠假单唇形，上唇极短，直立，全缘或先端微凹，下唇大，3裂……………………**2. 筋骨草属 Ajuga**
  2. 花冠单唇形，唇片5裂………………………………………………**32. 香科科属 Teucrium**
1. 花柱着生于子房底；花冠常为二唇形；小坚果彼此分离，仅基部的一小点着生于花托上。
  3. 聚伞花序腋生；花药具髯毛；小坚果核果状，外果皮肥厚肉质……………**4. 毛药花属 Bostrychanthera**
  3. 小坚果外果皮干燥，不呈核果状。
    4. 萼筒背部有囊状盾片；子房有柄；小坚果及种子多少横生………………**29. 黄芩属 Scutellaria**
    4. 萼筒无盾片；子房常无柄；小坚果及种子直立。
      5. 雄蕊上升或平展而直伸向前。
        6. 花药卵形、长圆形或线形，药室平行或叉开，顶端不贯通，稀近于贯通，花粉散出后，药室决不扁平展开。
          7. 花冠檐部明显二唇形，具不相似的唇片，上唇外凸，弧状、镰状或盔状。
            8. 雄蕊2，后对雄蕊退化，药隔延长成线形，横架于花丝顶端，以关节相联结成“丁”字形……………………………………………………………**28. 鼠尾草属 Salvia**
            8. 雄蕊4，花药卵形。
              9. 后对雄蕊长于前对雄蕊。
                10. 两对雄蕊不互相平行，后对雄蕊下倾，前对雄蕊上升……………**1. 藿香属 Agastache**
                10. 两对雄蕊互相平行，皆向花冠上唇下面弧状上升。
                  11. 药室叉开成直角；花冠长不超过3cm……………………**10. 活血丹属 Glechoma**
                  11. 药室平行；花冠长一般超过3cm……………………**19. 龙头草属 Meehania**
              9. 后对雄蕊短于前对雄蕊。
                12. 萼檐二唇形，有极不相等的齿，下唇2齿果期向上斜伸而将喉部闭合，上唇顶端截形，有3短齿……………………………………………………**27. 夏枯草属 Prunella**
                12. 萼齿近相等，不或略呈二唇形，喉部在果期张开。
                  13. 花冠上唇常短而多少扁平，无毛；5萼齿近相等；前对雄蕊药室平行，后对雄蕊药室退化成一室…………………………………………**3. 广防风属 Anisomeles**
                  13. 花冠上唇常外凸或盔状，常有密毛。
                    14. 花柱裂片常极不等长，后裂片较前裂片短；花萼具8~10齿…**17. 绣球防风属 Leucas**
                    14. 花柱裂片近等长或等长。
                      15. 叶片至少在茎下部的3~5掌状分裂或深裂；药室平行，无毛……………………………………………**16. 益母草属 Leonurus**
                      15. 叶片不掌状分裂，全缘或具锯齿；药室常叉开，稀平行，有毛或无毛。
                        16. 花药具长柔毛；花冠下唇侧裂片不发达，边缘有1至多数小而锐的齿……………………………………………**15. 野芝麻属 Lamium**

16. 花药无毛或具髯毛；花冠下唇侧裂片发达。
17. 小坚果多少三棱形，顶端平截……………………………………………9. 小野芝麻属 **Galeobdolon**
17. 小坚果顶端圆钝。
18. 花冠上唇短于下唇；轮伞花序常顶生成穗状花序……………………………31. 水苏属 **Stachys**
18. 花冠上唇长于下唇；轮伞花序腋生。
19. 花药无髯毛；花丝顶端无附属物……………………………………24. 假糙苏属 **Paraphlomis**
19. 花药具髯毛；花丝顶端有附属物……………………………30. 髯药草属 **Sinopogonanthera**
7. 花冠檐部辐射对称或近二唇形，裂片相似或略有分化，上唇如分化则扁平或外凸；花药卵形。
20. 雄蕊沿花冠上唇上升；花冠二唇形；花萼 13 脉 ……………………………5. 风轮菜属 **Clinopodium**
20. 雄蕊不沿花冠上唇上升，从基部直升；花冠近整齐或二唇形；花萼 10~15 脉。
21. 能育雄蕊 4。
22. 叶片全缘或具疏齿；轮伞花序密集成小穗状花序，由穗状花序复合成伞房状圆锥花序；花萼 5 齿近相等，10~15 脉；花冠 2/3 式二唇形 ………………………………………23. 牛至属 **Origanum**
22. 叶片有锯齿；花序不同上述状；花萼二唇形或具近相等的 5 齿，10~13 脉；花冠具相等的裂片或近二唇形。
23. 轮伞花序具多花，腋生或集生于茎、枝顶端；花冠檐部 4 裂，近辐射对称；花萼具 0~13 脉……………………………………………………………………………………………20. 薄荷属 **Mentha**
23. 轮伞花序具 2 花，组成顶生腋生或顶生的总状花序，偏向于一侧；花冠 2/3 式二唇形；花萼具 10 脉 ……………………………………………………………………………………25. 紫苏属 **Perilla**
21. 能育雄蕊 2。
24. 轮伞花序多花；前对雄蕊能育，后对雄蕊退化成棍棒状或消失………………18. 地笋属 **Lycopus**
24. 轮伞花序 2 花；后对雄蕊能育，前对雄蕊退化，药室常不显著……………………22. 石荠苧属 **Mosla**
6. 花药球形或卵球形，药室平叉开，在顶端贯通为一室，花粉散出后则扁平展开。
25. 雄蕊 4，近等长；花丝被毛。
26. 茎内有通气组织；叶 3~10 片轮生，无柄，通常无毛；花萼内无晶体…………7. 水蜡烛属 **Dysophylla**
26. 茎内无通气组织；叶对生，具柄，多少被毛；花萼内有晶体………………… 26. 刺蕊草属 **Pogostemon**
25. 雄蕊二强，前对显然较长；花丝无毛。
27. 花萼 5 深裂；花序由 2 花的轮伞花序组成顶生及腋生总状花序…………………14. 香简草属 **Keiskea**
27. 花萼具 5 齿；轮伞花序通常多花，集成顶生或腋生的穗状花序。
28. 植株常被星状绒毛；花萼前 2 齿稍宽大；花冠檐部 5 裂，上唇 2 裂，稀全缘；花盘裂片等大；小坚果三棱状椭圆形，具金黄色腺点……………………………………………6. 绵穗苏属 **Comanthosphace**
28. 植株不被星状毛；花萼 5 齿近相等；花冠檐部 4 裂，上唇全缘或微凹；花盘前裂片呈指状膨大；小坚果长圆形或卵球形，具瘤状凸起或光滑 …………………………………………8. 香薷属 **Elsholtzia**
5. 雄蕊下倾，平卧于花冠下唇上或包于其内。
29. 花冠上唇 2 裂，下唇 3 裂，即为 2/3 式二唇形。
30. 花冠下唇的中裂片平展，不反折；花盘前方指状肿胀 ……………………………11. 四轮香属 **Hanceola**
30. 花冠下唇的中裂片囊状，反折；花盘前方不肿胀……………………………………… 12. 山香属 **Hyptis**
29. 花冠上唇 4 裂，下唇不裂，即 4/1 式二唇形。
31. 花冠筒伸出花萼外，通常多少下弯，基部呈浅囊状 ……………………………13. 香茶菜属 **Isodon**
31. 花冠筒不伸出或稍伸出花萼外，直伸，基部非浅囊状 ………………………………21. 凉粉草属 **Mesona**

## 1. 藿香属 **Agastache** Clayt. ex Gronov.

多年生直立草本。叶片边缘有锯齿。轮伞花序多花，组成顶生而密集的穗状花序；花萼管状倒圆锥形，15 脉，萼 5 齿；花冠二唇形，上唇直立，先端 2 裂，下唇开展，3 裂，中裂片较大；雄蕊 4，伸出花冠外，后对较长，花药卵形，2 室，初平行，后多少叉开；花柱着生于子房底，顶端近 2 等裂。小坚果顶端被毛。

约 9 种，主产于北美。我国 1 种，浙江及温州也有。

图 121 藿香

### 藿香 图 121

**Agastache rugosa** (Fisch. et Mey.) Kuntze

多年生直立草本。全株有强烈香味。高0.4~1(~1.5) m。茎被细短毛或近无毛。叶片心状卵形或长圆状披针形，长3~10cm，宽1.5~6cm，先端尾状渐尖，基部心形，边缘具粗齿，上面近无毛，下面脉上有柔毛，密生凹陷腺点；叶柄长0.7~2.5cm。轮伞花序多花，密集成顶生的长3~8cm的穗状花序；花萼长约6mm，被黄色小腺点及具腺微柔毛，有明显15脉，萼齿三角状披针形；花冠淡紫红色或淡红色，长约8mm，花冠筒稍伸出于萼；雄蕊均伸出花冠外。小坚果卵状长圆形，长约2mm，顶端有毛。花期8~10月，果期9~11月。

本市各地常见栽培，偶有逸生。

全草入药，有和中祛暑之功效。

## 2. 筋骨草属 Ajuga Linn.

一或多年生草本。全株常有多节柔毛。基生叶簇生，茎生叶对生；叶片边缘具圆齿或呈波状。轮伞花序具 2 至多花，组成顶生的假穗状花序；萼齿 5，近相等，常具 10 脉；花冠筒内面常有毛环，冠檐假单唇形，上唇极短而直立，下唇宽大，伸长，3 裂，中裂片最大；雄蕊 4，前对较长；子房 4 裂，花柱不着于子房底，顶端 2 浅裂。小坚果背部具网纹，侧腹面具宽大合生面。

40~50 种，广布于亚洲和欧洲，尤以近东为多。我国 18 种；浙江 3 种 1 变种；温州 2 种。

### 1. 金疮小草 图 122

**Ajuga decumbens** Thunb.

一或二年生草本。茎长 10~20cm，全株被白色长柔毛，具匍匐茎。叶基生和茎生，基生叶花期常存在，较茎生叶长而大，柄具狭翅，叶片薄纸质，匙形或倒卵状披针形，长 3~7cm，宽 1~3cm，先端钝或圆形，基部渐狭，下延，边缘具不整齐的波状圆齿或近全缘。轮伞花序多花，于茎中上部排列成长为 5~12cm 的间断假穗状花序；花梗短；花萼漏斗状，长约 4.5mm，具 10 脉，萼齿 5，近相等；花冠白色，有时略带紫色，外面被疏柔毛，内面近基部有毛环，冠檐假单唇形，上唇短，直立，顶端微缺，下唇 3 裂；雄蕊 4。小坚果倒卵状三棱形，背部具网状皱纹。

见于本市各地，生于溪边、路旁及湿润的草坡上。

全草入药。

图 122　金疮小草

### ■ 2. 紫背金盘　图 123

**Ajuga nipponensis** Makino

一或二年生草本。高 13~35cm。茎常直立，常从基部分枝。基生叶在花期枯萎；茎生叶数对，叶片宽椭圆形或卵状椭圆形，长 2~7cm，宽 1~5cm，先端钝，基本楔形，下延，边缘具不整齐的波状圆齿；叶柄长 1~2cm。轮生花序多花，于茎中部以上渐密集成假穗状；花萼长 4~5mm，萼齿 5，近相等；花冠白色，具深色条纹或淡紫色，长 8~11mm，花冠筒基部微膨大，外面被短柔毛，内面近基部有毛环；冠檐假单唇形，上唇短，直立，2 裂或微缺，下唇伸长，3 裂，中裂片扇形；雄蕊 4。小坚果卵状三棱形，背部具网状皱纹，长 1.5~2mm。花期 5~7 月，果期 6~8 月。

见于本市各地，生于路边草丛、山坡林缘及疏林下。

全草入药。

本种与金疮小草 *Ajuga decumbens* Thunb. 的区别在于：本种植株花期常无基生叶，常直立，稀平卧；叶片宽椭圆形或卵状椭圆形。而金疮小草的植株花期具基生叶，平卧，具匍匐茎；叶片匙形或倒卵状披针形。

图 123　紫背金盘

## 3. 广防风属　Anisomeles R. Br.

直立粗壮草本。叶具齿。轮伞花序多花，密集，在主茎或侧枝顶端排列成稠密的或间断的长穗状花序；花萼钟形，具 10 脉，萼齿 5，相等；花冠筒内面有毛环，冠檐二唇形，上唇直伸，短，全缘或微凹，下唇平展，长，3 裂，中裂片较大，先端微缺或 2 裂，侧裂片短；雄蕊 4，伸出，前对稍长或有时后对较长，前对花药 2 室，横置，后对药室退化成 1 室；花柱先端 2 浅裂。小坚果具光泽。

约 5 或 6 种，分布于热带亚洲至澳大利亚。我国 1 种，浙江及温州也有。

图 124 广防风

■ **广防风** 图 124

**Anisomeles indica** (Linn.) Kuntze [*Epimeredi indica* (Linn.) Rothm.]

直立粗壮草本。高 1~1.5m。茎四棱形，具浅槽，密被白色短柔毛。叶片卵形，长 4~9cm，宽 2~6cm，先端急尖或短渐尖，基部阔楔形或楔形，边缘有不规则的牙齿，上面被短伏毛，脉上尤密，下面有极密的白色短绒毛。轮伞花序排成稠密的或间断的长穗状花序；花萼长约 6mm，果时增大，可达 1cm，外面被长硬毛及混生的腺柔毛，并杂有黄色小腺点，内面有稀疏的细长毛；花冠淡紫色，长 1~1.5cm，外面无毛，内面在冠筒中部有斜向毛环，冠檐二唇形，上唇直伸，下唇近水平开展，3 裂；雄蕊 4。小坚果黑色，具光泽，近圆球形，直径约 1.5mm。花期 8~9 月，果期 9~11 月。

见于文成、苍南（桥墩）、泰顺（里光），生于林缘或路旁等荒地上。

## 4. 毛药花属 **Bostrychanthera** Benth.

直立草本。叶几无柄，具锯齿。聚伞花序腋生，二歧式，蝎尾状，具（5~）7~11 花，具总梗，花后下倾；花萼陀螺状钟形，具不明显的 10 脉，萼齿 5，短小，后面的 1 齿较其余的 4 齿小；花冠淡紫红色，较花萼长许多，中部以上扩展成喉部，冠檐近二唇形，上唇较短，直立，下唇较大，3 裂，中裂片较大；雄蕊 4，前对较长，均上升至上唇片之下；花药近球形，2 室，顶端贯通开裂，密被毛束；花柱丝状，先端相等 2 浅裂。小坚果每花仅 1 枚成熟，核果状，黑色，近球形；外果皮肉质而厚，干时角质。

2 种，我国特有；浙江 1 种，温州也有。

■ **毛药花** 图 125

**Bostrychanthera deflexa** Benth.

直立草本。高0.5~1.5m。茎四棱形，具深槽，密被倒向短硬毛。叶几无柄，叶片长披针形，长 7~22cm，宽1~6cm，先端渐尖或尾状渐尖，基部渐狭成楔形或骤然收缩成近圆形至极浅的心形，通

图 125 毛药花

常干后变黑，上面被疏短硬毛，下面网脉上被小疏柔毛，纸质，边缘为粗锯齿或浅齿状，齿端有硬尖。聚伞花序腋生，具（5~）7~11花，花后下倾；总梗与花梗均被倒向短硬毛；花萼长约4.5mm；花冠淡紫红色，干后常变黑色，长约3cm，外面被极疏的长硬毛，冠檐近二唇形；雄蕊4，花药近球形，背部囊状，密被毛束。成熟小坚果1枚，核果状，黑色，近球形，直径5~7mm；外果皮肉质而厚，干时角质。花果期7~11月。

见于永嘉（四海山）、文成（百丈漈）、泰顺（黄桥），生于林下湿润处。

## 5. 风轮菜属 Clinopodium Linn.

多年生草本。叶片常具齿。小苞片线形或针状；花萼管状，具 13 脉，基部常一边膨胀，二唇形，上唇 3 齿，下唇 2 齿；冠檐二唇形，上唇直伸，先端微缺，下唇 3 裂，中裂片较大，先端微缺或全缘，侧裂片全缘；雄蕊 4，有时后对不育，前对较长，花药 2 室，水平叉开；花柱着生于子房底，先端极不相等 2 裂，前裂片扁平，披针形，后裂片常不显著。小坚果极小，卵球形或近球形，无毛。

约 20 种，分布于亚洲和欧洲。我国 11 种；浙江 6 种；温州 3 种。

### 分种检索表

1. 茎较粗壮，直径达 3mm；叶片两面有毛；轮伞花序具明显总梗且极多分枝，花常偏向于一侧 …… **1. 风轮菜 C. chinense**
1. 茎较纤细，直径不超过 1.2mm；叶片两面近无毛，或有时仅下面脉上被疏短硬毛；轮伞花序无明显的总梗，或具总梗时但不为极多分枝，花不偏向于一侧。
    2. 轮伞花序具苞叶，多为腋生；萼筒外面几无毛，上唇 3 齿果时不向上反折 ………………………… **2. 光风轮 C. confine**
    2. 轮伞花序不具苞叶；萼筒外面沿脉上被毛，其余部分被微柔毛或几无毛，上唇 3 齿果时向上反折 ………………………………………………………………………………………… **3. 细风轮菜 C. gracile**

### 1. 风轮菜 图 126

**Clinopodium chinense** (Benth.) Kuntze

多年生草本。茎基部匍匐生根，上部上升，高可达 1m，密被短柔毛和具腺微柔毛。叶片卵形，长 2~4cm，宽 1~2.5cm，边缘具大小均匀的圆齿状锯齿，上面密被短硬毛，下面被疏柔毛；叶柄长 3~10mm。轮伞花序多花密集，半球状；苞叶叶状，向上渐小至苞片状，苞片针状，极细，无明显中肋；花萼狭管状，常染紫红色，长约 6mm，13 脉，外面主要沿脉上被疏柔毛及具腺微柔毛，上唇 3 齿，

图 126 风轮菜

下唇 2 齿；花冠紫红色，长 6~9mm，外面被微柔毛，冠檐二唇形，上唇直伸，先端微凹，下唇 3 裂，中裂片稍大；雄蕊 4，前对稍长。小坚果倒卵形，黄褐色。花期 5~8 月，果期 8~10 月。

见于本市各地，生于山坡、草丛、路边、沟边、灌丛、林下。

### 2. 光风轮 邻近风轮菜 图 127

**Clinopodium confine** (Hance) Kuntze

本种与细风轮菜 *Clinopodium gracile* (Benth.) Matsum. 很相似，主要区别在于：萼筒外面几无毛，轮伞花序多为腋生。

见于洞头、瑞安、苍南、泰顺，生于田地、山坡、草地及屋边墙角处。

图 127 光风轮

### ■ 3. 细风轮菜 图 128

**Clinopodium gracile** (Benth.) Matsum.

纤细草本。高 8~25cm。茎柔弱上升，被倒向的短柔毛。叶片卵形或圆卵形，长 1~3cm，边缘有锯齿，上面近无毛，下面脉上被疏短硬毛。轮伞花序分离或密集于茎端成短总状花序；花萼管状，外面沿脉上被毛，其余部分被微柔毛或几无毛，上唇 3 齿，下唇 2 齿；花冠紫红色或淡红色；雄蕊 4，后对不育。小坚果卵球形，褐色，光滑，长约 0.7mm。花期 6~8 月，果期 8~10 月。

见于本市各地，生于路旁、沟边、空旷草地、林缘、灌丛中

全草入药，具有清热解毒、消肿止痛之效。

图 128 细风轮菜

## 6. 绵穗苏属 Comanthosphace S. Moore

多年生草本或半灌木。茎单一，通常不分枝。叶具柄或近无柄，具齿。轮伞花序少花，6~10 花，在茎及侧枝顶端组成常密被白色星状绒毛的长穗状花序；花萼管状钟形，10 脉，外面被星状绒毛，内面无毛，萼齿 5，前 2 齿稍宽大；花冠淡红色至紫色，外面在伸出萼筒部分被绒毛或近于无毛，内面在冠筒近中部具一圈不规则的柔毛环，冠檐二唇形，上唇 2 裂或偶有全缘，下唇 3 裂，中裂片较大，多少成浅囊状；雄蕊 4，前对略长，伸出花冠外，花药卵珠形，1 室，横向开裂。小坚果三棱状椭圆形，黄褐色，具金黄色腺点。

约 6 种，分布于我国和日本。我国 3 种 1 变种；浙江 1 种 1 变种；温州 1 种。

### ■ 绵穗苏

**Comanthosphace ningpoensis** (Hemsl.) Hand.-Mazz.

多年生直立草本。高 60~100cm。具密生须根的木质根茎。茎基部圆柱形，上部钝四棱形，除茎顶花序被白色星状绒毛外，余部近无毛。叶片卵圆状长圆形、阔椭圆形或椭圆形，长 7~20cm，宽 4~8cm，边缘在基部以上具锯齿，齿端具硬尖，幼时两面疏被星状毛，老时两面近无毛；叶柄长 0.4~1cm。穗状花序于主茎及侧枝上顶生，在茎顶常呈三叉状，花序轴、花梗及花的各部被白色星状绒毛；花冠淡红色至紫色，长约 7mm，内面近冠筒中部有一不规则宽大而密集的毛环。小坚果三棱状椭圆形，黄褐色，具金黄色腺点，长约 3mm。花期 8~10 月，果期 9~11 月。

见于泰顺，生于山坡草丛及溪旁。

## 7. 水蜡烛属 Dysophylla Bl.

湿生草本。茎具通气组织。叶3~10片轮生，无柄。轮伞花序多花，在茎或分枝顶部密集成紧密连续或极少于基部间断的穗状花序。花极小，无梗；花萼钟形，萼齿5，短；花冠伸出花萼外，冠檐4裂，裂片近相等；雄蕊4，伸出，花丝具髯毛，花药小，近球形，药室贯通为1室；花柱与雄蕊近等长，先端2浅裂。小坚果小，近球形或倒卵形，光滑。

约27种，分布于亚洲，主产于印度。我国7种2变种；浙江2种；温州1种。

### ■ 水蜡烛

**Dysophylla yatabeana** Makino

多年生草本。高30~70cm。茎通常单一不分枝，无毛或顶部被微柔毛。叶3~4片轮生，叶片狭披针形或线形，长2~6cm，宽3~8mm，先端渐狭具钝头，基部无柄，边缘全缘或于上部具疏而不明显的锯齿，两面无毛。轮伞花序多花密集成长1~4.5cm的穗状花序，有时基部稍有间断；花萼卵状钟形，长1.6~2mm，外面疏被柔毛及锈色腺点，萼齿5；花冠紫红色，长约为花萼的2倍，冠檐近相等4裂；雄蕊4，极伸出，花丝密被紫红色髯毛。花期9~11月。

见于永嘉（溪下）、泰顺，生于水池中、水稻田内或湿润空旷地方。

## 8. 香薷属 Elsholtzia Willd.

草本、半灌木或灌木。叶片边缘具锯齿。轮伞花序通常组成偏向一侧的穗状花序；萼齿5；冠檐二唇形，上唇直立，下唇开展，3裂，中裂片常较大；雄蕊4，通常伸出，前对较长，稀前对不发育，花药2室，室略叉开或极叉开，其后汇合；花柱先端通常具近相等稀不等的2浅裂。小坚果卵球形或长圆形，具瘤状凸起或光滑。

约40种，主产于东亚。我国33种15变种；浙江5种；温州3种。

**分种检索表**

1. 叶片基部圆形、截形或阔楔形；苞片边缘及背面均有柔毛……………………1. 紫花香薷 E. argyi
1. 叶片基部明显楔状下延；苞片仅边缘具缘毛。
  2. 叶片下面被松脂状腺点；花萼前2齿较其余3齿长……………………2. 香薷 E. ciliata
  2. 叶片下面被凹陷腺点；萼齿近等长……………………3. 海州香薷 E. splendens

### ■ 1. 紫花香薷 图129

**Elsholtzia argyi** Lévl.

一年生直立草本。高25~80cm。茎四棱形，具槽，紫色，槽内被白色短柔毛。叶片卵形至宽卵形，长1.5~5.5cm，宽1~4cm，先端短渐尖或渐尖，基部宽楔形、圆形、截形，边缘圆齿状锯齿，上面疏被柔毛，下面沿叶脉被白色短柔毛，满布凹陷的腺点。轮伞花序通常具8花，组成偏向一侧长1.5~6cm的穗状花序；苞片圆形或倒宽卵形，长3~5mm，宽4~6mm，先端具刺芒状尖头，背面被白色柔毛及黄色腺点，常带紫色，边缘具缘毛；花梗与花序轴被白色柔毛；花萼外面被白色柔毛；花冠玫瑰红紫色，长6~7mm，外面被白色柔毛，上部具腺点，冠檐二唇形。小坚果长圆形，深棕色，散生细微疣状凸起，长约1mm。花果期9~11月。

见于永嘉、文成、平阳、泰顺，生于山坡灌丛中、林下、溪旁及河边草地。

图 129　紫花香薷

## 2. 香薷　图 130

**Elsholtzia ciliata** (Thunb.) Hyland.

一年生直立草本。高 25~45cm。茎常呈麦秆黄色，老时变紫褐色，无毛或被疏柔毛。叶片卵状披针形或椭圆状披针形，长 2~6cm，宽 1~3cm，先端渐尖，基部楔状下延成狭翅，边缘具锯齿，上面疏被小硬毛，下面仅沿脉上疏被小硬毛，散布松脂状腺点。多花的轮伞花序密集成长 2~5cm 偏向一侧的穗状花序；苞片宽卵圆形或扁圆形，先端具芒状突尖，背面近无毛，疏布松脂状腺点，内面无毛，边缘具缘毛；花萼外面被疏柔毛，疏生腺点，内面无毛；花冠淡紫色，冠檐二唇形。小坚果长圆形，棕黄色，光滑，长约 1mm。花果期 7~11 月。

见于文成、泰顺，生于路旁、山坡、荒地、林内、河岸。

全草入药。

## 3. 海州香薷

**Elsholtzia splendens** Nakai ex F. Maekawa

一年生直立草本。高 15~35cm。茎直立，有近 2 列疏柔毛。叶片长圆状披针形或披针形，长 1~6cm，宽 0.5~1.5cm，上面疏被小纤毛，脉上较密，下面沿脉上被小纤毛，密布凹陷腺点。由多数轮伞花序所组成的顶生穗状花序偏向一侧；苞片近圆形或宽卵圆形，先端具短尖头，除边缘被小缘毛外余部无毛，极疏生腺点；花萼外面被白色短硬毛，具腺点，萼齿 5，三角形，近相等，先端刺芒状，边缘具缘毛；花冠玫瑰红紫色，长 6~7mm，外面密被柔毛，内面有毛环，冠檐二唇形。小坚果长圆形，黑棕色，具小疣点，长约 1.5mm。花果期 9~11 月。

见于泰顺，生于山坡路旁或草丛中。

全草入药。

图 130　香薷

## 9. 小野芝麻属 Galeobdolon Adans.

一年生或多年生草本，稀灌木状。叶具柄。轮伞花序具2~8花；花萼钟形，具5脉，脉间的副脉不明显，萼齿5，后3齿略大于前2齿；花冠紫红色或粉红色，稀黄色，伸出萼外，冠筒内面有毛环，冠檐二唇形，上唇直伸，下唇平展，3裂，中裂片较大；雄蕊4，前对较长，花药卵圆形，2室，药室无毛，叉开；花柱丝状，先端近相等2浅裂。

本属似野芝麻属 *Lamium* Linn.，主要区别在于：花药药室无毛，植株较矮小。

6种2变种，分布于西欧及伊朗北部，有1种分布在日本。我国5种；浙江1种1变种；温州1种。

### ■ 小野芝麻 图131

**Galeobdolon chinense** (Benth.) C. Y. Wu

一年生草本。高10~50cm。根有时具块根。茎密被污黄色绒毛。叶片卵形、卵状长圆形至阔披针形，长1.5~7cm，宽1~3cm，先端钝至急尖，基部楔形，边缘为具圆齿状锯齿，上面密被伏毛，下面被污黄色绒毛。轮伞花序2~6花；花萼外面密被绒毛，萼齿5，先端渐尖呈芒状；花冠粉红色，长1.5~2cm，外面被白色长柔毛，冠筒内面下部有毛环，冠檐二唇形；雄蕊花丝扁平，无毛，花药紫色，无毛。小坚果三棱状倒卵圆形，长约2mm。花期3~5月，果期5~6月。

见于本市各地，生于路旁及疏林中。

图131 小野芝麻

## 10. 活血丹属 Glechoma Linn.

多年生直立或匍匐状草本。叶具长柄。轮伞花序2~6花，腋生；花萼管状或钟状，具15脉，萼齿5，呈不明显的二唇形，上唇3齿，略长，下唇2齿，较短；花冠管状，上部膨大，冠檐二唇形，上唇直立，不成盔状，顶端微凹或2裂，下唇平展，3裂，中裂片较大；雄蕊4，药室长圆形，平行或略叉开；花柱着生于子房底，先端近相等2裂。小坚果光滑或有小凹点。

约8种4变种，广布于欧、亚大陆温带地区，南北美洲有栽培。我国5种2变种；浙江1种，温州也有。

### ■ 活血丹 图 132
**Glechoma longituba** (Nakai) Kupr.

多年生草本。具匍匐茎，上升，逐节生根；茎高 10~20cm，长达 50cm，基部通常呈淡紫红色，几无毛，幼嫩部分被疏长柔毛。叶片心形或近肾形，长 1~3cm，宽 1~4cm，两面有毛或近无毛。轮伞花序通常具 2 花，稀具 4~6 花；苞片及小苞片线形，被缘毛；花萼管状，长 8~10mm，外面被长柔毛，尤沿肋上为多，萼齿 5，先端芒状，边缘具缘毛；花冠淡蓝、蓝色至紫色，下唇具深色斑点；雄蕊 4，内藏，无毛；花药 2 室，略叉开。小坚果长圆状卵形，顶端圆，基部略成三棱形，深褐色，长约 1.5mm。花期 4~5 月，果期 5~6 月。

见于本市各地，生于林缘、疏林下、草地中、溪边等阴湿处。

民间广泛用全草或茎、叶入药。

图 132 活血丹

## 11. 四轮香属 Hanceola Kudô

一或多年生草本。叶片边缘具锯齿。轮伞花序 2~6 花，集成伸长的顶生总状花序；花萼小，近钟形，具 8~10 脉，萼齿 5，后 1 齿较大，先端均尾尖或多少呈二唇形，前 2 齿较狭，果时花萼极增大，脉显著；花冠筒直或弧曲，向上渐宽，内面无毛环，冠檐二唇形，上唇 2 裂，下唇 3 裂，中裂片较大；雄蕊 4，几等长或前对较长，内藏或伸出，下倾，平卧在下唇上；花药卵球形，2 室，药室极叉开，其后汇合；花柱顶端具相等的 2 浅裂。小坚果长圆形或卵圆形，褐色，具条纹。

6~8 种，均分布于我国长江以南各地区；浙江 1 种，温州也有。

### ■ 出蕊四轮香 图 133
**Hanceola exserta** Sun

多年生草本。高 30~50cm。根茎匍匐横走。茎平卧上升，幼时被短细毛，后渐脱落，深紫黑色，常极多分枝并密生叶片。叶片卵形至披针形，长 2~9cm，宽 0.5~3.5cm，先端锐尖或渐尖，中部以下渐渐地楔状延长成具宽翅的柄，边缘有具胼胝尖的锐锯齿，上面及下面脉上被细微柔毛，下面常带青紫色。聚伞花序 1~3 花，组成顶生的总状花序；总花梗被微柔毛及腺毛；花萼钟形，长达 3mm，外被具腺微柔毛，具不明显 10 脉；花冠紫蓝色或紫红色，长达 2.5cm。小坚果卵圆形，黄褐色，长约 2mm。花期 9~10 月，果期 10~11 月。

见于泰顺，生于草坡阴地及林下。

图 133 出蕊四轮香

## 12. 山香属 Hyptis Jacq.

草本、亚灌木或灌木。叶片具齿缺。花序头状、稠密的穗状或为疏松的圆锥花序；花萼管状钟形或管形，具 10 脉，萼口内面有或无柔毛簇，萼齿 5，近相等，短尖或锥尖，直立，果时花萼增大；冠檐二唇形，上唇 2 裂，下唇 3 裂，中裂片囊状，花时反折；雄蕊 4，前对较长，下倾，花药汇合成 1 室；花柱先端 2 浅裂或近全缘。小坚果光滑或点状粗糙，稀具膜状翅。

约 350~400 种，产于美洲热带至亚热带及西印度群岛地区。我国 4 种；浙江 1 种，温州也有。浙江分布新记录属。

### ■ 山香 图 134

**Hyptis suaveolens** (Linn.) Poit.

一年生直立多分枝草本，有时半灌木状。高 35~160cm，揉之有香气。茎被平展刚毛。叶片卵形至宽卵形，长 1.5~10cm，宽 1~9cm，先端近锐尖或钝，基部圆形或浅心形，边缘具不规则的波状齿，两面均被疏柔毛。聚伞花序具 2~5 花，于枝上排列成总状花序或圆锥花序；花萼花时长约 5mm，但很快增大而长达 12mm，10 条脉极凸出，外被长柔毛及淡黄色腺点，内部有柔毛簇；花冠蓝色，长 6~8mm，外面除冠筒下部外被微柔毛。小坚果常 2 枚成熟，扁平，暗褐色，具细点，基部具 2 着生点，长约 4mm。花果期全年。

原产于热带美洲，现归化于全世界热带地区，温州鹿城（杨府山）有逸生，生于开旷荒地上或林缘路旁。浙江分布新记录种。

全草入药。

图 134 山香

## 13. 香茶菜属 Isodon (Schrad. ex Benth.) Spach

多年生草本、半灌木或灌木。根茎常肥大木质，疙瘩状。叶片有锯齿。聚伞花序有3至多花，组成顶生或腋生的总状或圆锥状花序；花萼开花时钟形，果时多少增大，有时呈管状或管状钟形，直立或下倾，萼齿5，近等大或呈3/2式二唇形；花冠筒伸出，基部上方浅囊状或呈短距，冠檐二唇形，上唇外反，先端具4圆裂，下唇全缘，通常较上唇长，内凹，常呈舟状；雄蕊4，二强，下倾，花药卵球形，贯通成1室；花柱先端相等2浅裂。小坚果近圆形、卵球形或长圆状三棱形，光滑或具小疣。

约100种，主产于亚洲。我国77种21变种；浙江8种；温州7种。

### 分种检索表

1. 叶片较狭窄，宽1~2.5cm，披针形至狭披针形；萼齿5，近相等；小坚果顶端有微柔毛………**6. 显脉香茶菜 I. nervosus**
1. 叶片较宽，宽卵形至披针形，绝不为狭披针形。
  2. 茎多少被具节柔毛或密被倒向卷曲长柔毛。
    3. 叶片下面被淡黄色小腺点；萼齿近等长；聚伞花序分枝极叉开，组成顶生大型疏散的圆锥花序……………………………………**1. 香茶菜 I. amethystoides**
    3. 叶片下面无腺点或密布橘红色腺点；萼齿多少呈二唇形；聚伞花序分枝略叉开，组成顶生狭窄或开展的圆锥花序。
      4. 叶片下面无腺点；雄蕊及花柱内藏……………………**2. 内折香茶菜 I. inflexus**
      4. 叶片下面密布橘红色腺点；雄蕊及花柱伸出花冠外……………**4. 线纹香茶菜 I. lophanthoides**
  2. 茎近无毛或被微柔毛，但绝非具节柔毛或长柔毛。
    5. 花冠长1.4~1.8cm；萼齿二唇形……………………**3. 长管香茶菜 I. longitubus**
    5. 花冠长5~8mm；萼齿二唇形或近等大。
      6. 萼齿二唇形；小坚果无毛；叶片卵形或宽卵形，长3~15cm，宽2~8cm………**5. 大萼香茶菜 I. macrocalyx**
      6. 萼齿近等大；小坚果顶端具腺点及白色髯毛；叶片卵形至披针形，长3~7cm，宽1~4cm……**7. 溪黄草 I. serra**

### ■ 1. 香茶菜 图135

**Isodon amethystoides** (Benth.) Hara [*Rabdosia amethystoides* (Benth.) Hara]

多年生直立草本。茎高30~100cm，密被倒向具节卷曲柔毛或短柔毛，在叶腋内常有不育的短枝，其上具较小型的叶。叶片卵状圆形、卵形至披针形，长2.5~14cm，宽0.8~3.5cm，先端渐尖、急尖或钝，基部骤然收缩后长渐狭或阔楔状渐狭而成具狭翅的柄，边缘具圆齿，两面被毛或近无毛，下面被淡黄色小腺点；叶柄长0.2~2.5cm。聚伞花序3至多花，分枝纤细而极叉开，组成顶生疏散的圆锥花序；花萼钟形，长约2.5mm，外面密被黄色腺点，萼齿5，近相等；花冠白色或淡蓝紫色，长约7mm，外面疏被短柔毛；雄蕊及花柱均内藏。小坚果卵形，黄栗色，有腺点，长约2mm。花期8~9月，果期9~11月。

见于本市各地，生于林下或路边草丛湿润处。

全草入药。

本种在叶形、叶片的大小及茎与叶的毛被方面，变异幅度极大，但圆锥花序疏散，聚伞花序分枝极叉开，果萼阔钟形且直立等特征则是共同的。

### ■ 2. 内折香茶菜 图136

**Isodon inflexus** (Thunb.) Kudô [*Rabdosia inflexa* (Thunb.) Hara ]

多年生曲折直立草本，高40~100cm。茎沿棱上密被倒向具节白色柔毛。叶片三角状宽卵形或宽卵形，长2.5~10cm，宽2~7cm，先端急尖或稍钝，基部宽楔形，骤然渐狭下延，边缘具粗大圆齿状锯齿，齿尖具硬尖，上面及下面脉上被具节短柔毛；叶柄长0.5~3.5cm。聚伞花序3~5花，组成长6~10cm的狭圆锥花序，总花梗、花序轴及花梗密被短柔毛；花萼钟形，长约3mm，果时花萼稍增大，长可达6mm，外面被毛，萼齿5，近相等或微呈3/2式二唇形；花冠淡红色至青紫色，稀白色，长约8mm，外被短

图 135 香茶菜

柔毛及腺点；雄蕊与花柱均内藏。小坚果卵球形，具网纹，直径约 1.5mm。花果期 8~11 月。

见于乐清、泰顺，生于溪旁及疏林中。

### 3. 长管香茶菜 图 137

**Isodon longitubus** (Miq.) Kudô [*Rabdosia longituba* (Miq.) Hara]

多年生直立草本。高达 1m。茎带紫色，密

图 136 内折香茶菜

被倒向细微柔毛。叶片狭卵形至卵圆形，中部者长可达 15cm，宽可达 5.5cm，先端渐尖至尾状渐尖，基部楔形，边缘具锯齿，两面脉上密被微柔毛，余部散布小糙伏毛，下面并散布小腺点；叶柄长 2~12mm，腹凹背凸。聚伞花序 3~7 花，组成长 10~20cm 的狭圆锥花序，总花梗、花梗及花序轴均密被细微柔毛；花萼钟形，长达 4mm，果时花萼长可达 6mm，常带紫红色，外面沿脉及边缘被细微柔毛，余部具腺点，萼齿 5，明显呈 3/2 式二唇形；花冠紫色，长 1.4~1.8cm，外面疏被小柔毛，冠筒长可达 1.4cm，约为花冠的 3/4，中部略弯曲；雄蕊内藏。小坚果扁圆球形，深褐色，无毛，具小疣点，直径约 1.5mm。花果期 8~10 月。

见于文成（铜铃山）、泰顺（乌岩岭），生于山坡林下、溪边及路旁草丛。

## ■ 4. 线纹香茶菜 图 138

**Isodon lophanthoides** (Buch.-Ham. ex D. Don) Hara [*Rabdosia lophanthoides* (Buch.-Ham. ex D. Don) Hara]

多年生柔弱草本。高 25~80cm。茎直立或上升，被具节的长柔毛和短柔毛。叶片卵形、宽卵形或长圆状卵形，长 1.5~5cm，宽 0.5~3.5cm，先端钝，基部宽楔形或近圆形，稀浅心形，边缘具圆齿，两面被具节毛，下面密布橘红色腺点；叶柄长 0.3~2.2cm。聚伞花序 7~11 花，组成长 4~15cm 的顶生或腋生圆锥花序；花萼钟形，长约 2mm，果时可达 4mm，外面下部疏被具节柔毛并密布橘红色腺点，萼齿 5，卵状三角形，萼檐二唇形，后 3 齿较小，前 2 齿较大；花冠白色或粉红色，具紫色斑点，长 5~7mm，冠檐

陈贤兴 摄

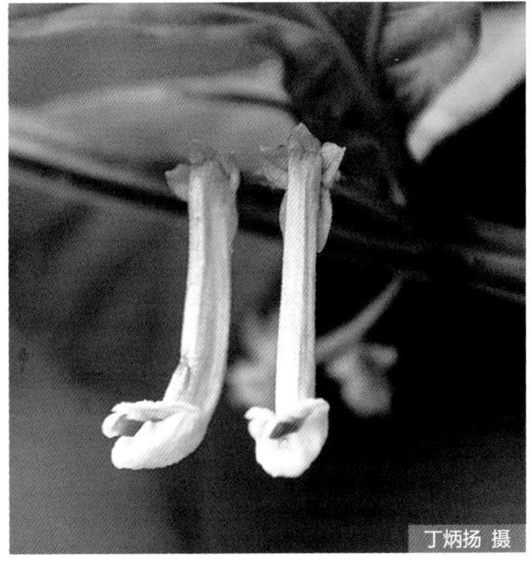
丁炳扬 摄

图 137　长管香茶菜

陈贤兴 摄

陈贤兴 摄

图 138　线纹香茶菜

外面疏被小黄色腺点；雄蕊及花柱均远伸出。小坚果长圆形，淡褐色，光滑。花果期10~11月。

见于本市各地，生于林下潮湿处、山坡路旁、水沟边、山谷路旁岩石中。

全草入药，治急性黄疸型肝炎、急性胆囊炎、咽喉炎和妇科病，尚可解草乌中毒。

## 5. 大萼香茶菜

**Isodon macrocalyx** (Dunn) Kudô [*Rabdosia macrocalyx* (Dunn) Hara]

多年生直立草本。高40~100cm。茎被微柔毛。叶片卵形或宽卵形，长3~15cm，宽2~8cm，先端长渐尖或急尖，基部宽楔形，骤然渐狭下延，边缘有整齐的圆齿状锯齿，齿尖具硬尖，两面脉上被微柔毛，余部近无毛，下面散布淡黄色腺点；叶柄长2~4 (~6.5)cm，密被贴生微柔毛。聚伞花序3~5花，组成长4~15cm的总状圆锥花序，总花梗、花梗及花序轴密被贴生微柔毛；花萼宽钟形，长约3mm，果时明显增大，长可达6mm，外被微柔毛，萼齿5，明显呈3/2式二唇形；花冠淡紫色或紫红色，长约8mm，外面疏被短柔毛及腺点。小坚果卵球形，褐色，无毛，长约1.5mm。花期8~10月，果期9~11月。

见于泰顺（乌岩岭），生于林下、路旁及溪边草丛。

## 6. 显脉香茶菜 图139

**Isodon nervosus** (Hemsl.) Kudô [*Rabdosia nervosa* (Hemsl.) C. Y. Wu et H. W. Li]

多年生草本。高达1 m。茎幼时被微柔毛，老时毛渐脱落近无毛。叶片披针形至狭披针形，长3~13cm，宽1~2.5cm，先端长渐尖，基部楔形至狭楔形，边缘有具胼胝体硬尖的浅齿，侧脉4~5对，在两面隆起，细脉多少明显，上面沿脉被微柔毛，余部近无毛，下面近无毛，脉白绿色；下部叶柄长0.2~1cm，上部叶无柄。聚伞花序（3~）5~9花，于茎顶组成疏散的圆锥花序，花梗与总花梗及花序轴

丁炳扬 摄

陈贤兴 摄

陈贤兴 摄

图139 显脉香茶菜

均密被微柔毛；花萼钟形，长约2mm，果时增大呈阔钟形，长达3mm，外密被微柔毛，萼齿5，近相等，披针形；花冠淡紫色或蓝色，长6~8mm，外疏被微柔毛。小坚果卵圆形，顶部被微柔毛，长1~1.5mm。花期8~10月，果期9~11月。

见于乐清、永嘉、泰顺，生于溪边草丛及山谷林下阴处。

### 7. 溪黄草

**Isodon serra** (Maxim.) Kudô [*Rabdosia serra* (Maxim.) Hara ]

多年生直立草本。高达1.5 m。茎带紫色，密被倒向微柔毛。叶片卵形、卵状披针形或披针形，长3~7cm，宽1~4cm，先端急尖或渐尖，基部楔形，边缘具粗大内弯的锯齿，两面脉上密被微柔毛，余部无毛，散布淡黄色腺点；叶柄长0.5~3.5cm。聚伞花序5至多花，组成长10~20cm的顶生圆锥花序，总花梗、花梗与花序轴均密被微柔毛；花萼钟形，长约1.5mm，果时增大，阔钟形，基部多少呈壶状，长约3mm，外面密被微柔毛并夹有腺点，萼齿5，长三角形，近等大；花冠紫色，长5~6mm，外被短柔毛；雄蕊及花柱均内藏。小坚果宽倒卵形，顶端具腺点及白色髯毛，长1.5mm。花果期8~10月。

见于乐清、瓯海，生于山坡、路旁、溪边。温州分布新记录种。

全草入药。

## 14. 香简草属 Keiskea Miq.

草本或半灌木。叶片有锯齿。轮伞花序2花，组成顶生及腋生的总状花序；苞片宿存；花萼钟形，萼齿5，深裂，齿近相等或后齿略小；冠筒内面有毛环，冠檐近二唇形，上唇2裂，下唇3裂，中裂片较长；雄蕊4，伸出，稀内藏，前对较长，花药2室，室略叉开，先端贯通；花柱先端2浅裂。小坚果近球形或长圆形，平滑。

约6种，分布于我国和日本。我国5种；浙江2种；温州2种。

### 1. 香薷状香简草 图140

**Keiskea elsholtzioides** Merr.

多年生直立草本。高30~80cm。茎下部圆柱形，上部略呈四棱形，带紫红色，幼枝密生平展的柔毛，老时近无毛。叶片卵形或卵状椭圆形，长5~12cm，宽2~7cm，先端渐尖，基部楔形至近圆形，稀浅心形，边缘具圆齿状锯齿或粗锯齿，近革质或厚纸质，两面有毛，下面有凹陷腺点；叶柄长

陈贤兴 摄

丁炳扬 摄

丁炳扬 摄

图140 香薷状香简草

达5.5~7cm。总状花序顶生或腋生，幼时较短，花后延长可达15cm；苞片宿存，卵圆形，下部的长8~10mm，上部的渐变小，先端突渐尖，边缘具白色缘毛；花萼钟形，长3~4mm，果时增大；花冠白色或带紫色或紫红色，长8~10mm。小坚果近球形，直径约1.6mm，紫褐色。花果期8~11月。

见于乐清、永嘉、瓯海、瑞安、文成、平阳、苍南、泰顺，生于山坡林下、山谷溪边等。

### 2. 中华香简草

**Keiskea sinensis** Diels

多年生直立草本。高30~70cm。茎带紫色，下部近圆柱形，上部四棱形，近无毛或被倒向小疏柔毛。叶片卵形，长8~15cm，宽3~7cm，先端渐尖至尾状渐尖，基部楔形至近圆形，边缘有锯齿，上面脉上有短伏毛，余部无毛，下面近无毛，密被黄色腺点；叶柄长0.8~3cm。总状花序顶生或腋生，长4~9cm，近基部有数花不发育；苞片宿存，卵形，长约2mm，向上渐小，先端突渐尖，被短柔毛。花萼钟形，长约3mm，果时增大，外面在萼筒脉上被微柔毛，余部无毛但有黄色腺点，萼齿间有硬毛束；花冠白色，边缘略带黄色，长4~5mm，外面无毛，内面有黄色腺点，内面喉部有毛环。小坚果近球形，直径约2mm。花期9~10月，果期11月。

见于瑞安、泰顺，生于低山林中。温州分布新记录种。

本种与香薷状香简草 *Keiskea elsholtzioides* Merr. 的主要区别在于：本种的中下部苞片长约2mm；花冠白色，边缘略带黄色，长4~5mm。而香薷状香简草的中下部苞片长8~10mm；花冠白色或带紫色或紫红色，长8~10mm。

## 15. 野芝麻属 Lamium Linn.

一年生或多年生草本。轮伞花序多花，生于茎的上部叶腋；花萼管状钟形或倒圆锥状钟形，具5或10脉，萼齿5；冠檐二唇形，上唇直伸，多少盔状内弯，下唇向下伸展，3裂，中裂片较大，倒心形，先端微缺或深2裂，侧裂片不明显的浅半圆形或浅圆裂片状，边缘常有1至多数锐尖小齿；雄蕊4，前对较长，均上升至上唇片之下，花药被毛，2室，室水平叉开；花柱着生于子房底，先端近相等2浅裂。小坚果长圆状或倒卵状三棱形，顶端截形，基部渐狭，光滑或有小凸起。

约40种，产于亚洲、欧洲及北非。我国4种4变种；浙江2种，温州也有。

### 1. 宝盖草 图141

**Lamium amplexicaule** Linn.

一年生或二年生矮小草本。茎高10~30cm，基部多分枝，常带紫色。叶片圆形或肾形，长0.5~2cm，宽1~2.5cm，先端圆，基部截形或心形，边缘具深圆齿或浅裂，两面有伏毛，下部叶有长柄，上部叶近无柄而半抱茎。轮伞花序具6~10花，其中常有闭花授精的花；花萼管状钟形，长4~6mm，外面被白色长柔毛，萼齿5；花冠紫红色或粉红色，长约1.5cm，冠筒基部无毛环，冠檐二唇形，上唇直伸，下唇稍长，3裂，中裂片倒心形，先端深凹；花药被长硬毛。小坚果倒卵状三棱形，表面有白色疣状凸起，长约2mm。花果期3~6月。

见于本市各地，生于路旁、林缘、沼泽草地及宅旁等地，或为田间杂草。

### 2. 野芝麻 图142

**Lamium barbatum** Sieb. et Zucc.

多年生植物。茎高25~100cm。叶片卵状心形至卵状披针形，长2~8cm，宽2~5cm，先端尾状渐尖，基部浅心形，两面被毛。轮伞花序具4~14花，生于茎上部叶腋；花萼钟形，长约1.5cm，外面疏被伏毛；花冠白色，长2~3cm，冠筒基部有毛环，冠檐二唇形，上唇直立，下唇3裂，中裂片倒肾形，先端深凹；花药深紫色，被柔毛。小坚果倒卵形，有3棱，长约3mm。花果期4~7月。

图 141　宝盖草

图 142　野芝麻

见于本市各地，生于路边、溪旁、田埂及荒坡上。

本种与宝盖草 *Lamium amplexicaule* Linn. 的主要区别在于：上部茎生叶不抱茎，叶片卵状心形至卵状披针形，长 2~8cm，宽 2~5cm；花冠白色，冠筒基部有毛环。而宝盖草的上部茎生叶近无柄而半抱茎，叶片圆形或肾形，长 0.5~2cm，宽 1~2.5cm；花冠紫红色或粉红色，冠筒基部无毛环。

## 16. 益母草属 Leonurus Linn.

直立草本。叶片具粗锯齿或缺刻或掌状分裂。轮伞花序多花密集，腋生，多数排列成长穗状花序；小苞片钻形或刺状。花萼倒圆锥形或管状钟形，具5脉，萼齿5，先端针刺状。冠檐二唇形，上唇全缘，直伸，下唇3裂；雄蕊4，前对较长，花药2室，室平行。花柱先端相等2裂。小坚果有3棱，顶端截平，基部楔形。

约20种，分布于亚洲、欧洲，少数种于美洲、非洲逸生；我国12种；浙江2种；温州1种。

### ■ 益母草 图143

**Leonurus japonicus** Houtt. [*Leonurus artemisia* (Lour.) S. Y. Hu ;*Leonurus artemisia* var. *albiflorus* (Migo) S. Y. Hu]

一或二年生草本。茎直立，高30~100cm，有倒向糙伏毛，在节及棱上尤为密集，老时渐秃净。叶片轮廓变化很大，基生叶圆心形，直径4~9cm，边缘5~9浅裂，每裂片有2~3钝齿；茎下部叶轮廓为卵形，掌状3裂，中裂片呈长圆状菱形至卵形，通常长2~6cm，宽1~4cm，裂片上再分裂；茎中部叶轮廓为菱形，较小，通常分裂成3枚或偶有多枚长圆状线形的裂片，基部狭楔形；最上部的苞叶线形或线状披针形，长3~10cm，全缘或具稀少牙齿。轮伞花序具8~15花，腋生，多数远离而组成长穗状花序；小苞片刺状；花萼管状钟形，长6~8mm；花冠粉红色或淡紫红色或白色，长1~1.2cm。小坚果长圆状三棱形，淡褐色，长约2mm。花果期6~10月。

见于本市各地，生于多种生境，尤以阳处为多。

全草入药，有效成分为益母草素，广用于妇科病。

图143 益母草

## 17. 绣球防风属 Leucas R. Br.

草本或半灌木。通常具毛被。叶片全缘或具锯齿。轮伞花序少花至多花，疏离；花萼管状、管状钟形或倒圆锥状，具10脉，萼齿8~10，等大或偶有不等大；花冠筒不超出萼外，冠檐二唇形，上唇直伸，盔状，全缘或偶有微凹，外密被长柔毛，下唇长于上唇，3裂，中裂片最大；雄蕊4，前对较长，上升至上唇之下，花药2室，药室极叉开，其后贯通；花柱先端不等2裂，后裂片极短，近于消失。小坚果卵状三棱形。

约100种。我国8种2变种；浙江1种，温州也有。

## ■ 滨海白绒草 图 144

**Leucas chinensis** (Retz.) R. Br.

灌木。高 20~30cm。枝四棱形，密生向上的白色绢毛。叶无柄或近无柄，叶片卵圆状圆形，长 0.8~1.3cm，宽 0.5~1cm，先端钝，基部宽楔形、圆形或近心形，基部以上具圆齿状锯齿，两面被白色平伏绢状绒毛。轮伞花序腋生；花萼管状钟形，长约 5mm，外面密被绢状绒毛，萼齿 10，近等大，其中数齿略大；花冠白色，长约 1cm，冠檐二唇形，上唇外面密被白色柔毛，下唇 3 裂；雄蕊 4。花期 11~12 月，果期 12 月。

见于洞头、瑞安、平阳、苍南，生于海滨荒地。

陈贤兴 摄

陈贤兴 摄

陈贤兴 摄

图 144　滨海白绒草

## 18. 地笋属 Lycopus Linn.

多年生草本，通常具肥大的根茎。叶片边缘有锐锯齿或羽状分裂。轮伞花序无总梗，多花密集；花小，无梗；花萼钟形，萼齿 4~5；花冠钟形，内面在喉部有柔毛，冠檐二唇形，上唇全缘或微凹，下唇 3 裂，中裂片稍大；雄蕊4，前对雄蕊能育，花药2室，药室平行，后略叉开，后对雄蕊消失或退化成棍棒状；花柱着生于子房底，先端近相等2裂。小坚果腹面多少具棱，先端截平，基部楔形，无毛或腹面具腺点。

约10种，广布于东半球温带地区及北美。我国4种4变种；浙江1种1变种；温州1变种。

### ■ 硬毛地笋 图145

**Lycopus lucidus** Turcz. var. **hirtus** Regel

多年生直立草本。高30~120cm。具横走的根状茎。茎通常不分枝，棱上被向上小硬毛，节通常带紫红色，密被硬毛。叶片披针形，多少弧弯，长4~10cm，宽1~2.5cm，上面及下面脉上被刚毛状硬毛，下面散生凹陷腺点，边缘具缘毛及锐锯齿。轮伞花序无总梗，轮廓圆球形，花期时直径1.2~1.5cm，多花密集；花萼钟形，长约5mm，两面无毛，外面具腺点，萼齿5；花冠白色，长约5mm，内面在喉部具白色短柔毛，冠檐不明显二唇形，上唇近圆形，下唇3裂，中裂片较大；雄蕊仅前对能育，后对退化，先端棍棒状。小坚果倒卵圆状四边形，基部略狭，褐色，有腺点，长约1.6mm。花期7~10月，果期9~11月。

见于本市各地，生于沼泽地、水边、沟边等潮湿处。

根状茎供食用，民间俗称“生地”；全草入药。

图145 硬毛地笋

## 19. 龙头草属 Meehania Britt.

草本。直立或具匍匐茎。叶片心状卵形至披针形，边缘具锯齿。轮伞花序少花，松散，组成顶生稀腋生的假总状花序，有时为单花腋生；花大型，花萼具15脉，萼齿5，上唇具3齿，略高，下唇具2齿，略低；花冠筒管状，基部细，向上至喉部渐扩大，内面无毛环，冠檐二唇形，上唇较短，直立，顶端微凹或2裂，下唇伸长，中裂片较大；雄蕊4，后对长于前对，花药2室，初时平行，成熟后叉开并贯通成1室；花柱细长，先端相等2浅裂，伸出花冠外。小坚果长圆形或长圆状卵形，有毛。

约7种，主产于亚洲东部的温带至亚热带地区。我国6种5变种；浙江1种1变种，温州也有。

### ■ 1. 走茎龙头草 图146

**Meehania fargesii** (Lévl.) C. Y. Wu var. **radicans** (Vaniot) C. Y. Wu

多年生草本。高30~80cm。茎软弱，基部匍匐生根，常形成匍匐枝，幼时疏被多节长柔毛。叶片卵状心形至长圆状卵形，长5~11cm，宽2~5cm，先端短渐尖，基部心形，边缘具圆钝锯齿，两面疏生多节柔毛，脉上较密；叶柄在下部者较长，上部者渐短。花通常成对生于茎上部1~3节叶腋；花萼脉上疏生长柔毛，上唇3齿，下唇2齿；花冠淡红色

图 146 走茎龙头草

图 147 高野山龙头草

至紫红色，长 3~4.5cm，外面疏生柔毛，冠檐二唇形，上唇直立，2 裂，下唇 3 裂，中裂片长圆形，顶端浅裂，两侧裂片长为中裂片之半；雄蕊 4，略成二强，内藏。小坚果狭倒卵形，长约 3mm。花期 4~5 月，果期 6~8 月。

见于文成、泰顺，生于阴湿沟边草丛或山谷林下。

## 2. 高野山龙头草 图 147

**Meehania montis-koyae** Ohwi

多年生直立草本。高 10~40cm。茎细弱，不具匍匐茎，幼嫩部分通常被短柔毛。叶片心形至卵状心形，长 2.8~4.5cm，宽 2~3.5cm，通常生于茎中部的叶较大，先端急尖至短渐尖，基部心形，边缘具圆齿，上面疏被糙伏毛，下面疏被柔毛，叶脉隆起，背面紫色，具下凹腺点。花通常成对着生于茎上部 2~3(~7) 节叶腋。花萼外面被微柔毛，上唇 3 裂，下唇 2 裂；花冠淡红色至紫红色，长约 3.8cm，脉上具长柔毛，余疏被短柔毛，冠檐二唇形，上唇直立，2 浅裂，下唇增大，前伸，中裂片舌状，具紫红色斑块，顶端 2 浅裂，侧裂片较小，长圆形，长为中裂片长的 1/3。小坚果长椭圆形，黑色，具纵肋，长约 3mm。花期 3~6 月，果期 6~7 月。

见于瑞安、文成（石垟）、泰顺，生于较阴湿的竹林和阔叶林下。

本种与走茎龙头草 *Meehania fargesii* (Lévl.) C. Y. Wu var. *radicans* (Vaniot) C. Y. Wu 的主要区别在于：本种植株较矮小，高 10~40cm，不具匍匐茎；叶片长 2.8~4.5cm，宽 2~3.5cm；花冠下唇的两侧裂

片长为中裂片长的1/3。而走茎龙头草植株较大，高30~80cm，常具匍匐茎；叶片长5~11cm，宽2~5cm；花冠下唇的两侧裂片长约为中裂片之半。

## 20. 薄荷属 Mentha Linn.

芳香性多年生草本。叶具柄或无柄，叶片边缘具齿；苞叶与叶相似，较小。花萼钟形、漏斗形或管状钟形，10~13脉，萼齿5，相等或近3/2式二唇形，内面喉部无毛或具毛；花冠漏斗形，近4等裂；雄蕊4，花药2室，药室平行。花柱着生于子房底，先端相等2浅裂。小坚果无毛或稍具瘤。

约30种，广布于北半球的温带地区，少数种见于南半球。我国连栽培种在内有12种，其中6种为野生种；浙江7种；温州2种。

### 1. 薄荷 图148

**Mentha canadensis** Linn. [*Mentha haplocalyx* Briq.]

多年生草本。高30~90cm。茎直立或基部平卧，多分枝，上部被倒向微柔毛，下部仅沿棱上被微柔毛。叶片长圆状披针形、披针形、卵状披针形，稀长圆形，长3~7cm，宽0.5~3cm，边缘在基部以上疏生粗大的牙齿状锯齿，两面疏被微柔毛或背面脉上有毛和腺点。轮伞花序腋生，轮廓球形；花萼管状钟形，长约2.5mm，外被微柔毛及腺点，内面无毛，萼齿5；花冠白色、淡红色或青紫色，长约4.5mm，外面略被微柔毛，冠檐4裂，上裂片先端2裂，较大，其余3裂片近等大，长圆形，先端钝；雄蕊4，前对较长，均伸出花冠外。小坚果卵形，黄褐色，具小腺窝。花果期8~11月。

见于本市各地，生于水旁潮湿地。

枝叶可供提取薄荷油和薄荷脑；全草亦可入药。

### 2. 皱叶留兰香 图149

**Mentha crispata** Schrad. ex Willd.

多年生直立无毛草本。高30~60cm。茎常带紫色，有贴地生的不育枝。叶片卵形或卵状披针形，长2~4cm，宽1.2~2cm，边缘有锐裂的锯齿，上面皱波状，脉纹明显凹陷，下面脉纹明显隆起且带白色。轮伞花序在茎及分枝顶端集成长2.5~3cm的穗状花序，不间断或基部1~2轮稍间断；花萼钟形，花时长约1.5mm，外面近无毛，具腺点，萼齿5；花冠淡紫色，长约3.5mm，外面无毛，冠檐4裂，裂片近等大，上裂片先端微凹；雄蕊4，近等长，伸出花冠外。小坚果卵球状三棱形，茶褐色，略具腺点，长约0.7mm。

原产于欧洲，温州乐清（西门岛）有逸生。

植株含芳香油，可用于香料业。

本种与薄荷 *Mentha canadensis* Linn. 的主要区

陈贤兴 摄

图148 薄荷

丁炳扬 摄

图149 皱叶留兰香

别在于：本种的轮伞花序在茎及分枝顶端集成穗状花序，连续或基部 1~2 轮稍间断；植株无毛；叶片皱波状。而薄荷的轮伞花序腋生，远离；茎上部常被毛；叶片非皱波状。

## 21. 凉粉草属 Mesona Bl.

草本，直立或匍匐。叶具柄，叶片边缘具齿。轮伞花序多数，组成顶生总状花序。花萼开花时钟形，果时筒状或坛状筒形，具 10 脉及多数横脉，果时其间形成小凹穴，萼齿 4，稀 5，上唇 3 裂，中裂片特大，下唇全缘，偶有微缺；花冠筒极短，喉部极扩大，内面无毛环，冠檐二唇形，上唇宽大，截形或具 4 齿，下唇较长，全缘，舟状；雄蕊 4，斜伸出花冠，花药卵球形，汇合成 1 室。花柱先端不相等 2 浅裂。小坚果光滑或具不明显的小疣。

约 8~10 种，星散分布于印度东北部至东南亚及我国东南各地区。我国 2 种；浙江 1 种，温州也有。

### ■ 凉粉草

**Mesona chinensis** Benth.

一年生直立或匍匐草本。高 15~90cm。茎被脱落性的长疏柔毛或细刚毛。叶片狭卵形、宽卵形或长椭圆形，长 2~5cm，宽 0.8~2.5cm，在小枝上者较小，边缘具锯齿，两面被细刚毛或柔毛，或仅沿下面脉上被毛，或变无毛。轮伞花序多数，组成顶生的总状花序；花萼开花时钟形，长 2~2.5mm，密被疏柔毛，萼檐二唇形，果时花萼筒状或坛状筒形，长 3~5mm，具 10 脉及多数横脉，其间形成小凹穴；花冠白色或淡红色，长约 3mm，外面被微柔毛，冠筒极短，喉部极扩大，冠檐二唇形。小坚果长圆形，黑色。花果期 7~10 月。

见于平阳、泰顺，生于水沟边及山谷草丛。

植株晒干后煎汁，除去枝叶等杂质，和以米浆煮熟，冷却后即凝结成黑色胶状物，以糖拌之即为良好的消暑解渴品。

## 22. 石荠苧属 Mosla Buch.-Ham. ex Maxim.

一年生草本。揉之有强烈香味。叶片下面有明显凹陷腺点。轮伞花序具 2 花，在主茎及分枝上组成顶生的总状花序；苞片小或下部的叶状。花萼钟形，具 10 脉，果时增大，基部一边膨胀，萼齿 5，齿近相等或二唇形，如为二唇形，则上唇 3 齿锐尖或钝，下唇 2 齿较长，披针形，内面喉部被毛；花冠筒内面无毛或具毛环，冠檐近二唇形，上唇微缺，下唇 3 裂，中裂片较大，常具圆齿；雄蕊 4，后对能育，前对退化，花药 2 室，药室叉开；花柱着生于子房底，先端近相等 2 浅裂。小坚果近球形，具疏网纹或深穴状雕纹。

约 22 种，分布于印度、中南半岛、马来西亚，南至印度尼西亚及菲律宾，北至我国、朝鲜及日本；我国 12 种 1 变种；浙江 7 种，温州也有。

**分种检索表**

1. 叶片较狭窄，线状披针形或披针形；苞片较宽，近圆形至圆倒卵形或宽卵形；花萼具近相等的 5 齿；小坚果具深穴状雕纹。
    2. 叶片线状披针形或披针形，长 1.2~4cm，宽 2~6mm；苞片小，长不超过 3mm，近圆形至卵形，排列稀疏……………………………………………… **7. 苏州荠苧 M. soochowensis**
    2. 苞片大，长 4~7mm，覆瓦状排列。
        3. 叶片较狭，线状长圆形至线状披针形，长 1.5~3.5cm，宽 1.5~4mm；花小，花冠长约 5mm…………………………………………… **2. 石香薷 M. chinensis**
        3. 叶片较宽，披针形，长 1.5~4cm，宽 0.5~1.3cm；花大，花冠长约 1cm……… **4. 杭州荠苧 M. hangchowensis**

1. 叶片较宽，卵形、倒卵形、卵状披针形或菱形；苞片较狭，卵状披针形、披针形、线状披针形或卵形；花萼二唇形；小坚果具疏网纹，稀具深穴状雕纹。
    4. 茎及枝密被短柔毛；花萼上唇具锐齿；小坚果具较密的深穴状雕纹……………………**6. 石荠苎 M. scabra**
    4. 茎及枝无毛或仅棱及节上被短毛，或疏被具节长柔毛；花萼上唇具钝齿；小坚果具疏网纹，网眼不下凹。
        5. 植株疏被具节长柔毛；花小，长约 2.5mm……………………**1. 小花荠苎 M. cavaleriei**
        5. 茎及枝无毛或仅棱及节上被短毛；花长 3~5mm。
            6. 叶片菱状披针形或卵状披针形，边缘具锐尖的疏齿；苞片与花梗等长或略超过；花萼长约 2~3mm；花冠长为花萼的 2 倍……………………**3. 小鱼仙草 M. dianthera**
            6. 叶片倒卵形或菱形，边缘具圆齿或圆齿状锯齿；苞片长远超过花梗；花冠长微超过花萼……………………**5. 长苞荠苎 M. longibracteata**

## 1. 小花荠苎 图 150

**Mosla cavaleriei** Lévl.

一年生直立草本。高 25~100cm。茎被具节长柔毛。叶片卵形或卵状披针形，长 2~5cm，宽 1~2.5cm，先端急尖或渐尖，基部圆形至阔楔形，边缘具锯齿，两面被具节柔毛，下面散布凹陷小腺点。轮伞花序集成长 2~4.5cm 的顶生总状花序，果时长可达 8cm；苞片极小，卵状披针形，与花梗近等长或略长于花梗，疏被柔毛；花梗细而短，长约 1mm，与花序轴被具节柔毛；花萼长约 1.3mm，果时花萼增大，可达 5mm，外面疏被柔毛，略二唇形，上唇 3 齿极小，三角形，下唇 2 齿稍长于上唇，披针形；花冠紫色或粉红色，长约 2.5mm，外被短柔毛。小坚果球形，黄褐色，直径约 1mm，具疏网纹。花果期 9~11 月。

见于乐清、永嘉、瓯海、瑞安、文成、泰顺，生于疏林下、山坡草地及水边湿地。

图 150 小花荠苎

## 2. 石香薷 图 151

**Mosla chinensis** Maxim.

一年生直立草本。高 10~40cm。茎纤细，被白色疏柔毛。叶片线状长圆形至线状披针形，长 1.5~3.5cm，宽 1.5~4mm，边缘具疏而不明显的浅锯齿，两面均被疏短柔毛及凹陷腺点。总状花序头状，长 1~3cm；苞片卵形或卵圆形，长 4~8mm，宽 3~7mm，先端短尾尖，两面及边缘有毛，下面具凹陷腺点；花梗短，疏被短柔毛；花萼钟形，长约 3mm，果时长可达 6mm，萼齿 5，近相等；花冠紫红、淡红至白色，长约 5mm，略伸出苞片，外面被微柔毛。小坚果球形，灰褐色，具深穴状雕纹，直径约 1.2mm。花期 6~9 月，果期 7~11 月。

见于本市各地，生于山坡草地或林下。

全草入药。

丁炳扬 摄

丁炳扬 摄

图 151　石香薷

## 3. 小鱼仙草 图 152

**Mosla dianthera** (Buch.-Ham.) Maxim.

一年生草本。高 25~80cm。茎近无毛或在节上被短柔毛。叶片卵状披针形或菱状披针形，长 1~3.5cm，宽 0.5~1.8cm，边缘具锐尖的疏齿，两面无毛或近无毛，下面散布凹陷腺点。总状花序顶生，长 3~15cm；苞片披针形或线状披针形，先端渐尖，近无毛，与花梗等长或略超过，至果时则较之为短，稀与之等长；花梗长 1~2mm，果时伸长可达 4mm；花萼钟形，长 2~3mm，果时增大，外面脉上被短硬毛，萼檐二唇形，上唇 3 齿，卵状三角形，中齿较短，下唇 2 齿，披针形，与上唇近等长或微超过之；花冠淡紫色，长 4~5mm，外面被微柔毛，冠檐二唇形，上唇微缺，下唇 3 裂，中裂片较大。小坚果近球形，灰褐色，具疏网纹，直径约 1.2mm。花果期 9~11 月。

见于本市各地，生于山坡、路旁或水边。

丁炳扬 摄

图 152　小鱼仙草

## 4. 杭州荠苧 图 153

**Mosla hangchowensis** Matsuda

一年生草本。高 50~60cm。茎被短柔毛及腺体，有时具混生的平展疏柔毛。叶片披针形，长 1.5~4cm，宽 0.5~1.3cm，边缘具疏锯齿，两面均被短柔毛及凹陷腺点。顶生总状花序长 1~4cm；苞片大，宽卵形或近圆形，长 5~6mm，宽 4~5mm，先端急尖或尾尖，背面具凹陷腺点，边缘具睫毛；花梗短，被短柔毛；花萼钟形，长约 3.5mm，外被疏柔毛，萼齿 5，披针形，下唇 2 齿略长；花冠紫色，长约 1cm，外面被短柔毛，冠檐二唇形，上唇微缺，下唇 3 裂，中裂片大，圆形，向下反折。小坚果球形，淡褐色，具深穴状雕纹，直径约 2mm。花果期 6~10 月。

见于洞头、文成、泰顺，生于山坡路旁、岩石缝。温州分布新记录种。

丁炳扬 摄

陈贤兴 摄

丁炳扬 摄

图 153 杭州荠苧

## 5. 长苞荠苧 图 154

**Mosla longibracteata** (C. Y. Wu et Hsuan) C. Y. Wu et H. W. Li

一年生直立草本。高 30~50cm。棱及节上被倒生短硬毛。叶片倒卵形或菱形，长 1.5~3.5cm，宽 0.8~2cm，边缘在中部以上具圆齿或圆齿状据齿，两面近无毛，下面疏被腺点。顶生总状花序长 6~11cm；苞片卵状披针形至披针形，长 3~6.5mm，有时最下部的叶状，远较花梗长；花萼钟形，长约 2.5mm，果时增大，长可达 6mm，外面被微柔毛，脉上被倒生短硬毛，满布黄色腺点，萼齿 5，上唇

丁炳扬 摄

图 154 长苞荠苧

3 齿呈钝三角形，中齿极小，下唇 2 齿披针形，较长；花冠淡粉红色或淡红紫色。小坚果近球形，黄褐色，具极疏的网纹，直径约 1.5mm。花果期 9~11 月。

见于永嘉、泰顺，生于山麓或河边。

## ■ 6. 石荠苎 图 155

**Mosla scabra** (Thunb.) C. Y. Wu et H. W. Li

一年生直立草本。高 20~80cm。茎密被短柔毛。叶片卵形或卵状披针形，长 1.5~4cm，宽 0.5~2cm，边缘具锯齿，上面被微柔毛，下面近无毛或疏被短

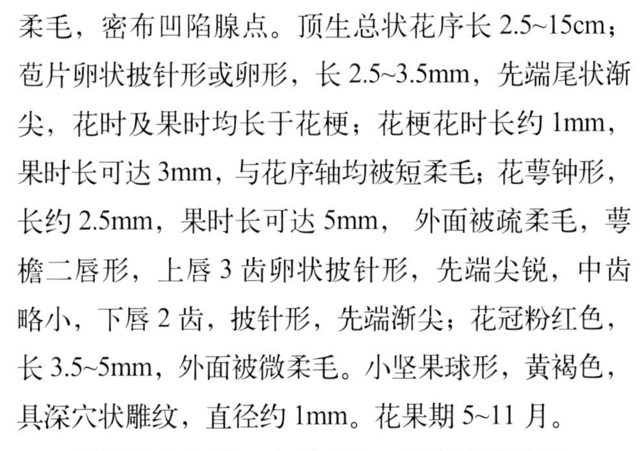

柔毛，密布凹陷腺点。顶生总状花序长 2.5~15cm；苞片卵状披针形或卵形，长 2.5~3.5mm，先端尾状渐尖，花时及果时均长于花梗；花梗花时长约 1mm，果时长可达 3mm，与花序轴均被短柔毛；花萼钟形，长约 2.5mm，果时长可达 5mm，外面被疏柔毛，萼檐二唇形，上唇 3 齿卵状披针形，先端尖锐，中齿略小，下唇 2 齿，披针形，先端渐尖；花冠粉红色，长 3.5~5mm，外面被微柔毛。小坚果球形，黄褐色，具深穴状雕纹，直径约 1mm。花果期 5~11 月。

见于本市各地，生于山坡、路旁或灌丛下。

图 155 石荠苎

## ■ 7. 苏州荠苎

**Mosla soochowensis** Matsuda

一年生草本。高 12~45cm。茎纤细，多分枝，疏被短柔毛。叶片线状披针形或披针形，长 1.2~4cm，宽 2~6mm，边缘具细锯齿，上面被微柔毛，下面脉上被极疏短硬毛，满布深凹腺点。总状花序长 2~5cm，疏花；苞片小，近圆形至卵形，长 1.5~2.5mm，先端尾尖，上面被微柔毛，下面满布凹陷腺点，常花后向下反曲；花梗纤细，长 1~3mm，果时伸长，被微柔毛；花萼钟形，长约 3mm，外面疏被柔毛及黄色腺体，萼齿 5，二唇形，果时花萼增大，基部前方呈囊状；花冠淡紫色或白色，长 6~7mm，外面被微柔毛。小坚果球形，褐色或黑褐色，具网纹，直径约 1mm。花果期 7~10 月。

见于永嘉、瑞安、平阳（南麂列岛），生于路旁及林下。温州分布新记录种。

# 23. 牛至属 Origanum Linn.

多年生草本或半灌木。叶片全缘或具疏齿。常为雌花、两性花异株。轮伞花序在茎及分枝顶端密集成小穗状花序，再由小穗状花序组成伞房状圆锥花序。苞片及小苞片叶状。花萼钟形，10~15 脉，萼齿 5，近三角形，几等大，齿缘有稠密的长柔毛；冠檐二唇形，上唇直立，扁平，先端凹陷，下唇开张，3 裂，中裂片较大；雄蕊 4，内藏或稍伸出冠外，花药卵圆形，2 室，药隔三角状楔形；花柱先端不相等 2 浅裂。小坚果卵圆形，略具稜角，无毛。

约 15~20 种，主要分布于地中海至中亚。我国 1 种，浙江和温州也有。

## ■ 牛至

**Origanum vulgare** Linn.

多年生芳香性草本或半灌木。高25~60cm。茎基部木质，具倒向或微卷曲的短柔毛，多数。叶片卵形或卵圆形，长1~3cm，宽0.5~2cm，先端钝或稍钝，基部宽楔形或近圆形，全缘或偶有疏齿，上面常带紫晕，两面被柔毛和腺点，下面尤其明显。花多数，密集成长圆状的小穗状花序，再由多数小穗状花序组成顶生伞房状圆锥花序；苞片和小苞片长圆状倒卵形或倒披针形，长约5mm；花萼钟状，长约3mm，13脉，外面有细毛和腺点；花冠紫红色、淡红色至白色，长5~6mm，两性花冠筒显著超出花萼，而雌性花冠筒短于花萼；雄蕊4，在两性花中，后对雄蕊短于上唇，前对略伸出花冠，在雌性花中，前后对雄蕊近相等，内藏。小坚果卵圆形，长约0.6mm。花期7~10月，果期10~11月。

见于文成（峃口）、泰顺，生于路旁、山坡、林下及草地。

全草入药，亦可供提制芳香油。

# 24. 假糙苏属 **Paraphlomis** (Prain) Prain

草本或半灌木。叶片边缘有锯齿。轮伞花序多花至少花，有时少至每叶腋仅具1花，有时多少明显地由具总梗或无梗的紧缩聚伞花序组成，在后种情况下常具叶状苞片；花萼具5脉，稀10脉，萼齿5，等大，宽三角形至披针状三角形；冠檐二唇形，上唇扁平而直伸或盔状而内凹，下唇近水平开张，3裂，中裂片较大；雄蕊4，前对较长，花药2室，室平行或略叉开；花柱先端近相等2浅裂。小坚果倒卵球形至长圆状三棱形。

约24种8变种，产于印度、缅甸、泰国、老挝、越南、马来西亚至印度尼西亚和我国南部。我国22种8变种；浙江2种，温州也有。

## ■ 1. 曲茎假糙苏

**Paraphlomis foliata** (Dunn) C. Y. Wu et H. W. Li

曲折上升草本。高达25cm。茎密被白色具节长柔毛。叶片卵圆形，长4~9cm，宽3~7.5cm，先端钝或近圆形，基部浅心形，两面密被具节长柔毛，下面尚满布淡黄色腺点，边缘有整齐的圆齿；叶柄长1.5~5cm，密被白色具节长柔毛。轮伞花序多花，着生在茎上部各节上；花萼管状，长约8mm，花时长达1cm，外面沿脉上被具节长柔毛，余部散布浅黄色腺点，内面在上部连同萼齿被微柔毛，余部无毛，萼齿5，近等大，三角形，先端为具胼胝尖的小尖头；花冠淡紫色，长约2cm，外面疏被短柔毛，冠筒伸出萼筒很多，冠檐二唇形；雄蕊4，前对较长，内藏。小坚果长圆状三棱形。花期4~6月。

见于乐清（福溪），生于林下及水沟边。温州分布新记录种。

## ■ 2. 云和假糙苏 图156

**Paraphlomis lancidentata** Sun

多年生直立草本。高达50cm。茎基部无毛，上部被微柔毛。叶片卵状披针形至披针形，长7~16cm，宽2.5~5cm，先端长渐尖，基部楔形下延至叶柄中部以上，上面被长硬毛，下面被细小微柔毛，边缘具粗牙齿状锯齿；叶柄长1~4cm。轮伞花序腋生，远离；花萼管状，长8~9.5mm，外被微柔毛，内面无毛，萼齿5，长三角形，先端锐尖；花冠淡黄色，长16~19mm，外面密被长柔毛，内面近无毛；雄蕊4，内藏。小坚果三棱形，黑褐色，长约2mm。花期6月，果期7月。

见于永嘉（四海山）、泰顺，生于阴坡上及沟边。

本种与曲茎假糙苏 *Paraphlomis foliata* (Dunn) C. Y. Wu et H. W. Li的主要区别在于：本种为直立草本；植株不被具节长柔毛；茎基部无毛，上部被微柔毛；

图 156　云和假糙苏

叶片卵状披针形至披针形，基部明显楔形；花冠淡黄色。而曲茎假糙苏为曲折上升草本；茎、叶片两面及花萼均密被具节长柔毛；叶片卵圆形，基部浅心形；花冠淡紫色。

## 25. 紫苏属 Perilla Linn.

一年生草本。叶片边缘有锯齿或浅裂。轮伞花序 2 花，组成偏向一侧的总状花序，每花有苞片 1；花萼钟状，10 脉，萼檐二唇形，上唇宽大，3 齿，中齿较小，下唇 2 齿；花冠筒短，冠檐近二唇形；雄蕊 4，近相等或前对稍长，药室 2，平行，其后略叉开或极叉开；花柱先端近相等 2 浅裂。小坚果近球形，有网纹。

1 种 2 变种，产于东亚，我国均有，浙江和温州也有。

### ■ 1. 紫苏　图 157

**Perilla frutescens** (Linn.) Britt.

一年生直立草本。高 50~150cm。茎密被长柔毛。叶片宽卵形或近圆形，长 4~20cm，宽 3~15cm，先端急尖或尾尖，基部圆形或阔楔形，边缘有粗锯齿，两面绿色或紫色或仅下面紫色，上面疏被柔毛，下面被贴生柔毛；叶柄长 2.5~12cm，密被长柔

丁炳扬 摄

图 157　紫苏

毛。轮伞花序2花，组成长2~15cm、密被长柔毛、偏向一侧的顶生及腋生总状花序；花萼钟形，长约3mm，果时增大，长达11mm，外面被长柔毛，并夹有黄色腺点；花冠白色至紫红色，长3~4mm，外面略被微柔毛；雄蕊4，几不伸出，前对稍长。小坚果近球形，灰褐色，具网纹，直径约1.5mm。花期7~10月，果期8~11月。

本市各地常见或有栽培，生于田野、路边、林下。

供药用及香料用。

陈贤兴 摄

陈贤兴 摄

图158 回回苏

### ■ 1a. 回回苏 图158

**Perilla frutescens** var. **crispa** (Benth.) Decne. ex Bail.

本变种与原种的主要区别在于：叶片常为紫色，边缘具狭而深的锯齿；花紫色。

见于永嘉、泰顺，各地时有栽培。

供药用及香料用。

### ■ 1b. 野紫苏

**Perilla frutescens** var. **purpurascens** (Hayata) H. W. Li

本变种与原种的主要区别在于：茎疏被短柔毛；叶片较小，卵形，长4.5~7.5cm，宽2.8~5cm，两面疏被柔毛；果萼小，长4~5.5mm，下部疏被柔毛及腺点；小坚果较小，直径1~1.5mm。

见于本市各地，生于山地路旁、村边荒地，或栽培于舍旁。

供药用及香料用。

## 26. 刺蕊草属 Pogostemon Desf.

草本或亚灌木。叶对生，卵形或狭卵形，具柄或近无柄，边缘具齿缺，多少被毛。轮伞花序组成连续或间断的穗状花序或总状花序或圆锥花序；花小；花萼卵状筒形或钟形，具5齿，齿相等或近相等，有结晶体；花冠内藏或伸出，冠檐通常近二唇形，上唇3裂，下唇全缘；雄蕊4，外伸，直立，分离，花丝中部被髯毛或无毛，花药球形，1室，顶部开裂；花柱先端2裂。小坚果卵球形或球形，稍压扁，光滑。

(40~)60种，主要分布于亚洲，热带非洲有2种。我国16种1变种；浙江1种，温州也有。浙江分布新记录属。

### ■ 水珍珠菜 图159

**Pogostemon auricularius** (Linn.) Hassk.

一年生草本。茎基部平卧，节上生根，上部上升，多分枝，具槽，密被黄色长硬毛。叶片长圆形或卵状长圆形，长2.5~7cm，宽1.5~2.5cm，先端钝或急尖，基部圆形或浅心形，稀楔形，边缘具锯齿，两面被黄色糙硬毛，下面满布凹陷腺点。穗状花序单一，长6~18cm；苞片卵状披针形，边缘具糙硬毛；花萼钟形，小，长、宽约1mm，具腺点，萼齿5，短三角形，近相等；花冠淡紫至白色，长约为花萼之2.5倍；雄蕊4，长长地伸出，伸出部分具髯毛。小坚果近球形，直径约0.5mm，褐色。花果期8~11月。

见于泰顺（竹里），生于海拔约400m的溪边潮湿处。浙江分布新记录种。

图159 水珍珠菜

## 27. 夏枯草属 **Prunella** Linn.

多年生草本。叶有柄。轮伞花序6花，密集成顶生假穗状花序，其下承以苞片；苞片宽大，膜质，覆瓦状排列；萼檐二唇形，上唇扁平，先端宽截形，具短的3齿，下唇2半裂，裂片披针形；冠筒常常伸出于萼，冠檐二唇形，上唇直立，盔状，内凹，近龙骨状，下唇3裂，中裂片较大；雄蕊4，前对较长，花丝先端2裂，下裂片具花药，上裂片钻形或呈不明显瘤状，超出于花药，药室2，叉开；花柱先端相等2裂。小坚果光滑或具瘤。

约7种（或15种），广布于欧亚温带地区及热带山区，非洲西北部及北美洲也有。我国3种1变种；浙江1种，温州也有。

### ■ 夏枯草 图160

**Prunella vulgaris** Linn. [*Prunella vulgaris* var. *albiflora* (Koidz.) Nakai ;*Prunella vulgaris* var. *leucantha* Schur]

多年生草木。高15~40cm。茎常带紫红色，被稀疏的糙毛或近无毛。叶片卵状长圆形或卵形，长1.5~5cm，宽1~2.5cm，先端钝，基部圆形、截形至宽楔形，下延至叶柄成狭翅，边缘具不明显的波状

图160 夏枯草

齿或几近全缘，上面具短硬毛或几无毛，下面几无毛。轮伞花序密集成顶生长2~4.5cm的穗状花序，整体轮廓呈圆筒状，每一轮伞花序下承以苞片；苞片宽心形，先端锐尖或尾尖，背面和边缘有毛；花冠紫色、蓝紫色、红紫色或白色，长13~18mm。小坚果长圆状卵形，黄褐色，长约1.8mm。花期5~6月，果期7~8月。

见于本市各地，生于荒坡、草地、溪边及路旁等湿润地上。

全株药用。

## 28. 鼠尾草属 Salvia Linn.

草本、半灌木或灌木。单叶或羽状复叶。轮伞花序2至多花，组成总状、圆锥状或穗状花序；花萼筒状或钟状，萼檐二唇形，上唇全缘或具3齿或具3短尖头，下唇2齿；花冠筒内藏或外伸，冠檐二唇形，3裂，中裂片通常最宽大；前对雄蕊能育，花丝短，药隔延长成线形，横架于花丝顶端，以关节相联结成“丁”字形，其上臂顶端着生椭圆形或线形的有粉药室，下臂粗或细，顶端着生有粉或无粉的药室、或无药室，二下臂分离或联合；后对雄蕊退化，呈棍棒状、线形，或不存在；花柱先端2浅裂，裂片等大，或后裂片较小或极不明显。小坚果卵状三棱形或长圆状三棱形，光滑无毛。

约900~(1100)种，广布于热带和温带。我国84种24变种；浙江15种4变种；温州5种1变种。

本属雄蕊“丁”字形，药隔起杠杆作用，适应蜂媒传粉。

### 分种检索表

1. 雄蕊药隔二下臂联合。
    2. 一回或二回羽状复叶……**1. 南丹参 S. bowleyana**
    2. 单叶……**4. 荔枝草 S. plebeia**
1. 雄蕊药隔二下臂分离。
    3. 一至二回羽状复叶，小叶片披针形或菱形，基部楔形或长楔形……**3. 鼠尾草 S. japonica**
    3. 单叶或三出复叶。
        4. 花萼筒内具毛环；花冠紫色，较大，长约1cm；叶全为单叶或下部具3小叶的复叶……**2. 华鼠尾草 S. chinensis**
        4. 花萼筒内无毛环；花冠淡红色或淡紫色，偶白色，较小，长5~7mm；基出叶为单叶，茎生叶为单叶或三出羽状复叶或3裂……**5. 蔓茎鼠尾草 S. substolonifera**

### 1. 南丹参 图161

**Salvia bowleyana** Dunn

多年生草本。高40~90cm。根肥厚，表面红赤色，切面淡黄色。茎较粗壮，被倒向长柔毛。羽状复叶，长10~20cm，小叶5~9，顶生小叶片常为卵圆状披针形，长4~7cm，宽1.5~3.5cm，先端渐尖或尾状渐尖，基部圆形、浅心形或稍偏斜，边缘具圆齿状锯齿或锯齿，两面沿脉有短柔毛，侧生小叶片常较小，基部偏斜；叶柄长4~6cm，有长柔毛。轮伞花序多花，组成长14~30cm的顶生总状或圆锥花序；花萼管形，长8~10mm，外面疏生具腺柔毛及短柔毛，内面喉部有白色长刚毛；花冠淡紫色、紫红色或蓝紫色，长1.7~2.4cm，外被微柔毛，内面靠近花冠筒基部斜生毛环；能育雄蕊的花丝长约4mm，无毛，药隔长约19mm，二下臂顶端联合。小坚果椭圆形，褐色，顶端有毛，长约3mm。花期5~7月，果期7~8月。

见于本市各地，生于山坡林下、路旁或水边。

根药用，能祛瘀生新、活血调经、养血安神，亦为妇科用药。

图 161　南丹参

## 1a. 近二回羽裂南丹参　图 162

**Salvia bowleyana** var. **subbipinnata** C. Y. Wu

本变种与原种的主要区别在于：茎及叶柄密被开展刚毛及腺毛；叶近二回羽状分裂，小叶片较小。

见于乐清、永嘉，生于林下。

## 2. 华鼠尾草　图 163

**Salvia chinensis** Benth.

一年生草本。高 20~80cm。茎直立或基部有时倾卧，被短柔毛或长柔毛。叶全为单叶或下部具 3 小叶的复叶，叶片卵圆形或卵圆状椭圆形，长 1.5~8cm，宽 0.5~5cm，先端钝或急尖，基部心形或圆形，边缘有圆齿或钝锯齿，两面疏被柔毛或近无毛；叶柄长 2~7cm；复叶时顶生小叶片较大，长 2.5~7.5cm，小叶柄长 0.5~1.7cm，侧生小叶片较小，长 1.5~3.9cm，宽 0.7~2.5cm，有极短的小叶柄。轮伞花序具 6 花，在下部的疏离，上部较密集，集成长 6~20cm 的顶生总状或圆锥花序；花萼钟形，长 4.5~6mm，外面脉上有长柔毛，内面喉部有毛环；花冠紫色，长约 1cm；能育雄蕊略外伸，花丝短，药隔长约 4.5mm，关节处有毛，二下臂分离。小坚果椭圆状卵圆形，光滑，长约 1.5mm。花期 7~9 月，果期 9~11 月。

图 162　近二回羽裂南丹参

图 163　华鼠尾草

见于本市各地，生于山坡或平地的林阴处或草丛中。

全草入药。

### 3. 鼠尾草 图 164

**Salvia japonica** Thunb. [*Salvia japonica* f. *alatopinnata* (Matsum. et Kudô) Kudô]

一年生草本。高 30~60cm。茎常沿棱上疏生长柔毛，有时近无毛。茎下部叶常为二回羽状复叶，叶片长 6~10cm，宽 5~9cm，叶柄长 5~9cm；茎上部叶为一回羽状复叶或三出羽状复叶，具短柄，顶生小叶片菱形或披针形，长可达 9cm，宽可达 3.5cm，先端渐尖或尾状渐尖，基部楔形或长楔形，边缘具钝锯齿，两面疏生柔毛或近无毛，侧生小叶较小，卵圆状披针形，长 1.5~6cm，先端急尖或渐尖，基部偏斜近圆形，近无柄。轮伞花序 2~6 花，组成顶生的总状或圆锥花序，花序轴密被具腺或无腺柔毛；花萼管形，长 4~6.5mm，外面疏被具腺柔毛，内面喉部有白色毛环；花冠淡红紫色至淡蓝色，稀白色，长约 12mm，外面密被长柔毛；能育雄蕊外伸，花丝长约 1mm，药隔长约 6mm，关节处有毛，二下臂分离。小坚果椭圆形，无毛，长约 1.7mm。花期 5~8 月，果期 7~9 月。

见于本市各地，生于山坡、林下、路旁、荫蔽草丛、沟边。

图 164 鼠尾草

### 4. 荔枝草 图 165

**Salvia plebeia** R. Br.

二年生直立草本。高 20~70cm。茎被倒向灰白色短柔毛。基生叶多数，密集成莲座状，叶片卵状椭圆形或长圆形，上面显著皱缩，边缘具钝锯齿；茎生的叶片长卵形或宽披针形，长 2~7cm，宽 0.8~3cm，先端钝或急尖，基部圆形，边缘具圆齿，两面有短柔毛，下面并散生黄褐色小腺点；叶柄长 0.6~3cm，密被短柔毛。轮伞花序具 6 花，密集成顶生长 5~15cm 的总状或圆锥花序，花序轴与花梗均被短柔毛；花萼钟形，长 2.5~3mm，果时长可达 4mm，外面有短柔毛及腺点；花冠淡红色、淡紫色或蓝紫色，稀白色，长 4~5mm，花冠筒内面有毛环；能育雄蕊略伸出冠外，花丝与药隔等长，约 1.5mm，药隔上下臂等长，二下臂联合。小坚果倒卵圆形，光滑，直径约 0.5mm。花期 5~6 月，果期 6~7 月。

见于本市各地，生于山坡、路旁、沟边、旷野草地。

全草入药。

## 5. 蔓茎鼠尾草　荔枝肾　图 166

**Salvia substolonifera** E. Peter

一年生草本。高 10~30cm。茎基部上升或匍匐，被短柔毛或微柔毛。叶根出及茎生，根出叶大多为单叶，茎生叶为单叶或三出羽状复叶或 3 裂；单叶叶片卵圆形，长 1~3cm，宽 0.8~2cm，先端圆形，基部截形、圆形或浅心形，边缘具圆齿，两面近无毛或仅沿脉上被微硬毛；在三出羽状复叶或 3 裂叶中，顶生的较大，卵圆形至近圆形，侧生的比顶生的小许多，小叶柄极短或近无柄；叶柄长 0.6~3.5cm，被微柔毛。轮伞花序 2~8 花，下部疏离，上部稍密集组成长 2~12cm 的顶生或腋生总状花序，有时顶生总状花序基部具 2 短分枝，因而组成三叉状的圆锥花序；花梗与花序轴密被微硬毛及具腺疏柔毛；花萼外面被微柔毛及腺点；花冠淡红色或淡紫色，偶白色，长 5~7mm，外面略被微柔毛；药隔二下臂分离。小坚果卵圆形，淡褐色，长约 1.5mm。花期 3~5 月，果期 4~6 月。

见于乐清、永嘉、洞头、瑞安、文成、平阳、泰顺，生于林内、沟边、石隙等潮湿地。

陈贤兴 摄

陈贤兴 摄

图 165　荔枝草

丁炳扬 摄

陈贤兴 摄

图 166　蔓茎鼠尾草

## 29. 黄芩属 Scutellaria Linn.

草本或灌木状草本。叶片常具齿或羽状分裂，有时近全缘。轮伞花序具2花，排列成顶生或腋生的总状花序；花萼钟形，檐部二唇形，果时闭合，后开裂成不等大2裂片，上裂片脱落，下裂片宿存，有时一同脱落，上裂片背部常有1半圆形盾片；花冠筒伸出，前方基部膝曲成囊或囊距，冠檐二唇形，上唇盔状，全缘或微凹，下唇3裂；雄蕊4，前对较长，花药退化成1室，后对花药2室，药室裂口均具髯毛；花柱着生于子房底，先端不等2浅裂。小坚果横生，扁球形或卵球形，具瘤。

约350种，广布于全球，但热带非洲少见。我国98种；浙江11种3变种；温州8种2变种。

### 分种检索表

1. 总状花序腋生或以腋生为主。
  2. 茎纤细无毛，多分枝，干时紫红色；叶片菱状宽披针形、卵状披针形或披针形，先端尾状渐尖，基部楔状下延，边缘具尖锐牙齿；花冠长1.5~2cm ······ **5. 裂叶黄芩 S. incisa**
  2. 茎及分枝被上向弯曲的细柔毛；叶片卵圆形、三角状卵圆形或卵形至卵状披针形，先端钝、近圆形或渐尖，基部宽楔形、圆形或近截形，边缘每侧具1~3枚粗圆齿或3~4枚大牙齿，有时近全缘；花冠长2~3.5cm。
    3. 叶片卵圆形或三角状卵圆形，先端钝或近圆形，边缘每侧具1~3枚粗圆齿，上部叶片有时近全缘或具1~2枚圆齿，下面有黄色小腺点；花冠紫色或淡紫蓝色，长(2.4~) 2.8~3.5cm ··· **1. 大花腋花黄芩 S. axilliflora** var. **medullifera**
    3. 叶片卵形至卵状披针形，先端渐尖，边缘每侧具3~4枚大牙齿，两面及花萼和花冠均具紫红色小腺点；花冠紫色，长2~2.5cm ······ **4. 岩藿香 S. franchetiana**
1. 总状花序顶生或以顶生为主。
  4. 植株较高大，高(20~)40~55cm；花冠长2.5~2.7cm ······ **3. 浙江黄芩 S. chekiangensis**
  4. 植株较矮小，高10~40cm；花冠长不超过2cm。
    5. 全株被白色具节疏柔毛；花较小，花冠长约8mm ······ **9. 柔弱黄芩 S. tenera**
    5. 花较大，花冠长1~2cm。
      6. 叶片先端圆钝，基部圆形至心形，边缘具整齐圆齿，下面常带紫色。
        7. 植株高10~40cm；叶片两面被毛 ······ **6. 印度黄芩 S. indica**
        7. 植株高10~23cm；叶片上面无毛，下面仅沿脉上有细短毛 ······ **7. 光紫黄芩 S. laeteviolacea**
      6. 叶片先端急尖或稍钝，基部宽楔形、截形或近圆形，边缘有浅钝牙齿，下面常不带紫色。
        8. 叶片宽0.5~1.5cm，通常卵形、三角状卵形或披针形；花冠长1~1.4cm ······ **2. 半枝莲 S. barbata**
        8. 叶片宽1~3.5cm，通常卵形或三角状卵形；花冠长1.7~2cm ······ **8. 京黄芩 S. pekinensis**

### 1. 大花腋花黄芩 图167

**Scutellaria axilliflora** Hand.-Mazz. var. **medullifera** (Sun et C. H. Hu) C. Y. Wu et H. W. Li

多年生草本。高25~65cm。茎被向上弯曲细小短柔毛，棱上尤密。叶片卵圆形或三角状卵圆形，长1~2.5cm，宽0.7~2.5cm，先端钝或近圆形，基部宽楔形、圆形或近截形，边缘每侧具1~3枚粗圆齿，上部叶变小，成苞片状，全缘或具1~2枚圆齿，两面疏生毛或近无毛，下面有黄色小腺点。花对生，排列成腋生总状花序，偏向一侧；花萼长2~3mm，果时长达约4mm，疏被短柔毛及腺点；花冠紫色或淡紫蓝色，长(2.4~) 2.8~3.5cm，外面被短柔毛；冠筒基部成膝曲状，上唇顶端圆形，下唇中裂片梯形，顶端及两侧微凹，两侧裂片卵形。小坚果卵球形，长约1mm，深褐色，具瘤状凸起。花期5~6月，果期6~7月。

见于永嘉、瑞安、文成、泰顺，生于山坡灌丛、溪边岩石旁及沟谷林下。

图 167 大花腋花黄芩

## ■ 2. 半枝莲 图 168

**Scutellaria barbata** D. Don

多年生草本。高 15~20cm。茎无毛。叶片卵形、三角状卵形或卵状披针形，有时披针形，长 1~3cm，宽 0.5~1.5cm，先端急尖或稍钝，基部宽楔形或近截形，边缘有浅牙齿，两面沿脉疏被紧贴的小毛或近无毛。花对生，偏向一侧，排列成长 4~10cm 的顶生或腋生总状花序；花梗长 1~2mm，有微柔毛；花萼长约 2mm，果时长可达 4.5mm，外面沿脉有微柔毛；花冠蓝紫色，长 1~1.4cm，外被短柔毛，花冠筒基部囊状增大。小坚果褐色，扁球形，直径约 1mm，具小疣状凸起。花期 5~8 月，果期 7~10 月。

见于本市各地，生于水田边、溪边或湿润草地上。

全草药用。

图 168 半枝莲

## ■ 3. 浙江黄芩 图 169

**Scutellaria chekiangensis** C. Y. Wu

多年生草本。高（20~）40~55cm。茎中部以下几无毛，中部以上沿棱角及节上略被短柔毛。叶片宽卵形、椭圆状卵形或狭卵形，长 3.5~8cm，宽 2~4cm，先端急尖、渐尖或稍钝，基部圆形或阔楔形，边缘具浅牙齿或圆齿状锯齿，上面无毛或疏生细毛，下面仅沿脉疏被细短柔毛，两面均密布淡黄色腺点。花对生，于茎或分枝顶上排列成长 7~15cm 的总状花序；花梗被短柔毛；花萼在花时长约 4mm，果时增大，长可达 7mm，密生腺点，仅沿脉及边缘上疏被短柔毛，余部无毛；花冠紫蓝色，长 2.5~2.7cm，外面密被腺毛及淡黄色腺点。小坚果褐色，卵状椭圆形，长约 1.5mm，具小瘤。花期 5 月，果期 6 月。

图 169 浙江黄芩

见于永嘉（四海山），生于林下阴湿地。温州分布新记录种。

## 4. 岩藿香

**Scutellaria franchetiana** Lévl.

多年生草本。高30~70cm。茎被上曲微柔毛，棱上较密集，下部1/3处常无叶，常带紫色。叶片卵形至卵状披针形，长1.5~4cm，宽0.6~2cm，先端渐尖，基部宽楔形、近截形至心形，边缘每侧具3~4枚大牙齿，上面疏被微柔毛，边缘较密，下面沿脉被微柔毛，余无毛。总状花序于茎中部以上腋生，长2~9cm，下部的最长，向上渐短，花序下部具不育叶，其叶腋内复有极短枝；花梗与花序轴被上曲微柔毛，有时被具腺短柔毛；花萼长约2.5mm，果时长可达4mm，被微柔毛及散布腺点，或被具腺短柔毛；花冠紫色，长2~2.5cm，外被具腺短柔毛。小坚果黑色，卵球形，直径约0.5mm，具瘤状凸起。花期6~7月，果期7~8月。

见于瑞安、泰顺，生于山坡湿地上、溪边林下或岩石旁。

全草药用。

## 5. 裂叶黄芩

**Scutellaria incisa** Sun ex C. H. Hu

直立草本。高20~40cm。全株光滑无毛。茎具多数分枝。叶片菱状宽披针形、卵状披针形或披针形，长1.5~5cm，宽0.5~1.5cm，先端尾状渐尖，基部楔状下延，叶缘具尖锐牙齿，两面无毛或上面被小刚毛。花单生于叶腋，在茎出及腋出分枝的上部逐渐过渡成总状花序；花梗紫红色，被细微柔毛至近无毛；花萼在花时长约2mm，无毛，微具腺点；花冠淡紫色，长1.5~2cm，外面略被微柔毛，上唇盔状，内凹，先端微缺，下唇3裂，中裂片三角状卵圆形，全缘，两侧裂片小。小坚果具小瘤状凸起，长不到1mm。花期5~6月，果期6~8月。

据文献记载瑞安有分布，但未见标本。

## 6. 印度黄芩　韩信草　图170

**Scutellaria indica** Linn. [*Scutellaria indica* var. *elliptica* Sun ex C. H. Hu ;*Scutellaria indica* var. *parvifolia* (Makino) Makino ;*Scutellaria indica* var. *subacaulis* (Sun ex C. H. Hu) C. Y. Wu et C. Chen]

多年生草本。高10~40cm。全株有白色柔毛。茎常带暗紫色。叶片卵圆形或肾圆形，长2~4.5cm，宽1.5~3.5cm，先端圆钝，基部圆形、浅心形至心形，边缘有整齐圆锯齿，两面被毛，下面常带紫红色；叶柄长0.5~2.5cm。花对生，排列成长3~8cm的顶生总状花序，常偏向一侧；花萼长约2.5mm，果时长可达4mm；花冠蓝紫色，长1.5~2cm，外面疏生微柔毛，花冠筒前方基部膝曲，上唇先端微凹，下唇中裂片具深紫色斑点。小坚果卵形，长约1.5mm，具小瘤状凸起。花期4~5月，果期5~9月。

见于本市各地，生于山坡疏林下及旷野草丛。

全草入药。

## 7. 光紫黄芩

**Scutellaria laeteviolacea** Koidz.

多年生草本。高10~23cm。茎和叶柄均被上向弯曲的短柔毛。茎生叶3~4对，多少向茎顶聚集，茎中部叶片最大，三角状卵圆形至宽卵圆形，长2~5cm，宽2~4cm，先端圆钝，基部圆形至浅心形，边缘具圆齿，上面无毛，下面常带紫色，仅沿脉上有细短毛；叶柄长0.5~3cm。花对生，排列成长4~6cm的顶生总状花序；花萼长约2.5mm，外面密被具腺微柔毛，果时增大可达5mm；花冠红紫色或紫色，长1.5~2cm，外面疏生微柔毛，花冠筒前方基部膝曲状，上唇先端微凹，下唇中裂片具紫色斑点。小坚果卵形，长不到1mm，具小瘤状凸起。花期4~5月，果期5~6月。

见于永嘉、瑞安、泰顺，生于山地、草坡或林下。温州分布新记录种。

## 8. 京黄芩　图171

**Scutellaria pekinensis** Maxim.

多年生草本。高20~40cm。茎基部通常带紫色，疏被上曲的白色柔毛。叶片卵形或三角状卵形，长1.5~4.5cm，宽1~3.5cm，先端急尖至钝圆，基部截形至近圆形，边缘有浅钝牙齿，两面疏被贴伏短柔毛；叶柄长0.5~2cm。花对生，排列成长3~8cm的顶生总状花序；花梗与花序轴密被上曲柔毛；花萼长约3mm，果时长达4~5mm，密被短柔毛；花冠蓝紫色，长 1.7~2cm，外面被具腺短柔毛，花冠筒前方基部略呈膝曲状，上唇先端微凹，下唇比上唇长约 1 倍，中裂片宽卵形。小坚果卵形，栗色或黑栗色，具小瘤状凸起，长约 1.5mm。花期 6~8 月，果期 7~10 月。

见于乐清、永嘉、平阳、苍南、泰顺，生于潮湿谷地、林下或岩石旁。

## 8a. 短促京黄芩

**Scutellaria pekinensis** var. **transitra** (Makino) Hara ex H. W. Li

本变种与原种的主要区别在于：茎及叶柄几无毛或具上曲短柔毛；叶片两面极疏生糙伏毛，下面有时沿脉上具细短柔毛；花萼与花序轴被具腺平展短柔毛。

见于文成（西坑），生于林下阴处。温州分布新记录变种。

## 9. 柔弱黄芩

**Scutellaria tenera** C. Y. Wu et H. W. Li

一年生草本。高 12~25cm。茎柔弱上升，被白色具节平展疏柔毛。叶片卵圆形、狭三角状卵圆形至卵状披针形，长 1.3~3cm，宽 0.8~2.2cm，先端急尖或圆顿，基部浅心形，边缘具波状圆齿，两面疏被具节疏柔毛。花对生，于茎或分枝顶端排列成长 3.5~8cm 的总状花序；花梗长约 2mm，与花序轴密被具腺平展微柔毛。花萼开花时长 1.5~2mm，果时长 2.5~3mm，被具腺微柔毛；花冠紫色，长约 8mm，外被短柔毛，下唇比上唇长，下唇中裂片卵圆形。小坚果长圆形，长约 1mm，背面有微小的瘤状凸起。花果期 4 月。

《泰顺县维管束植物名录》记载泰顺有分布，但未见标本。

陈贤兴 摄

陈贤兴 摄

图 170　印度黄芩

丁炳扬 摄

图 171　京黄芩

## 30. 髯药草属 **Sinopogonanthera** H. W. Li

直立草本。轮伞花序多花；无或仅有极短的总梗和花梗；花萼倒圆锥形，具5齿；花冠筒伸出，内面基部具不完全闭合的毛环，冠檐二唇形，上唇全缘，下唇中裂片先端微凹；雄蕊4，前对较长，花丝扁平，顶端有附属物，花药卵球形，2室极叉开，具髯毛；花柱先端近相等2裂。小坚果长圆状三棱形。

2种，我国特有属，分布于安徽和浙江。浙江1种，温州也有。温州分布新记录属。

### ■ 中间髯药草 图172

**Sinopogonanthera intermedia** (C. Y. Wu et H. W. Li) H. W. Li [*Paraphlomis intermedia* C. Y. Wu et H. W. Li]

多年生直立草本。高达100cm。茎被倒向微柔毛，下部无叶，上部具叶。叶片卵形，长6~15cm，宽4~7cm，先端锐尖至渐尖，基部楔形下延，边缘有粗圆锯齿，两面疏被短柔毛及腺点；叶柄长1~6cm，被短柔毛。轮伞花序多花；花萼倒圆锥形，长约5mm，外面疏被短柔毛，内面在齿上被短柔毛，余部无毛，萼齿5，等大，宽三角形，先端有小尖头；花冠白色，长约1.5cm，外面疏被微柔毛及腺点；雄蕊4，前对稍长；花药具髯毛。小坚果长圆状三棱形，长约2.5mm。花期6~10月，果期9~11月。

见于永嘉（四海山）、平阳（山门），生于林下。温州分布新记录种。

图172 中间髯药草

## 31. 水苏属 Stachys Linn.

一年生或多年生草本，稀为小灌木。轮伞花序2至多花，常聚集成顶生穗状花序；花萼5或10脉，萼齿5，等大或后3齿较大；花冠筒内藏或伸出，内面近基部常有毛环，冠檐二唇形，上唇直立或近开张，常微盔状，下唇开张，常比上唇长，3裂，中裂片大；雄蕊4，均上升至上唇片之下，前对较长，花药2室，药室平行或叉开；花柱着生于子房底，先端近相等2裂。小坚果卵珠形或长圆形，光滑或具瘤。

约300种，广布于全球温带。我国18种11变种；浙江5种；温州3种。

### 分种检索表

1. 一年生草本；花冠筒极短，藏于萼内；叶片较短，卵圆形，长1~3.5cm……………………**1. 田野水苏 S. arvensis**
1. 多年生草本；花冠筒与萼近等长或伸出萼外；叶片较长，长圆状卵圆形或长圆状披针形，长3~10cm。
    2. 叶片两面被柔毛状刚毛……………………**2. 地蚕 S. geobombycis**
    2. 叶片两面无毛……………………**3. 水苏 S. japonica**

### ■ 1. 田野水苏 图173

**Stachys arvensis** Linn.

一年生草本。高25~45cm。茎多分枝，在干燥地近于直立，湿处近于外倾，疏被柔毛。叶片卵圆形，长1~3.5cm，宽0.7~2.5cm，先端钝，基部心形，边缘具圆齿，两面被柔毛。轮伞花序腋生，具2~4花，多数，远离；花萼管状钟形，花时连齿长约3mm，果时呈壶状增大，外面密被柔毛，萼齿5，近等大，披针状三角形，先端具刺尖头；花冠粉红色或紫红色，长约3mm，几不超出花萼，冠筒内藏；花药卵圆形，2室，极叉开。小坚果卵圆状，棕褐色，长约1.5mm。花果期全年。

见于本市各地，为一广布杂草，生于荒地、路旁及田中。

丁炳扬 摄

陈贤兴 摄

图173 田野水苏

### ■ 2. 地蚕 图174

**Stachys geobombycis** C. Y. Wu

多年生草本。高30~50cm。茎直立，在棱及节上疏被倒向柔毛状刚毛。叶片长圆状卵圆形，长4~8cm，宽2~3cm，先端钝或渐尖，基部浅心形或圆形，边缘有整齐的粗大圆齿状锯齿，两面被柔毛状刚毛；叶柄长0.5~4cm，密被柔毛状刚毛。轮伞花序腋生，4~6花，远离，组成长5~18cm的穗状花序；花萼倒圆锥形，连齿长5~6mm，外面密被微柔毛及具腺微柔毛，萼齿5，正三角形，等大，先端具胼胝体尖头；花冠淡红色、淡紫色或紫蓝色，长约1.2cm，冠筒长约7mm。小坚果卵球形，长约1.5mm。花期4~5月，果期5~6月。

见于苍南（赤溪）、泰顺（龟湖），生于田野荒地草丛。

肉质根茎可食用；全草入药。

### 3. 水苏 图175

**Stachys japonica** Miq.

多年生草本。高20~80cm。茎直立，在棱及节上被小刚毛，余部无毛。叶片长圆状披针形，长3~10cm，宽1~2.5cm，先端微急尖，基部圆形至微心形，边缘具圆齿状锯齿，两面无毛；叶柄明显，长3~17mm，向上渐短。轮伞花序6~8花，下部者远离，上部者密集成长4~13cm的穗状花序；花萼钟形，连齿长约7.mm，外面被具腺微柔毛，萼齿5，等大，三角状披针形，先端具刺尖，边缘具缘毛；花冠粉红色或淡红紫色，长约1.2cm，冠筒长约6mm，几不超出于萼。小坚果卵球状，棕褐色，无毛，长约1.5mm。花期5~7月，果期7~8月。

见于本市各地，生于溪边、河岸等潮湿地上。

全草入药。

丁炳扬 摄

图174 地蚕

陈贤兴 摄

图175 水苏

丁炳扬 摄

## 32. 香科科属 Teucrium Linn.

草本、半灌木或灌木。单叶，对生。轮伞花序有2至多花，在茎及短分枝上排成假穗状花序；花萼具10脉，具相等的5萼齿，或呈3/2式二唇形；花冠单唇形，唇片具5裂片，集中于唇片前端与冠筒成直角，中裂片极发达，其他裂片小；雄蕊4，伸出冠外，花药极叉开；花柱不着生于子房底，顶端2浅裂。小坚果光滑或具网纹。

约260种，全球广布，地中海地区种类最多。我国18种；浙江5种2变种；温州2种。

## 1. 庐山香科科 图 176

**Teucrium pernyi** Franch.

多年生草本。高 30~80cm。茎密被短柔毛。叶对生，叶片卵状披针形，长 2~4cm，宽 1~3cm，分枝上叶小，边缘具粗锯齿，两面被微柔毛。轮伞花序常 2 花，偶达 6 花，在茎及短分枝上排成假穗状花序；苞片卵圆形至披针形，有短柔毛；花萼钟形，长约 5mm，下方基部一面膨大，外面有微柔毛，内面喉部具毛环，檐部二唇形，上唇 3 齿，中齿极发达，下唇 2 齿；花冠白色，长约 1cm，外面疏生微柔毛，5 裂，中裂片极发达；雄蕊超出冠筒约 1 倍以上，花药平叉开。小坚果长约 1mm，具明显网纹。花期 7~9 月，果期 10~11 月。

见于乐清、永嘉、文成、泰顺，生于山坡疏林下、山谷地边及路边草丛。

丁炳扬 摄

陈贤兴 摄

陈贤兴 摄

图 176　庐山香科科

## 2. 血见愁 图 177

**Teucrium viscidum** Bl.

多年生直立草本。高 30~70cm。茎下部近无毛，上部有腺毛及短柔毛。叶片卵圆形或卵圆状长圆形，长 3~8cm，宽 1~4cm，先端急尖或短渐尖，基部圆形、阔楔形至楔形，下延，边缘为带重齿的圆齿，两面疏被毛或近无毛；叶柄长 1~3cm，近无毛。轮伞花序具 2 花，于茎及短枝上部组成假穗状花序；花梗及花序轴密被腺毛；花萼小，外面密被具腺长柔毛，上唇 3 齿，下唇 2 齿；花冠白色、淡红色或淡紫色，长约 7mm；雄蕊 4，伸出花冠外；花柱顶端 2 浅裂。小坚果扁球形，黄棕色，长约 1mm。花期 7~9 月，果期 9~11 月。

见于永嘉、瓯海、文成、平阳、苍南、泰顺，生于山地林下湿润处。

全草入药。

本种与庐山香科科 *Teucrium pernyi* Franch. 的主要区别在于：本种叶片卵圆形或卵圆状长圆形；花萼不明显二唇形，上唇 3 齿近相等，外面密被具腺长柔毛，萼筒喉部内面无毛环。而庐山香科科的叶片卵状披针形；花萼明显二唇形，上唇中齿最大，比侧齿长 1 倍，外面有微柔毛，萼筒喉部内面具毛环。

## 存疑种

## 建德荠苧

**Mosla hangchowensis** Matsuda var. **cheteana** (Sun ex C. H. Hu) C. Y. Wu et H. W. Li

《南麂列岛自然保护区综合考察文集》有记载，但未见标本。

陈贤兴 摄

丁炳扬 摄

陈贤兴 摄

图 177 血见愁

# 118. 茄科 Solanaceae

草本、半灌木或灌木，直立、匍匐或攀援。有时具皮刺。单叶、裂叶或复叶，通常互生，全缘。花两性，辐射对称；单生或各式花序，稀为总状花序；花通常5基数、稀4基数；花萼通常具5裂，果时宿存；花冠辐状、钟状或漏斗状，通常5裂；雄蕊与花冠裂片同数而互生；子房通常由2心皮合生而成，2室，有时1室或有不完全3~5（~6）室，胚珠多数、稀少数至1枚。果实为多汁浆果或干浆果，或者为蒴果。种子圆盘形或肾脏形。

约95属2300种，广泛分布于全世界温带及热带地区。我国20属101种；浙江14属26种和6变种；温州野生的9属19种2变种。

### 分属检索表

1. 蒴果，瓣裂。
  2. 花排列成顶生圆锥状或总状聚伞花序；蒴果2瓣裂……**5. 烟草属 Nicotiana**
  2. 花单生于叶腋；蒴果2或4瓣裂……**1. 曼陀罗属 Datura**
1. 浆果，不开裂。
  3. 花萼在花后显著增大；果萼完全或不完全包围浆果。
    4. 花萼5深裂至近基部，裂片基部心状箭形且具2尖锐耳片；花单生；子房3~5室……**4. 假酸浆属 Nicandra**
    4. 花萼5浅裂或中裂；花单生或2至数花簇生；子房2室。
      5. 果萼增大成膀胱状，有5棱角和10纵肋，完全包围但不贴近浆果；花单生于叶腋……**7. 酸浆属 Physalis**
      5. 果萼不成膀胱状，无棱角和纵肋；花1~3腋生……**6. 散血丹属 Physaliastrum**
  3. 花萼在花后不显著增大；果萼仅基部贴生或不包浆果。
    6. 花排列成聚伞花序，极稀单生……**8. 茄属 Solanum**
    6. 花单生或近簇生。
      7. 有刺小灌木；花冠漏斗状……**3. 枸杞属 Lycium**
      7. 无刺草本或半灌木；花冠宽钟状功辐状。
        8. 花萼短，皿状，几无齿而近平截；花冠宽钟状，黄色……**9. 龙珠属 Tubocapsicum**
        8. 花萼较长，有萼齿或裂片……**2. 红丝线属 Lycianthes**

## 1. 曼陀罗属 Datura Linn.

草本、半灌木或灌木。茎直立。单叶互生。花大型，常单生于枝分叉间或叶腋；花萼长管状；花冠长漏斗状或高脚碟状，白色、黄色或淡紫色；雄蕊5；子房2室，每室由于从背缝线伸出的假隔膜而再分成2室则成不完全4室。蒴果卵球形，表面生硬针刺或无针刺而近光滑。种子多数，扁肾形或近圆形。

约11种，多数分布于热带和亚热带地区，少数分布于温带。我国3种，南北各地区有分布，野生或栽培。浙江3种；温州1种。

该属植物是提取莨菪碱和东莨菪碱的资源植物。

### ■ 曼陀罗 图178

**Datura stramonium** Linn.

草本或半灌木状。高0.5~1.5m。茎粗壮，圆柱状。叶片宽卵形，长6~15cm，基部不对称楔形，边缘有不规则波状浅裂；叶柄长3~5cm。花单生于枝叉间或叶腋，直立，有短梗；花萼筒状，长3~4cm，5浅裂；花冠漏斗状；雄蕊不伸出花冠；子房卵形，2室或不完全4室。蒴果直立，卵球形，

图 178 曼陀罗

长 3~4.5cm，直径 2~4cm，表面生有坚硬针刺或有时无刺而近平滑，成熟后淡黄色，规则 4 瓣裂。种子卵圆形，稍扁，长约 4mm，黑色。花期 6~10 月，果期 7~11 月。

见于本市各地，散生于住宅旁、路边或草地上，也有作药用或观赏而栽培。

全株有毒；含莨菪碱，药用，有镇痉、镇静、镇痛、麻醉的功能；种子油可供制肥皂和掺合油漆用。

## 2. 红丝线属 Lycianthes (Dunal) Hassl.

直立灌木、亚灌木，较少为草本或为匍匐草本。在节上生不定根。小枝被多细胞的单毛或 2 至多分枝的树枝状毛。单叶，全缘，互生；上部叶常近双生，大小不相等。花 1~7 朵生于叶腋内；花萼杯形，通常具 10 齿；花冠白色或紫蓝色；雄蕊 5；子房近卵形，2 室，胚珠多数。浆果小，球状，红色或红紫色。种子小，多数，三角形至三角状肾形。

约 180 种，主要分布于中南美，10 种产于东亚，其中有 2 种南达新加坡及印度尼西亚的爪哇。我国 9 种；浙江 2 种，温州也有。

### ■ 1. 红丝线 图 179

**Lycianthes biflora** (Lour.) Bitter [*Solanum biflora* Lour.]

半灌木。高 0.5~1.5m。小枝、叶下面、叶柄、花梗及花萼的外面密被淡黄色的单毛及 1~2 分枝或树枝状分枝的绒毛。上部叶常近双生，大小不相等；叶膜质，全缘，上面绿色，下面灰绿色。花通常 2~3（~5）花着生于叶腋内；花萼杯状，萼齿 10；花冠淡紫色或白色，顶端深 5 裂，花冠筒隐于萼内；子房卵形，长约 2mm，光滑。浆果球形，直径 8~10mm，成熟时橘红色，宿萼盘形。种子多数，淡黄色，近卵形至近三角形，约长 2mm，外面具凸起的网纹。花期 5~8 月，果期 7~12 月。

见于乐清、平阳、苍南、泰顺等地，生于宅旁或低海拔山坡阴处或林下及路旁。

### ■ 2. 单花红丝线 紫单花红丝线 图 180

**Lycianthes lysimachioides** (Wall.) Bitter [*Lycianyhes lysimachioides* var. *purpuriflora* C. Y. Wu et S. C.Huang]

多年生草本。茎纤细而伸长，顶端带蔓性，疏生白色柔毛，基部常匍匐，节上生不定根。叶假双生，大小不等；叶卵形至椭圆状卵形，先端渐尖至急尖，基部圆形至楔形，近全缘，两面均被白色具节的单毛；大叶片长 7~10cm，宽 3~4.5cm，叶柄长 1.3~2.3cm；小叶片长 3~6.5cm，宽 2.5~4cm，叶柄

图 179　红丝线

图 180　单花红丝线

长约7~13mm。花单生于叶腋；花萼杯状钟形，顶端10裂；花冠淡紫色或白色；花梗近无毛，长约5~6mm。浆果球形，成熟时橘黄色。种子多数，近扁球形，直径约2mm。花果期夏秋间。

见于泰顺（乌岩岭），生于海拔600m的林下、山谷、水边阴湿地区。

本种与红丝线 *Lycianthes biflora* (Lour.) Bitter 的主要区别在于：本种为多年生蔓生草本；茎上疏生白色柔毛；花单生于叶腋。

## 3. 枸杞属 **Lycium** Linn.

灌木。通常有棘刺。单叶互生或因侧枝极度缩短而数片簇生，全缘。花有梗，单生于叶腋或簇生于极度缩短的侧枝上；花萼钟状，宿存；花冠漏斗状；雄蕊5；子房2室，胚珠多数或少数。浆果。种子多数或由于不发育仅有少数，扁平；种皮骨质。

约80种，主要分布于南美洲，少数种类分布于欧亚大陆温带。我国7种，主要分布于北部；浙江野生的1种，温州也有。

### ■ 枸杞 图181

**Lycium chinense** Mill.

落叶灌木。高0.5~1m。枝条细弱，弓状弯曲或俯垂，有纵条纹，棘刺长0.5~2cm，小枝顶端锐尖成棘刺状。叶纸质或栽培者质稍厚，单叶互生或2~4片簇生于短枝上，长2.5~5cm，宽0.5~2.5cm。花常单生或2至数花簇生；花萼钟形，通常3中裂或4~5齿裂；花冠漏斗状，淡紫色，5深裂；雄蕊5，较花冠稍短，或因花冠裂片外展而伸出花冠；浆果红色，卵状，顶端尖或钝，长5~15mm。种子扁肾脏形，长1~1.5mm，黄色。花期6~9月，果期7~11月。

见于本市各地，常生于山坡、荒地、丘陵地、盐碱地、路旁及村边宅旁。

叶及根皮入药，叶能清凉明目，嫩时可作蔬菜；根名“地骨皮”，能清热凉血。

陈贤兴 摄

陈贤兴 摄

陈贤兴 摄

图181 枸杞

## 4. 假酸浆属 Nicandra Adans.

草本。叶互生，具柄。花单生于叶腋；花萼球形，5深裂，裂片基部心状箭形，有2尖锐的耳片，果时极度增大成五棱形；花冠钟状，不明显5浅裂；雄蕊5，着生于冠筒近基部；子房3~5室，有极多的胚珠。浆果球形，比宿存的花萼小。种子近圆盘状，压扁。

单种属，世界各地有广泛栽培或归化。我国1种，栽培或逸为野生，浙江及温州也有。

### ■ 假酸浆 图182

**Nicandra physaloides** (Linn.) Gaertn.

一年生草本。高0.4~1.5m。主根长锥形，有纤细的须状根。茎棱状圆柱形，有4~5条纵沟，绿色，有时带紫色，上部三叉状分枝。单叶互生，卵形或椭圆形，草质，长4~12cm，宽2~8cm，先端渐尖，基部阔楔形下延，边缘有具圆缺的粗齿或浅裂，两面有稀疏毛。花单生于叶腋，俯垂；花萼5深裂，裂片先端尖锐，基部心形，果时膀胱状膨大；花冠钟形，浅蓝色，直径达4cm，花筒

图182 假酸浆

内面基部有5枚紫斑；雄蕊5；子房3~5室。浆果球形，直径1.5~2cm，黄色，被膨大的宿萼所包围。种子小，淡褐色。花果期夏秋季。

原产于秘鲁，温州各地有归化，生于房前屋后、路旁、荒地。

全草药用，有镇静、祛痰、清热解毒之效。

## 5. 烟草属 Nicotiana Linn.

一年生或多年生草本、半灌木或灌木。常有腺毛。叶互生，叶片不分裂，全缘或稀波状。花序顶生，圆锥式或总状式聚伞花序，或者单生；花萼钟形，5裂，果时常宿存并稍增大；花冠筒状、漏斗状或高脚碟状；雄蕊5；子房2室，花柱具2裂柱头。蒴果2裂。种子多数。

全世界约95种，分布于南美洲、北美洲和大洋洲。我国栽培3种，其中1种逸生；浙江1种逸生，温州也有。

### ■ 烟草 图183

**Nicotiana tabacum** Linn.

一年生或有限多年生草本。全体被腺毛。根粗壮。茎高0.7~2m，基部稍木质化。叶长10~47cm，宽8~15cm，柄不明显或成翅状柄。花序顶生，圆锥状，多花；花梗长5~20mm；花萼筒状或筒状钟形；花冠漏斗状，淡红色，长3.5~5cm，裂片急尖；雄蕊5，1枚显著较其余4枚短，不伸出花冠喉部，花丝基部有毛。蒴果卵球形，1~1.7cm。种子多数，直径约0.5mm，褐色。夏秋季开花结果。

原产于南美洲，温州各地有栽培或逸生，生于房前屋后及荒地。

烟草工业的原料；全株也可作农药杀虫剂；亦可药用，作麻醉、发汗、镇静和催吐剂。

图183 烟草

## 6. 散血丹属 Physaliastrum Makino

多年生草本。具根状茎；茎直立。叶互生或2片聚生，不等大。数花簇生或单生；花萼钟状，5裂；花冠阔钟状；雄蕊5，着生于花冠筒近基部处；子房2室，胚珠多数。浆果球状或椭圆状，包闭在增大的草质而带肉质的宿存萼内。种子多数。

约9种，分布于亚洲东部。我国7种，产于东北、华北、华东、中南及西南；浙江2种；温州1种。

## ■ 江南散血丹 图 184

**Physaliastrum heterophyllum** (Hemsl.) Migo

多年生草本。植株高 30~60cm。根多条簇生，近肉质。茎直立，茎节略膨大，幼嫩时具细疏毛。枝条较粗壮，平展。叶草质，长 9~14cm，宽 4~7cm。花单生或成双生；花梗细瘦；花萼短钟状，5 深中裂，花后增大成近球状；花冠阔钟状，白色，长约 1.5~2cm，5 浅裂，裂片扁三角形，有细缘毛；雄蕊 5，长 6~8mm，花丝有稀疏柔毛。浆果球形，直径约 1.5cm。种子近圆盘形。花果期 8~9 月。

见于永嘉、瑞安、文成、泰顺等地，生于海拔 450~1100m 的山坡或山谷林下潮湿地。

图 184 江南散血丹

## 7. 酸浆属 Physalis Linn.

一年生或多年生草本。基部略木质。单叶，互生或 2 叶聚生。花单生于叶腋；花萼钟状，5 浅裂或中裂，果时增大成膀胱状，远较浆果为大，完全包围浆果；花冠白色或黄色，辐状或辐状钟形；雄蕊 5，较花冠短；子房 2 室，胚珠多数。浆果球状，多汁。种子多数。

本属约 75 种，大多数分布于美洲热带及温带地区，少数分布于欧亚大陆及东南亚。我国 6 种；浙江 2 种 2 变种，温州也有。

### 分种检索表

1. 花冠白色，花药黄色；宿萼橙色或火红色，薄革质 ………………………………**1. 挂金灯 P. alkekengi var. franchetii**
1. 花冠淡黄色或黄色，花药紫色；宿萼草绿色或淡麦秆色，薄纸质。
    2. 叶基部歪斜心形；花冠长 0.8~1.5cm，直径 1~1.5cm ……………………………**3. 毛酸浆 P. philadelphica**
    2. 叶基部歪斜，心形；花冠长 0.4~0.6cm，直径 0.6~0.8cm ……………………………**2. 苦蘵 P. angulata**

## ■ 1. 挂金灯

**Physalis alkekengi** Linn. var. **franchetii** (Matsum.) Makino

多年生草本。基部常匍匐生根。茎高约40~60cm，基部略带木质。叶长5~6cm，宽2~6cm。花梗长约10mm，开花时直立，后来向下弯曲，密生柔毛而果时也不脱落；花萼阔钟状，萼齿三角形；花冠辐状，白色；雄蕊及花柱均较花冠短。果梗长约2~3cm；果萼卵状，长2.5~4cm，直径2~3.5cm，薄革质，橙色或火红色，被宿存的柔毛；浆果球状，橙红色，直径10~15mm，柔软多汁。种子肾脏形，淡黄色，长约2mm。花期7~9月，果期9~11月。

《浙江植物志》记载为全省分布，但笔者没见典型的标本，野外调查也未见。暂且收录于此。

根及全草药用，能清热利咽、化痰和利尿。

## ■ 2. 苦蘵 图185

**Physalis angulata** Linn.

一年生草本。茎多分枝，全草有短毛，多分枝，直立或斜卧，高30~60cm，茎节稍膨大。叶互生，叶片广卵形，先端稍尖，基部心形而不对称，边缘有不规则浅锯齿或浅波状；具长叶柄。花单生于叶腋；花梗短；花萼钟状，密生短柔毛；花冠漏斗状，浅黄色。浆果球形，绿色，由膜状萼片包裹，形如灯笼。种子淡黄色，圆盘状，直径1.5mm。花期7~9月，果期9~11月。

图185 苦蘵

见于本市各地，生于山坡林下、林缘、溪旁、宅边。

全草药用，能清热解毒、化痰利尿。

## ■ 2a. 毛苦蘵 图186

**Physalis angulata** var. **villosa** Bonati

本变种与原种的主要区别在于：全株密被长柔毛的腺毛；分枝纤细，铺散状。

见于本市各地，生于山坡路旁。

《Flora of china》将其作为小酸浆 *Physalis minima* Linn. 的异名处理，但本种全体密生长腺毛，如此合并笔者感觉不妥，仍将其维持变种地位。

## ■ 3. 毛酸浆 图187

**Physalis philadelphica** Lam.[*Physalis pubescens* Linn.]

一年生草本。高30~60cm。全株密被短毛。茎铺散状分枝。叶互生，叶片卵形或卵形心形，长3~8cm，宽2~6cm，顶端急尖，基部歪斜心形，边缘

图 186　毛苦蘵

有不等大的尖牙齿；叶柄长3~8cm。花单生于叶腋；花梗长5~10mm；花萼钟状，外面密生短柔毛，5中裂；花冠钟形，淡黄色，喉部具紫色斑纹，直径1~1.5cm，5浅裂；雄蕊短于花冠，花药黄色。浆果球状，直径约1.2cm，淡黄色。花期7~8月，果期9~11月。

原产于墨西哥，我国有广泛栽培和归化，温州鹿城区有逸生，生于路边、荒地、田野及住宅旁。浙江分布新记录种。

果可药用、食用。

图 187　毛酸浆

## 8. 茄属 **Solanum** Linn.

草本、亚灌木、灌木至小乔木，有时为藤本。无刺或有刺。叶互生或近对生，全缘，波状或作各种分裂，稀为复叶。花组成顶生、侧生、腋生、腋外生的聚伞花序，蝎尾状、伞状或聚伞式圆锥花序；少数为单生；花两性；萼通常 4~5 裂；花冠白色、蓝色、紫色或黄色；雄蕊 4~5；子房 2 室，胚珠多数。浆果。种子近卵形至肾形。

约 1200 余种，分布于全世界热带及亚热带，少数达到温带地区，主要产于南美洲的热带。我国 41 种；浙江 9 种（野生种），温州均有。

## 分种检索表

1. 茎直立。
  2. 茎具皮刺。
    3. 果直径 1~2 cm。
      4. 多年生草本；植株高 10~50cm……**4 北美刺龙葵 S. carolinense**
      4. 直立半灌木；植株高 1~2m……**9. 水茄 S. torvum**
    3. 果直径 2~3.5 cm。
      5. 茎枝无毛或疏生具节长柔毛；浆果球形，直径约 3.5cm，成熟后橙红色……**3. 牛茄子 S. capsicoides**
      5. 茎枝具长硬毛；浆果球状，直径 2~2.5cm，成熟后淡黄色……**1. 喀西茄 S. aculeatissimum**
  2. 茎无刺。
    6. 植株粗壮；短的蝎尾状花序通常着生 4~10 花；果直径 6mm 左右……**7. 龙葵 S. nigrum**
    6. 植株纤细；花序近伞状，通常着生 1~6 花；果直径 5mm 左右……**2. 少花龙葵 S. americanum**
1. 茎蔓性或匍匐。
  7. 茎下部的叶片常 3~5 裂。
    8. 植株无毛或被稀疏的短柔毛；叶片稀自基部 3 浅裂……**5 野海茄 S. japonense**
    8. 茎、叶均被多节的长柔毛；叶片全缘至基部 3~5 裂……**6 白英 S. lyratum**
  7. 植株光滑无毛；叶片决不分裂……**8. 海桐叶白英 S. pittosporifolium**

### 1. 喀西茄 图 188

**Solanum aculeatissimum** Jacq.

直立草本至亚灌木。高 1~2m，最高达 3m。茎、枝、叶及花柄多混生黄白色具节的长硬毛、短硬毛、腺毛及淡黄色基部宽扁的直刺，刺长 2~15mm，宽 1~5mm，基部暗黄色。叶长 6~12cm，宽约与长相等。总状花序腋外生，短而少花，单生或 2~4 花；花梗长约 1cm；萼钟状，绿色，5 裂；花冠筒淡黄色，冠檐白色，5 裂；花丝长约 1.5mm；子房球形，花柱纤细，光滑，柱头截形。浆果球状，直径 2~2.5cm，初时绿白色，具绿色花纹，成熟时淡黄色。种子淡黄色，近倒卵形，扁平，直径约 2.5mm。花期春夏，果熟期冬季。

原产于巴西，在亚洲和非洲热带有广泛分布，温州永嘉、瑞安、苍南等地有归化，喜生于沟边、路边灌丛、荒地、草坡或疏林中。

陈贤兴 摄

陈贤兴 摄

陈贤兴 摄

图 188 喀西茄

图 189　少花龙葵

## 2. 少花龙葵　图 189

**Solanum americanum** Mill.

一年生纤弱草本。高20~60cm。茎无毛或近于无毛。叶薄，长4~8cm，宽2~4cm。花序近伞形，腋外生，纤细，具微柔毛，着生1~6花；总花梗长约1~2cm，花梗长约5~8mm；花小，直径约7mm；萼绿色，5裂达中部；花冠白色，5裂；雄蕊5，花丝极短，花药小于1.5mm，花药黄色；子房近圆形。浆果球状，直径约5mm，幼时绿色，成熟后黑色，果期花萼强烈反折。种子近卵形，两侧压扁，直径约1~1.5mm。几乎全年均开花结果。

见于本市各地，生于宅旁、荒地。

全草入药，有清热解毒、散瘀消肿、治疗喉痛等功效；茎叶可供蔬食，有清凉散热之功。

## 3. 牛茄子　图 190

**Solanum capsicoides** All. [*Solanum surattense* auct. non Burm. f. ]

直立草本至亚灌木。高 30~60cm，也有高达 1m 的。茎及小枝具淡黄色细直刺。叶阔卵形，长 5~10.5cm，宽 4~12cm，基部心形，5~7 浅裂或半裂，分布于每裂片的中部，脉上均具直刺。聚伞花序腋外生，短而少花，长不超过 2cm，单生或多至 4 花；萼杯状，先端 5 裂；花冠白色，冠檐 5 裂；花丝长约 2.5mm；子房球形，花柱无毛，柱头头状。浆果

图 190　牛茄子

球形，直径约3.5cm，初绿白色，成熟后橙红色；果柄长2~2.5cm，具细直刺。种子黄色，干后扁而薄，边缘翅状，直径约4mm。花期6~9月，果期7~10月。

见于本市各地，喜生于路旁荒地、疏林或灌木丛中。

果有毒，不可食，但色彩鲜艳，可供观赏；根、叶入药，能散热止痛、镇咳平喘。

## 4. 北美刺龙葵 北美水茄 图191

**Solanum carolinense** Linn.

多年生草本。植株高10~50cm。根系发达。小枝、叶下面、叶柄及花序梗均被星状毛。小枝疏生基部宽扁的皮刺，皮刺淡黄色或淡红色，长2.5~10mm。叶长6~9cm，宽4~11(~13)cm。聚伞式圆锥花序腋外生；被腺毛及星状毛；花萼裂片卵状长圆形；花冠辐状，白色，外面被星状毛；花丝长约1mm，花药长7mm，顶孔向上。浆果黄色，球形，直径1~1.5cm，无毛；果梗长约1.5cm，上部膨大。种子盘状，直径1.5~2mm。花期6~8月，果期8~11月。

原产于美洲加勒比地区，现热带地区广布，温州平阳（南麂列岛）有归化，生于荒地、路旁。

赖蒙蒙等（2014）报道的多裂水茄 *Solanum chrysotrichum* Sohlecht.，经进一步检查系本种之误定。

## 5. 野海茄 图192

**Solanum japonense** Nakai [*Solanum dulcamara* Linn. var. *heterophyllum* Makino ; *Solanum nipponense* Makino]

多年生草质藤本。无毛或小枝被疏柔毛。叶三角状宽披针形或卵状披针形，通常长3~8cm，宽2~5cm。聚伞花序顶生或腋外生，疏毛，总花梗长1~2cm，近无毛；花萼浅杯状，5裂，萼齿三角形；花冠紫色，花冠筒隐于萼内，先端5深裂；雄蕊5；子房卵形，直径不及1mm，花柱纤细，长约5mm，柱头头状。浆果圆形，直径约1cm，成熟后红色。种子肾形，直径约2.5mm。花期6~7月，果期8~10月。

见于永嘉、文成、泰顺等地，生于海拔360m以下的荒坡、山谷、水边、路旁及山崖疏林下。

## 6. 白英 图193

**Solanum lyratum** Thunb.[*Solanum cathayanum* C. Y. Wu et S. C. Huang;*Solanum dulcamara* Linn. var. *chinense* Dunal]

多年生草质藤本。茎及小枝均密被具节长。叶互生，多数为琴形，长2.5~8cm，宽1.5~6cm。聚伞花序顶生或腋外生，疏花；总花梗长约1~2.5cm；花萼环状，萼齿5；花冠蓝紫色或白色，5深裂；

陈贤兴 摄

陈贤兴 摄

陈贤兴 摄

图191 北美刺龙葵

图 192　野海茄

雄蕊 5，花药长圆形，顶孔略向上；子房卵形，花柱丝状，柱头小，头状。浆果球状，成熟时红黑色，直径约 8mm。种子近盘状，扁平，直径约 1.5mm。花期 7~8 月，果期 10~11 月。

见于本市各地，喜生于山谷草地或路旁、田边。

茎入药，可治感冒发热、小儿惊风等，民间还用来治癌症。

图 193　白英

## 7. 龙葵 图 194

**Solanum nigrum** Linn.

一年生直立草本。高 0.25~1m。茎多分枝，有纵棱，绿色或紫色，近无毛或被微柔毛。叶卵形，长 2.5~9cm，宽 1.5~5cm；叶柄长约 1~2cm。蝎尾状花序腋外生，由 4~10 花组成；总花梗长约 1~2.5cm；花直径超过 5 mm，花萼小，浅杯状，齿卵圆形；花冠白色，5 深裂；雄蕊 5，花丝短，花药黄色；子房卵形，中部以下被白色绒毛，柱头小，头状。浆果球形，直径约 6mm，熟时黑色。种子多数，近卵形，直径约 1.5mm。花期 6~9 月，果期 7~11 月。

见于本市各地，喜生于田边、荒地及村庄附近。

全株入药，有清热解毒、平咳、止痒之功效。

## 8. 海桐叶白英 图 195

**Solanum pittosporifolium** Hemsl.

多年生蔓生灌木。长达 1m。植株光滑无毛。小

图 194 龙葵

图 195 海桐叶白英

枝纤细，具棱角。叶互生，长3~9cm，宽1~3cm；叶柄长约0.7~2cm。聚伞花序腋外生，疏散；总花梗长1~2.5cm，花梗长约1.1cm；花萼小，浅杯状，先端5浅裂；花冠白色，少数为紫色，先端深5裂；花丝长约1mm，光滑，花药长约3mm，顶孔向内；子房卵形，直径约0.8mm，花柱丝状，长约7mm，柱头头状。浆果球状，成熟后红色，直径约0.6cm。种子多数，扁平，直径约1.5mm。花期6~8月，果期9~11月。

见于永嘉、文成、泰顺等地，生于海拔500~1000m的密林或疏林下、沟谷林缘。

## 9. 水茄 图196

**Solanum torvum** Sw.

直立半灌木。高1~2m。小枝、叶下面、叶柄及花序柄均被具长柄，短柄或无柄稍不等长5~9分枝的尘土色星状毛。枝疏具基部宽扁的皮刺。叶长6~12cm，宽4~9cm，裂片通常5~7。伞房花序腋外生，2~3歧；花梗长约5~10mm，被腺毛及星状毛；花白色；萼杯状，端5裂；花冠辐形，端5裂；子房卵形，光滑，柱头截形。浆果黄色，光滑无毛，圆球形，直径约1~1.5cm，宿萼外面被稀疏的星状毛。种子盘状，直径约1.5~2mm。全年均开花结果。

原产于加勒比海，广泛种植于热带地区，温州瑞安、苍南等地有归化，喜生于海拔200~650m的热带地方的路旁、荒地、灌木丛中、沟谷及村庄附近等潮湿地方。

果实可明目；叶可治疮毒；嫩果煮熟可供蔬食。

陈贤兴 摄

陈贤兴 摄

图196 水茄

## 9. 龙珠属 Tubocapsicum (Wettst.) Makino

多年生草本。根粗壮。分枝稀疏而展开。叶互生或在枝上端大小不等2叶双生，全缘或浅波状。2至数花簇生于叶腋或枝腋；花梗细长，俯垂；花萼短，果时稍扩大；花冠黄色，阔钟状，5裂；雄蕊5；子房2室，花柱细长，柱头稍膨大成头状，胚珠多数。浆果俯垂，多浆汁，球状，红色；果皮薄。种子近扁圆形。

单种属，分布于我国、印度尼西亚、菲律宾、泰国、朝鲜和日本。我国1种，浙江及温州也有。

### ■ 龙珠 图197

**Tubocapsicum anomalum** (Franch. et Sav.) Makino

多年生草本。全体疏生柔毛。高可达1m。呈2歧分枝开展，枝稍"之"字状折曲。叶薄纸质，长5~18cm，宽3~10cm，基部歪斜楔形，下延到长0.8~3cm的叶柄。花单生或2~6花簇生于叶腋，俯垂，花梗细弱，长1cm，顶端增大；花萼直径约5 mm，果时稍增大而宿存；花冠淡黄色，直径6~8mm，裂片卵状三角形，顶端尖锐，向外反曲，有短缘毛；雄蕊5；子房直径2mm，花柱近等长于雄蕊。浆果球形，直径7~10mm，熟后红色。种子淡黄色，扁圆形，直径约1.5mm。花期7~9月，果期8~11月。

见于乐清、永嘉、瑞安、文成、平阳、苍南、泰顺、生于山坡林缘、山谷溪边及灌草丛中。

茎叶及果实入药，能清热解毒、除烦热。

图197 龙珠

# 119. 玄参科 Scrophulariaceae

草本、灌木或少有乔木。单叶，对生，较少互生或轮生。花序总状、穗状或聚伞状，常组成圆锥花序；花两性，通常两侧对称；花萼 4 ~ 5 裂，少为 6 ~ 8 裂，常宿存；花冠合瓣，辐状或宽钟状或有圆柱状管，4~5 裂，裂片多少不等或作二唇形；雄蕊常 4 枚，二强，少有 2 或 5 枚，其中有 1~2 枚退化；子房上位，2 室，每室有胚珠多数，少数仅 2 枚。果为蒴果，少有浆果状。种子多数。

约 220 属 4500 种，广布于全球各地，以温带地区为最多。我国 61 属约 681 种，多分布于南北各地，主产于西南部；浙江 27 属 55 种 2 亚种 5 变种；温州 21 属 47 种 2 亚种 4 变种。

### 分属检索表

1. 乔木；花萼革质，密被星状毛……………………………………………………………………**10. 泡桐属 Paulownia**
1. 草本，有时基部木质化，稀灌木；花萼革质或膜质，无星状毛。
  2. 花冠辐状，雄蕊 4…………………………………………………………………………**15. 野甘草属 Scoparia**
  2. 花冠多少二唇形，如为辐状，雄蕊只有 2。
    3. 水生或沼生草本；叶片背面具腺点；花萼下常有 1 对小苞片…………………………**4. 石龙尾属 Limnophila**
    3. 叶片背面无腺点；花萼下小苞片有或无。
      4. 能育雄蕊 4，有 1 退化雄蕊位于花冠筒后方；花序的基本单位为聚伞花序，再组成顶生圆锥花序……………………………………………………………………………………**16. 玄参属 Scrophularia**
      4. 能育雄蕊 2，4 或 5，退化雄蕊如存在则为 2，位于花冠筒前方；花序的基本单位为总状、穗状花序或单生。
        5. 寄生或半寄生植物；花冠近辐射对称，雄蕊 4。
          6. 花冠高脚碟状；花药 1 室不育而仅存 1 室。
            7. 叶片下部宽而有齿，上部的狭缘；花冠筒部伸直；花序常为密穗状…………**1. 黑草属 Buchnera**
            7. 叶片狭而全缘极少有齿，有时退化成鳞片状；花冠筒部在近顶端弯曲；花序疏穗状………………………………………………………………………………**18. 独脚金属 Striga**
          6. 花冠不为高脚碟状；花药 2 室或 1 室…………………………………………**2. 胡麻草属 Centranthera**
        5. 自养植物；花冠大多唇形，若近于辐状，则雄蕊为 2。
          8. 花冠辐状，雄蕊 2。
            9. 叶对生，或在茎上部互生或轮生。
              10. 花序穗状，花多而密集，具根状茎……………………………**13. 穗花属 Pseudolysimachion**
              10. 花单生，或穗状花序，花排列稀疏，不具根状茎……………………**20. 婆婆纳属 Veronica**
            9. 叶全部互生………………………………………………………………**21. 腹水草属 Veronicastrum**
          8. 花冠唇形，雄蕊 4，若为 2，则花冠前方有 2 退化雄蕊。
            11. 花冠上唇多少向前方弓曲呈盔状或为狭长的倒舟状。
              12. 苞片具齿或具芒状长齿，稀全缘；花冠上唇边缘密被硬毛；蒴果仅含 1~4 粒种子；种子大而平滑……………………………………………………………………**7. 山萝花属 Melampyrum**
              12. 苞片常全缘；花冠上唇边缘不被硬毛；蒴果含多粒种子；种子小而有纹饰。
                13. 花萼基部无小苞片。
                  14. 花萼常在前方深裂，具 2~5 齿；花冠上唇常延长成喙，边缘不向外翻卷……………………………………………………………………**11. 马先蒿属 Pedicularis**
                  14. 花萼均 5 等裂，花冠上唇边缘向外翻卷…………………**12. 松蒿属 Phtheirospermum**
                13. 花萼基部有 2 小苞片。
                  15. 叶片羽状分裂；茎基部具寻常叶；花萼筒状，5 裂；花冠黄色；蒴果线形……………………………………………………………………**17. 阴行草属 Siphonostegia**

15. 叶片线状披针形；茎基部具寻具鳞片状叶；花萼筒状，4~5 裂；花冠淡红色；蒴果卵形……………………………………………………………………………………………**9. 鹿茸草属 Monochasma**

11. 花冠上唇伸直或向后翻卷，决不呈盔状或倒舟状。

16. 花萼有 5 翅或 5 棱，浅裂而成萼齿。

17. 花萼具明显的 5 翅，顶端不为截形，多少呈唇形，果期不膨大；花丝基部常有盲肠状附属物……………………………………………………………………………………………**19. 蝴蝶草属 Torenia**

17. 花萼具 5 条棱，顶端截形或斜截形，不呈唇形，果期常膨大呈囊泡状；花丝基部无附属物……………………………………………………………………………………………**8. 沟酸浆属 Mimulus**

16. 花萼无翅亦无明显的棱，深裂成明显的 5 裂片。

18. 水生或湿生植物；能育雄蕊 2，花冠前方有 2 退化雄蕊……………………………**3. 虻眼属 Dopatrium**

18. 陆生草本；能育雄蕊 4。

19. 花冠在花蕾中下唇包裹上唇，盛开时大而呈喇叭状，长超过 3cm……………**14. 地黄属 Rehmannia**

19. 花冠在花蕾中上唇包裹下唇，盛开时小得多，明显呈唇形。

20. 花萼 5 深裂而几达基部，如浅裂，则蒴果披针状狭长；花丝常有附属物…………**5. 母草属 Lindernia**

20. 花萼漏斗状钟状，裂达一半以左右；蒴果短；花丝无附属物…………………………**6. 通泉草属 Mazus**

## 1. 黑草属 **Buchnera** Linn.

一年生草本，多为寄生。茎直立。叶下部的对生，上部的互生，狭而全缘，最下部的常具粗齿。花无梗，单生于苞腋，有时排成密集或多少疏离的穗状花序；小苞片2；萼筒状；花冠高脚碟状，筒纤细，花冠裂片5；雄蕊4，二强，内藏；花药1室。蒴果长圆形，室背开裂。种子多数；种皮具网纹或条纹。

约 60 种，分布于热带、亚热带。我国 1 种，浙江及温州也产。

### ■ 黑草

**Buchnera cruciata** Ham.

一年生草本。全草干时黑色。茎直立，高 8~30cm，全体被弯曲短柔毛。基生叶排列成莲座状，长 2~3cm，宽 1~1.5cm；茎生叶长圆形或狭披针形至线形，无柄，通常长 1.5~4.5cm，宽 3~5mm。穗状花序顶生；花萼长 4~4.5mm，萼齿狭三角形；花冠蓝紫色，高脚碟状，长约 1mm，花冠裂片倒卵形或倒披针形；雄蕊 4，花药长约 1mm，先端具短尖；子房卵形，长 2~2.5mm。蒴果长圆状卵形，长约 5mm，室背 2 瓣裂。种子多数，三角状卵形或椭圆形。花果期 8~9 月。

见于文成、泰顺等地，生于旷野、山坡及疏林中。全草药用。

## 2. 胡麻草属 **Centranthera** R. Br.

一年生草本。全株有粗毛。叶对生，或茎上部的互生。花单生于叶腋，近无梗；小苞片2；花萼佛焰苞状，通常一侧开裂，先端急尖或渐尖；花冠筒状，5裂，略呈二唇形；雄蕊4，二强；花柱顶端常舌状扩大而具柱头面。蒴果卵圆形或球形，室背开裂为2瓣。种子多数，表面具螺纹或网纹。

约 7 种，多分布于亚洲东部。我国 4 种，产于长江流域及以南各地区；浙江 1 种，温州也有。

■ **胡麻草**

**Centranthera cochinchinensis** (Lour.) Merr.

一年生草本。全株有短疣毛。茎直立，高13~40cm，基部略呈圆柱形，上部多少四方形，具凹槽，稍有分枝。叶对生，叶片线状披针形，长2~3cm，宽3~5mm。花具极短的花梗，单生于上部苞腋，形成顶生穗状花序；苞片叶状；花萼长6~8 mm；花冠筒管状，长1.5~2.2cm，通常黄色；雄蕊4，二强。蒴果椭圆状卵形，室背开裂。种子小，黄色。花果期8~9月。

见于文成、泰顺等地，生于山坡草地、田边及路旁干燥或湿润处。

## 3. 虻眼属 Dopatricum Buch.-Ham. ex Benth.

一年生稍带肉质的纤弱草本。叶对生，全缘，肉质，有时退化为鳞片状，生于上部的小，疏离。花小，单生于叶腋内或排成一顶生、疏散的总状花序；花萼深5裂；花冠管上部扩大，二唇形，上唇显著短，下唇3裂；能育雄蕊2，处于后方，着生于花冠筒部，有花丝，药室平行，分离而相等，下退化雄蕊2，处于前方；花柱短，柱头2裂。蒴果小，球形或卵球形，室背开裂。种子细小，多数。

约有10种，分布于东半球热带地区。我国仅1种，浙江及温州也有。

■ **虻眼** 图198

**Dopatricum junceum** (Roxb.) Buch.-Ham. ex Benth.

一年生草本。稍带肉质。高者达50cm，根须状成丛。但低小者5cm即开花，自基部多分枝而纤细，枝圆柱形。叶对生，长者达20mm，全缘，生于下部的较密且大，向上渐小且远离，有时退化为鳞片状。花单生于叶腋；花梗纤细，向上渐长，有时达10mm；无小苞片；花萼钟状，具5齿；花冠白色，玫瑰色或淡紫色，比萼长约2倍，二唇形，上唇短而直立，2裂；下唇开展，3裂；雄蕊4，后方2枚能育药室并行，前方2枚退化而小。蒴果球形，直径2mm，室背2裂。种子卵圆状长圆形，有细网纹。花果期8~11月。

见于苍南（莒溪），生于稻田中。

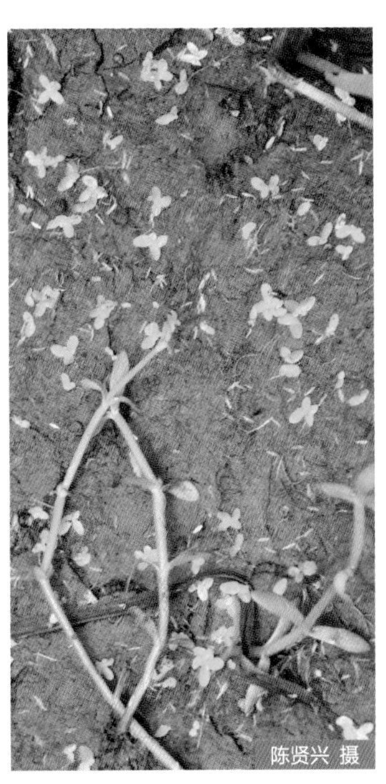


图198 虻眼

## 4. 石龙尾属 **Limnophila** R. Br.

一年生或多年生草本。生于水中或水湿处。揉搓常有香气。茎直立，平卧或匍匐而节上生根。叶在水生或两栖的种类中，有沉水叶和气生叶之分。花单生于叶腋或排列成顶生或腋生的穗状或总状花序；花萼筒状，萼齿5；花冠筒状或漏斗状，5裂，裂片成二唇形；雄蕊4，二强；子房无毛。蒴果卵球形或长椭圆形，为宿萼所包。种子小，多数。

约40种，分布于旧大陆热带亚热带地区，我国10种；浙江2种，温州也有。

### ■ 1. 大叶石龙尾

**Limnophila rugosa** (Roth) Merr.

一年生芳香草本。具横走而多须根的根茎；茎自根茎发出，1条或数条而略成丛。高30~60cm。单叶对生，草质，叶片长4~8cm，宽2~3cm，下面散生多数小腺点。头状花序腋生，无柄或有短柄；小花无柄；小苞片1，线状披针形，长约3mm；花萼被柔毛，裂片披针形；花冠圆柱形，长约8mm，先端多少二唇形，蓝紫色，口部黄色，上唇全缘或2裂，下唇3裂，扩展；雄蕊4，2强，内藏；子房上位，2室，花柱单生，顶端下弯。蒴果椭圆状，约与花萼等长。花果期8~11月。浙江分布新记录种。

产于文成等地，仅见到1号标本，生于沟边阴湿地。

全草供药用。

陈贤兴 摄

陈贤兴 摄

陈贤兴 摄

图199 石龙尾

### ■ 2. 石龙尾 图199

**Limnophila sessiliflora** (Vahl) Bl.

多年生草本。茎细长，沉水部分无毛或几无毛；气生部分长6~40cm，简单或多少分枝，被多细胞短柔毛，稀几无毛；沉水叶多裂，裂片细而扁平或毛发状，长5~15mm；气生叶3~8，轮生，椭圆状披针形，长5~18mm，宽3~4mm，无毛，密被腺点。花单生于叶腋；花萼长4~6mm，萼齿长2~4mm；花冠长6~12mm，紫蓝色或粉红色。蒴果近于球形，两侧扁，具宿存花萼，4瓣裂。种子长圆形。花果期8~10月。

见于永嘉、瓯海、苍南、泰顺等地，生于水塘、沼泽、水田或路旁、沟边湿处。

本种与大叶石龙尾 *Limnophila rugosa* (Roth) Merr. 的主要区别在于：本种叶有沉水叶和气生叶之分。

## 5. 母草属 Lindernia All.

一年生草本。茎直立。叶通常对生。花生于叶腋之中或在枝顶形成疏总状花序，有时短缩而成假伞形花序；花萼具5齿；花冠紫色、蓝色或白色，二唇形；雄蕊4；花柱顶端常膨大，多裂。蒴果球形、矩圆形、椭圆形、卵圆形、圆柱形或条形。种子小，多数。

本属约70种，主要分布于亚洲的热带和亚热带，美洲和欧洲也有少数种类。我国约29种；浙江10种；温州9种。

### 分种检索表

1. 植物体通常直立，稀基部稍倾卧而即上升；叶片具3~5条基生脉或平行脉。
  2. 叶片宽卵形或近圆形；存在无梗花和有梗花……**5. 宽叶母草 L. nummularifolia**
  2. 叶片披针形至长圆形；均有近等长的花梗。
    3. 叶片长椭圆形或倒卵状长圆形；蒴果卵圆形或椭圆形，与宿存花萼近等长或略超过……**6. 陌上菜 L. procumbens**
    3. 叶片线状披针形至线形；蒴果线形，比宿存花萼长约2倍……**4. 狭叶母草 L. micrantha**
1. 植物体通常铺散或蔓生，稀近直立；叶脉羽状。
  4. 花萼基部连合2/5以上，裂片卵形……**3. 母草 L. crustacea**
  4. 花萼深裂，仅基部稍连合，裂片线形。
    5. 果短，与花萼近等长。
      6. 植物体被刺毛；叶片多少呈三角状卵形……**8. 刺毛母草 L. setulosa**
      6. 植物体被开展的粗毛；叶片卵状长圆形，基部的叶大，具柄……**9. 黏毛母草 L. viscosa**
    5. 果长，远长于花萼。
      7. 叶片三角状卵形或卵形，基部截形至近心形，边缘有浅而不明显的锯齿……**1. 长蒴母草 L. anagallis**
      7. 叶片长圆形，长圆状披针形或倒披针形，基部宽楔形，边缘有明显的锯齿。
        8. 叶有短柄，边缘密生整齐而急尖的细锯齿；总状花序顶生……**7. 旱田草 L. ruellioides**
        8. 叶无柄或具一略抱茎的短柄，边缘有疏钝齿；花单生于叶腋或成顶生的总状花序……**2. 泥花草 L. antipoda**

### 1. 长蒴母草 图200

**Lindernia anagallis** (Burm. f.) Pennell

一年生草本。长10~40cm，无毛。叶仅下部者有短柄，叶片长4~20mm，宽7~12mm，两面均无毛。花单生于叶腋；花梗长6~10mm，果时可达2cm，

陈贤兴 摄

陈贤兴 摄

陈贤兴 摄

图200 长蒴母草

无毛；花萼长约5mm，仅基部联合，齿5；花冠白色或淡紫色，长8~12mm，上唇直立，卵形，2浅裂，下唇开展，3裂，裂片近相等，比上唇稍长；雄蕊4，全育，前面2枚的花丝在颈部有短棒状附属物；柱头2裂。蒴果条状披针形，比花萼长约2倍，室间2裂。种子卵圆形，有疣状凸起。花期4~9月，果期6~11月。

见于本市各地，生于林边，溪旁及田野的较湿润处。

## 2. 泥花草 图201

**Lindernia antipoda** (Linn.) Alston

一年生草本。高可达30cm。茎枝有沟纹，无毛。叶片长0.3~4cm，宽0.6~1.2cm，两面无毛。花排成疏生的总状花序，花序长者可达15cm，含花2~20；花萼仅基部联合，萼齿5；花冠淡红色，上唇2裂，下唇3裂，上、下唇近等长；发育雄蕊2枚，其余2枚不发育；花柱细，柱头扁平，片状。蒴果圆柱形，顶端渐尖，长约为宿萼的2倍或较多。种子卵圆形，表面有疣状凸起。花果8~10月。

见于本市各地，多生于田边及潮湿的草地中。

## 3. 母草 图202

**Lindernia crustacea** (Linn.) F. Muell.

一年生草本。高10~20cm，茎常铺散成密丛，多分枝。叶片长10~20mm，宽5~11mm。花单生于叶腋或在茎枝之顶成极短的总状花序；花梗细弱，

图201 泥花草

图 202 母草

长 8~22mm；花萼坛状，裂片 5，长 3~5mm；花冠紫色，长 5~8mm，上唇直立，卵形，钝头，有时 2 浅裂，下唇 3 裂，中间裂片较大，仅稍长于上唇；雄蕊 4，二强；花柱常早落。蒴果长椭圆形或卵形，与宿萼近等长。种子近球形，浅黄褐色，有明显的蜂窝状瘤突。花果期 7~10 月。

广泛分布于本市各地，生于田边、草地、路边等低湿处。

全草药用。

## ■ 4. 狭叶母草 图 203

**Lindernia micrantha** D. Don[*Lindernia angustifolia* (Benth.) Wettst]

一年生草本。茎直立，无分枝或多分枝；叶片线状披针形至线形，长1~4cm，宽2~8mm；叶几无柄。花单生于叶腋；有长梗，梗在果时伸长达35mm，无毛；萼齿5，仅基部联合，狭披针形；花冠紫色、蓝紫色或白色，长约6.5mm，上唇2裂，卵形，圆头，下唇开展，3裂，仅略长于上唇；雄

图 203 狭叶母草

蕊4枚，全育，前面2枚花丝的附属物丝状；花柱宿存，形成细喙。蒴果线形，长达14mm，比宿萼长约2倍。种子矩圆形，浅褐色，有蜂窝状孔纹。花期5~10月，果期7~11月。

见于永嘉、泰顺，生于山坡、水田、河流旁等低湿处。

## 5. 宽叶母草 图 204

**Lindernia nummularifolia** (D. Don) Wettst.

一年生草本。茎直立，高 5~15cm，不分枝或有时多分枝成丛。叶片宽卵形或近圆形，顶端圆钝，基部宽楔形或近心形，边缘有浅圆锯齿或波状齿，齿顶有小突尖。花生于每一花序中央者花梗极短，或无，先期结实，生于花序外方之 1 对或 2 对则为长梗；花萼裂片 5，卵形或披针状卵形；花冠紫色，少有蓝色或白色，长约 7mm，上唇直立，卵形，下唇开展，3 裂；雄蕊 4，二强，全育，前方 1 对花丝基部有短小的附属物。蒴果长圆形，顶端渐尖，比宿萼长约 2 倍。种子棕褐色。花期 7~9 月，果期 8~10 月。

见于永嘉、文成、苍南、泰顺，生于的田边，沟旁等湿润处。

图 204　宽叶母草

## ■ 6. 陌上菜　图 205

**Lindernia procumbens** (Krock.) Philcox.

一年生直立草本。茎高 5~20cm，无毛。叶片长 1~2.5cm，宽 4~10mm。花单生于叶腋；花梗纤细，长 1.2~2cm，比叶长，无毛；花萼仅基部联合，萼齿 5，条状披针形；花冠粉红色或紫色，上唇短，长约 1mm，2 浅裂，下唇甚大于上唇，长约 3mm，3 裂，侧裂片椭圆形较小，中裂片圆形，向前凸出；雄蕊 4，全育，花药基部微凹；柱头 2 裂。蒴果卵圆形或椭圆形，与萼近等长或略过之，室间 2 裂。种子多数，有格纹。花期 7~10 月，果期 9~11 月。

见于本市各地，生于田梗、水边及潮湿处。

## ■ 7. 旱田草　图 206

**Lindernia ruellioides** (Colsm.) Pennell

一年生草本。基部发出长达 30cm 的匍匐茎，节间长，节上生根。全体近于无毛。茎四方形，主茎直立，高 10~15cm。叶对生，叶片矩圆形，长 2~4cm，边缘密生整齐而急尖的细锯齿；有短柄。总状花序顶生；苞片钻形；花梗短；花萼在花期长约 6mm，果期达 10mm，裂片几乎完全分生，钻状渐尖；花冠紫红色，长 10~14mm，上唇直立，下唇开展，3 裂；前面 2 枚雄蕊不育，也无附属物。蒴果披针状，渐尖，长达 2cm，直径约 1.5mm。种子有格状瘤突。花期 6~9 月，果期 7~11 月。

见于苍南（桥墩），生于草地、平原、山谷及林下。

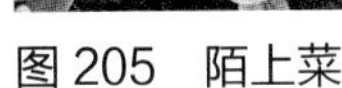
图 205　陌上菜

图 206 旱田草

## ■ 8. 刺毛母草 图 207

**Lindernia setulosa** (Maxim.) Tuyama ex Hara

一年生草本。茎多分枝，大部倾卧而多蔓生，茎多少方形，有翅状棱。叶片长 4~13mm，宽 3~4mm，偶有宽过于长。花单生于叶腋，常占茎枝的大部而形成疏总状，仅在茎枝顶端有时叶几全缘而为苞片状；花梗纤细，长 10~20mm；花萼仅基部联合，萼齿 5，条形，果时内弯而包裹蒴果；花冠大，白色或淡紫色，长约 7mm，稍长于萼；上唇短，卵形，下唇较长，伸展；雄蕊 4，全育。蒴果长椭圆形或卵形，比萼短。花期 5~8 月，果期 7~9 月。

见于本市山区县各地，生于山谷、林下及草地等比较湿润的地方。

## ■ 9. 黏毛母草

**Lindernia viscosa** (Hornem.) Merr.

一年生草本。茎枝均有条纹，被伸展的粗毛。叶下部者长可达 5cm，基部下延而成约 10mm 的宽叶柄，两面疏被粗毛，在花序下之叶有时为宽心脏状卵形，宽过于长，较基叶小而无柄，半抱茎。花序总状，稀疏，有花 6~10；萼长约 3mm，仅基部联合，齿 5，狭披针形，外被粗毛；花冠白色或微带黄色，长 5~6mm，上唇长约 2mm，2 裂，三角状卵形，圆头，下唇长约 3mm，3 裂，裂片近相等；雄蕊 4，全育。蒴果球形，与宿萼近等长。种子细小，椭圆状长方形。花期 5~8 月，果期 9~11 月。

《浙江植物志》记载瑞安有分布，但笔者野外未见。

图 207 刺毛母草

## 6. 通泉草属 Mazus Lour.

一二年草本。直立或倾卧，着地部分节上常生不定根，有时有匍匐茎。叶以基生叶为主，多为莲座状或对生；茎上部的叶多为互生。花小，排成顶生的总状花序；花萼漏斗状或钟形，萼齿5裂；花冠二唇形，紫白色，上唇直立，2裂，下唇远较上唇大而开展，3裂；雄蕊4，二强，着生在花冠筒上；子房有毛或无毛，花柱无毛，柱头2裂。蒴果球形或卵球形，室背开裂。种子小，极多数。

约35种，分布于亚洲和大洋洲。我国约25种，全国各地区除新疆、青海、山西外均有，但比较集中分布于南部、西南；浙江5种，温州也有。

### 分种检索表

1. 茎老时至少下部木质化；花萼裂片多为披针形，先端急尖。
  2. 茎生叶无柄；叶片长椭圆形至倒披针形；花梗比花萼短或近等长……………………**5. 弹刀子菜 M. stachydifolius**
  2. 茎生叶有带翅的柄；叶片卵状匙形；花梗与花萼等长或更长……………………**1. 早落通泉草 M. caducifer**
1. 茎完全草质；花萼裂片多为卵形，先端钝头或急尖。
  3. 植株倾卧，无匍匐茎；花萼在果期常增大……………………**4. 通泉草 M. pumilus**
  3. 植株有匍匐茎，比直立茎长许多或全为匍匐茎。
    4. 除匍匐茎外，常有直立茎，花大，长1.5~2cm，花萼长7~10mm……………………**3. 匍茎通泉草 M. miquelii**
    4. 茎全部匍匐；花小，花冠长1.2~1.5cm，花萼长4~7mm……………………**2. 纤细通泉草 M. gracilis**

### ■ 1. 早落通泉草 图208

**Mazus caducifer** Hance

多年生草本。高20~50cm。全体被多细胞白色长柔毛。茎直立或倾斜状上升，圆柱形，近基部木质化，有时有分枝。基生叶多数成莲座状，但常早枯落；茎生叶卵状匙形，纸质，对生，长3.5~10cm。总状花序顶生，长可达35cm，或稍短于茎，花疏稀；花梗在下部的长8~15mm，与花萼等长或更长；苞片小，卵状三角形，早落；花萼漏斗状，果期增长达13mm，直径超过1cm；花冠淡蓝紫色，长超过花萼2倍；子房被毛或无毛。蒴果圆球形。种子棕褐色，多而小。花期4~5月，果期6~8月。

见于永嘉、文成、平阳、苍南、泰顺等地，生于阴湿的路旁、林下。

图208 早落通泉草

## 2. 纤细通泉草 图 209

**Mazus gracilis** Hemsl.

多年生草本。无毛或很快变无毛。茎完全匍匐，长可达 30cm，纤细。基生叶匙形或卵形，连叶柄长 2~5cm，质薄；茎生叶通常对生，有短柄，连柄长 1~2.5cm。总状花序通常侧生，少有顶生，上升，长达 15cm，花疏稀；花梗在果期长 1~1.5cm，纤细；花萼钟状，萼齿与萼筒等长；花冠黄色有紫斑或白色、蓝紫色、淡紫红色，上唇短而直立，2 裂，下唇 3 裂，中裂片稍凸出，长卵形，有 2 条疏生腺毛的纵皱褶；子房无毛。蒴果球形，被包于宿存的稍增大的萼内，室背开裂。种子小而多数，棕黄色，平滑。花果期 4~7 月。

见于瓯海、泰顺等地，生于潮湿的丘陵、路旁及竹林下。

## 3. 匍茎通泉草 图 210

**Mazus miquelii** Makino

多年生草本。无毛或少有疏柔毛。茎有直立茎和匍匐茎，匍匐茎于花期发出，长达 15~20cm，着地部分节上常生不定根。基生叶常多数成莲座状，

丁炳扬 摄
陈贤兴 摄
陈贤兴 摄

图 209 纤细通泉草

图 210　匍茎通泉草

图 211　通泉草

有长柄，连柄长 3~7cm；茎生叶在直立茎上的多互生，在匍匐茎上的多对生，具短柄，连柄长 1.5~4cm。总状花序顶生；花萼钟状漏斗形，长 7~10mm，萼齿与萼筒等长，披针状三角形；花冠紫色或白色而有紫斑，长 1.5~2cm，上唇短而直立，深 2 裂，下唇中裂片较小，稍凸出，倒卵圆形，无毛；雄蕊 4，二强；子房无毛。蒴果圆球形，稍伸出于萼筒。种子细小，多粒，无毛。花果期 3~8 月。

见于乐清、苍南、泰顺等地，生于潮湿的路旁、荒林及疏林中。

## ■ 4. 通泉草　图 211

**Mazus pumilus** (N. L. Burman) Steenis [*Mazus japonicus* (Thunb.) Kuntze]

一年生草本。高 3~30cm，直立，上升或倾卧状上升。基生叶少到多数，有时成莲座状或早落，长 2~6cm。总状花序生于茎、枝顶端，花疏稀；花梗在果期长达 10mm，上部的较短；花萼钟状，花期长约 6mm，果期多少增大，萼片与萼筒近等长；花冠白色，淡紫色，长约 10mm，上唇裂片卵状三角形，下唇中裂片较小，稍凸出，倒卵圆形；子房无毛。蒴果球形。种子小而多数，黄色，种皮上有不规则的网纹。花果期 4~10 月。

见于本市各地，生于湿润的草坡、沟边、路旁及林缘。

### ■ 5. 弹刀子菜

**Mazus stachydifolius** (Turcz.) Maxim.

多年生草本。茎直立，高10~40cm，全体有细长软毛。叶长椭圆形至倒披针形，长3~7cm，宽5~12mm，边缘有不规则锯齿。总状花序顶生；花萼的裂片稍长于筒部或相等；花冠紫色，二唇形，上唇2裂，下唇3裂，中裂片宽而圆钝，有2条着生腺毛的皱褶直达喉部；雄蕊4，二强；子房上部被长硬毛。蒴果扁卵球形，有短柔毛，包于花萼筒内。种子多数，细小，圆球形。花果期4~6月。

见于瑞安、文成、苍南、泰顺等地，生于山坡、路旁、田野。

## 7. 山萝花属 Melampyrum Linn.

一年生半寄生草本。叶对生，全缘；苞叶与叶同形，常有尖齿或刺毛状齿，较少全缘的。花单生于苞叶腋中，集成总状花序或穗状花序；花萼钟状，萼齿 4；花冠筒管状，二唇形；雄蕊 4，二强；子房每室有胚珠 2 枚，柱头头状，全缘。蒴果卵状，室背开裂。种子 1~4，长圆状，平滑。

约 20 种，产于北半球。我国 3 种，分布于除内蒙古、宁夏、青海、新疆、西藏、广西、中国台湾外的其他地区；浙江 2 种 1 变种；温州 2 种。

### ■ 1. 圆苞山萝花 图 212

**Melampyrum laxum** Miq.

一年生半寄生草本。高 25~35cm。茎多分枝，有 2 列多细胞柔毛。叶对生，叶片卵形，长 2~4cm，宽 0.8~1.5cm，基部近于圆钝至宽楔形；苞叶心形至卵圆形，顶端圆钝，下部的苞叶边缘仅基部有 1~3 对粗齿，上部的苞叶边缘有多个短芒状齿。花疏生至多少密集；萼齿披针形至卵形；花冠黄白色，筒部长为檐部的 3~4 倍，上唇内面密被须毛。蒴果卵状渐尖，稍偏斜，长约 1cm，疏被鳞片状短毛。

陈贤兴 摄

陈贤兴 摄

陈贤兴 摄

图 212 圆苞山萝花

图 213 山萝花

花果期 6~11 月。

见于永嘉、文成、平阳、苍南、泰顺等地，生于海拔 800~1200m 的山坡路边林下。

### 2. 山萝花 图 213

**Melampyrum roseum** Maxim.

一年生草本。植株全体疏被鳞片状短毛，高 15~50cm。叶对生，叶片披针形至卵状披针形，顶端渐尖，基部圆钝或楔形，长 2~8cm，宽 0.8~3cm，全缘；苞片绿色或紫红色，基部具尖齿至整个边缘具多条刺毛状长齿，较少全缘。花萼钟状，长约 4mm，常被糙毛，萼齿长三角形至钻状三角形，生有短睫毛；花冠紫色、紫红色或红色，长 15~20mm，筒部长为檐部长的 2 倍左右，上唇内面密被须毛。蒴果卵状渐尖，长 8~10mm，直或顶端稍向前偏，被鳞片状毛，少无毛的。种子黑色，长 3mm。花期夏秋季。

见于乐清、永嘉、文成、苍南、泰顺，生山坡灌丛及高草丛中。

本种与圆苞山萝花 *Melampyrum laxum* Miq. 的主要区别在于：本种花冠紫色、紫红色或红色，筒部长为檐部长的 2 倍左右；苞片基部具尖齿至整个边缘具多条刺毛状长齿，较少全缘。

## 8. 沟酸浆属 Mimulus Linn.

一年生或多年生草本。茎直立、铺散状平卧或匍匐生根。叶对生。花单生于叶腋或为顶生的总状花序；花萼筒状或钟状，果期有时膨大成泡囊状，5 齿裂；花冠筒状，上部稍膨大或偏肿，上唇 2 裂，下唇 3 裂；雄蕊 4，二强。蒴果包藏于宿存的花萼内或伸出，2 裂。种子多数而小。

约 150 种，广布于全球。我国 5 种，主产于西南；浙江 1 种，温州也有。

### 尼泊尔沟酸浆

**Mimulus tenellus** Bunge var. **napalensis** (Benth.) P. C. Tsoong ex H. P. Yang

多年生草本。茎直立，高 10~15cm，多分枝，四方形，棱上具狭翅。叶片对生，边缘具疏锯齿。花单生于叶腋；花萼筒状，果期膨大成泡囊状，沿肋被绒毛，萼口平截，萼齿 5；花冠漏斗状，黄色，喉部有红色斑点，且被密的髯毛；雄蕊与花柱无毛。蒴果椭圆形，较花萼稍短。种子卵圆形，具细微的乳头状凸起。花果期 6~9 月。

《泰顺县维管束植物名录》有记载，但未见确切的标本。

## 9. 鹿茸草属 **Monochasma** Maxim. ex Franch. et Sav.

多年生草本。茎自基部分枝呈丛生状。叶对生或近对生，下部的叶片呈鳞片状，上部叶片线状披针形。花单生于叶腋，具短柄；小苞片 2，花萼筒状，4~5 裂；花冠二唇形；雄蕊 4，二强；子房不完全 2 室，胚珠多数。蒴果卵形，为宿萼所包裹。种子多数，扁平。

2 种，分布于中国和日本。我国 2 种，产于华中、华东及华南各地区；浙江 2 种，温州也有。

### 1. 沙氏鹿茸草　绵毛鹿茸草　图 214

**Monochasma savatieri** Franch. ex Maxim.

多年生草本。高15~30cm，全体因密被绵毛而呈灰白色，上部并具腺毛。叶对生或3叶轮生。总状花序顶生；花少数，单生于叶腋；叶状小苞片 2；花萼筒状，萼齿4；花冠淡紫色或几乎白色，二唇形，上唇2裂，下唇3裂；雄蕊4，二强；子房长卵形，花柱细长。蒴果长圆形，长约9mm，宽3mm。花期4~9月。

见于本市各地，生于向阳山坡处、岩石旁及马尾松林下。

全草药用。

图 214　沙氏鹿茸草

### 2. 鹿茸草　图 215

**Monochasma sheareri** (S. Moore) Maxim.ex Franch. et Sav.

多年生草本。主根短而木质化。高 10~25cm。茎多数，多少呈绿色。叶交互对生。花单生于上部

图 215　鹿茸草

叶腋呈总状花序状；花萼筒状，长12~15mm，具4齿，裂片线状披针形；花冠淡紫色，二唇形，上唇浅2裂，下唇3深裂；雄蕊4，二强；子房长卵形。蒴果为宿萼所包，室背开裂。种子多数，椭圆形。花果期4~5月。

见于泰顺，生于低山的多沙山坡及草丛中。

本种与沙氏鹿茸草 *Monochasma savatieri* Franch. ex Maxim. 的主要区别在于：本种植株呈绿色，茎节间长；后者植株全体密被白色绵毛呈灰白色，上部具腺毛。

## 10. 泡桐属 **Paulownia** Sieb. et Zucc.

落叶乔木。叶对生，大而有长柄，全缘、波状或3~5浅裂。花大，由小聚伞花序组成顶生的大型圆锥花序；花萼革质，萼齿5；花冠大，紫色或白色，花冠漏斗状钟形至管状漏斗形，二唇形，上唇2裂，下唇3裂；雄蕊4，二强；子房2室。蒴果卵圆形、卵状椭圆形、椭圆形或长圆形；果皮木质化。种子小而多。

约7种，分布于我国和日本。我国7种；浙江5种；温州4种。

供庭园绿化观赏或材用。

### 分种检索表

1. 小聚伞花序有明显的总花梗，总花梗与花梗近等长；花序较狭，呈金字塔形、狭圆锥形或圆柱形。
  2. 叶片心形；花序金字塔形或狭圆锥形，花冠紫色，基部强烈向前拱曲，腹部有2条明显纵褶，花萼长在2cm以下；蒴果卵圆形、卵状椭圆形或椭圆形，长3~4.5cm，果皮较薄……**4. 毛泡桐 *P. tomentosa***
  2. 叶片长卵状心形，长远大于宽；花序圆柱形，花冠白色或浅紫色，基部仅稍向前拱曲，腹部无明显纵褶，花萼长在2~2.5cm；蒴果长圆形或长圆状椭圆形，长6~10cm，果皮厚……**1. 白花泡桐 *P. fortunei***
1. 小聚伞花序除位于下部者外无总花梗或仅有较花梗短得多的总花梗；花序圆锥形。
  3. 小聚伞花序无总花梗或仅下部有极短总花梗；花萼深裂达中部以上，在果期常强烈反折，具不脱落的毛；蒴果卵圆形……**2. 台湾泡桐 *P. kawakamii***
  3. 小聚伞花序具比花梗短得多的总花梗，花萼浅裂，不超过中部，具脱落或稀不脱落的毛；蒴果椭圆形……**3. 南方泡桐 *P. taiwaniana***

### ■ 1. 白花泡桐 图216

**Paulownia fortunei** (Seem.) Lemsl.

落叶乔木。高达30m。树冠圆锥形。幼枝、叶、花序各部和幼果均被黄褐色星状绒毛，但叶柄、叶片上面和花梗渐变无毛。叶片长卵状心形，长达20cm。花序狭长几成圆柱形，长约25cm，小聚伞花序有花3~8，总花梗几与花梗等长；花萼倒圆锥形，分裂至1/4或1/3处；花冠管状漏斗形，白色仅背面稍带紫色或浅紫色，内部密布紫色细斑块；雄蕊长3~3.5cm；子房有腺毛。蒴果长圆形或长圆状椭圆形，长6~10cm，宿萼开展或漏斗状；果皮木质，厚3~6mm。种子连翅长6~10mm。花期3~4月，果期7~8月。

见于本市各地，生于低海拔的山坡、林中、山谷及荒地。

### ■ 2. 台湾泡桐 图217

**Paulownia kawakamii** Ito

落叶小乔木。高6~12m。树冠伞形，有明显皮孔。叶片大者长达48cm，全缘或3~5裂，两面均有黏毛，叶面常有腺；叶柄较长，幼时具长腺毛。花序为宽大圆锥形，长可达1m，小聚伞花序无总花梗或位于下部者具短总梗，常具花3，花梗长达12mm；萼深裂至一半以上；花冠近钟形，浅紫色至蓝紫色，长3~5cm，檐部二唇形；雄蕊10~15mm；子房有腺。蒴果卵圆形，长2.54cm，顶端有短喙，果皮薄，厚不到1mm，宿萼辐射状，常强烈反卷。种子长圆形，连翅长3~4mm。花期4~5月，果期8~9月。

见于本市各地，生于海拔200~1500m的山坡灌丛、疏林及荒地。

图 216 白花泡桐

图 217 台湾泡桐

## ■ 3. 南方泡桐 图218

**Paulownia taiwaniana** T. W. Hu et H. J. Chang
[*Paulownia australis* Gong Tong]

落叶乔木。树冠伞状，枝下高达5m，枝条开展。叶片卵状心脏形，全缘或浅波状而有角，顶端锐尖头，下面密生黏毛或星状绒毛。花序枝宽大，其侧枝长超过中央主枝之半，故花序成宽圆锥形，长达80cm，小聚伞花序有短总花梗，仅位于花序顶端的小聚伞有极短而不明显的总花梗；萼在开花后部分脱毛或不脱毛，浅裂达1/3至2/5；花冠紫色，腹部稍带白色并有2条明显纵褶，长5~7cm，管状钟形，檐部二唇形。果实椭圆形，长约4cm，幼时具星状毛；果皮厚可达2mm。花期3~4月，果期7~8月。

见于泰顺，生于山坡、林中。

## ■ 4. 毛泡桐 图219

**Paulownia tomentosa** (Thunb.) Steud.

落叶乔木。高达20m。树皮褐灰色。叶片心形，

图218　南方泡桐

图 219 毛泡桐

长达 40cm，全缘或波状浅裂，上面毛稀疏，下面毛密或较疏，老叶下面被灰褐色树枝状毛。花序枝的侧枝不发达，长约中央主枝之半或稍短，故花序为金字塔形或狭圆锥形，长一般在 50cm 以下；花萼浅钟形，萼齿卵状长圆形；花冠紫色，漏斗状钟形，长 5~7.5cm，檐部二唇形；雄蕊 4，二强；子房卵圆形，有腺毛。蒴果卵圆形，幼时密生黏质腺毛，长 3~4.5cm，宿萼不反卷。种子连翅长约 2.5~4mm。花期 4~5 月，果期 8~9 月。

见于本市各地，通常栽培，有野生。

## 11. 马先蒿属 **Pedicularis** Linn.

多年生草本、稀一年生草本，通常半寄生。叶互生、对生或3~5片轮生，全缘或羽状分裂。花排成顶生的穗状花序或总状花序；花萼管状，2~5齿裂；花冠变化甚大，花冠管圆柱状，二唇形；雄蕊4，二强；子房2室，有胚珠多数。蒴果室背开裂。种子各式；种皮具网状、蜂窝状孔纹或条纹。

600种以上，分布于北半球。我国352种，主要分布于西南部；浙江3种；温州2种。

### 1. 亨氏马先蒿

**Pedicularis henryi** Maxim.

多年生草本。常多分枝，高达16~35cm，密被锈褐色污毛。叶相当茂密，互生，叶片纸质，长圆状披针形至线状长圆形，长约15mm，宽5mm，然在基部的叶中长可达3~4cm，宽达8mm，羽状全裂。花生于茎枝叶腋中，形成长总状花序；花萼管状，齿5，或有时退化为3；花冠浅紫红色，二唇形；雄蕊着生于花管基部，2对均密被长柔毛；花柱略伸出。蒴果斜披针状卵形，从宿萼裂口斜伸而出，长达16mm，宽达4.5mm。种子卵形而尖，形如桃，有整齐的纵条纹，褐色，长1mm左右。花期5~9月，果期8~11月。

见于泰顺，生于海拔400~1420m的空旷处、草丛及林边。

### 2. 江西马先蒿

**Pedicularis kiangsiensis** Tsoong et Cheng f.

多年生草本。具根茎；茎直立，高70~80cm，紫褐色，有2条被毛的纵浅槽，上部具有显明的棱。叶假对生，生在茎顶部者常为互生，具长柄；柄长1~2.5cm。花序总状而短，生于主茎与侧枝之端；苞片叶状有柄；萼狭卵形，长7mm，被腺毛，齿2，宽三角形，顶有刺尖；花冠之管稍在萼内向前弓曲，由萼管裂口斜伸而出，长12mm，喉部稍稍扩大；雄蕊花丝2对均无毛；柱头头状，自盔端伸出。蒴果未见。花期8~9月，果期9~11月。

见于泰顺，生于山沟阴坡岩石上或阴湿处，或山顶阴处灌丛边缘。温州分布新记录种。

本种与亨氏马先蒿 *Pedicularis henryi* Maxim. 的区别在于：本种叶片常羽状浅裂或深裂；上唇无喙，萼齿2；花丝无毛。而亨氏马先蒿叶片全裂，上唇具喙，萼齿5；花丝被长柔毛。

## 12. 松蒿属 **Phtheirospermum** Bunge ex Fisch. et Mey.

一年生或多年生草本。全体密被黏质腺毛。叶对生，叶片一至三回羽状开裂。花具短梗，生于上部叶腋，成疏总状花序；萼钟状，5裂，萼齿全缘至羽状深裂；花冠黄色至红色，花冠筒状，具2褶襞，上部扩大，5裂，裂片成二唇形；雄蕊4，二强；子房长卵形。蒴果压扁，具喙。种子具网纹。

约3种，分布于亚洲东部。我国2种，南北均产；浙江1种，温州也有。

### 松蒿 图220

**Phtheirospermum japonicum** (Thunb.) Kanitz

一年生草本。高可达100cm，全体被多细胞腺毛。叶对生，叶片长三角状卵形，近基部的羽状全裂，向上则为羽状深裂；小裂片长卵形或卵圆形，多少歪斜，边缘具重锯齿或深裂。花单生于上部叶腋，排成疏总状花序；花萼钟状，萼齿5，全缘至羽状深裂；花冠紫红色至淡紫红色，长8~25mm，外面被柔毛。蒴果卵球形，长6~10mm。种子卵圆形，扁平。花果期6~10月。

见于乐清、永嘉、文成、苍南、泰顺等地，生于山坡灌丛处。

全草药用。

图 220　松蒿

## 13. 穗花属 Pseudolysimachion (W. D. J. Koch) Opiz

多年生草本。具地下茎；茎直立。叶对生或轮生。总状花序或穗状花序集生于枝顶；苞片狭披针形至线形；花萼 4 裂；花小；花冠 4 浅裂，蓝紫色。蒴果，室背开裂。种子多数。

约 20 种，分布于亚洲、欧洲。中国 10 种，分布于全国各地；浙江 2 亚种，温州也有。

### 1. 水蔓菁

**Pseudolysimachion linariifolium** (Pallas ex Link) Holub subsp. **dilatatum** (Nakai et Kitagawa) D. Y. Hong [*Veronica linariifolium* subsp. *dilatatum* (Nakai et Kitagawa) D. Y. Hong]

多年生草本。茎直立，株高 30~90cm。叶对生，稀上部互生，叶宽线形，长 2.5~6cm，宽 0.5~2cm，边缘锯齿。穗形总状花序集生于枝顶；苞片狭披针形至线形；花萼 4 裂；花小，蓝紫色。蒴果扁圆，顶端微凹，花柱很长，通常花后宿存。花果期6~10 月。

见于永嘉（四海山），生于山坡路旁。

全草在苗期可食用或药用。

### 2. 朝鲜婆婆纳　图 221

**Pseudolysimachion rotunda** (Nakai) T. Yamazaki subsp. *coreana* (Nakai) D. Y. Hong [*Veronica coreana* Nakai ; *Veronica rotunda* Nakai var. *coreana* (Nakai) Yamazaki]

多年生草本。茎直立，通常不分枝或上部分枝。叶对生，叶片卵形或卵状长圆形，边缘具三角形锯齿；茎中下部叶无柄，半抱茎，上部的叶有短柄。总状花序顶生，通常单一，细长；花梗长 2~5mm；花萼 4 深裂；花冠蓝色，少白色。蒴果卵球形，侧扁，顶端凹入。花果期 7~10 月。

见于永嘉（四海山），生于山坡草地。

图 221　朝鲜婆婆纳

根药用。

本种与水蔓菁*Pseudolysimachion linariifolium* (pallas ex Link) Holub subsp. *dilatatum* (Nakai et Kitagawa) D. Y. Hong的主要区别在于：本种叶片卵形或卵状长圆形，无柄，半抱茎；而水蔓菁叶片宽线形，具短柄。

## 14. 地黄属 **Rehmannia** Libosch. ex Fisch. et Mey.

多年生草本。根茎肉质。茎直立。叶在茎上互生或同时有基生叶存在，通常被毛。花大，具短花梗，单生于叶腋或有时在顶部排列成总状花序；花萼钟形，5 浅裂，裂片不等；花冠紫红色或黄色，二唇形，上唇 2 裂，下唇 3 裂；雄蕊 4 枚，二强，内藏，稀为 5 枚，但 1 枚较小；子房长卵形，2 室，或有的在幼嫩时为 2 室，老时则为 1 室，胚珠多数。蒴果具宿存花萼，室背开裂。种子小。

现知有 6 种，全部产于我国。浙江 1 种，温州也有。

根茎大多可作药用。

### ■ 天目地黄 图 222
**Rehmannia chingii** Li

多年生草本。植体被多细胞长柔毛，高 30~60cm。基生叶多少莲座状排列，叶片长 6~12cm，宽 3~6cm，纸质，两面疏被白色柔毛；茎生叶外形与基生叶相似，向上逐渐缩小。花单生；花萼长 1~2cm；萼齿披针形或卵状披针形；花冠紫红色，长 5.5~7cm，外面被多细胞长柔毛；上唇裂片长卵形，先端略尖或钝圆，长 1.4~1.8cm；下唇裂片长椭圆形；雄蕊 4，后方一对稍短；花柱顶端扩大。蒴果卵形，长约 1.4cm，具宿存的花萼及花柱。种子多数，卵形至长卵形，长约 1.1mm，具网眼。花期 4~5 月，果期 5~6 月。

见于乐清、永嘉、瑞安、文成、泰顺等地，生于山坡、路旁草丛中。

全草药用，有润燥生津、清热凉血之功效。

图 222 天目地黄

## 15. 野甘草属 **Scoparia** Linn.

草本或亚灌木。叶对生或轮生，全缘或有锯齿。花小，白色，单生或成对生于叶腋内；萼片4~5；花冠辐状，喉部有毛，裂片4，近相等；雄蕊4，几等长，药室分离；子房球形，内含多数胚珠。蒴果球形，室间开裂，果爿边缘内卷。种子小，有棱角；种皮有蜂窝状孔纹。

约20种，分布于热带美洲。我国1种，分布于南部，浙江及温州也有。浙江分布新记录属。

## ■ 野甘草 图223

**Scoparia dulcis** Linn.

亚灌木。高25~80cm，全株无毛。根粗壮。茎直立，有分枝，下部木质化。叶小，对生及轮生，披针形至椭圆形或倒卵形，长5~20mm，先端短尖，基部渐狭而成一短柄，边缘有锯齿。花小，多数，白色，单生或成对；萼片4，卵状矩圆形，长约2mm；花冠辐状，4裂，裂片椭圆形，花径4~5mm，喉部有毛；雄蕊4，花药箭头形，黄绿色；雌蕊1，花柱细长，柱头盘状。蒴果卵状至球形，直径2~3mm，花柱宿存，熟后开裂。花期夏秋间。浙江分布新记录种。

原产于美洲热带，19世纪在中国香港归化，温州鹿城区有归化，生长于荒地、路旁。

陈贤兴 摄

陈贤兴 摄

陈贤兴 摄

图223 野甘草

## 16. 玄参属 Scrophularia Linn.

一年生或多年生草本或半灌木状草本。叶对生或上部的叶互生。聚伞花序顶生而呈圆锥状，少数单生于叶腋或为2~3花的聚伞花序；花紫绿色或黄色；花萼5裂，花冠通常二唇形，上唇具2裂片，下唇具3裂片；雄蕊4，多少呈二强；子房具2室，中轴胎座，胚珠多数。蒴果室间开裂。种子多数。

200种以上，分布于欧、亚大陆的温带，地中海地区尤多，在美洲只有少数种类。我国16种；浙江2种；温州1种。

### ■ 玄参 图224

**Scrophularia ningpoensis** Hemsl.

多年生高大草本。高可逾1m。支根数条，纺锤形或胡萝卜状膨大。茎四棱形，常分枝。叶在茎下部多对生而具柄，上部的有时互生而柄极短，叶片多变化，大者长达30cm，宽达19cm，上部最狭者长约8cm，宽仅1cm。花序为疏散的大圆锥花序，长可达50cm，但在较小的植株中，仅有顶生聚伞圆锥花序，长不及10cm；花褐紫色；花萼长2~3mm；花冠长8~9mm，上唇长于下唇约2.5mm；雄蕊稍短于下唇，退化雄蕊大而近于圆形；花柱长约3mm。蒴果卵圆形，连同短喙长8~9mm。花期6~10月，果期9~11月。

见于乐清、永嘉、瑞安、文成、泰顺等地，生于竹林、溪旁、丛林及高草丛中。

根药用。

图224 玄参

## 17. 阴行草属 Siphonostegia Benth.

一年生或多年生草本。密被短毛或腺毛。叶对生或上部的互生，叶片全缘或羽状分裂。花单生于苞腋，排成偏于一侧的总状花序，生于茎枝的顶端；花萼筒状，具10~11条脉，萼齿5；花冠筒圆柱形，二唇形，上唇直立，盔状，全缘，下唇3裂；雄蕊4，二强；子房2室，具中轴胎座，胚珠多数，柱头头状。蒴果长椭圆状线形，被包于宿存的萼筒内，室背开裂。种子多数。

约4种，分布于东亚。我国2种，分布于南北各地，浙江和温州也有。

### 1. 阴行草 图225

**Siphonostegia chinensis** Benth.

一年生草本。高约30~60cm，密被柔毛。叶对生，茎上部的叶互生，厚纸质，广卵形，二回羽状全裂，全缘。花对生于茎枝上部，或有时假对生，构成疏稀的总状花序；苞片叶状，羽状深裂或全裂；花萼筒状，萼齿5裂，裂片线状披针形；花冠黄色，二唇形，上唇红紫色，下唇黄色，长约22~25mm；雄蕊4，二强；子房长卵形，长约4mm，柱头头状。蒴果披针状长圆形，被包于宿存的花萼内，约为萼筒等长。种子多数，黑色，长卵形。花期7~8月。果期9~10月。

见于文成、平阳（南麂列岛）、泰顺，生于山坡、草丛中。

全草药用。

### 2. 腺毛阴行草 图226

**Siphonostegia laeta** S. Moore

一年生草本。高30~50cm，全体密被腺毛。叶对生，叶片三角状长卵形，近掌状3深裂，羽状半裂至羽状浅裂，无锯齿。花序总状，生于茎枝顶端，花成对；苞片叶状，稍羽裂或近于全缘；花萼管状

陈贤兴 摄

图225 阴行草

陈贤兴 摄

陈贤兴 摄

图 226 腺毛阴行草

钟形，萼齿 5 裂，长 6~10mm，全缘；花冠黄色，有时盔背部微带紫色，二唇形；雄蕊 4，二强；子房长卵圆形，柱头头状。蒴果黑褐色，包于宿萼内，卵状长圆形。种子多数，长约 1~1.5mm，黄褐色，长卵圆形。花期 7~9 月；果期 9~10 月。

见于本市各地，生于路旁、山坡草丛或灌木林中较阴湿的地方。

本种与阴行草 *Siphonostegia chinensis* Benth. 的主要区别在于：本种植株密被腺毛；萼筒的 10 条脉较细，花萼裂片长，长 6~10 mm；种子黄褐色。

## 18. 独脚金属 Striga Lour.

一年生草本，常寄生。全株被硬毛。茎下部叶对生，上部的互生。花无梗，单生于叶腋或集成穗状花序，常有 1 对小苞片；花萼管状，5 裂或具 5 齿；花冠高脚碟状，二唇形，上唇短，全缘，微凹或 2 裂，下唇 3 裂；雄蕊 4，二强，花药仅 1 室。蒴果长圆形，室背开裂。种子多数，卵状或长圆形；种皮具网纹。

约 20 种，分布于亚洲、非洲以及大洋洲的热带和亚热带地区。我国 4 种；浙江 1 种，温州也有。

### ■ 独脚金 图 227

**Striga asiatica** (Linn.) Kuntze

一年生半寄生草本。株高 10~20cm，直立，全体被硬毛。叶较狭窄，仅基部的为狭披针形，其余的为条形，长 0.5~2cm，有时鳞片状。花单朵腋生或在茎顶端形成穗状花序；花萼有 10 棱，长 4~8mm，5 裂几达中部，裂片钻形；花冠通常黄色，少红色或白色，长 1~1.5cm，花冠筒顶端急剧弯曲，上唇短 2 裂，下唇 3 裂。蒴果卵形，包于宿存的萼内，室背开裂。花果期秋季。

见于永嘉（四海山）、苍南，生于低山的庄稼地和荒草地，寄生于寄主的根上。

全草药用，具有清热、利湿、利尿，为治小儿疳积的良药。

图 227 独脚金

## 19. 蝴蝶草属 Torenia Linn.

草本。无毛或被柔毛，稀被硬毛。叶对生，全缘或具齿。花具梗，排列成总状花序或伞形花序，抑或单朵腋生或顶生，稀由于总状花序顶端的一花不发育而成二歧状；花萼具棱或翅，萼齿通常 5；花冠筒状，5 裂，裂片成二唇形；雄蕊 4，均发育，后方 2 枚内藏；通常子房上部被短粗毛。蒴果长圆形，为宿萼所包藏，室间开裂。种子多数，具蜂窝状皱纹。

约 50 种，主要分布于亚洲、非洲热带地区。我国 10 种，分布于我国长江以南和台湾等地区；浙江 3 种，温州也有。

大多供观赏。

**分种检索表**

1. 植株全体密被硬毛；花萼具 5 棱，无翅 ··········· **2. 毛叶蝴蝶草 T. benthamiana**
1. 植株被毛或无毛；花萼具 5 翅。
   2. 直立或近直立草本；叶片卵形；花萼具宽翅；花丝基部无盲肠状附属物 ··········· **3. 紫萼蝴蝶草 T. violacea**
   2. 匍匐草本；叶片近三角形；花萼具较狭翅；花丝基部有盲肠状附属物 ··········· **1. 光叶蝴蝶草 T. asiatica**

### 1. 光叶蝴蝶草 图 228

**Torenia asiatica** Linn.[*Torenia glabra* Osbeck]

一年生草本，茎匍匐或多少直立草本。节上生根。分枝多，长而纤细。叶片三角状卵形、长卵形或卵圆形，长 1.5~3.2cm，宽 1~2cm；叶柄长约 10mm。花具长 0.5~2cm 之梗，单花腋生或顶生，抑或排列成伞形花序；花萼具 5 宽略超过 1mm 而多少下延之翅，长 0.8~1.5cm，果期长 1.5~2cm；萼齿 2，果期开裂成 5 小尖齿；花冠长 1.5~2.5cm，紫红色或蓝紫色；前方一对雄蕊各具 1 枚长 1~2mm 之线状附属物。蒴果包藏于花萼内。种子黄色，有格状饰纹。花果期 5 月至翌年 1 月。

见于全市各地，生于山坡、路旁或阴湿处。

### 2. 毛叶蝴蝶草

**Torenia benthamiana** Hance

多年生草本。全体密被白色毛。分枝多数。叶片长 1.5~2.2cm，宽 1~1.8cm；叶柄长约 1cm。花梗长约 2cm，通常 3 花排成伞形花序，稀单生于叶腋或 5 花排成总状花序；花萼筒状，果期长达 1.5cm，具 5 棱；花冠紫红色或淡蓝紫色抑或白而略带红色，长 1.2cm；上唇长圆形，先端浅二裂；下唇 3 裂片均近圆形；前方一对雄蕊各具 1 枚长 1.5~2mm 之丝状附属物；花柱顶部 2 裂。蒴果长椭圆形，为宿萼所包藏。种子黄色，有不明显的格状饰纹。花果期 8 月至翌年 5 月。

见于永嘉、瑞安、文成、泰顺等地，生于山坡、路旁或溪旁阴湿处。

### 3. 紫萼蝴蝶草 图 229

**Torenia violacea** (Azaola ex Blanco) Pennell

一年生草本，直立或多少外倾。高 8~35cm，自近基部起分枝。叶片长 2~4cm，宽 1~2cm；叶具长 5~10mm 之柄。花具长约 1.5cm 之梗，果期梗长可达 3cm，在分枝顶部排成伞形花序或单生于叶腋，稀可同时有总状排列的存在；花萼长圆状纺锤形，具 5 翅，果期长达 2cm，宽 1cm，翅宽达 2.5mm 而略带紫红色，翅几乎不延；花冠长 1.5~2.2cm，淡黄色或白色；上唇多少直立，下唇 3 裂片彼此近于相等，各有 1 蓝紫色斑块，中裂片中央有 1 黄色斑块。蒴果狭椭圆形，包藏于花萼内。花果期 7~8 月。

见于永嘉、瑞安、文成、苍南、泰顺等地，生于山坡草地、林下、田边及路旁潮湿处。

图 228　光叶蝴蝶草

图 229　紫萼蝴蝶草

## 20. 婆婆纳属 Veronica Linn.

一年生或多年生草本。叶多数为对生，少轮生和互生。总状花序或穗状花序顶生或叶腋，或有时单生。花萼深裂，裂片 4~5，少为 3 裂；花冠具很短的筒部，近于辐状，或花冠筒部明显；雄蕊 2；花柱宿存，柱头头状。蒴果形状各式，室背 2 裂。种子每室 1 至多枚，卵圆形，球形或舟状。

约 250 种，广布于全球，主产于欧亚大陆。我国 53 种，各地区均有，但多数种类产于西南山地；浙江 9 种；温州 6 种。

### 分种检索表

1. 总状花序顶生或有时因苞片叶状，如同单花生于每个叶腋。
  2. 花梗短，并远短于叶状苞片；种子扁平，光滑。
    3. 茎无毛或疏生柔毛；叶片倒披针形至长圆形，全缘或中上部有三角锯齿；花通常白色或浅蓝色 ……………………………………………… **3. 蚊母草 V. peregrina**
    3. 茎密生 2 列长柔毛；叶片卵圆形，边缘具锯齿；花蓝紫色或蓝色 ………………… **1. 直立婆婆纳 V. arvensis**
  2. 花梗长于或等长于叶状苞片；种子舟状，一面鼓胀，一面具纵沟，多皱纹。
    4. 花梗比苞叶略短；蒴果无明显的网脉，顶端凹口的角度近直角 ………………… **5. 婆婆纳 V. polita**
    4. 花梗比苞叶长；蒴果具明显的网脉，顶端凹口的角度大于直角 ………………… **4. 阿拉伯婆婆纳 V. persica**
1. 总状花序侧生于叶腋，往往成对。
  5. 水生或沼泽生草本；茎中空；蒴果圆形 ……………………………………… **6. 水苦荬 V. undulata**
  5. 陆生草本；茎实心；蒴果倒心形 ……………………………………………… **2. 多枝婆婆纳 V. javanica**

## 1. 直立婆婆纳 图 230

**Veronica arvensis** Linn.

一年生或二年生小草本。茎直立或上升，不分枝或铺散分枝，高 5~30cm，有 2 列多细胞白色长柔毛。叶对生，长 5~15mm，宽 4~10mm，两面被硬毛；下部的有短柄，中上部的无柄。总状花序长而多花，长可达 20cm，各部分被多细胞白色腺毛；苞片下部的长卵形而疏具圆齿至上部的长椭圆形而全缘；花梗极短；花萼长 3~4mm，裂片条状椭圆形，前方 2 枚长于后方 2 枚；花冠蓝紫色或蓝色，长约 2mm，裂片圆形至长矩圆形；雄蕊短于花冠。蒴果倒心形，强烈侧扁。种子矩圆形，长近 1mm。花期 4~5 月。

原产于欧洲，见于本市各地，为归化植物，生于路边及荒野草地。

图 230 直立婆婆纳

## 2. 多枝婆婆纳 图 231

**Veronica javanica** Bl.

一年生或二年生草本。全体多少被多细胞柔毛，无根状茎，植株高 10~30cm。茎基部多分枝，主茎直立或上升，侧枝常倾卧上升。叶片长 1~4cm，宽 0.7~3cm；叶具 1~7mm 的短柄。总状花序有的很短，几乎集成伞房状，有的长，果期可达 10cm；苞片条形或倒披针形，长 4~6mm；花梗比苞片短得多；花萼裂片条状长椭圆形，长 2~5mm；花冠白色、粉色或紫红色，长约 2mm；雄蕊约为花冠一半长。蒴果倒心形。种子长约 0.5mm。花果期 4~6 月。

图 231　多枝婆婆纳

图 232　蚊母草

见于本市各地，生于山坡、路边、溪边的湿地草丛中。

## 3. 蚊母草　图 232

**Veronica peregrina** Linn.

一年生草本。株高 10~25cm，通常自基部多分枝，主茎直立，侧枝披散，全体无毛或疏生柔毛。叶无柄，下部的倒披针形，上部的长矩圆形，长 1~2cm，宽 2~6mm，全缘或中上端有三角状锯齿。总状花序长，果期达 20cm；苞片与叶同形而略小；花梗极短；花萼裂片长矩圆形至宽条形，长 3~4mm；花冠白色或浅蓝色，长 2mm，裂片长矩圆形至卵形；雄蕊短于花冠。蒴果倒心形，明显侧扁，长 3~4mm，宽略过之，边缘生短腺毛，宿存的花柱不超出凹口。种子矩圆形。花果期 4~7 月。

本市各地常见，生于潮湿的荒地、路边。

带虫瘿的全草药用。

图 233 阿拉伯婆婆纳

## 4. 阿拉伯婆婆纳 图 233

**Veronica persica** Poir.

一至二年生草本。高 10~50cm。茎密生 2 列多细胞柔毛。茎基部叶对生，上部互生，具短柄，叶长 6~20mm，宽 5~18mm，两面疏生柔毛。总状花序很长；苞片互生，与叶同形且几乎等大；花梗比苞片长，有的超过 1 倍；花萼花期长仅 3~5mm，果期增大达 8mm，裂片卵状披针形，有睫毛，三出脉；花冠蓝色或紫色，长 4~6mm，裂片卵形至圆形，喉部疏被毛；雄蕊短于花冠。蒴果肾形。种子背面具深的横纹，长约 1.6mm。花果期 2~5 月。

原产于亚洲西部及欧洲，广布于本市各地，为归化的植物，生于路边及荒野杂草中。

全草药用。

## 5. 婆婆纳 图 234

**Veronica polita** Fries

一年生或二年生草本。分枝多，常铺散，多少被长柔毛，高 10~25cm。叶片心形至卵形，长 5~10mm，宽 6~7mm，有深切的钝齿，两面被白色长柔毛。总状花序很长；苞片叶状，下部的对生或全部互生；花梗比苞片略短；花萼裂片卵形，顶端急尖，果期稍增大，三出脉，疏被短硬毛；花冠淡紫色、蓝色、粉色或白色，直径 4~5mm，裂片圆形至卵形；雄蕊比花冠短。蒴果近于肾形，密被腺毛。种子舟状深凹，背面具波状横纹。花期 3~10 月

分布于本市各地，生于路边及荒野草地。

全草药用。

## 6. 水苦荬 图 235

**Veronica undulata** Wall.

一年或二年生草本。茎直立，稍肉质，中空。茎、花序轴、花梗、花萼和蒴果上多少被腺毛。叶对生；长圆状披针形或长圆状卵圆形，全缘或具波状齿，基部呈耳廓状微抱茎；无柄。总状花序腋生；苞片椭圆形，互生；花萼4裂，裂片狭长椭

图 234 婆婆纳

图 235 水苦荬

圆形，先端钝；花冠淡紫色或白色，具淡紫色的线条；雄蕊2，凸出；雌蕊1，子房上位，花柱1枚，柱头头状。蒴果圆形，先端微凹。细小的种子多数，长圆形，扁平，无毛。花果期4~6月。

见于本市各地，生于水田、菜园地或溪边。

全草药用，带虫瘿的全草有活血、止血、通经之功效。

## 21. 腹水草属 **Veronicastrum** Heist. ex Farbic.

多年生草本或半灌木。通常有根状茎。茎直立或象钓鱼杆一样弓曲而顶端着地生根。叶互生，有锯齿。穗状花序顶生或腋生，花通常极为密集，每花下有苞片；花萼深裂，裂片 4~5；花冠筒管状，辐射对称或多少二唇形，裂片不等宽；雄蕊 2。蒴果圆锥状卵形，稍稍侧扁，有 2 条沟纹，4 爿裂。种子多数，椭圆状或长圆状，具网纹。

近 20 种，产于亚洲东部和北美。我国 13 种；浙江 2 种 3 变种，温州也有。

## 1. 爬岩红 图236

**Veronicastrum axillare** (Sieb. et Zucc.) Yamazaki

多年生草本。根状茎短；根密被黄褐色茸毛。茎细长，长可达1m，倾卧，顶端着地生根，常无毛，稀被黄色卷毛。叶片纸质，卵形至卵状披针形，长5~13cm，宽2.5~5cm；叶柄短；基部楔形至圆形，顶端渐尖，边缘三角形锯齿，常无毛，少在叶脉上有短毛。穗状花序腋生，长1~3cm，近无柄，花密集；花萼5深裂，裂片钻形，长3~4mm，常具睫毛，少无毛；花冠紫色或紫红色，长5~6mm，裂片三角形，筒部上端内面被毛；雄蕊2。蒴果卵圆形。种子圆形，有不明显的网纹。花果期7~11月。

见于本市各地，生于林下、林缘草地及山谷阴湿处。

全草药用，利尿消肿、消炎解毒。

图236 爬岩红

## 2. 毛叶腹水草 图237

**Veronicastrum villosulum** (Miq.) Yamazaki

多年生草本。根茎极短。全体密被棕色多节长腺毛。茎圆柱形，有时上部有狭棱，弓状弯曲，顶端着地生根。叶互生，叶片长7~12cm，宽3~7cm。花序近头状，腋生，长1~1.5cm；苞片披针形，与花冠近等长或较短，密生棕色多细胞长腺毛，密生睫毛；花萼裂片钻形，短于苞片并和它同样被毛；花冠紫色或紫蓝色，长6~7mm，裂片短，长仅1mm，正三角形；雄蕊强烈伸出，花药长1.2~1.5mm。蒴果卵形，长2.5mm。种子黑色，球状，直径0.3mm。花期7~10月。

见于泰顺，生于林下、山谷阴湿处。

全草药用，功效同爬岩红 *Veronicastrum axillare* (Sieb. et Zucc.) Yamazaki。

本种与爬岩红 *Veronicastrum axillare* (Sieb. et Zucc.) Yamazaki的主要区别在于：茎无棱或有时上部有狭棱脊；叶片卵状菱形；花序头状或近头状，长不超过1.5cm；花萼裂片密被硬睫毛。

图 237　毛叶腹水草

图 238 铁钓竿

## 2a. 铁钓竿 图 238

**Veronicastrum villosulum** var. **glabrum** Chin et Hong

本变种与原种的区别：本种的茎及叶完全无毛；花冠紫色，淡紫色或紫蓝色。

见于永嘉、文成、平阳、泰顺，生于林下及灌丛下。

全草药用，利尿消肿、消炎解毒。

## 2b. 硬毛腹水草 图 239

**Veronicastrum villosulum** var. **hirsutum** Chin et Hong

本变种与原种的区别在于：本种茎通常被多细胞棕黄色卷毛，少数被棕色多细胞长腺毛；叶片被短刚毛；花冠紫色。

见于乐清、文成、平阳，生于林下。

## 2c. 两头莲 图 240

**Veronicastrum villosulum** var. **parviflorum** Chin et Hong

本变种与原种的区别在于：本种茎被相当密的短曲毛；叶片两面叶脉上被与茎上同类毛；花冠白色。

见于乐清、永嘉、泰顺等地，生于林下草丛或林缘草丛。

图 239　硬毛腹水草

图 240　两头莲

# 120. 紫葳科 Bignoniaceae

乔木、灌木、藤本，稀草本。叶对生，少轮生，单叶或一至三回羽状复叶。花两性，组成顶生或腋生的聚伞房花序、总状花序或圆锥花序；花萼钟形，5裂；花冠钟形或漏斗形，常偏斜，或呈二唇形，上唇2裂，下唇3裂；雄蕊与花冠裂片同数，互生，通常仅4或2枚雄蕊发育；子房上位，2心皮，2室或1室，胚珠多数。蒴果，通常狭长。种子极多，扁平，有膜质翅或两端有毛。

116~120属650~750种，广泛分布于热带、亚热带地区。中国约12属35种，分布于南北各地；浙江有3属6种（包括栽培）；温州野生的1属1种。

该科大多数种类花大而美丽，色彩鲜艳，可栽培供庭园观赏或作行道树。

## 梓树属 Catalpa Scop.

落叶乔木，稀常绿。单叶对生，稀3叶轮生，全缘或有3~5裂，三至五基出脉。圆锥花序、伞房花序，顶生；花萼二唇形或不规则开裂；花冠钟状，上唇2裂，下唇3裂；能育雄蕊2，内藏，着生于花冠基部，具退化雄蕊；子房2室，胚珠多数。蒴果细长柱形，2瓣裂，革质；隔膜圆柱形。种子2~4列，两端着生1列白色长柔毛。

约13种，分布于美洲和东亚。我国连引入共5种1变型，分布于长江流域及以北地区；浙江3种，温州1种。

### ■ 梓树 图241

**Catalpa ovata** G. Don

落叶乔木。高达10m。树皮灰褐色，纵裂。叶对生或近对生，有时轮生，宽卵形或近圆形，长10~30cm，宽7~25cm，上面疏生柔毛；叶柄长6~18cm。圆锥花序顶生；花萼绿色或紫色，二唇开展；花冠淡黄色，内有黄色线纹和紫色斑点。蒴果，长20~30cm，宽4~7mm。种子椭圆形，长8~10mm。花期5~6月，果期8~10月。

见于鹿城（松台山）、泰顺等地，可能是栽培后逸生，常生于山坡路边、房舍边。

根皮或树皮的韧皮部称“梓白皮”，供药用，能清热、解毒、杀虫；种子也入药，有利尿作用。

陈贤兴 摄

陈贤兴 摄

陈贤兴 摄

图241 梓树

# 121. 胡麻科 Pedaliaceae

一年生或多年生草本，稀灌木。叶对生，最上部有时互生，单叶，全缘或浅裂。花生于叶腋，单生或总状花序；花两性，萼片4~5深裂；花冠筒形，5裂，稍二唇形；雄蕊4，二强；子房上位，稀下位，2室，或因假隔膜隔成4室，中轴胎座，每室有1至多数倒生胚珠，花柱细长，柱头2。蒴果开裂或不裂。种子多数。

13~14属62~85种，分布于非洲热带、南非洲和马达加斯加、马来西亚及印度尼西亚，大多数生于海岸或沙漠地区。我国2属21种；浙江野生的1属1种，温州也有。

## 茶菱属 Trapella Oliv.

多年生浮水草本。根状茎横走。叶对生；浮水叶片广卵形至心形，具柄；沉水叶披针形，具短柄。花单生于叶腋，有梗；花萼片5，萼筒与子房黏合；花冠筒状漏斗形，二唇形；能育雄蕊2，退化雄蕊2；子房下位，2室，花柱细长，上室退化，下室有胚珠2。蒴果狭长，不开裂，有种子1，顶端具尖锐的3长2短的钩状附属物。

1~2种，分布于中国、日本和韩国。我国1种。分布于西南部、东部至东北部；浙江1种，温州也有。

### ■ 茶菱 图242

**Trapella sinensis** Oliv.

多年生浮水草本。根状茎横走，有多数须根。茎细长。叶对生；浮水叶肾状卵形或心形，背面淡紫色，长1.5~2.5cm，宽2~3cm，叶柄长1~1.5 cm；沉水叶披针形，长3~4cm，疏生锯齿，具短柄。花单生于叶腋，具梗；梗长1~3cm，花后增长；花白色或淡红色，花萼5齿，宿存：花冠漏斗状，5裂片，圆形；雄蕊2；子房下位，2室，上室退化，下室具2胚珠。蒴果圆柱形，长1.5~2cm，不裂，有翅，在宿存花萼下有5枚细长针刺，其中3枚长4~7cm，顶端卷曲成钩状，2枚短，钻刺状，长达2.5cm。花期8~9月，果期10~11月。

见于瓯海，生于池塘或湖泊中。

图242 茶菱

# 122. 列当科 Orobanchaceae

一年生或多年生寄生草本。不含叶绿素。茎单一或分枝。叶鳞片状。花多数，排列成总状或穗状，或近头状花序；花两性，两侧对称；花萼佛焰苞状，或3~5裂；花冠常弯曲，二唇形，先端微凹或2浅裂，下唇先端3裂，或花冠筒状钟形或漏斗状，顶端5裂而裂片近等大；雄蕊4，二强；子房上位，侧膜胎座。果实为蒴果。种子多数，细小；种皮网状。

15属约150多种，主要分布于北温带，少数分布于亚热带及热带。我国9属40种3变种；浙江4属5种；温州2属3种。

## 1. 野菰属 Aeginetia Linn.

一年生寄生草本。茎极短，不分枝或分枝。无叶或有少数鳞片叶，生于茎的基部。花大，单生于茎端或数花簇生于茎端成短缩总状花序；花萼呈佛焰苞状；花冠钟状或筒状，不明显的二唇形；雄蕊4，二强，内藏；子房通常1室，侧膜胎座2或4。蒴果2瓣裂。

约4种，分布于亚洲南部和东南部。我国3种，分布于华东、华南、西南各地区；浙江2种，温州也有。

### 1. 野菰 图243

**Aeginetia indica** Linn.

一年生寄生草本。根稍肉质。茎单一或从基部分枝，高15~35cm，黄褐色或紫红色。叶鳞片状，肉红色，卵状披针形，长5~10mm，宽3~4mm，疏生于茎的基部。花常单生，紫色，稍俯垂，具长梗；花萼佛焰苞状，一侧斜裂，长约1.5~3cm，先端急尖或渐尖，紫红色或黄白色；花冠带黏液，二唇形，与花萼同色，筒部钟状，长4~6cm，稍弯曲，顶端5浅裂，上唇的裂片和下唇的侧裂片较短，近圆形，全缘；雄蕊4，着生于花冠筒的近基部；子房1室，侧膜胎座4。蒴果圆锥形或长卵状球形，长2~3cm。种子小，多数，椭圆形；种皮网状。花期4~8月，果期8~10月。

见于本市山区各地，寄生于林下草地或阴湿处的禾草类植物的根上。

全草供药用，具清热解毒、消肿之功效。

图243 野菰

丁炳扬 摄　丁炳扬 摄

图 244　中国野菰

### 2. 中国野菰　图 244

**Aeginetia sinensis** G. Beck

一年生寄生草本。全株无毛。高15~25cm，茎自中部以下分枝，通常紫褐色。叶鳞片状，卵状披针形或披针形，疏生于茎的近基部。花大，单生于茎端；花萼佛焰苞状，船形、长4.5~5cm，一侧斜裂，先端钝圆；花冠红紫色，近二唇形，长5.5~7cm，稍弯曲，顶端5浅裂，上唇2裂，下唇3裂，下唇稍长于上唇，裂片近圆形，边缘具细锯齿；子房1室，侧膜胎座4。蒴果长圆锥状，长2~2.5cm，2瓣开裂。种子多，微小，近圆形；种皮网状。花期4~6月，果期6~8月。

见于永嘉、文成、泰顺，生于草丛禾草类植物的根上。

本种与野菰 *Aeginetia indica* Linn. 的主要区别在于：花萼先端钝圆，花冠裂片边缘有细锯齿。

## 2. 列当属 Orobanche Linn.

多年生、二年生或一年生肉质寄生草本。植株常被蛛丝状长绵毛或腺毛。茎圆柱状，常在基部稍增粗。叶鳞片状，螺旋状排列，或基生叶通常成覆瓦状。花多数，排列成穗状或总状花序；花冠弯曲，二唇形；花药 2 室，能育；子房上位，1 室，侧膜胎座 4。蒴果卵球形或椭圆形，2 瓣开裂。

约 100 种，主产于北温带。我国 25 种；浙江 1 种，温州也有。

本属与野菰属 *Aeginetia* Linn. 的主要区别在于：本属花多数，排成穗状花序，花萼树状或钟状；而野菰属 *Aeginetia* Linn. 花单生，花萼佛焰苞状。

### 列当

**Orobanche coerulescens** Steph. ex Willd.

多年生寄生草本。根状茎肥厚。全株密被白色长绵毛。茎直立，高 10~30cm，单一，粗壮，黄褐色，基部稍膨大。叶鳞片状，卵状披针形，黄褐色。穗状花序长 10~20cm，密生绒毛，顶端呈圆锥状；苞片卵状披针形，先端尾状渐尖，稍短于花冠；花萼长 1.2~1.5cm，2 深裂至基部，膜质，每裂片顶端再 2 浅裂，先端尾状渐尖；花冠二唇形，淡紫色，长 2~2.5cm，裂片近圆形，先端圆，边缘具不规则的小圆齿；雄蕊 4，着生于花冠筒的中部；子房圆柱形。蒴果卵状椭圆形，长约 1cm。种子多数，长卵形，黑色；种皮具网状纹饰。花期 4~7 月，果期 7~9 月。

见于洞头、瑞安（北麂岛），生于山坡草丛中，多寄生在菊科的蒿属植物的根部。

全草及根药用，有补骨强筋、补肝肾之效。

# 123. 苦苣苔科 Gesneriaceae

多年生草本。叶基生，或在茎上对生或轮生，叶片等大或不等大，全缘或有齿；无托叶。各式聚伞花序或总状花序，顶生或腋生；苞片2，稀1、3或更多；花两性，两侧对称；花萼筒状，5裂，裂片镊合状排列；花冠钟状或筒状，5裂或呈二唇形；雄蕊4~5，通常4，二强；雌蕊由2心皮构成，子房上位或下位，1室或不完全2室，侧膜胎座，胚珠多枚，倒生，花柱1，柱头2或1。蒴果，室背或室间开裂。种子多数而小，有或无胚乳。

约140属2000余种，分布于热带和亚热带。我国56属约413种；浙江11属19种；温州9属15种。

本科多数植物有花，美丽，可供栽培观赏；部分植物可供药用。

### 分属检索表

1. 附生的攀援木本植物；种子顶端有1条长毛……**7. 吊石苣苔属 Lysionotus**
1. 草本；种子无毛。
  2. 花排成聚伞花序，如排成假总状花序时，则花梗不严格生于苞片腋部。
    3. 能育雄蕊4~5。
      4. 能育雄蕊5，聚合，由凸出的药隔连成一个环状的短管围绕花柱；花冠辐射对称，裂片开展；花丝短……**4. 苦苣苔属 Conandron**
      4. 能育雄蕊4。
        5. 花药合生，药室平行，开裂时不汇合，药隔无硬毛；花盘环形，全缘或浅裂……**8. 马铃苣苔属 Oreocharis**
        5. 花药成对连着或全部连着，药室基部叉开，开裂缝在顶端汇合；花萼等5裂；花冠筒漏斗状……**2. 粗筒苣苔属 Briggsia**
    3. 能育雄蕊2。
      6. 蒴果成熟时不螺旋状卷曲，平直
        7. 子房内仅1胎座有发育的胚珠。
          8. 花药室平行……**6. 半蒴苣苔属 Hemiboea**
          8. 花药室叉开……**3. 唇柱苣苔属 Chirita**
        7. 子房内2胎座均有发育的胚珠……**5. 长蒴苣苔属 Didymocarpus**
      6. 蒴果成熟时螺旋状卷曲……**1. 旋蒴苣苔属 Boea**
  2. 花排列成直立的总状花序，每一花梗都严格生于一苞片腋部……**9. 台闽苣苔属 Titanotrichum**

---

## 1. 旋蒴苣苔属 **Boea** Comm. ex Lam.

草本。无茎或有茎。密被绵毛。叶对生或密集成莲座状。聚伞花序伞状，腋生，具少数至多数花；苞片小，不明显，早落；花萼钟状；5裂至基部，宿存；花冠5裂近相等或明显二唇形；能育雄蕊2，着生于花冠筒基部之上，退化雄蕊2~3。蒴果线状圆柱形或纺锤形，室背2瓣裂，螺旋状卷曲。种子微小，椭圆形，多数，具网纹。

约20种，分布于热带亚洲和大洋洲。我国3种，产于华东、中南、西南和北部；浙江2种，温州均有。

## 1. 大花旋蒴苣苔 图245

**Boea clarkeana** Hemsl.

多年生无茎草本。叶全部基生；叶片宽卵形，长3.5~7cm，宽2.2~4.5cm，顶端圆形，基部宽楔形或偏斜，边缘具细圆齿，两面被灰白色短柔毛；叶柄长1.5~6cm，被灰白色短柔毛。聚伞花序伞状，1~3个，每花序具1~5花；花萼钟状，5裂至中部，裂片相等；花较大，长2~2.2cm，淡紫色；檐部稍二唇形，上唇2裂，下唇3裂，裂片相等；雄蕊2，花丝扁平，无毛，着生于距花冠基部；退化雄蕊2，着生于距花冠基部5mm处；无花盘；花柱细，与子房近等长，无毛，柱头1，头状，膨大。花期10月，果期10~11月。

见于苍南（莒溪），生于海拔500~700m的山坡岩石上。温州分布新记录种。

全草药用，治外伤出血、跌打损伤等症。

吴棣飞 摄

## 2. 旋蒴苣苔 图246

**Boea hygrometrica** (Bunge) R. Br.

多年生草本。叶基生，密集，莲座状，叶片近圆形、圆卵形或卵形，长1.8~6cm，宽1.3~5.5cm，边缘具牙齿或波状浅齿，上面被贴伏的白色长柔毛，下面被白色或淡褐色绒毛，叶脉不明显；无柄。聚伞花序伞状，2~5个，具短腺状柔毛，每花序具2~5花；花萼钟状，5裂至近基部，裂片披针形，稍不等；花冠淡蓝紫色，长1~1.5cm，能育雄蕊2，花丝扁平，无毛，花药顶端连着，药2室，顶端汇合，退化雄蕊3，极小；无花盘；子房密生短腺状柔毛，

吴棣飞 摄

图245 大花旋蒴苣苔

图 246　旋蒴苣苔

花柱伸出。花期 6~7 月，果期 9~10 月。

见于乐清、永嘉、文成、泰顺，生于丘陵或低山的石壁上。

全草入药，治中耳炎、跌打损伤等。

本种与大花旋蒴苣苔*Boea clarkeana* Hemsl.的区别在于：花较小，花萼5裂至近基部；叶片近圆形、圆卵形或卵形，上面被贴伏的白色长柔毛，下面被白色或淡褐色绒毛。

## 2. 粗筒苣苔属 Briggsia Craib

草本。有茎或无茎；根状茎短而粗。叶对生或全部基生，似莲座状；聚伞花序 1~2 次分枝，腋生；苞片 2，有时具小苞片；花梗具柔毛或腺状柔毛；花萼钟状，5 深裂，裂片近相等；花冠粗筒状，下方肿胀；雄蕊 4，二强，内藏，着生于花冠筒基部，退化雄蕊 1，位于上方中央；柱头 2 裂，相等。蒴果披针状长圆形或倒披针形，褐黄色。种子小，多数，两端无附属物。

约 22 种，分布于东亚、东南亚和南亚。我国 21 种；浙江 2 种；温州 1 种。

图 247 浙皖粗筒苣苔

■ **浙皖粗筒苣苔** 图 247

**Briggsia chienii** Chun

多年生草本。叶均基生，叶片狭卵形或狭椭圆形，长 3.5~12cm，宽 1.8~5cm，边缘具锯齿，上面密生灰白色贴伏短柔毛，下面沿隆起的脉网密被锈色绵毛；叶柄长达 5cm，和花茎有锈色绵毛。花茎 2~4 个；聚伞花序 1~2 次分枝，具花 1~5 朵；苞片 2，线状披针形，被毛；花萼长外面密生锈色毛，5 裂至近基部；花冠红紫色，长约 3~5cm，外面疏生短柔毛，内面具紫色斑点，下方膨大，上唇 2 深裂，裂片圆形，下唇 3 裂，裂片长圆形；能育雄蕊 4；子房线形，无毛，花柱短，被毛，柱头 2 裂。蒴果倒披针形，长 4.5~6cm，无毛，顶端具短尖。花果期 9~10 月。

见于乐清、永嘉、鹿城、瓯海、瑞安、文成、平阳、苍南、泰顺，生于山谷溪边岩壁上。

## 3. 唇柱苣苔属 Chirita Buch.-Ham.

多年生或一年生草本。叶通常对生或基生。花大，聚伞花序腋生，具少数或多数花；苞片 2，对生，稀 1 或 3，分生，稀合生；花萼筒状，浅或深 5 裂，裂片狭窄；花冠长筒状，基部以上膨胀，直或弯曲，二唇形；能育雄蕊 2，着生于花冠的中部或上部，不伸出花冠外，花药通常靠合，药室顶端汇合，退化雄蕊 2~3 或缺；子房线形，1 室，具 2(1) 侧膜胎座，稀 2 室。蒴果长线形，呈压扁状或圆柱状，室背 2 瓣裂。种子细小，光滑，常有纵纹。

约 140 种。我国 99 种，产于华南、西南各地区；浙江 3 种，温州均有。

### 分种检索表

1. 叶片长圆形、披针形或狭卵形，边缘有牙齿或羽状浅裂至深裂；子房密生短柔毛………**3. 羽裂唇柱苣苔 C. pinnatifida**
1. 叶片卵形或狭卵形，全缘；子房被毛。
  2. 叶边缘全缘；苞片宽卵形……………………………………………………………………………**1. 牛耳朵 C. eburnea**
  2. 叶边缘有小或粗牙齿；苞片狭卵形至狭三角形……………………………………………………**2. 蚂蝗七 C. fimbrisepala**

## ■ 1. 牛耳朵

**Chirita eburnea** Hance

多年生草本。根状茎短缩。叶基生，叶片肉质，卵形或狭卵形，长3.5~13cm，宽3~10cm，基部楔形下延，边缘全缘，两面均被贴伏的短柔毛，侧脉约4对；叶柄扁，长1~8cm，密被短柔毛。聚伞花序伞状，具5~10花；花序梗长30cm，被短毛；苞片2，对生，宽卵形，密被短柔毛；花梗长达2.5cm，被短柔毛及短腺毛；花萼5裂至近基部，裂片线状披针形，外面被短柔毛及腺毛；花冠紫色，有时白色，长3~4.5cm，两面疏生短柔毛，上唇2裂，下唇3裂；能育雄蕊2，花药连着，有髯毛，退化雄蕊2；子房与花柱密被短柔毛，柱头2裂。蒴果线形，长约6cm，被短柔毛。花期4~7月，果期6~10月。

据《泰顺县维管束植物名录》记载有产，但标本未见。

全草药用，有清肺止咳等功效。

## ■ 2. 蚂蝗七 图 248

**Chirita fimbrisepala** Hand.-Mazz.

多年生草本。具粗根状茎。叶均基生，叶片草质，两侧不对称，卵形、宽卵形或近圆形，长

图 248 蚂蝗七

4~10cm，宽3.5~11cm，边缘有小或粗牙齿，上面密被短柔毛并散生长糙毛，下面疏被短柔毛；叶柄长2~8.5cm，有疏柔毛。聚伞花序1~4个，有2~7花；花序梗长6~18cm，被柔毛；苞片狭卵形至狭三角形，被柔毛；花萼5裂至基部，裂片披针形，边缘上部有小齿；花冠淡紫色或紫色，长4.2~6.4cm，在内面上唇紫斑处有2条纵毛；筒细漏斗状；花药基部被疏柔毛，退化雄蕊无毛；花盘环状，子房及花柱密被短柔毛，柱头2裂。蒴果长6~8cm，被短柔毛。种子纺锤形。花期3~4月，果期4~6月。

产于乐清（北雁荡山）、永嘉（龙湾潭、崖下库）、平阳（梅源）、苍南（金乡），生于海拔约350~500m的山地林中石上或山谷溪边石崖上。浙江分布新记录种。

花美丽，可盆栽供观赏；根状茎入药，可治小儿疳积、胃痛、跌打损伤。

### 3. 羽裂唇柱苣苔 图249

**Chirita pinnatifida** (Hand.-Mazz.) Burtt.

多年生草本。叶基生，叶片草质，长圆形、披针形或狭卵形，长3~18cm，宽1.5~7cm，边缘羽状浅裂至深裂或有牙齿或呈波状，两面疏生短伏毛，

吴棣飞 摄

吴棣飞 摄

刘西 摄

图249 羽裂唇柱苣苔

侧脉每侧3~5条；叶柄扁，被伸展的短柔毛。花序伞形，具1~4花；花序梗长4.5~20cm，被柔毛；苞片2，对生，宽卵形，边缘有浅钝齿，有柔毛；花梗密被柔毛及腺毛；花萼5裂至近基部，裂片线状披针形，被短柔毛；花冠紫红色，长3~4.5cm，外面被短柔毛，二唇形；能育雄蕊2，内藏，退化雄蕊2；子房与花柱密生短柔毛，柱头2浅裂。蒴果细长，长约3~4cm，被短柔毛。种子狭椭圆形，褐色或暗紫色。花期7~8月，果期9月。

产于永嘉（四海山）、文成（铜铃山、石垟）、泰顺（乌岩岭、黄桥），生于山谷林中岩壁上。

全草在民间供药用，治跌打损伤。

## 4. 苦苣苔属 **Conandron** Sieb. et Zucc.

多年生草本。根状茎短，密被多节锈色长柔毛。叶基生，边缘有锯齿，具羽状脉。聚伞花序腋生，二至三回分枝；苞片2；花辐射对称；花萼宽钟状，5裂达基部，裂片狭披针形，宿存；花冠辐状，5深裂；花盘不存在；子房狭卵球形，1室，侧膜胎座2，花柱细长，宿存，柱头扁球形。蒴果披针形，室背2瓣裂。种子小，纺锤形，表面光滑。

单种属，产于我国及日本。浙江1种，温州也有。

### ■ 苦苣苔 图250

**Conandron ramondioides** Sieb. et Zucc.

多年生草本。叶通常1~2，基生，叶片草质或薄纸质，椭圆状卵形或长圆形，长10~24cm，宽3~14cm，先端急尖或渐尖，边缘具小牙齿、缺刻状重牙齿；叶柄具翅，扁，长4~19cm。花茎纤细，1~2个，长达16cm，聚伞花序伞房状，二至三回分枝，具花5~9朵；花萼5裂至近基部，外面被短柔毛；花冠辐状，直径约1~1.8cm，紫色或白色，5裂；雄蕊5，均能育，花药围绕花柱连着成筒；子房与花柱散生小腺体，柱头球形。蒴果狭卵形，长约1cm，具宿存花柱。种子淡褐色，稍平滑，纺锤形。花期7~8月，果期8~10月。

见于乐清、永嘉、瑞安、文成、平阳、苍南、泰顺，生于低山及溪沟的石壁或岩上。

全草药用，外敷可治毒蛇咬伤。

图250 苦苣苔

## 5. 长蒴苣苔属 **Didymocarpus** Wall.

多年生草本。叶对生、互生或轮生，叶缘具牙齿或掌状浅裂；具柄。聚伞花序腋生，具少数至多数花；苞片对生，通常小；花萼5裂；花冠紫色或红紫色，漏斗状筒形，二唇形；能育雄蕊2，药室2，极叉开，顶部汇合，退化雄蕊2~3，小，或不存在；子房线形，1室。蒴果线形或披针形，室背开裂为2瓣。种子小，光滑。

约180种，主产于亚洲东南部。我国约31种，产于西南至东南部；浙江3种；温州1种。

图 251　温州长蒴苣苔

■ **温州长蒴苣苔** 图 251

**Didymocarpus cortusifolius** (Hance) W. T. Wang [*Chirita cortusifolius* Hance]

多年生草本。根状茎粗短。叶基生，叶片纸质，卵形或卵圆形，长 4~10cm，宽 4~9cm，先端钝，基部心形，边缘浅裂，裂片三角形，有不整齐的牙齿，上面密生短柔毛，下面疏被短柔毛，沿脉还有锈色长柔毛；叶柄长 2~4cm，密生伸展的锈色长柔毛。花茎 2 个，高约 10cm，花序近伞形，一至二回分枝，具 2~10 花；花序梗长约 10cm；苞片对生，卵形或椭圆形，被柔毛；花萼钟状，外面疏生短柔毛及短腺毛，5 浅裂，裂片边缘具小牙齿；花冠白色，长 2.4~3cm，二唇形；能育雄蕊 2，退化雄蕊 3；子房密生短柔毛，花柱短，柱头截形。蒴果长 5~6cm。花期 4~5 月，果期 6~8 月。

见于乐清、永嘉、瓯海、瑞安、文成、泰顺等地，生于山地岩石上。模式标本采自浙江温州。

## 6. 半蒴苣苔属 Hemiboea C. B. Clarke

多年生草本。叶对生；具柄。花序假顶生或腋生，二歧聚伞状或合轴式单歧聚伞状；花萼 5 裂，裂片具 3 脉；花冠漏斗状筒形，白色或粉红色，内面具紫色斑，二唇形；能育雄蕊 2，退化雄蕊 2 或 3；花盘环状；子房线形，2 室，其中 1 室发育，含 1 枚胚珠，另 1 室退化成小的空腔，无胚珠。蒴果不对称，稍弯，成熟时室背开裂。

21 种，分布于印度和我国。我国南北各地均产；浙江 2 种，温州也有。

■ **1. 半蒴苣苔** 图 252

**Hemiboea henryi** C. B. Clarke

多年生草本。茎上升，高 10~30cm，不分枝，肉质，近基部有棕黑色斑点。叶对生，叶片肉质，椭圆形，长 4~25cm，宽 2~11cm，先端急尖或渐尖，基部楔形下延，全缘或有波状钝齿；叶柄长 1~9cm，具翅，翅合生成船形。聚伞花序假顶生或腋生，具 3~10 余花，花序梗长 1~7cm；总苞球形，苞片圆卵形；花梗粗，无毛；花萼 5 深裂，无毛，

图 252 半蒴苣苔

图 253 降龙草

干时膜质；花冠白色，具淡紫色斑点，长约3.5~4cm，外面被腺状短柔毛，上唇2浅裂，下唇3深裂；能育雄蕊2，分生，退化雄蕊3；花盘环状；子房线形，无毛。蒴果线状披针形，长2~4cm，呈镰刀状。花期8~9月，果期9~11月。

产于乐清、瑞安、文成、平阳、泰顺，生于丘陵和山地阴湿的岩石缝、岩石堆中。

全草药用，有清热解毒、利尿止咳之功效；可作猪饲料；叶作蔬菜。

### 2. 降龙草 图253

**Hemiboea subcapitata** C. B. Clarke

多年生草本。茎高10~30cm，肉质，散生紫黑色斑点，不分枝。叶对生，叶稍肉质，菱状椭圆形或卵状披针形，长3~20cm，宽1.5~8cm，先端急尖或渐尖，基部楔形或下延，常不相等，全缘或中部以上具浅钝齿；叶柄长0.5~5.5cm。聚伞花序腋生或假顶生，具3~10余花，花序梗长2~4(~10)cm，无毛；总苞球形，无毛，开裂后呈船形；花梗粗壮，无毛；花萼5裂，裂片长椭圆形，无毛，干时膜质；花冠白色，具紫斑，外面疏生腺状短柔毛，上唇2浅裂，下唇3浅裂；能育雄蕊2，退化雄蕊3；子房线形，无毛。蒴果线状披针形，长1.5~2.2cm，多少弯曲。花期8~9月，果期10~11月。

产于瑞安、文成、泰顺，生于山谷林下石上或沟边阴湿处。

全草药用，治疗疮肿毒、蛇咬伤和烧烫伤；可作猪饲料。

本种与半蒴苣苔 *Hemiboea henryi* C. B. Clarke 的主要区别在于：叶柄基部不合生成船形。

## 7. 吊石苣苔属 Lysionotus D. Don

附生常绿灌木或半灌木。叶对生或3、4片轮生，叶片全缘或有波状浅齿。聚伞花序顶生或腋生；苞片对生，常较小；花萼5裂，宿存；花冠淡紫色、白色，筒细漏斗状，二唇形；下方2雄蕊能育，内藏，退化雄蕊 2~3；花盘环状或杯状；子房线形，侧膜胎座 2，胚珠多数。蒴果线形，室背开裂或 2 瓣。种子纺锤形，两端各具 1 条长毛。

约 30 种，产于亚洲东南部。我国 28 种，分布于西南各地区；浙江 1 种，温州也有。

### ■ 吊石苣苔 图 254

**Lysionotus pauciflorus** Maxim.

附生小灌木。叶在枝端的密集，下部的 3~4 叶轮生；叶片革质，楔形、楔状线形，有时狭卵形或倒卵形，长 2.5~6cm，宽 0.5~2cm，边缘在中部以上有钝状粗锯齿，上面深绿色，下面色淡，中脉明显，在下面凸起。聚伞花序顶生，具花 1~3；花萼近无毛，5 裂近基部；花冠白色，稍带紫色，长 3.5~5cm，筒细漏斗状，二唇形，上唇 2 浅裂，下唇 3 裂，花冠内面具 2 条黄色肋状凸起和深紫色线纹；能育雄蕊 2，退化雄蕊 3；子房线形，无毛。蒴果线形。种子纺锤形，顶端有 1 条长毛。花期 7~8 月，果期 9~10 月。

产于乐清、永嘉、瑞安、文成、平阳、苍南、泰顺，生于阴湿的峭壁岩缝和岩脚壁下或树上。

全株入药，有益肾强筋、散瘀镇痛、舒筋活络之效。

图 254　吊石苣苔

## 8. 马铃苣苔属 Oreocharis Benth.

多年生草本。根状茎短而粗。叶全部基生，具柄。聚伞花序腋生，1 至数条，花多数；苞片 2，对生，有时无苞片；花冠钟状或钟状细筒形，基部浅囊状或一侧膨胀，二唇形；雄蕊 4，二强，分生，通常内藏，稀伸出花冠外，退化雄蕊 1；子房长圆形，上位，柱头 2 或 1，有时微凹。蒴果室背 2 瓣裂。种子卵圆形，两端无附属物。

约 27 种，以我国为分布中心，南至中南半岛，西至印度。我国 26 种，产于西南至东部；浙江 3 种，温州也有。

### 分种检索表

1. 叶片上面被柔毛，下面至少脉上被绢状绵毛；花冠筒喉部缢缩；花丝无毛。
  2. 叶片上面被短柔毛，下面被淡褐色绢状绵毛至近无毛，叶片长圆状椭圆形，边缘具钝齿或近全缘 …… **1. 长瓣马铃苣苔 O. auricula**
  2. 叶片两面均被淡褐色绢状长柔毛，叶片长圆状椭圆状、椭圆状卵形，边缘具浅齿至近全缘 …… **3. 绢毛马铃苣苔 O. sericea**
1. 叶片上面密被贴伏短柔毛，下面密被锈色绢状绵毛；花冠筒喉部不缢缩；花丝被短柔毛 …… **2. 大花石上莲 O. maximowiczii**

## 1. 长瓣马铃苣苔 图 255

**Oreocharis auricula** (S. Moore) C. B. Clarke

多年生草本。花萼外面、苞片、叶柄及叶下面脉上密被褐色绢状绵毛，花序梗、花梗及叶片上面的毛都逐渐脱落至近无毛。叶全部基生；叶片长圆状椭圆形，长 2~8.5cm，宽 1~5cm，边缘具钝齿至近全缘，侧脉每边 7~9 条，在下面隆起；叶柄长 2~4cm。聚伞花序 2 次分枝，2~5 个，每花序具 4~11 花；花序梗长 6~12cm；苞片 2，长圆状披针形；花萼 5 裂至近基部，裂片相等；花冠细筒状，蓝紫色，长 2~2.5cm，二唇形，上唇 2 裂，下唇 3 裂，5 裂片近相等；雄蕊分生，花药宽长圆形；子房线状长圆形。蒴果长约 4.5cm。花期 6~7 月，果期 8 月。

产于永嘉（溪下）。生于海拔 400~600m 的山谷、沟边及林下潮湿岩石上。温州分布新记录种。

全草民间供药用，治跌打损伤等症。

## 2. 大花石上莲 图 256

**Oreocharis maximowiczii** C. B. Clarke

多年生无茎草本。根状茎短而粗。叶全部基生，叶片椭圆形或狭椭圆形，长 3~9cm，宽

刘冰 摄

刘冰 摄

刘冰 摄

图 255　长瓣马铃苣苔

陈兴华 摄

陈兴华 摄

图 256　大花石上莲

2~4.5cm，顶端钝，基部楔形，边缘具不规则的细锯齿，上面密被贴伏短柔毛，下面密被褐色绢状绵毛，侧脉每边 6~7 条。聚伞花序 2 次分枝，2~6 个，每花序具 3~9 花；花序梗长 10~20cm；苞片 2，长圆形；花萼 5 裂至近基部；花冠钟状粗筒形，长 2~2.5cm，淡紫色，喉部不缢缩，上唇 2 裂，下唇 3 裂；雄蕊分生，无毛，花药宽长圆形，药室 2，平行，顶端不汇合，退化雄蕊着生于距花冠基部 3mm 处；雌蕊无毛，略伸出花冠外；子房线形，长约 1.5cm。蒴果倒披针形，长约 5cm，无毛。花期 4 月，果期 5 月。

产于平阳（九凰山）、苍南，生于海拔 200~400m 的岩石上。温州分布新记录种。

全草供药用，治跌打损伤等症。

## 3. 绢毛马铃苣苔 图 257

**Oreocharis sericea** (Levl.) Levl.

多年生无茎草本。叶基生，叶片长圆状椭圆形、椭圆状卵形，长 2~10cm，宽 1.5~5cm，边缘具浅齿至近全缘，两面被淡褐色绢状柔毛，有时脱落至近无毛；叶柄长 l~7cm，密被绢状绵毛。花序梗、苞片、花萼被淡褐色绢状柔毛；聚伞花序 2~3 次分枝，

图 257　绢毛马铃苣苔

2~6个，每花序具4~6花；花序梗长8~16cm；苞片2，长圆状披针形；花萼5深裂，裂片线状披针形，近相等；花冠细筒状，紫色或紫红色，长1.6~2cm，外面被短柔毛，喉部缢缩，近基部稍膨大，二唇形，上唇2裂至中部，下唇3裂；雄蕊4，分生，内藏；子房线状长圆形。蒴果线状长圆形，长3.5~4cm，无毛。花期7~8月，果期9月。

产于永嘉、平阳，泰顺，生于山谷沟边岩石上。

## 9. 台闽苣苔属 Titanotrichum Soler.

多年生草本。花序总状，有苞片；两性花大；花萼5裂至基部，裂片披针形；花冠漏斗状筒形，檐部二唇形，上唇2裂，下唇3裂；雄蕊4，二强，着生于花冠基部，退化雄蕊1，小；花盘下位；子房卵球形，有2侧膜胎座，花柱细长，柱头2，上方的极小，下方的舌形，2浅裂；不孕花有时存在，小，组成细长的穗伏花序。

单种属，分布于我国东南部及日本琉球群岛。我国1种；浙江1种，温州也有。温州分布新记录属。

### ■ 台闽苣苔 图258

**Titanotrichum oldhamii** (Hemsl.) Soler.

茎高20~45cm，有4条纵棱。叶对生，同一对叶不等大，有时互生；叶片草质或纸质，长圆形、椭圆形或狭卵形，长5~16cm，宽3~8cm，顶端渐尖或急尖，基部楔形或宽楔形，边缘有小齿，两面疏被短柔毛；叶柄被短柔毛。能育花的花序总状，顶生，长10~15cm；苞片披针形，小苞片生于花梗基部，线形或狭披针形；不育花的花序似穗状花序，长约26cm；花萼5裂达基部，宿存，裂片披针形，有3条脉；花冠黄色，裂片有紫斑，长约4cm；筒部筒状漏斗形；上唇2深裂，下唇3裂，裂片近圆形。蒴果褐色，卵球形。花期8~9月，果期10~11月。

产于泰顺（竹里），生于山谷阴润处。温州分布新记录种。

图258 台闽苣苔

# 124. 狸藻科 Lentibulariaceae

一年生或多年生草本，生于水中或沼泽处。茎枝变态成假根、匍匐枝和叶器。叶器基生或在匍匐枝上互生，全缘或一至多回羽状深裂，分裂成线形或丝状裂片；裂片基部有球形或卵球形的捕虫囊。花两性，黄色、淡紫色或白色，排成总状花序，具苞片；小苞片成对着生于苞片内侧，呈2深裂、结果时常扩大而宿存；花冠二唇形，上唇全缘或2~3浅裂，下唇较大，3~5裂或全缘；距位于基部，囊状、圆柱状或圆锥状；雄蕊2，花丝短而内弯；子房上位，球形或卵球形，1室，胚珠多数。蒴果长球形或卵球形，仅前方室背开裂或2~4瓣裂，周裂或不规则开裂。种子常多数，有小点或皱纹。

约4属230余种，广布于世界各地。我国2属9种，南北各地均有分布；浙江1属6种；温州1属5种。

## 狸藻属 Utricularia Linn.

一年生或多年生草本。水生、沼生或附生。无真正的根和叶。茎枝变态成匍匐枝、假根和叶器。叶器全缘或一至多回羽状深裂。捕虫囊生于叶器、匍匐枝及假根上，卵球形或球形。花序总状，有时简化为单花；花冠二唇形，黄色、紫色或白色；雄蕊2；子房球形或卵球形；胚珠多数。蒴果球形或卵形。

约180种，产于美洲中部、南美洲、非洲、亚洲和澳大利亚热带地区。少数分布于北温带地区。我国有17种，主产长江以南9地区；浙江6种；温州5种。

**分种检索表**

1. 水生植物；叶器一至数回分裂，裂片顶端及边缘常具细刚毛；花无小苞片。
    2. 苞片基部非耳状；花莛上无鳞片；无冬芽 …… **1. 黄花狸藻 U.aurea**
    2. 苞片基部耳状；花莛上有鳞片 l~3 枚，与苞片同形；有冬芽 …… **2. 南方狸藻 U.australis**
1. 沼生、湿生或附生小草本；叶器全缘，无毛；花具小苞片。
    3. 苞片基部着生；花冠黄色 …… **3. 挖耳草 U.bifida**
    3. 苞片中部着生；花冠淡紫色或白色。
        4. 叶器狭倒卵形，具1脉 …… **4. 钩突挖耳草 U. warburgii**
        4. 叶器圆形或倒卵形，具假叶柄，脉二叉分枝 …… **5. 圆叶挖耳草 U.striatula**

### 1. 黄花狸藻 图259

**Utricularia aurea** Lour.

水生草本。叶器根状，互生，长2~7cm，三至四回深羽状分裂，末回裂片毛发状；裂片近基部常有捕虫囊，捕虫囊近球形，具短柄。花莛直立，伸出水面，长6~25cm；苞片基部着生，宽卵圆形，

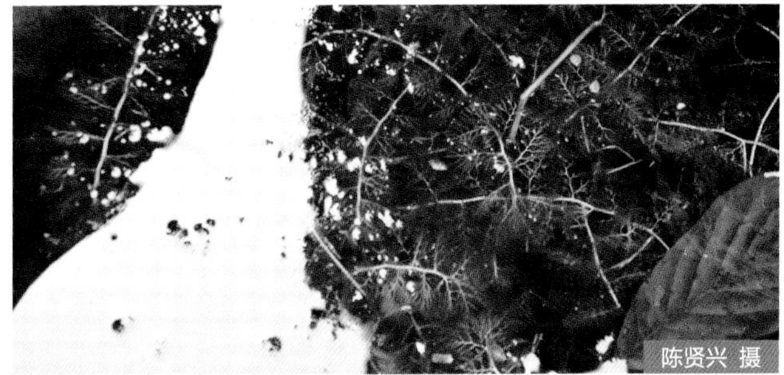


图259 黄花狸藻

长约2mm；花萼2裂，裂片卵形，果时向两侧展开增大、稍存；花冠黄色，唇形，长10~15mm，上唇宽卵形，下唇横椭圆形，喉部有橙红色条纹，距近筒状；子房上位，球形，密生腺点，柱头下唇半圆形，具缘毛，上唇短。蒴果球形，顶端有喙状宿存花柱，周裂。种子压扁，具5~6角。花果期6~11月。

见于乐清、瑞安，生于池塘、稻田等静水中。

全草可作鱼饲料。

## 2. 南方狸藻 图260

**Utricularia australis** R. Br.

水生草本。匍匐枝长15~60cm，多分枝。叶器互生，长2~4cm，二至四回羽状深裂；裂片毛发状，顶端具小刚毛，侧裂片基部具捕虫囊，斜卵球形，具短柄。花莛直立，长可达30cm；花莛上有1~3枚鳞片；花萼2裂，裂片卵状长圆形；花冠黄色，上唇卵形至圆形，下唇横椭圆形，较上唇大，喉部隆起呈浅囊状；子房上位，球形，柱头下唇半圆形，边缘流苏状，上唇二角形。小蒴果球形，花柱宿存，周裂。种子压扁，边缘具6角和网状凸起。花果期7~10月。

见于乐清、瑞安、平阳（南麂列岛）等地，生于池塘、水稻田中。

全草可作鱼的饵料。

## 3. 挖耳草 图261

**Utricularia bifida** Linn.

一年生小草本。假根丝状。少数匍匐枝丝状分枝。叶器线形至线状匙形，膜质，具1脉；捕虫囊球形，生于叶器及匍匐枝上，具柄。花莛高10~20cm；苞片小，卵圆形；鳞片与苞片相似，基部着生；花萼2裂，上唇稍大，裂片宽卵形，果明增大；花冠黄色，唇形，上唇狭长圆形，顶端圆形，下唇近圆形；喉部隆起呈浅囊状；子房上位，卵球形；花柱短，柱头下唇近圆形，反曲，上唇较短。蒴果卵形；果皮膜质；室背开裂。种子多数，倒卵形，具皱纹。花果期8~10月。

本市各地常见，生于溪边、水田、沟边湿地及沼泽地。

图260 南方狸藻

图 261　挖耳草

## 4. 钩突挖耳草　图 262

**Utricularia warburgii** K. I. Goebel [*Utricularia caerulea* auct. non Linn.]

一年生纤细草本。假根丝状。匍匐枝丝状，具稀疏的分枝。叶器基生，呈莲座状，狭倒卵形，顶端圆，具 1 脉；捕虫囊卵球形，散生于匍匐枝及侧生于叶器上，具柄。花莛直立，长 5~20cm，总状花序；苞片和鳞片同形，着生于花莛中部；花萼 2 裂，裂片宽卵形，密生细小乳突；花冠淡紫色，唇形，上唇狭长圆形，下唇较大，近圆形，顶端微凹；子房上位，花柱短，柱头下唇圆形，上唇三角形。蒴果卵形，长 2~3mm，室背开裂；种子多数，长圆形，散生乳头状凸起和网纹。花果期 4~9 月。

本市各地常见，生于沼泽地、空旷低湿草地以及密林下滴水岩壁上。

图 262　钩突挖耳草

## ■ 5. 圆叶挖耳草 图 263

**Utricularia striatula** J. Smith

直立小草本。假根少，丝状。叶器圆形或倒卵形，膜质，具长的假叶柄；捕虫囊散生于匍匐枝上，斜卵球形，有柄。花莛直立，长5~15cm，具苞片；小苞片与鳞片相似，着生于花莛中部，披针形；花萼2裂、裂片数不相等，密生乳头状凸起，上唇圆倒心形，下唇长圆形；花冠淡紫色或白色，唇形，上唇半圆形，下唇圆形或横椭圆形；子房上位，球形；花柱短，柱头下唇半圆形，上唇消失呈截形。蒴果倒卵球形，室背开裂。种子梨形，种皮具纵向网褶和倒钩毛。花果期7~10月。

见于乐清、永嘉、瓯海、瑞安等地，生于山坡阴湿地、水沟边岩石上、山地路旁湿地草丛等地。

陈贤兴 摄

陈贤兴 摄

丁炳扬 摄

图 263 圆叶挖耳草

# 125. 爵床科 Acanthaceae

草本、灌木或半灌木。叶对生。花两性，两侧对称，通常组成总状花序、穗状花序、聚伞状伞形花序或头状花序，有时单生或簇生；苞片通常大；花萼通常5裂或4裂；花冠合瓣，冠管逐渐扩大成喉部，冠檐通常5裂，整齐或二唇形；雄蕊4或2（稀5）；子房上位，其下常有花盘，2室，中轴胎座，每室有2至多数胚珠。蒴果室背开裂为2果爿。种子扁或透镜形。

约220属4000种以上，主要分布于热带。我国35属304种，多产于长江以南各地区，以云南种类最多；浙江7属14种；温州6属10种。

本科有不少种类可药用，马蓝为民间靛蓝的天然染料植物；许多种为花卉观赏植物。

### 分属检索表

1. 花冠显著二唇形；雄蕊2（水蓑衣属雄蕊4）。
  2. 蒴果有种子多数 …… **2. 水蓑衣属 Hygrophila**
  2. 蒴果有种子2~4。
    3. 聚伞花序下有2总苞状苞片；药室基部无附属物 …… **4. 山蓝属 Peristrophe**
    3. 聚伞花序下无总苞状苞片；药室基部有附属物。
      4. 苞片有白色、膜质的边缘；蒴果开裂时，胎座自蒴底弹起 …… **5. 孩儿草属 Rungia**
      4. 苞片无白色、膜质的边缘；蒴果开裂时，胎座不自蒴底弹起 …… **3. 爵床属 Justicia**
1. 花冠裂片几近相等或略作二唇形；雄蕊4。
  5. 花冠里面无毛，或有毛而不为2行；花丝基部无薄膜相连；蒴果下部实心，细长似柄 …… **1. 十万错属 Asystasia**
  5. 花冠里面有2短行柔毛；花丝基部有薄膜相连；蒴果下部不为柄状 …… **6. 马蓝属 Strobilanthes**

## 1. 十万错属 Asystasia Blume

草本或灌木。叶同型，对生；具柄。总状花序伸长或圆锥花序，顶生；花大，无梗，单生；花萼5裂至基部，裂片等大；花冠管极狭长，在喉部突然张开，一面膨胀，冠檐5裂；雄蕊4，着生于花冠喉部，二强，内藏，花丝基部成对联合；子房具4枚胚珠。蒴果长椭圆形，上部有4种子，下部收缩成实心柄状。

约40种，分布于热带亚洲和非洲。我国4种，广布于西南、南部至东部。浙江产1种，温州也有。

### ■ 白接骨 图264

**Asystasia neesiana** Wallich [*Asystasiella chinensis* (S. Moore) E. Hossain]

多年生草本。根状茎白色，富黏液；茎高达1m，略呈四棱形。叶长5~16cm。总状花序或基部有分枝，顶生，花单生或对生；花萼裂片5，花冠淡紫红色，漏斗状；雄蕊二强。蒴果长18~25mm，上部具4种子，下部实心细长似柄。种子4。花期7~10月，果期8~11月。

见于永嘉、泰顺等地，生于阴湿的山坡林下或溪边、路旁或田畔。

根状茎及全草入药，有清热解毒、活血止血、利尿之效。

图 264　白接骨

## 2. 水蓑衣属 Hygrophila R. Br.

草本，直立或匍匐。叶对生，全缘或具不明显小齿。花无梗，簇生于叶腋；花萼圆筒状，萼管中部 5 深裂，裂片等大或近等大；花冠浅蓝色或淡紫色，二唇形，冠管筒状，喉部常一侧膨大；雄蕊 4，2 长 2 短；子房每室有 4 至多数胚珠。蒴果长椭圆形至线形，2 室，每室有种子 4 至多数。种子宽卵形或近圆形，两侧压扁，被紧贴具弹性的白色绒毛。

约 100 种，分布于热带和亚热带的水湿或沼泽地区。我国 6 种，分布于东部至西南部；浙江 1 种，温州也有。

### ■ 水蓑衣　图 265

**Hygrophila ringens** (Linn.) R. Br. ex Spreng.
[*Hygrophila salicifolia* (Vahl) Nees]

多年生草本。高 60cm，茎四棱形。幼枝被白色长柔毛，不久脱落近无毛或无毛。叶近无柄，纸质，长 4~3cm，宽 0.8~2.2cm。花簇生于叶腋，无梗；苞片披针形，长约 5mm，小苞片细小，线形；花萼圆筒状，5 深裂至中部；花冠淡紫色或粉红色，上唇浅 2 裂，下唇 3 裂，花冠管稍长于裂片；雄蕊 4，二强；子房无毛。蒴果线形或长圆形，长约 1 cm。种子 16~32。花果期 9~11 月。

见于本市各地，生于溪沟边或洼地等潮湿处。

全草入药，有健胃消食、清热消肿之效。

图 265 水蓑衣

## 3. 爵床属 Justicia Linn.

草本。叶对生，叶片全缘。穗状花序顶生或腋生，花小，无梗；苞片交互对生，每苞片中有1花；花萼4裂；花冠筒短，二唇形，上唇平展，下唇有隆起的喉凸；雄蕊2，着生于花冠喉部，外露花药2室，一上一下，下方一室基部有尾状附属物；花盘坛状，每侧有方形附属物；子房被丛毛。蒴果小，每室种子2。

约700余种，主要分布于亚洲的热带和亚热带地区。我国43种，主产于云南；浙江3种，温州也有。

**分种检索表**

1. 花萼裂片4。
  2. 叶有柄，叶片椭圆形至椭圆状长圆形形，仅下面叶脉疏生硬毛 ………… **3. 爵床 J. procumbens**
  2. 叶几无柄，叶卵形或近圆形，两面密被长硬毛 ………… **2. 早田氏爵床 J. hayatae**
1. 花萼裂片5 ………… **1. 圆苞杜根藤 J. championii**

### ■ 1. 圆苞杜根藤 图266

**Justicia championii** T. Anderson [*Calophanoides chinensis* (Champ.) C. Y. Wu et H. S. Lo]

多年生草本。茎直立或披散状，高达50cm。叶长2~12cm，宽1~4cm。紧缩的聚伞花序具1至少数花，生于上部叶腋，似呈簇生；花萼裂片5，条状披针形，长约7mm，生微毛或小糙毛；花冠白色，外被微毛，长8~12mm，二唇形，上唇直立，浅2裂，下唇具3浅裂；雄蕊2，药室不等高，下方1室具白色尾状附属物。蒴果长约9mm，上部具4种子，下部实心。种子密布小疣状凸起。花期6~10月，果期8~11月。

见于本市各地，生于海拔350~800m的沟谷林

图 266 圆苞杜根藤

缘、林下、灌丛中及草丛中。

全草入药，有通络、理气去瘀、解毒之效。

## 2. 早田氏爵床 图 267

**Justicia hayatae** Yamamoto[*Rostellularia procumbens* (Linn.) Nees var. *ciliata* (Yamamoto) S. S. Ying]

草本。茎铺散或外倾，密被长硬毛。叶几无柄，多汁，长 10~16mm，宽 8~10mm，两面密被长硬毛。穗状花序长约 1~2cm，具总花梗；花萼裂片线状披针形；花冠堇色，外面被微柔毛，冠檐二唇形，上唇直立，三角形，下唇倒卵形；花丝稀被纤毛；花柱约长 5mm，近基部被纤毛。蒴果顶端稍被微柔毛。花期 6~8 月，果期 8~10 月。

见于平阳（南麂列岛），生于海滨山坡草地。浙江分布新记录种。

图 267 早田氏爵床

## 3. 爵床 图 268

**Justicia procumbens** Linn. [*Rostellularia procumbens* (Linn.) Nees]

一年生草本。茎基部匍匐，通常有短硬毛，高20~50cm。叶长 1.5~3.5cm，宽 1.3~2cm，两面常被短硬毛；穗状花序顶生或生于上部叶腋，长 1~4cm，宽 6~12mm；花萼裂片 4，线形，约与苞片等长，有膜质边缘和缘毛；花冠粉红色或紫红色，稀白色，长 7mm，二唇形；雄蕊 2，药室不等高，下方 1 室有距。蒴果线形，长约 6mm，上部具 4 种子，下部实心似柄状。种子表面有瘤状皱纹。花期 8~11 月，果期 10~11 月。

广布于本市各地区，生于山坡林间草丛中，为习见野草。

全草入药，有清热解毒、利尿消肿之效。

图 268 爵床

## 4. 山蓝属 Peristrophe Nees

草本或半灌木。叶对生，通常全缘。花序顶生或腋生，聚伞状或伞形，由 2 至数个头状花序组成；总花梗单生或有时簇生；总苞状苞片 2，稀 3 或 4，对生，通常比花萼大，内有花 1~4，仅 1 花发育，其余的退化、仅存花萼和小苞片；花萼小，5 深裂；花冠红色或紫色，二唇形；雄蕊 2；子房每室有胚珠 2 枚。蒴果，每室种子 2。

约 40 种，分布于亚洲的热带和亚热带地区以及大洋洲、非洲。我国约 10 种，产于西南至东部；浙江 2 种；温州 1 种。

图 269 九头狮子草

### ■ 九头狮子草 图 269

**Peristrophe japonica** (Thunb.) Bremek [*Dicliptera japonica* (Linn.) Nees ]

多年生草本，直立。高 20~50cm。叶长 5~12cm，宽 2.5~5cm。花序顶生或腋生，生于上部叶腋，由 2~8（~14）聚伞花序组成，每个聚伞花序下托以 2 总苞状苞片，一大一小，椭圆形或卵状长圆形，内有 4 花；花萼裂片 5，钻形；花冠粉红色，二唇形，上唇 2 裂，下唇 3 裂；雄蕊 2，花丝细长，伸出，花药被长硬毛。蒴果长 1~1.2cm，疏生短柔毛，4 粒种子；种子有小疣状凸起。花期 7~10 月，果期 10~11 月。

见于乐清、永嘉、鹿城、瓯海、瑞安、文成、苍南、平阳、泰顺，生于路边、草地或林下。

全草入药，能解表发汗等。

## 5. 孩儿草属 Rungia Nees

直立或披散草本。叶全缘。花无梗，组成顶生或腋生而通常密花的穗状花序；苞片常 4 列，稀 2 列，仅 2 列有花；花萼深 5 裂，裂片等大或稍不等大；花冠筒短直，喉部稍扩大，冠檐二唇形，上唇直立，下唇较长，伸展，3 裂，裂片覆瓦状排列；雄蕊 2；子房每室有胚珠 2 枚。蒴果卵形或长圆形，每室种子 2。

约 50 余种，分布于亚洲和非洲热带地区。我国约 16 种，产于西南至南部；浙江 2 种；温州 1 种。

### ■ 密花孩儿草 图 270

**Rungia densiflora** H. S. Lo

多年生草本。茎稍粗壮，被 2 列倒生柔毛，节间长 3~7cm。小枝被白色皱曲柔毛。叶纸质，长 2~8.5cm，宽 1~3cm，被柔毛。穗状花序顶生和腋生，长达 3cm，密花，总梗短；苞片 4 列，全都能育（有花），同形，小苞片 2；萼长约 4mm，深 5 裂；花冠天蓝色，冠管长 6~9mm，上唇直立，长三角形，长 5~8mm，顶端 2 短裂，下唇长圆形，长 5~8mm，顶端 3 裂；雄蕊 2，下方药室有白色的矩。蒴果长约 6mm。种子 4；种皮具大小不等的小乳头状凸起。花期 8~11 月，果期 9~11 月。

见于永嘉、瓯海、瑞安、文成、平阳、苍南、泰顺等地，生于海拔 400~800m 潮湿的沟谷林下。

全草入药，有清热解毒、利尿消肿之效。

图 270 密花孩儿草

## 6. 马蓝属 Strobilanthes Blume

多年生草本或亚灌木。茎直立，多分枝，基部木质化。叶对生，上部各对叶等大或不等大。花序穗状、头状、聚伞状或圆锥状，顶生或腋生；花萼 5 裂；花冠 5 裂；雄蕊 4，二强，内藏；子房 2 室，胚珠 4 枚。蒴果纺锤状，具种子 4。

约 400 余种，分布于热带亚洲。我国约 128 种；浙江 6 种，温州 3 种。

**分种检索表**

1. 上部各对叶常一大一小；头状花序，内侧一对雄蕊花丝极短而弯曲……………………… **1. 球花马蓝 S. dimorphotricha**
1. 上部各对叶等大；花序穗状或数花集生成头状的穗状花序，内侧 1 对雄蕊花丝不弯曲。
    2. 地下有肉质增厚的根多条；叶片长圆状披针形……………………………………………………**3. 菜头肾 S. sarcorrhiza**
    2. 地下无肉质增厚的根；叶片卵形、宽卵形至椭圆形 ……………………………………………**2. 少花马蓝 S. oligantha**

### 1. 球花马蓝 图 271

**Strobilanthes dimorphotricha** Hance[*Strobilanthes pentstemomoides* auct. non (Nees) T. Anders.]

多年生草本。高 40~100cm。茎基部常匍匐，暗紫色，有棱，节膨大，无毛。叶对生，长 7~14cm，宽 3~6cm，上部各对一大一小。3~5 花集成头状花序；花萼 5 深裂至近基部；花冠长约 3cm，近直立，深紫色；雄蕊 4，二强，外侧一对花丝很长，内侧一对花丝极短且弯曲，每对花丝自身长度亦不齐，均无毛；子房被毛。蒴果长 1.4~1.8cm，有腺毛。种子 4，有微毛。花期 8~10 月，果期 11 月。

见于乐清、永嘉、瑞安、文成、平阳、苍南、泰顺等地，生于山坡、沟谷林下阴湿处。

全草去根入药，有清热解毒之效。

图 271 球花马蓝

图 272 少花马蓝

## ■ 2. 少花马蓝 图 272

**Strobilanthes oligantha** Miq. [Strobilanthes oliganthus Miq.]

多年生草本。茎高达 50cm，基部节膨大膝曲。叶卵形、宽卵形至椭圆形，长 4~10cm。数花集生成头状的穗状花序；苞片叶状，外面的长约 1.5cm，里面的较小；花萼裂片 5；花冠淡紫色，花冠筒稍弯曲，外面在裂片部分疏生短柔毛，里面有 2 行短柔毛，裂片 5，几相等，长约 5mm；雄蕊二强，花丝基部有膜相连。蒴果长圆形，长约 1.3cm，近顶端有多节柔毛。种子 4，有微毛。花期 8~9 月，果期 9~10 月。

见于乐清、永嘉、瑞安、文成、泰顺等地，生于林下或阴湿草地。

全草药用、可治感冒高热。

## ■ 3. 菜头肾 图 273

**Strobilanthes sarcorrhiza** (C. Ling) C. Z. Zheng ex Y. F. Deng et N. H. Xia [*Strobilanthes sarcorrhizus* (C. Ling) C. Z. Zheng]

多年生草本。高 20~40cm。棒状肉质根数条，

图 273 菜头肾

直径 4~5mm。茎直立或基部稍倾斜，节稍膨大，被短柔毛或近无毛。叶对生，长 7~15cm，宽 1.5~3cm。穗状花序生于枝顶；苞片倒卵状椭圆形，长约 1.5cm，宿存；花萼 5 深裂几达基部；苞片和萼裂片均被白色或淡褐色的长柔毛；花冠漏斗形，淡紫色，花冠筒直，喉部扩大呈钟形；雄蕊 4，二强；子房上位，花柱有短柔毛。蒴果长圆形，无毛。种子 4。花期 7~8 月，果期 9~11 月。

见于本市各地（除洞头外），生于低山区林下或丘陵地带阴湿处。

全草药用，有养阴清热、补肾之效，为温州民间“七肾汤”之一。

# 126. 苦槛蓝科 Myoporaceae

灌木、乔木或半灌木。单叶互生，极少对生；无托叶。花腋生，单生或簇生，两性，通常不整齐；花萼5裂，宿存；花冠合瓣，通常分裂，裂片覆瓦状排列；雄蕊4，很少5，着生在冠管上，与花冠裂片互生；雌蕊由2至多数心皮结合而成，子房上位，2~10室，每室含有1~8枚倒生胚珠，花柱顶生，单一。核果。种子有少量胚乳或无胚乳；胚直或稍弯。

7属约250种，分布于亚洲、非洲、大洋洲和西印度群岛。我国只有苦槛蓝属1属1种，分布于东南部海岸，浙江有栽培或逸生，温州也有。

## 苦槛蓝属 Pentacoelium Sieb. et Zucc.

灌木，有时乔木。叶互主，稀对生，叶片全缘或有齿缺，有透明的腺点。花腋生。淡紫色；花萼5齿或5裂；花冠辐射对称，筒短而为钟状或长而漏斗状；雄蕊4，二强；子房2~10室，每室有胚珠1~2枚。果为多汁的小核果。种子1~2。

### ■ 苦槛蓝 图274

**Pentacoelium bontioides** Sieb. et Zucc. [*Myoporum bontioides* (Sieb. et Zucc.) A. Gray]

常绿灌木。高1~2m。茎直立，多分枝。叶互生，叶片软革质，稍多汁，长5~10cm，宽1.5~4cm；叶柄长1~2cm。聚伞花序具2~4花，或为单花，腋生，无总梗；花梗长1~2cm，先端增粗，无毛；花萼钟状，5深裂，宿存；花冠漏斗状钟形，5裂，淡紫色；雄蕊4，二强，着生于冠筒基部稍上；雌蕊无毛；子房卵球形，柱头头状。核果卵球形，长1~1.5cm，先端有小尖头，熟时紫红色，每室有1种子。花期3~4月，果期5~7月。

见于乐清、龙湾、洞头等沿海地区，生于海滨潮汐带以上沙地或多石地灌丛中。

根供药用。

图274 苦槛蓝

# 127. 透骨草科 Phrymataceae

多年生草本。茎直立，四棱形，基部节微膨大。叶对生，具锯齿，具柄。穗状花序生于茎顶及上部叶腋，纤细；具苞片及小苞片，有长梗；花小，淡紫色，两性，左右对称，单生于小苞腋内，开花时直立，花后下垂；花萼筒状，具5棱，二唇形，上唇3齿裂钩曲成芒状，下唇2齿裂较短；花冠筒形，二唇形，上唇直立，2浅裂，下唇较大，开展，3浅裂，蓝紫色、淡紫色至白色；雄蕊4，2强；子房上位，1室，1枚胚珠，花柱2裂。果为瘦果，狭椭圆形，包藏于花萼内。种子1，无胚乳。

单属科，1种2亚种，产于东亚至北美。我国仅1亚种，浙江及温州也有。

## 透骨草属 Phryma Linn.

特征与科同。

### ■ 透骨草 图275

**Phryma leptostachya** Linn. subsp. **asiatica** (Hara) Kitamura [*Phryma leptostachya* Linn. var. *oblongifolia* (Koidz. ) Honda]

多年生直立草本。茎直立，高30~80cm，四棱形，基部节微膨大，有倒生短柔毛。单叶对生；具柄，叶片卵形或卵状长圆形，长5~10cm，宽4~7cm，基部渐狭成翅，边缘具粗齿，两面脉上有短毛。总状花序顶生或腋生，细长；苞片和小苞片钻形；花疏生，具短柄；花萼管状，显著5肋，上唇3齿钻形细长，顶端具钩，下唇2齿宿存，无芒；花冠管小，唇形，下淡红色或白色，芽时直立，果时反折，贴于花序轴上；二强雄蕊；花柱顶生，先端短2裂。瘦果包于萼内，下垂，棒状。种子基生；种皮膜质，松弛，紧贴于果皮上。

见于永嘉、泰顺，生于山坡、阴湿林下及林缘。

全草入药，有清热解毒功效。

图275 透骨草

# 128. 车前草科 Plantaginaceae

一年生或多年生草本。单叶，通常基生，基部常成鞘状，叶片全缘或具齿，叶脉通常近平行。花小，通常两性，辐射对称，组成穗状花序，生于花茎上；具苞片；花萼4裂，宿存；花冠干膜质，3~4裂，二者裂片均覆瓦状排列；雄蕊4，着生于花冠筒上，花药2室，纵裂；花柱单生，有细白毛。蒴果，盖裂。种子小，胚乳通常丰富。

3属约270种，广布于全球，但主产于温带。我国1属20种；浙江1属5种1亚种；温州1属3种1亚种。

## 车前属 Plantago Linn.

一年生或多年生草本。叶基生，基部常成鞘状，叶脉通常近平行。花小，无柄，两性或杂性，组成穗状花序，生于花茎上；具苞片；花萼4裂，近相等或2枚较大；花冠筒圆管状，4裂，二者裂片均覆瓦状排列；雄蕊4，常伸出花冠；子房2室或假3~4室。蒴果，盖裂。种子有棱，近圆球形或背部呈压扁状，胚直立或弯曲。

约250种，广布于全球。我国13种；浙江5种1亚种；温州3种1亚种。

### 分种检索表

1. 根为须根系；叶片卵形或宽卵形。
    2. 叶片宽2~6cm；花具短梗；种子4~8……………………………………1. 车前草 P. asiatica
    2. 叶片宽2~11cm；花无梗；种子数量多而较小……………………………2. 大车前 P. major
1. 根为直根系；叶片狭倒披针形或倒披针形……………………………………3. 北美车前 P. virginica

### 1. 车前草 图276

**Plantago asiatica** Linn.

多年生草本。根状茎短而肥厚，具须根。叶根生，叶片卵形或椭圆形，长4~12cm，宽2~6cm，先端钝，基部楔形，全缘或有波状浅齿，无毛；具长柄。花茎数个，高20~60cm；穗状花序排列不紧密，长20~30cm；花具短柄，绿白色；苞片三角形，长过于宽；花萼4，基部稍合生，椭圆形或卵圆形，宿存；花冠小，裂片三角形，向外反卷；花药新鲜时白色。蒴果卵状圆锥形，成熟后约在下方2/5处周裂。种

丁炳扬 摄

丁炳扬 摄

丁炳扬 摄

图276 车前草

子4~8，近椭圆形，黑褐色。花果期4~10月。

见于本市各地，生于圃地、荒地或路边草丛。

全草可入药，有利尿、清热作用。

## 1a. 疏花车前 图277

**Plantago asiatica** Linn. subsp. **erosa** ( Wall.) Z.Y. Li

与原种的区别在于：本亚种叶脉3~5条；穗状花序通常稀疏、间断；花期5~7月，果期8~9月。

见于乐清、瑞安、苍南等地，生于山坡草地、河岸、沟边、田边。

## 2. 大车前 图278

**Plantago major** Linn.

多年生草本。根状茎粗短，具须根。叶基生，叶片卵形或宽卵形，长3~18cm，宽2~11cm，先端圆钝，基部渐狭，全缘或有波状浅齿，两面有柔毛；叶柄基部常扩大成鞘状，长3~9cm。花茎1至数个，高15~20cm；穗状花序排列紧密，长4~9cm；花无柄；苞片卵形，宽等于或略过于长，较萼片短，均具绿色龙骨状凸起；花萼、花冠裂片椭圆形；花药新鲜时常淡紫色。蒴果圆锥形，成熟时于中部或稍下部开裂。种子6~10，卵状、菱状多角形，黑褐色。花果期4~7月。

见于乐清、永嘉、瑞安、文成、泰顺，生于路边、沟边、田埂潮湿处。

## 3. 北美车前 图279

**Plantago virginica** Linn.

二年生草本。直根系，全株被白色柔毛。叶基生，狭倒卵形或倒披针形，长3~10cm，宽1~4cm，先端急尖或近圆形，边缘波状、疏生牙齿或近全缘，基部狭楔形下延至叶柄，散生白色柔毛；叶脉弧形。花茎高4~20cm，细，花序穗状，长3~18cm；苞片窄椭圆形，比萼片短；花萼裂片长椭圆形，被白色长柔毛；花冠4裂，白色至淡黄色。蒴果卵球形，包在宿存花萼内。种子2，卵形，长约1. 5mm，腹面凹陷成船形，黄色至黄褐色。花期4~5月，果期5~6月。

原产于北美洲，归化于乐清、鹿城、瓯海、苍南、瑞安、泰顺，常生于荒地，疏林下。

丁炳扬 摄

丁炳扬 摄

图277 疏花车前

陈贤兴 摄

丁炳扬 摄

陈贤兴 摄

图278 大车前

图 279　北美车前

# 129. 茜草科 Rubiaceae

乔木、灌木或草本，直立、匍匐或攀援。单叶，常对生，有时轮生，通常全缘，少有齿缺；托叶常生于叶柄间，少生于叶柄内，有时退化成托叶痕迹，宿存或脱落。花两性，稀单性，辐射对称，少两侧对称，单生或各式花序；萼筒与子房合生，萼檐截平、齿裂或分裂，有时部分裂片扩大成花瓣状；花冠合瓣，通常4~6裂，稀更多；雄蕊与花冠裂片同数而互生，很少2枚；子房下位，通常2室，少1或多室。果为蒴果、浆果或核果。

约660属11150种，主产于热带和亚热带地区。我国97属701种及若干种下类群；浙江28属55种1亚种13变种；温州25属49种2变种。

### 分属检索表

1. 花极多数，组成球形的头状花序。
  2. 子房每室仅具1枚胚珠；果为不开裂的干果；种子具海绵质假种皮……………………………**3. 风箱树属 Cephalanthus**
  2. 子房每室具4至多数胚珠；果为开裂成2~4瓣的蒴果；种子不具海绵质假种皮。
    3. 攀援灌木，常具由花序梗变态的弯转钩状刺；花无小苞片……………………………**25. 钩藤属 Uncaria**
    3. 乔木或直立灌木，植株无钩状刺；花具小苞片。
      4. 不育小枝的顶芽小而不显著（远短于其外方的托叶）；托叶2深裂，深达1/2~2/3以上；子房每室具40枚胚珠……………………………**1. 水团花属 Adina**
      4. 不育小枝的顶芽圆锥形、缺失或不久脱落；托叶（早落，通常仅见于小枝或嫩枝的顶芽外侧）全缘或2浅裂；子房每室具4~12枚胚珠。
        5. 萼檐裂片三角形至椭圆状长圆形；不育小枝明显具顶芽，侧芽全部外露；托叶通常全而不裂……………………………**17. 槽裂木属 Pertusadina**
        5. 萼檐裂片短而钝；不育小枝无顶芽或顶芽早落，侧芽埋藏于周围肿胀的皮层内而仅露出顶端；托叶2浅裂……………………………**22. 鸡仔木属 Sinoadina**
1. 花少数或多数，但不组成球形的头状花序。
  6. 萼檐裂片相等或不相等，但周边花的萼檐裂片中有1枚明显扩大而呈具柄的叶片状。
    7. 乔木；花冠裂片覆瓦状排列；蒴果；种子具翅……………………………**7. 香果树属 Emmenopterys**
    7. 攀援状灌木或缠绕藤本；花冠裂片镊合状排列；浆果；种子无翅……………………………**13. 玉叶金花属 Mussaenda**
  6. 萼檐裂片全部正常，等大，无1枚扩大而呈叶片状。
    8. 子房每室具2至多枚胚珠。
      9. 木本植物；果肉质。
        10. 柱头2裂；花簇生成束或组成短聚伞花序，侧生……………………………**6. 狗骨柴属 Diplospora**
        10. 柱头纺锤状或棒状。
          11. 花5~12基数；子房1室，胚珠着生于2~6个侧膜胎座上；果平滑或具纵棱……**9. 栀子属 Gardenia**
          11. 花4~5基数；子房2至数室，胚珠着生于中轴胎座上；果无纵棱。
            12. 有刺或无刺灌木或乔木；花单生或数花组成侧生的聚伞花序，通常腋生，少顶生…**2. 茜树属 Aidia**
            12. 无刺灌木或乔木；花组成顶生的伞房花序式聚伞花序……………………………**24. 乌口树属 Tarenna**
      9. 藤本或草本植物；果干燥，为蒴果。
        13. 藤本或攀援灌木；种子周围具翅……………………………**4. 流苏子属 Coptosapelta**
        13. 草本；种子无翅。
          14. 花常组成二歧分枝或多歧分枝的聚伞花序；果扁，宽倒心形或具2裂的菱形…**15. 蛇根草属 Ophiorrhiza**
          14. 花序及果均不如上述。
            15. 种子具棱……………………………**10. 耳草属 Hedyotis**
            15. 种子盾形或平凸状或底部具穴，无棱角……………………………**14. 新耳草属 Neanotis**

8. 子房每室仅有 1 枚胚珠。
16. 小乔木、直立灌木、具气根的蔓生攀附灌木或缠绕藤本。
17. 木质藤本，少直立；花多数聚合成头状花序 …… **12. 巴戟天属 Morinda**
17. 花序非上述状。
18. 子房 4~9 室；花序腋生；核果蓝色 …… **11. 粗叶木属 Lasianthus**
18. 子房 2 室或不完全 4 室；果绝非蓝色。
19. 缠绕藤本，纤弱；干燥核果，果皮薄、脆而易碎 …… **16. 鸡矢藤属 Paederia**
19. 直立灌木或小乔木；果为小核果或浆果。
20. 花多数组成伞房式或圆锥式聚伞花序，顶生 …… **18. 九节属 Psychotria**
20. 花单生或数花簇生，通常腋生。
21. 植物因顶芽不育而具合轴分枝，具针状刺或无刺；核果红色；托叶三角形或先端齿裂 …… **5. 虎刺属 Damnacanthus**
21. 植株因顶芽发育而具单轴分枝，无刺；核果干燥，蒴果状；托叶分裂成刺毛状 …… **21. 六月雪属 Serissa**
16. 直立、蔓生或匍匐草本，不缠绕。
22. 叶对生。
23. 子房 2 室 …… **23. 丰花草属 Spermacoce**
23. 子房 3~4 室 …… **19. 墨苜蓿属 Richardia**
22. 叶轮生（其中有些叶系由托叶演变而来）。
24. 花 4 基数；果干燥或近于干燥，常被钩毛或具小瘤体 …… **8. 拉拉藤属 Galium**
24. 花 4~5 基数；果肉质，常无毛 …… **20. 茜草属 Rubia**

## 1. 水团花属 Adina Salisb.

灌木或小乔木。叶对生；托叶位于叶柄间，深 2 裂达 1/2~1/3 以上。花多朵密集成头状花序，头状花序单生或由此再组成总状花序，顶生或腋生；萼筒短，萼檐 5 裂，稀 4 裂；花冠筒部延长，顶端 5 裂，有时 4 裂；雄蕊 5 或 4；花盘杯状；子房 2 室，每室有 40 枚胚珠。蒴果室间开裂为 2 果瓣，分果瓣在两面开裂，留置于不脱落的中轴上，顶端具宿存的萼裂片。种子两端具翅。

4 种，分布于我国、日本、泰国和越南以及朝鲜半岛。我国 3 种；浙江 2 种，温州也有。

### 1. 水团花 图 280

**Adina pilulifera** (Lam.) Franch. ex Drake

常绿灌木至小乔木。高可达 5 m。叶片纸质，倒卵状披针形、倒卵状长椭圆形或长椭圆形，长 4~10cm，宽 1~3cm，全缘，两面无毛，有时下面脉腋有束毛；叶柄长 3~10cm，无毛或被微毛；托叶 2 深裂，裂片三角状披针形。头状花序常单生于叶腋，直径（不连花柱）约 1cm；花序梗下半部有 5 轮生小苞片；萼檐 5 裂；花冠白色，长约 4mm，冠檐 5 裂；雄蕊 5。蒴果楔形，长 3~4mm。花期 6~8 月，果期 9~11 月。

见于本市各地，生于山谷疏林下或旷野路旁、溪边水畔。

木材供雕刻用；根系发达，是很好的固堤植物。

### 2. 细叶水团花 图 281

**Adina rubella** Hance

落叶灌木。高0.6~2 m。小枝红褐色，被柔毛。叶片纸质，宽卵状披针形或卵状椭圆形，长 2~4.5cm，宽0.8~1.5cm，上面沿中脉被柔毛，下面沿脉被疏毛；叶柄极短；托叶2深裂，裂片披针形。头状花序顶生，通常单个，直径（不连花柱）约1cm；花序梗近中部有5轮生小苞片或无；萼檐5裂；花冠淡紫红色，长3~4mm，冠檐5裂；雄蕊

图 280 水团花

图 281 细叶水团花

5。蒴果长卵状楔形，长约4mm。花期6~7月，果期8~10月。

见于永嘉、瑞安、文成、苍南、泰顺，生于溪边、河边、沙滩等湿润地区。

茎纤维为绳索、麻袋、人造棉和纸张等原料；全株入药。

本种与水团花 *Adina pilulifera* (Lam.) Franch. ex Drake 的区别在于：嫩枝被柔毛；叶脱落，叶片长2~4.5cm，上面沿中脉被柔毛，下面沿脉被疏毛；叶柄极短；花冠淡紫红色。

## 2. 茜树属 Aidia Lour.

有刺或无刺灌木或乔木，稀藤本。叶对生；托叶位于叶柄间，常脱落。聚伞花序腋生或与叶对生，或生于无叶的节上，少顶生；萼管杯形或钟形，顶端5裂，稀4裂；花冠高脚蝶状，顶端5裂，稀4裂；雄蕊5，罕4；子房2室，胚珠每室数至多枚，沉没于肉质的中轴胎座上。浆果。

约50种，分布于南亚和东南亚以及热带非洲、大洋洲。我国8种；浙江1种，温州也有。

## ■ 山黄皮　亨氏香楠　图 282

**Aidia henryi** (Pritz.) T. Yamazaki [*Aidia cochinchinensis* auct. non Lour.;*Randia cochinchinensis* auct. non (Lour.) Merr.]

无刺灌木或乔木。高达 8m。枝无毛。叶对生，叶片革质或纸质，椭圆状长圆形、长圆状披针形或狭椭圆形，上面具光泽，下面脉腋内具簇毛；叶柄长 5~15mm。聚伞花序与叶对生或生于无叶的节上；花萼长约 4mm，顶端 4 裂；花冠黄白色或白色，有时红色，冠筒长 3~4mm，花冠裂片 4，稀 5，长 6~10mm。浆果球形，直径约 5mm，紫黑色。花期 4~5 月，果期 10~11 月。

见于永嘉、乐清、鹿城、瓯海、瑞安、文成、平阳、苍南、泰顺，生于山坡、山谷溪边的灌丛或林中。

图 282　山黄皮

## 3. 风箱树属 Cephalanthus Linn.

灌木至小乔木。叶对生或3~4叶轮生；托叶着生于叶柄内。花密集成头状花序，有时头状花序再排成总状花序；萼筒长杯状，檐部4~5裂；花冠管状漏斗形，4裂；雄蕊4；子房2室，每室胚珠1枚。聚合果圆球状，由多数不开裂、革质的干果聚合而成。种子具海绵质假种皮；种皮膜质或有翅。

共6种，3种分布于美洲，2种分布于亚洲，非洲有1种。我国1种，浙江和温州也有。

### ■ 风箱树 图283

**Cephalanthus tetrandrus** (Roxb.) Ridsd. et Bakh. f.

灌木或小乔木。高1~5 m。嫩枝被微柔毛；老枝无毛。叶对生或上部叶3~4叶轮生；叶片椭圆形至椭圆状披针形，长6~15cm，宽2~7cm，全缘，上面无毛至疏被短柔毛，下面无毛或密被柔毛；叶柄长5~15mm；托叶常三角形，长约4mm，先端常有1黑色腺体。花密集成头状花序，有时头状花序再排成总状花序，头状花序直径3~3.5cm；花冠白色，花冠筒长6~10mm，裂片长约1.5mm，裂口处有1黑色腺体。干果稍扁，长约4mm。

见于泰顺，各县（区）常见栽培，喜生于略隐蔽的水沟边或溪边林下。

木材做担杆和农具；根和花序药用；又可栽培作护堤植物。

图283 风箱树

## 4. 流苏子属 Coptosapelta Korth.

缠绕藤本或攀援灌木。叶对生；托叶位于叶柄间，脱落。花单生于叶腋；萼筒球形或陀螺形，萼檐4~5裂，宿存；花冠高脚碟状，裂片4~5，蕾时覆瓦状排列；雄蕊4~5；子房2室，每室有胚珠数枚。蒴果。种子周围有睫毛状的翅。

16种，分布于我国、日本、马来西亚、印尼、菲律宾、巴布亚新几内亚和中南半岛。中国1种，浙江和温州也有。

### ■ 流苏子 盾子木 图284

**Coptosapelta diffusa** (Champ. ex Benth.) Steenis

缠绕藤本。叶片近革质，长卵形或卵状披针形，长3~7cm，宽1~2.5cm，上面略具光泽，无毛或仅中脉疏被柔毛，下面沿中脉被柔毛；叶柄长2~5mm，密被柔毛；托叶线状披针形，被柔毛。花单生于叶腋，花梗纤细，近中部有关节和1对小苞片；花冠白色或黄色，长1.2~2cm，密被绢毛，顶端4~5裂。蒴果淡黄色，稍扁球形，长约5mm，宽5~8mm。种子边缘流苏状。花期6~7月，果期8~11月。

见于乐清、永嘉、瓯海、瑞安、苍南、文成、泰顺，生于林中或灌丛中。

根药用。

图 284　流苏子

## 5. 虎刺属 Damnacanthus Gaertn. f.

灌木，有刺或无刺。叶对生；托叶在叶柄内，锐尖。花小，单生或成对生于叶胞内；萼筒倒卵形，4~5 裂；花冠漏斗状，喉部被毛，4~5 裂，裂片镊合状排列；雄蕊与花冠裂片同数，着生在冠管喉部，花丝短，花药背着，有宽阔的药隔；子房下位，2~4 室，每室有胚珠 1 枚。果为一球形核果，有 1~4 枚平凸的分核。

约 13 种，分布于我国、日本、印度（北部）、缅甸、老挝、越南和朝鲜半岛。我国 11 种；浙江 4 种，温州也有。

**分种检索表**

1. 叶片上面中脉线状凸起；针刺长 3~20mm。
  2. 叶片较小，长不及 3cm；针刺长达 20mm ………… **2. 虎刺 D. indicus**
  2. 叶片较大，长 3~4cm；针刺长 3~10mm ………… **4. 大虎刺 D. major**
1. 叶片上面中脉下部常凹陷；针刺长 1~6mm 或仅顶节具残存退化短刺。
  3. 叶片卵形至长圆状卵形，稀长圆状披针形，长达 8cm，偶见小型叶；针刺长 2~6mm，不随新叶长出而碎落；嫩枝和叶柄下面常疏被短粗毛 ………… **3. 浙江虎刺 D. macrophyllus**
  3. 叶片披针形或长圆状披针形，长达 15cm，无小型叶；通常仅顶叶叶腋具残存退化刺，长 1~2mm，随新叶长出而碎落，很少不碎落；嫩枝和叶柄下面常疏被微毛 ………… **1. 短刺虎刺 D. giganteus**

### 1. 短刺虎刺　图 285

**Damnacanthus giganteus** (Makion) Nakai
[*Damnacanthus indicus* Gaertn. var. *giganteus* Makion; *Damnacanthus subspinosus* Hand.-Mazz.]

常绿具短刺小灌木。高 0.5~2 m。针状刺对生于叶柄间，或仅生于小枝顶节上而其余节上的刺退化，长 1~2mm。叶片披针形或长圆状披针形，长 4~15cm，宽 1.5~4cm，全缘，幼时下面沿脉被短毛，成长后两面无毛，中脉于叶片上面凹陷，下面隆起；叶柄长 2~4mm，常被稀疏短糙毛。1~3 花簇生于叶腋；花冠白色，长 0.6~1.5cm，顶端 4 裂。核果近球形，成熟时红色，直径 3~7mm。花期 4~5 月，果期 8~11 月。

见于平阳、苍南、泰顺，生于山地疏、密林下和灌丛中。

图 285 短刺虎刺

## 2. 虎刺 图 286

**Damnacanthus indicus** Gaertn.

常绿具刺小灌木。高 0.3~1m。针状刺于节上对生于叶柄间，刺长 0.4~2cm。叶常大小叶对相间，大叶片长 1~2(~3)cm，宽 1(~1.5)cm，小叶片长可小于 0.4cm，卵形至宽卵形，全缘，两面无毛或仅下面沿中脉被疏柔毛，中脉在叶片上面隆起，下面凸出；叶柄长约 1mm，被短柔毛。花单生或成对生于叶腋；花冠白色，长 1~1.5cm，檐部 4 或 5 裂。核

图 286 虎刺

图 287 浙江虎刺

果熟时红色，近球形，直径 3~5mm。花期 4~5 月，果期 7~11 月。

见于乐清、永嘉、瓯海、洞头、瑞安、文成、平阳、苍南、泰顺，生于疏、密林下和石岩灌丛中。

常被引种作庭园观赏植物；其根肉质，药用有祛风利湿、活血止痛之效。

本种随不同环境其体态有较大差异：生于阴湿处的植株其叶较大而薄，刺较长；生于旱阳处的植株其叶小而厚，刺较短。

### 3. 浙江虎刺 浙皖虎刺 图 287

**Damnacanthus macrophyllus** Sieb. ex Miq.
[*Damnacanthus shanii* K. Yao et M. B. Deng]

具短刺小灌木。高 1~2 m。针状刺对生于叶柄间，长 2~6mm。小型叶不存在或偶可见，正常叶卵形至长圆状卵形，稀长圆状披针形，长 3~6(~8)cm，宽 1~2.5(~3)cm，上面无毛，下面初时脉处被短毛，后变无毛，中脉于叶片上面常稍凹陷，下面脊状凸出；叶柄长 1~2mm，无毛或疏被短毛。花冠白色，长约 10 (~15)mm。核果近球形，熟时红色，直径约 5mm。花期 5~6 月，果期 6~11 月。

见于乐清、泰顺，生于山地溪边疏、密林下。

图 288 大虎刺

### 4. 大虎刺 大卵叶虎刺 图 288

**Damnacanthus major** Sieb. et Zucc.

常绿具刺小灌木。高 1~2 m。叶常具小型叶，小型叶叶形与正常叶相似，长达 0.6cm，宽达 0.4cm；正常叶宽卵形、卵形、椭圆状卵形，全缘，长 3~4cm，宽 1.5~2cm，上面无毛，下面沿脉有疏短毛，中脉于叶片上面隆起，下面凸起；叶柄长 3~4mm，被短粗毛；针状刺成对生于叶柄间，刺长 3~10mm。1~2 花腋生，具短梗；花冠白色，管状漏斗形，长约 1.5cm。核果近球形，直径 5~10mm。花期 4 月，果期冬季。

见于瑞安，生于山地疏林下和灌丛中。

## 6. 狗骨柴属 Diplospora DC.

灌木或小乔木。叶对生；托叶位于叶柄内。花小，杂性，常数花簇生成束或组成短聚伞花序，腋生；萼筒短，萼檐顶端截平或 4~5 齿裂或近佛焰苞状；花冠顶端 4~8 裂；雄蕊 4~8；子房 2 室，每室有 2 至数枚胚珠。浆果。

约 20 种，分布于亚洲热带和亚热带地区。我国 3 种；浙江 1 种，温州也有。

## 狗骨柴 图 289

**Diplospora dubia** (Lindl.) Masam. [*Tricalysia dubia* (Lindl.) Ohwi]

常绿灌木或小乔木。高达 5m。叶对生；叶片近革质，卵状长圆形、长圆形至披针形，长 6~13cm，宽 2~6cm，全缘，两面无毛；叶柄长 5~8mm；托叶长 5~8mm，下部合生，上部三角形。花聚合成束或为伞房状聚伞花序，腋生；花萼筒长约 1mm，先端不明显 4 裂；花冠绿白色，后变黄白色，顶端 4 裂，花冠筒长约 3mm，裂片与花冠筒近等长，开放后反卷；雄蕊 4。浆果近球形，直径 4~8mm，熟时橙红色，干后黑色，先端有环形的萼檐残迹。花期 5~7 月，果期 8~9 月。

本市各地常见，生于山坡、山谷沟边、丘陵、旷野的林中或灌丛中。

本材致密强韧，加工容易，可为器具及雕刻细工用材。

图 289 狗骨柴

## 7. 香果树属 Emmenopterys Oliv.

落叶乔木。叶对生；托叶三角状卵形，早落。聚伞花序排成顶生的圆锥状花序；花萼小，5裂，有些花其中1萼裂片扩大成叶状；花冠漏斗状，5裂；雄蕊5；子房2室，每室有胚珠多枚。蒴果带木质，熟时2瓣裂。

单种属，分布于我国西部至东部，浙江及温州也有。

### ■ 香果树　图290

**Emmenopterys henryi** Oliv.

落叶大乔木。高可达30m。叶片革质或薄革质，宽椭圆形至宽卵形，长10~20cm，宽7~13cm，全缘，上面无毛，下面被柔毛或仅沿脉及脉腋内有柔毛；叶柄长2~5cm，被柔毛；托叶早落。聚伞花序组成顶生的圆锥状顶生；花萼近陀螺状，萼筒长约5mm，裂片长约2mm，叶状萼裂片白色；花冠白色，长2~2.5cm。蒴果成熟时红色，长2.5~5cm。花期6~8月，果期9~11月。

见于永嘉、文成、泰顺，生于山谷林中，喜湿润而肥沃的土壤。

可作庭园观赏树种；树皮富含纤维；材用。国家Ⅱ级重点保护野生植物。

陈贤兴 摄

陈贤兴 摄

陈贤兴 摄

图290　香果树

## 8. 拉拉藤属 Galium Linn.

草本，有时基部木质化。茎常四棱形。叶（包括叶状托叶）3至多数轮生，罕对生。花小，两性，罕有单性，排成腋生或顶生的聚伞花序，或再聚成圆锥花序或聚伞花序；萼卵形或球形，萼檐不明显；花冠通常4深裂；雄蕊与花冠裂片同数；子房下位，2室，每室有胚珠1枚。果干燥，通常由2枚孪生状的分果组成，平滑或有小瘤体或被钩毛。

600余种，全球广布，主要分布于温带。我国63种；浙江8种1亚种7变种；温州4种2变种。

### 分种检索表

1. 茎或至少叶片边缘及下面中脉具下向的倒生刺毛。
    2. 叶通常 4 片，有时 5~6 片轮生，叶片先端圆钝 ……………… **3. 小叶猪殃殃 G. innocuum**
    2. 叶 6~8 片轮生，叶片先端具短芒 ……………… **4. 猪殃殃 G. spurium**
1. 茎及叶片边缘和下面中脉均无下向的倒生刺毛。
    3. 叶在茎上部 6 片，下部 4 片轮生，叶片通常椭圆状倒卵形或长椭圆状倒卵形，干后变黑色 ……… **2. 六叶葎 G. hoffmeisteri**
    3. 叶在茎上全部 4 片轮生，叶片形状通常不如上述，干后不变黑色 ……………… **1. 四叶葎 G. bungei**

## 1. 四叶葎 图 291

**Galium bungei** Steud.

多年生丛生草本。茎纤细，高可达 50cm，具 4 棱，通常无毛。叶 4 片轮生，茎中部以上的叶片线状椭圆形或线状披针形，长 0.6~1.2cm，宽 2~3mm，先端急尖，基部楔形，边缘和上下两面中脉上及近边缘处有短刺状毛，后渐脱落；无柄或近无柄。聚伞花序顶生及腋生，约 3~10 花，稠密或稍疏散；花小；萼檐不明显；花冠淡黄绿色，4 裂，裂片卵形。果由 2 枚呈半球形的分果组成，具鳞片状凸起。花期 4~5 月，果期 5~6 月。

全市地常见，生于山地、旷野、田间、沟边的林中、灌丛或草地。

全草药用。

## 1a. 阔叶四叶葎 图 292

**Galium bungei** var. **trachyspermum** (A. Gray) Cufod. [*Galium trachyspermum* A. Gray]

本变种与原种的主要区别在于：茎中部以上叶片卵状长椭圆形、椭圆形或卵形，稀倒卵形，宽 3~6(~8)mm；花常密集成头状。

见于乐清、永嘉、洞头，生于山地、旷野、溪边的林中或草地。

图 291 四叶葎

图 292 阔叶四叶葎

## ■ 1b. 硬毛四叶葎

**Galium bungei** var. **hispidum** (Mats.) Cufod. [*Galium trachyspermum* (A. Gray) var. *hispidum* (Mats.) Kit.]

本变种与原种的主要区别在于：茎被柔毛。

见于瑞安(塘下)，生于山坡、河滩、田野的林下、灌丛或草地。温州分布新记录种。

## ■ 2. 六叶葎

**Galium hoffmeisteri** (Klotzsch) Ehrend. et Schönb.-Tem. ex R. R. Mill [*Galium asperuloides* Edgew. subsp. *hoffemeisteri* (Klodzsch.) Hara et Gould.]

一年生草本。茎直立或披散状，高达 30cm，近基部分枝，具 4 棱，光滑。茎中部以上的叶 6 片轮生，叶片干后变黑色，椭圆状倒卵形或长椭圆状倒卵形，稀长椭圆形，长 1~2.5cm，宽 0.3~0.7cm，先端急尖，具短尖头，基部楔形，上面靠近边缘处及边缘具伏毛，下面无毛；茎中部以下的叶通常 4 片轮生；叶片倒卵形，常较小；均近无柄。聚伞花序顶生，单生或 2~3 个簇生；花小；萼檐不明显；花冠白色，4 深裂。果球形，分果通常单生，密被钩毛。花期 4~5 月，果期 5~6 月。

见于泰顺，生于山坡、沟边、河滩、草地的草丛或灌丛中及林下。

## ■ 3. 小叶猪殃殃 图 293

**Galium innocuum** Miq.[*Galium trifidum* Linn.]

多年生丛生草本。高 15~50cm，茎纤细，具 4

图 293 小叶猪殃殃

棱，多分枝，棱上具倒生小刺毛。叶通常4片或有时5~6片轮生，长椭圆状倒披针形，稀长椭圆状披针形，长5~8mm，宽约2mm，先端圆钝，基部长楔形，边缘及下面中脉具倒生刺毛，上面无毛；近无柄。聚伞花序腋生或顶生，通常有3或4花；花序梗细长；花梗纤细，长3~5mm；花冠白色，长0.5~1mm，3~(4)裂。果由2枚近球形的分果组成，直径约3mm，具稀疏瘤状凸起。花期4~5月，果期5~6月。

见于永嘉、文成、泰顺，生于旷野、沟边、山地林下、草坡、灌丛、沼泽地。

## 4. 猪殃殃 图294

**Galium spurium** Linn. [*Galium aparine* Linn. var. *echinospermum* (Wallr.) Cufod.]

蔓生或攀援状草本。茎具4棱，棱上有倒生小刺毛。叶6~8片轮生；叶片线状倒披针形，长1~3cm，宽2~4mm，先端急尖，有短芒，基部渐狭成长楔形，上面连同叶缘和中脉均具倒生小刺毛，下面无或疏生倒刺毛；无柄。聚伞花序顶生或腋生、单生或2~3个簇生，有3~10花；萼筒有钩毛，长约0.5mm，萼檐近截平；花冠黄绿色，4深裂，裂片长圆形，长不及1mm；雄蕊伸出。果由2枚分果组成，分果近球形，直径约4mm，密生钩毛，果梗直。花期4~5月，果期5~6月。

本市各地常见，生于山坡、旷野、沟边、林缘、草地。

全草药用。

陈贤兴 摄

陈贤兴 摄

图294 猪殃殃

## 9. 栀子属 Gardenia Ellis

灌木至小乔木。叶对生或3片轮生；托叶生于叶柄内侧。花单生或很少排成伞房花序；萼筒卵形或倒圆锥形，有纵棱；花冠高脚碟状或管状或漏斗状，檐部5~12裂；雄蕊5~12；子房1室，胚珠多数，着生于2~6个侧膜胎座上。果革质或肉质，平滑或有纵棱，顶端具宿存萼裂片。

约60~200或250种，分布于热带和亚热带地区。我国5种；浙江2种1变种；温州2种。

### 1. 栀子 图295

**Gardenia jasminoides** Ellis [*Gardenia jasminoides* Ellis var. *radicans* (Thunb.) Makino ; *Gardenia jasminoides* Ellis f. *grandiflora* (Lour.) Makino]

常绿灌木。高可达2m。叶对生或3片轮生；叶片革质，倒卵状椭圆形或至倒卵状长椭圆形，有时倒卵状披针形或长椭圆形，长4~14cm，宽1.5~4cm，全缘，两面无毛；叶柄长0~4mm；托叶鞘状。花单生于枝顶或叶腋，芳香；花萼顶端5~7裂；花冠白色，高脚碟状，直径4~6cm，筒长3~4cm，顶端5至多裂，裂片倒卵形或倒卵状椭圆形。果橙黄色至橙红色，通常卵形，长1.5~2.5cm，有5~8纵棱。花期5~7月，果期8~11月。

本市各地常见，生于旷野、山谷、山坡、溪边的灌丛或林中。

花大而美丽、芳香，广植于庭园供观赏；根、叶、花、果实药用；花可供提制芳香浸膏；成熟果实可供提取栀子黄色素。我国有广泛种植。

本种分布较广，不同环境下其习性、叶的形状及大小、果实的形状及大小等存在一定变异。一些学者亦根据其叶、花、果实等的变异，定了若干变种或变型。

### 2. 狭叶栀子

**Gardenia stenophylla** Merr.

本种与栀子 *Gardenia jasminoides* Ellis 的主要区别在于：本种叶片狭披针形或线状披针形，宽5~23mm；果的纵棱有时不明显。

见于永嘉（四海山）、瑞安（红双林场）、泰顺（黄桥），生于山谷、溪边林中、灌丛或旷野河边，常见于岩石上。温州分布新记录种。

果实和根药用；可作盆景栽植。

以往该种曾被鉴定为水栀子 *Gardenia jasminoides* Ellis var. *radicans* (Thunb.) Makino，但《Flora of China》认为是本种的误定。

图295 栀子

## 10. 耳草属 Hedyotis Linn.

直立或蔓生草本、亚灌木或灌木。叶对生，少轮生或丛生；托叶分离或基部连合，偶合生成一鞘。花排成顶生或腋生的聚伞花序，少组成其他花序或单生；萼檐4或5裂，稀2或3裂或截平，宿存；花冠管状、漏斗状或高脚碟状，裂片4或5，蕾时镊合状排列；雄蕊与花冠裂片同数；子房下位，2室，每室有胚珠多枚，稀1枚。果小。种子具棱。

约500种，广布于热带和亚热带地区，主产于亚洲和非洲。我国67种；浙江7种，温州也有。

### 分种检索表

1. 叶片线形或线状披针形，宽1~3mm；花或花序全部腋生。
  2. 老叶叶片带革质；花无花梗，2~3花簇生……………………………… **6. 纤花耳草 H. tenelliflora**
  2. 老叶叶片草质；花有花梗，单生、成对或2~5花组成花序。
    3. 花2~4(~5)朵组成伞房式花序，很少可夹入退化为单花的，花序梗及花梗均纤细…… **3. 伞房花耳草 H. corymbosa**
    3. 花单生或成对着生，花梗较粗壮……………………………… **4. 白花蛇舌草 H. diffusa**
1. 叶片形状不如上述，宽在5mm以上；花序全部腋生，或顶生及着生于分枝上部的叶腋。
  4. 花序全部腋生。
    5. 伏地匍匐草本，植株干后黄绿色；叶片长1~2.4(~2.8)cm，上面疏生短粗毛或无毛，触之不刺手……………………………… **1. 金毛耳草 H. chrysotricha**
    5. 披散状草本，仅下部匍匐，植株干后变黑褐色；叶片长2.5~5cm，上面有角质短硬刺毛，触之刺手……………………………… **7. 粗叶耳草 H. verticillata**
  4. 花序顶生及着生于分枝上部的叶腋。
    6. 叶片非肉质，披针形或长卵形，先端渐尖；蒴果成熟时室间开裂为2枚分果爿……… **2. 拟金草 H. consanguinea**
    6. 叶片肉质，椭圆形、卵状椭圆形或倒卵状椭圆形，先端圆或钝圆；蒴果成熟时仅顶部开裂……………………………… **5. 肉叶耳草 H. strigulosa**

### ■ 1. 金毛耳草 图296

**Hedyotis chrysotricha** (Palib.) Merr.

多年生匍匐草本。植物干后黄绿色。茎被金黄色柔毛。叶片薄纸质或纸质，长1~2.4(~2.8)cm，宽0.6~1.5cm，上面黄褐色，被疏生短粗毛或无毛，下面黄绿色，被金黄色柔毛，在脉上较密；叶柄长1~3mm；托叶合生，顶端齿裂，裂片不等长。花1~3数腋生；花梗长约2mm，被毛；萼檐4裂；花冠淡紫色或白色，漏斗状，长5~6mm，顶端4裂。蒴果球形，直径约2mm，被长柔毛，具数条纵棱及宿存的萼裂片，成熟时不开裂。花期6~8月，果期7~9月。

本市各地常见，生于山谷杂木林下或山坡灌木丛下。

### ■ 2. 拟金草 图297

**Hedyotis consanguinea** Hance [*Hedyotis lancea* Thunb. ]

直立草本。高30~40cm。茎不分枝，纤细，无毛，干后变灰黄色，具微棱。叶片披针形或长卵形，长2~3cm，宽0.8~1cm，除中脉疏被短柔毛外两面无毛；近无柄；托叶长卵形，渐尖，边缘具疏离小腺齿。花序顶生及生于上部叶腋，为聚伞花序排成圆锥花序式或总状式；花序梗长2~3cm；花4数；花冠白色，冠管长2~2.5mm，裂片与冠管等长。蒴果椭圆形，连宿存萼檐裂片长达3mm，直径约2mm，成熟时室间开裂为两枚分果爿。花果期6~8月。

见于永嘉、瓯海、瑞安、文成、泰顺，生于草地或水沟旁。

此种原在《浙江植物志》记载为 *Hedyotis lancea* Thunb.，中文名为“剑叶耳草”，其在《Flora of China》中作为拟金草 *Hedyotis consanguinea* Hance 的异名，而《Flora of China》中亦有“剑叶耳草”，其学名为 *Hedyotis caudatifolia* Merrill et F. P. Metcalf。经观察比较，鉴定温州产的为拟金草。

## 3. 伞房花耳草 图 298

**Hedyotis corymbosa** (Linn.) Lam.

一年生柔弱草本。茎分枝多，蔓生状，高

图 296 金毛耳草

图 297 拟金草

图 298 伞房花耳草

10~40cm，四棱形，无毛或在棱上疏被短柔毛。叶片膜质，老时草质，线形或线状披针形，长 1~2cm，宽 1~3mm，两面稍粗糙或上面中脉上有极稀短柔毛；无柄；托叶长约 1mm，合生，顶端有数条短刺毛。花 2~4(~5) 数排成伞房式花序，稀单生，腋生；花序梗及花梗纤细；萼檐 4 裂；花冠白色或淡红色，管状，长约 2.5mm，顶端 4 裂。蒴果球形，直径 1.5~1.8mm，具数条不明显纵棱及宿存萼裂片，熟时室背开裂。花期 6~8 月，果期 9~10 月。

见于永嘉、乐清、洞头、瑞安，多见于水田和田埂或湿润的草地上。

## 4. 白花蛇舌草 图 299

**Hedyotis diffusa** Willd.

一年生纤细草本。茎多分枝，高 20~50cm，扁圆柱形，小枝具纵棱。叶片膜质，老时草质，线形，长 1~4cm，宽 1~3mm，上面无毛，下面有时粗糙；无柄；托叶长 1~2mm，基部合生，顶端齿裂。花单生或成对生于叶腋；花梗长 2~5mm，较粗壮，有时可长达 10mm；萼檐 4 裂；花冠白色，管状，长约 3.5mm，

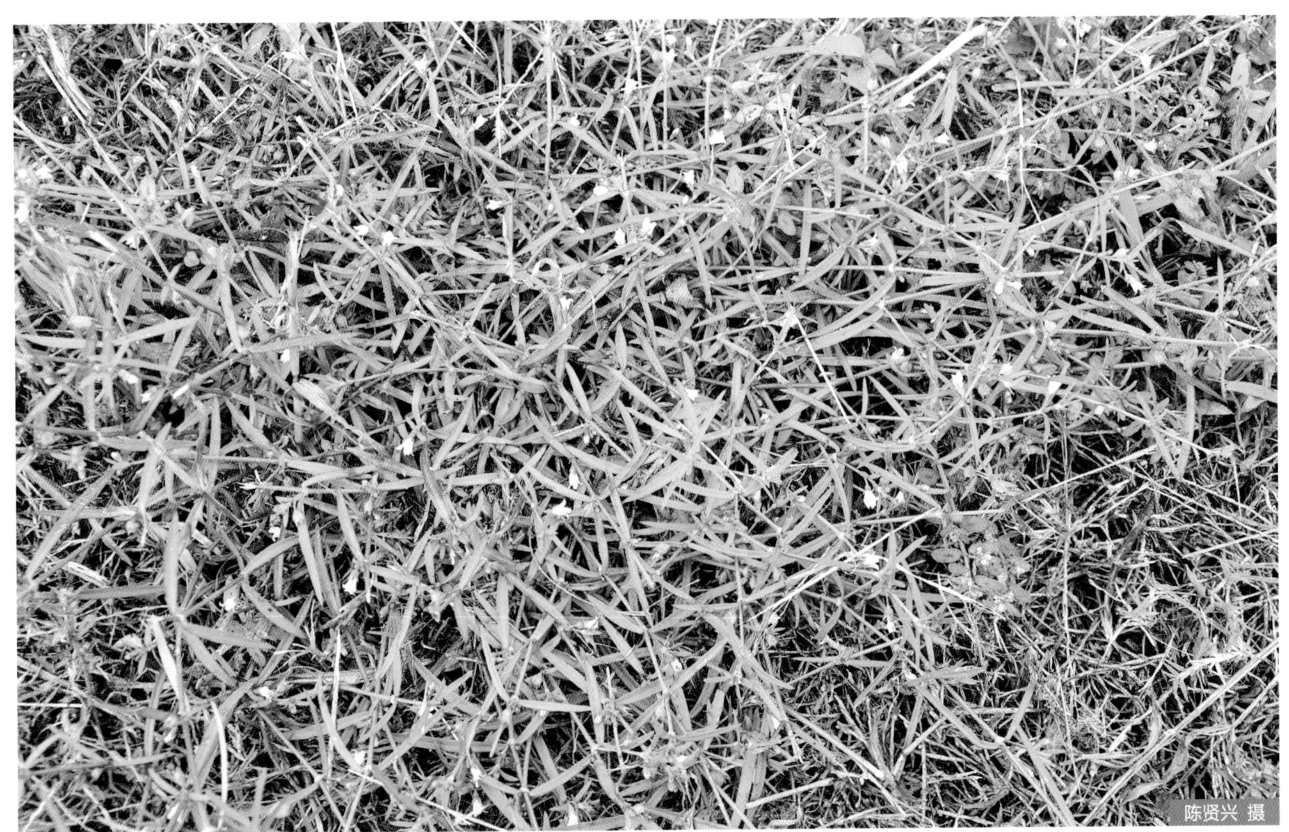

图 299 白花蛇舌草

顶端4裂。蒴果扁球形，直径2~3mm，具宿存萼裂片，成熟时室背开裂。花期6~7月，果期8~10月。

见于本市各地，多见于水田、田埂和湿润的旷地。

## 5. 肉叶耳草 厚叶双花耳草 图300

**Hedyotis strigulosa** (Bartl. ex DC.) Fosb.[*Hedyotis biflora* (Linn. ) Lam. var. *parvifolia* Hook. et Arn.]

一年生或多年生草本。茎略带肉质，高5~20cm，全体无毛，基部倾卧或斜上。叶片带肉质，椭圆形、卵状椭圆形或倒卵状椭圆形，长1~2.5cm，宽0.7~1.2cm，上面具光泽，边缘多少反卷；无柄或近无柄；托叶长约2mm，先端具2微齿。数花组成2歧聚伞花序，顶生及着生于分枝上部的叶腋；花梗长3~5mm；萼檐4裂；花冠白色，管状，长3~4mm，4裂。蒴果倒卵状扁球形，直径4~5mm，具2~4纵棱。花期8~9月，果期10~11月。

见于瑞安、洞头、平阳、苍南，生于海岸的山坡谷地岩石上。

药用。

图 300 肉叶耳草

## 6. 纤花耳草 图 301

**Hedyotis tenelliflora** Bl.

一年生柔弱草本。全株干后变黑褐色。茎直立，高 15~50cm，分枝具 4 棱。叶片薄纸质，老时带革质，线形或线状披针形，长 1.5~3.5cm，宽 1~3mm，上面密被圆形小疣体，下面光滑；无柄；托叶长 3~6mm，基部合生，顶端分裂成数条刺状刚毛。花 2~3 数簇生于叶腋，无梗；萼檐 4 裂；花冠白色，漏斗状，长约 3.5mm，顶端 4 裂。蒴果卵形，具宿存的萼裂片，熟时顶端开裂。花期 6~7 月，果期 8~10 月。

见于永嘉、乐清、瑞安、文成、平阳、苍南、泰顺，生于坡地或田埂上。

图 301 纤花耳草

## 7. 粗叶耳草 图 302

**Hedyotis verticillata** (Linn.) Lam.

一年生披散状草本。茎多分枝，下部匍匐，枝上部四棱形，下部圆柱形，被短粗毛。叶片纸质，长圆形或长椭圆形，长 2.5~5cm，宽 6~10mm，上面被短硬刺毛，下面沿中脉密被柔毛；无柄或近无柄；托叶基部合生，顶端分裂成数条刺状毛。数花簇生于叶腋；无花序梗；花无花梗；萼檐 4 裂；花冠白色，近漏斗状，长约 4mm，顶端 4 裂。蒴果卵形，长约 4mm，被硬毛，具宿存萼裂片，熟时顶端开裂。花期 8~10 月，果期 10~12 月。

见于文成，生于草丛或路旁和疏林下。

图 302 粗叶耳草

## 11. 粗叶木属 Lasianthus Jack

灌木。常具臭味。叶对生；托叶生于叶柄间。花小，单生或2至数花成束或排成聚伞花序或头状花序；花萼檐部3~6裂，裂片宿存；花冠漏斗状或高脚碟状，顶端4~6裂；雄蕊4~6；子房4~9室，通常4~6室，每室有1枚胚珠。核果，内有分核4~9枚。

约184种，主产于热带亚洲，少数分布于非洲、热带美洲和澳大利亚。我国33种；浙江2种；温州1种。

### ■ 日本粗叶木 图303

**Lasianthus japonicus** Miq. [*Lasianthus hartii* Franch.; *Lasianthus lancilimbus* Merr.]

常绿灌木。枝和小枝无毛或嫩部被柔毛。叶片纸质或近革质，长圆状披针形、披针形或宽倒披针形，长(9~)11~15cm，宽2~3.5cm，上面无毛或近无毛，下面沿脉被贴伏硬毛或无毛；叶柄长0.5~1.0cm，被柔毛或近无毛。花无梗，常2~3个簇生于一腋生、很短的花序梗上；花萼短，萼檐5裂，裂片齿状；花冠白色而常微带红色，漏斗状，长8~10mm，裂片5。核果球形，蓝色，直径约5mm。花期5~6月，果期10~11月。

见于瑞安、乐清、永嘉、文成、泰顺，生于林下。

陈贤兴 摄

陈贤兴 摄

陈贤兴 摄

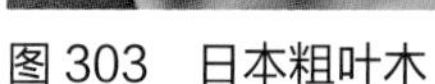
图303 日本粗叶木

## 12. 巴戟天属 Morinda Linn.

攀援状或直立灌木或小乔木。叶对生，少3片轮生；托叶鞘状。花单生或由数个小头状花序再组成伞形式花序式；萼筒彼此多少黏合，萼檐近截平或具齿裂；花冠漏斗状或高脚碟状，裂片5（4~7），蕾时镊合状排列；雄蕊与花冠裂片同数；子房下位，2室或不完全的4室，每室有胚珠1枚。果为聚花果，由肉质、扩大、合生的花萼组成，内含具1种子的分核数枚，或有时分核合生而成一枚2~4室的核。

约80~100种，广布于热带和亚热带地区。我国27种；浙江1种，温州也有。

## ■ 羊角藤 图 304

**Morinda umbellata** Linn.

攀援灌木。叶对生，叶片薄革质或纸状革质，形状变异较大，倒卵状长圆形、长圆形、长圆状披针形、椭圆形，长 5~10cm，宽 2~3.5cm，两面除中脉被短柔毛外，余部被极稀疏短柔毛或近无毛，下面脉腋具簇毛；叶柄长 3~8mm。花序顶生，常由 4~10 个小头状花序再组成伞形式花序；花冠白色，深裂几达基部，裂片长 2~4mm。聚花果成熟时红色，扁球形或近肾形，直径 8~12mm。花期 6~7 月，果期 7~10 月。

见于本市各地，攀援于山地林下、溪旁、路旁等的灌木上。

图 304　羊角藤

## 13. 玉叶金花属 **Mussaenda** Linn.

直立、攀援状灌木或缠绕藤本。叶对生或数片轮生；托叶在叶柄间，单生或成对，常脱落。花组成顶生、各式排列的聚伞花序；萼筒长椭圆形或陀螺形，萼檐5裂，有时其中1枚扩大而成花瓣状；花冠漏斗状，顶端5裂；雄蕊5；子房2室，每室有胚珠极多数。浆果。

约200种，广布于热带非洲、亚洲以及马达加斯加岛和太平洋群岛。我国29种；浙江2种，温州也有。

### 1. 玉叶金花 图305

**Mussaenda pubescens** Ait. f.

缠绕藤本。叶对生或近轮生；叶片膜质或薄纸质，卵状长圆形或卵状椭圆形，长5~9cm，宽2~3cm，上面近无毛或疏被毛，下面密被短柔毛；叶柄长3~8cm，被柔毛；托叶三角形，2深裂。伞房式聚伞花序顶生；萼筒陀螺形，长2~3mm，萼檐裂片狭披针形，花瓣状萼裂片缺失或宽椭圆形，长2.5~4cm；花冠黄色，花冠筒长约2cm，裂片长3~4mm。浆果近椭圆形，长8~10mm，直径约7mm，顶端具环纹，干时黑色。花期6~7月，果期8~11月。

见于乐清、永嘉、洞头、瓯海、瑞安、文成、平阳、苍南、泰顺，生于灌丛、溪谷、山坡或村旁。

茎叶药用或晒干代茶叶饮用。

图305 玉叶金花

### 2. 大叶白纸扇 图306

**Mussaenda shikokiana** Makino

直立或攀援状灌木。叶对生；叶片膜质或薄纸质，宽卵形或宽椭圆形，长8~20cm，宽5~11cm，两面被疏柔毛；叶柄长1~3.5cm，被短柔毛；托叶先端常2裂。伞房式聚伞花序顶生；萼筒陀螺状，长约4mm，裂片披针形，长达1cm，花瓣状萼裂片白色，倒卵形，长3~4cm，宽1.5~2cm；花冠黄色，长约1.4cm，裂片卵形，长约2mm。浆果近球形，直径约1cm，顶端具环纹。花期6~7月，果期8~10月。

见于永嘉、瓯海、瑞安、文成、泰顺，生于山地疏林下或路边。

植株含胶液。

本种与玉叶金花 *Mussaenda pubescens* Ait. f. 的主要区别在于：本种非缠绕藤本；叶片明显较大，宽卵形或宽椭圆形，宽5~11cm，叶柄长1~3.5cm；花序疏散，花冠长仅1.4cm。

图 306　大叶白纸扇

## 14. 新耳草属 **Neanotis** W. H. Lewis

直立、披散状或匍匐草本，很少半灌木。叶对生；托叶位于叶柄间，基部合生，顶端裂成刚毛状。花组成头状花序或聚伞花序；萼筒扁球形，顶端 4 裂；花冠漏斗状或管状，顶端 4 裂，裂片蕾时镊合状排列；雄蕊 4；子房 2 室，少 3 或 4 室，每室胚珠数枚。蒴果双生，两侧压扁，顶部有 2 伸长的裂片，室背开裂。种子盾形或平凸状或底部具穴，无棱角。

约 30 种，主要分布于热带亚洲和澳大利亚。我国 8 种；浙江 3 种，温州也有。

### 分种检索表

1. 直立草本，不分枝或极少分枝；数十花组成顶生而开展的聚伞花序……………………………………3. **臭味新耳草 N. ingrata**
1. 披散状草本，多分枝；数花或最多不超过 10 花组成顶生及腋生的近于头状或疏散的聚伞花序，有时单生。
   2. 茎、叶片两面、托叶连同花序均被卷曲柔毛；花常组成疏散的聚伞花序……………1. **卷毛新耳草 N. boerhaavioides**
   2. 茎、叶片（至少上面）、托叶连同花序均无毛；花常聚生而近于头状花序 ………………………2. **薄叶新耳草 N. hirsuta**

## ■ 1. 卷毛新耳草　黄细心假耳草　图 307

**Neanotis boerhaavioides** (Hance) W. H. Lewis

一年生披散分枝草本。茎和分枝下部常匍匐，高达 20cm，具纵棱，密被卷曲柔毛。叶片三角状卵形至卵状椭圆形，上半部常多少缢缩，长 1.5~3.5cm，宽 0.7~1.5cm，全缘，两面均被柔毛；叶柄长 2~4mm，有柔毛；托叶下部联合，上部裂成刺毛状，有柔毛。聚伞花序常疏散，顶生及腋生，被柔毛；花冠短漏斗状，长 3~4mm。果扁球形，直径约 4mm，顶端具宿存的萼裂片。花期 8~9 月，果期 10~11 月。

见于文成、泰顺等地，生于山坡林下湿地。

陈贤兴 摄

陈贤兴 摄

图 307　卷毛新耳草

## ■ 2. 薄叶新耳草　薄叶假耳草　图 308

**Neanotis hirsuta** (Linn. f.) W. H. Lewis

披散状多分枝草本。茎下部常匍匐，具纵棱，无毛，基部常生不定根。叶片卵形或卵状椭圆形，长 2~4cm，宽 1~2cm，边缘具短柔毛，后渐脱落，上面无毛，下面无毛或具稀疏短柔毛；叶柄长 2~7mm，无毛；托叶下部连合，上部裂成刺毛状，无毛。花序腋生及顶生，有数花，常集成头状，有时单生；花小，近无梗；花冠白色，筒状漏斗形，长 4~5mm。果近球形，顶端具宿存萼裂片。种子平凸状。花期 7~9 月，果期 10 月。

见于永嘉、瑞安、文成、泰顺，生于林下或溪旁湿地上。

## ■ 3. 臭味新耳草　假耳草　图 309

**Neanotis ingrata** (Wall. ex Hook. f.) W. H. Lewis

多年生直立草本。茎通常不分枝，高可达 1 m，具纵棱，无毛或嫩枝稍被柔毛。叶片长椭圆形或长卵状椭圆形，长 6~11cm，宽 2~4.5cm，边缘具柔毛，

图 308　薄叶新耳草

图 309 臭味新耳草

两面均有柔毛；托叶下部近三角形，上部裂片刺毛状，通常有柔毛。聚伞花序顶生，有数十花；花冠白色，长于花萼。果球形，直径约 2mm。种子平凸状。花期 6~7 月，果期 8~9 月。

见于瑞安、文成、泰顺，生于山坡林内或河谷两岸草坡上。

## 15. 蛇根草属 Ophiorrhiza Linn.

草本或半灌木。叶对生；托叶短小，早落。花组成顶生或腋生的二歧或多歧分枝的聚伞花序，常偏生于花序分枝的一侧；萼筒短，陀螺形或近球形，通常具棱或槽，萼檐 5 裂，裂片小，宿存；花冠漏斗状或管状，顶端 5 裂，裂片短，在蕾时镊合状排列；雄蕊 5；子房下位，2 室，每室有多枚胚珠。蒴果扁，革质，宽倒心形或具 2 裂的菱形，中部为萼筒所包围，顶端宽 2 瓣裂。

约 200~300 种，分布于亚洲的热带和亚热带地区和澳大利亚、巴布亚新几内亚及太平洋群岛。我国 70 种；浙江 3 种；温州 3 种。

**分种检索表**

1. 直立草本或亚灌木，植株高 30~50cm。
    2. 叶片通常长椭圆形，长 12~16cm；长柱花的柱头和短柱花的花药稍伸出花冠管口之外……………………………………………………**1. 广州蛇根草 O. cantonensis**
    2. 叶片通常卵形，长很少超过 8cm；本种长柱花的柱头和短柱花的花药均不露出花冠管口之外……………………………………………………**2. 日本蛇根草 O. japonica**
1. 直立或下部匍匐细弱小草本，植株高 10~30cm……………………**3. 短小蛇根草 O. pumila**

### 1. 广州蛇根草

**Ophiorrhiza cantonensis** Hance

草本或亚灌木。高 30~50cm。茎基部匐地，节上生根，上部直立，通常仅花序和嫩枝被短柔毛，褐色或暗褐色，有时灰褐色。叶片纸质，通常长圆状椭圆形，有时卵状长圆形或长圆状披针形，长 12~16cm，有时较小，干时上面灰褐色或灰绿色，下面淡绿色或黄褐色，有时两面或下面变红色或淡红褐色，通常两面无毛或上面散生稀疏短糙毛，有时上面或两面被很密的糙硬毛；叶柄长 1.5~4cm。花序顶生，圆锥状或伞房状，通常极多花；花二型，花柱异长；花冠白色或微红，干时变黄色或有时变淡红色，近管状，冠管长通常 1~1.2cm，偶达 1.5cm，裂片 5，近三角形，长 3~4mm；长柱花的柱头和短柱花的花药稍伸出花冠管口之外。蒴果僧帽状，长 3~4mm，宽 7~9mm，近无毛。花期冬春，果期春夏。

段林东和林祁（2007）报道泰顺有产，但未见标本。

## 2. 日本蛇根草　蛇根草　图 310

**Ophiorrhiza japonica** Bl.

多年生草本。茎直立或基部伏卧，高可达40cm，褐色，圆柱形，密被锈色曲柔毛，幼枝具棱。叶片膜质或薄纸质，卵形、卵状椭圆形或椭圆形，长2.5~8cm，宽1.3~3cm，全缘，干后上面褐色，被稀疏短粗毛，下面红褐色，沿脉被短柔毛；叶柄长1~2.5cm，密被曲柔毛。聚伞花序顶生，二歧分枝，密被柔毛；花二型，花柱异长；花冠白色，长1~1.5cm；雄蕊内藏。蒴果菱形，长3~4mm，宽7~10mm。花期11月至翌年5月，果期4~6月。

见于永嘉、乐清、瑞安、文成、平阳、苍南、泰顺，生于沟谷沃土上。

本种长柱花的柱头和短柱花的花药均不露出花冠管口之外；叶片通常卵形，长很少超过8cm。而广州蛇根草 *Ophiorrhiza cantonensis* Hance 长柱花的柱头和短柱花的花药稍伸出花冠管口之外；叶片通常长椭圆形，长12~16cm。

图 310　日本蛇根草

## 3. 短小蛇根草　图 311

**Ophiorrhiza pumila** Champ. ex Benth.

多年生小草本。通常高逾10cm。茎和分枝均稍肉质，密被柔毛。叶纸质，卵形、披针形、椭圆形或长圆形，长通常2~5.5cm，宽1~2.5cm；叶柄长通常0.5~1.5cm，被柔毛。花序顶生，多歧聚伞花序，多花；花一型，花梗长0.5~1.5mm；萼小，被短硬毛，萼裂片近三角形；花冠白色，全长约5mm，外面被短柔毛，花冠裂片卵状三角形，长1.2~1.5mm；雄蕊生冠管中部；花柱长3.5~4mm，被硬毛，柱头2裂，裂片卵形，长0.8~1mm。蒴果呈倒心状，长2~2.5mm，宽6~7mm。花期4~7月，果期6~8月。

见于瑞安、文成，生于林下沟溪边或林下湿阴处。

图 311　短小蛇根草

## 16. 鸡矢藤属 Paederia Linn.

缠绕藤本。揉之有臭味。叶对生，间有3片轮生；托叶位于叶柄间，通常三角形，脱落。花排成腋生或顶生的圆锥花序或圆锥花序式的聚伞花序；萼筒陀螺形或卵形，萼檐4~5裂，裂片宿存；花冠管状或漏斗状，顶端4~5裂，裂片蕾时镊合状排列；雄蕊4~5；子房下位，2室，每室有胚珠1枚。果球形或压扁；果皮膜质，光亮而脆。

约30种，主产于亚洲的热带和亚热带地区，非洲和美洲的热带和亚热带地区及马达加斯加亦有少量分布。我国9种；浙江2种，温州也有。

### 1. 长序鸡矢藤 耳叶鸡矢藤 图312

**Paederia cavaleriei** Lévl.

藤本。茎或枝密被黄褐色或污褐色柔毛。叶片通常卵状椭圆形或长卵状椭圆形，长6~12cm，宽2~6cm，上面被粗短毛，沿脉尤密，下面密被粗柔毛；叶柄长1~5cm，密被柔毛；托叶长4~8mm，内面被柔毛。圆锥状聚伞花序腋生或顶生，总花序轴伸长，密被与茎或枝同样的柔毛；萼筒卵形，萼檐5裂，裂片宽卵形，长约0.5mm；花冠浅紫色，顶端5裂，裂片长1~2mm。果球形，成熟时蜡黄色，直径4.5~5mm。花期6~7月，果期8~10月。

见于永嘉、瓯海、瑞安、文成、平阳、泰顺，生于山地灌丛。

### 2. 鸡矢藤 图313

**Paederia foetida** Linn. [*Paederia scandens* (Lour.) Merr. ; *Paederia scandens* var. *tomentosa* (Bl.) Hand.-Mazz. ; *Paederia laxiflora* Merr. ex Li]

藤本。茎无毛至密被毛。叶对生，叶片形状变化很大，卵形、卵状长圆形、披针形、披针状长圆形或长圆形，长5~9cm，宽1~4(~6)cm，上面无毛或沿脉被柔毛，下面无毛或被柔毛或被硬毛或沿主脉被短糙伏毛；叶柄长2.5~7cm；托叶三角形或卵形，1.5~6mm。花序腋生和（或）顶生，圆锥状、聚伞圆锥状、伞房状或聚伞状，末次分枝二歧状或通常蝎尾状；萼管长0.8~2mm，萼檐裂片5，裂片三角形，长0.4~1mm；花冠浅紫色、粉红带灰色、丁香紫色或白带灰色，外面被粉末状柔毛或绒毛，顶部5裂，裂片长1~2mm。果球形，成熟时近黄色，

丁炳扬 摄

陈贤兴 摄

图312 长序鸡矢藤

陈贤兴 摄

直径 5~7mm。花期 5~10 月，果期 7~12 月。

本市各地常见，生于山坡、林中、林缘、沟谷边灌丛中或缠绕在灌木上。

药用。

本种与长序鸡矢藤 *Paederia cavaleriei* Lévl. 的主要区别在于：后者花序、茎或枝及叶片下面密被黄褐色或污褐色柔毛；果直径 4.5~5mm。

本种叶的形状和大小变异很大。对于鸡矢藤 *Paederia foetida* Linn. 的处理历来有较多观点，以往其学名多采用 *Paederia scandens* (Lour.) Merr.，认为茎和叶无毛或近无毛，同时根据茎和叶多被毛等特征而分出变种毛鸡矢藤 *Paederia scandens* var. *tomentosa* (Bl.) Hand.-Mazz.。另外，疏花鸡矢藤 *Paederia laxiflora* Merr. ex Li 以往常作为独立种处理，其叶片披针形，叶柄长 1.2~2cm，花冠长 6~7mm，而鸡矢藤 *Paederia scandens* (Lour.) Merr. 叶片卵形、卵状长圆形、披针形、披针状长圆形或长圆形，叶柄长 1.5~7cm，花冠长 8~12mm。有关鸡矢藤的更多文献可参考 Puff(1991) 和 W. C. Ko(1999)。

图 313　鸡矢藤

## 17. 槽裂木属 Pertusadina Ridsd.

乔木，少有灌木。树干常有纵沟槽或裂缝。叶对生；托叶全缘或顶部线状 2 裂，早落。头状花序腋生，少顶生，单生或 3 个簇生，有时组成单二歧聚伞状或单聚伞式圆锥状花序；萼筒短，萼檐 5 裂，裂片三角形至椭圆状长圆形，先端钝，宿存；花冠高脚蝶状至窄漏斗状，5 裂；雄蕊 5；子房 2 室，每室有 10 枚胚珠。蒴果从基部至顶部 4 裂。

4 种，分布于我国、泰国、巴布亚新几内亚、菲律宾和马来半岛、摩鹿加群岛 (Moluccas)。我国 1 种，浙江及温州也有。

图 314 海南槽裂木

### ■ 海南槽裂木 图 314

**Pertusadina metcalfii** (Merr. ex H. L. Li) Y. F. Deng et C. M. Hu [*Pertusadina hainanensis* (How) Ridsd. ]

灌木或小乔木。高可达10 m。叶片椭圆形至长椭圆形，长6~12cm，宽2~4.5cm，上面无毛，下面被短绒毛，沿脉被短柔毛，后渐脱落，脉腋内有簇毛；叶柄长3~15mm，无毛或被短柔毛；托叶线状长圆形至钻形，全缘，稀顶端有凹缺。花序单一或有时组成单二歧聚伞状，直径（不连花柱）6~8mm；花序梗中部以下有3~5小苞片；花冠黄色，高脚蝶状。蒴果长1.5~2.5mm。花期5~6月，果期7~10月。

见于苍南（莒溪）、泰顺，生于溪旁林中。

木材供造船、桥梁、木桩、枕木和车轴等用。

## 18. 九节属 Psychotria Linn.

灌木、小乔木，有时为藤本。叶对生，稀轮生；托叶常合生，顶端全缘或 2 裂。花组成伞房花序式或圆锥花序式的聚伞花序，顶生，稀腋生；萼筒短，萼檐 4~6 裂或截平；花冠漏斗状、管状或近钟状，顶端 5(4~6) 裂；雄蕊与花冠裂片同数；子房 2 室，每室有 1 枚胚珠。浆果或核果。

800~1500 种，广布于热带和亚热带。我国 18 种；浙江 2 种，温州也有。

### ■ 1. 九节

**Psychotria asiatica** Linn[*Psychotria rubra* (Lour.) Poir.]

常绿直立灌木。高 1~3 m。枝无毛。叶常聚集于枝顶；叶片纸质，长圆形、椭圆状长圆形或倒卵状长椭圆形，全缘，长 8~17cm，宽 2~5cm，上面无毛，下面脉腋内有簇毛，中脉在两面均隆起；叶柄长 1~2cm；托叶早落。聚伞花序常顶生；萼筒倒圆锥形，长约 1mm，萼檐扩大，顶端不明显齿裂或截平；花冠淡绿色或白色，冠管长 2~3mm，顶端 5 裂，裂片长约 2mm。核果近球形或卵状椭圆形，成熟时红色，有纵棱，直径约 5mm。花果期 7~11 月。

《泰顺县维管束植物名录》记载泰顺有产，但未见标本。

嫩枝、叶、根药用，能清热解毒、消肿拔毒、祛风除湿。

### ■ 2. 蔓九节 图 315

**Psychotria serpens** Linn.

常绿攀援藤本，常以气根攀附于岩石或树上。叶片厚纸质，形状变化较大，通常椭圆形或卵形，稀倒卵形或长卵形，全缘，长 1.5~6cm，宽

图 315 蔓九节

1~2.5cm，两面无毛；叶柄长 3~5mm；托叶早落。聚伞花序顶生；萼筒倒圆锥形，长约 1mm，萼檐稍扩大，顶端 5 裂，裂片短齿状；花冠白色，顶端 5 裂，冠管与裂片近等长，长 1.5~3mm。浆果状核果，近球形或椭圆形，成熟时白色，有明显纵棱，直径约 5mm。花期 5~7 月，果期 6~12 月。

见于乐清、洞头、平阳、苍南、泰顺，生于山地、山谷水旁的灌丛或林中。

全株药用，能舒筋活络、壮筋骨、祛风止痛、凉血消肿。

与九节 *Psychotria asiatica* Linn. 的主要区别在于：本种为具气根的攀援藤本；叶片较小，长 1.5~6cm，叶柄较短，长仅 3~5mm；果实成熟时白色。

## 19. 墨苜蓿属 Richardia Linn.

直立或平卧草本。叶对生，无柄或有柄；托叶与叶柄合生成鞘状，上部分裂成多条丝状或钻状的裂片。花序头状，顶生，有叶状总苞片；花小，白色或粉红色，两性或有时杂性异株；萼筒陀螺状或球状，檐部 4~8 裂；花冠漏斗状，檐部 3~6 裂，裂片蕾时镊合状排列；雄蕊 3~6；子房 3~4 室，每室有胚珠 1 枚，生于隔膜中部。蒴果成熟时萼檐环状裂开而脱落。种子背部平凸，腹面有 2 直槽。

15 种，广布于安的列斯群岛及美洲，3 种在旧世界热带有归化。我国有 2 种归化；浙江和温州归化 1 种。

### ■ 墨苜蓿 图 316

**Richardia scabra** Linn.

一年生匍匐或近直立草本。长可达 80cm。茎近圆柱形，被硬毛，疏分枝。叶片厚纸质，卵形、椭圆形或披针形，长 1~5cm，宽 0.5~3.5cm，两面粗糙，边上有缘毛；叶柄长 5~10mm；托叶鞘状，顶部截平，边缘有刚毛。头状花序有花多数，顶生，几无花序梗；花序梗顶端有 1 或 2 对叶状总苞，分为 2 对时，则里面 1 对较小；总苞片阔卵形；花萼裂片 6；花冠白色，漏斗状或高脚碟状，管长 2~8mm，裂片 6，长 1~3mm；雄蕊 6；子房通常有 3 心皮。分果瓣 3(~6)，长圆形至倒卵形，长 2~3.5mm，背部密覆小乳突和糙伏毛，腹面有 1 狭沟槽，基部微凹。花果期 2~11 月。

原产于热带美洲，平阳（南麂列岛）有归化。浙江归化植物新记录种。

图 316 墨苜蓿

## 20. 茜草属 Rubia Linn.

直立、蔓生或攀援的多年生草本。常被糙毛或小皮刺。茎常为四棱形。叶（包括叶状托叶）4~8 片轮生；托叶叶状。花小，组成腋生或顶生的聚伞花序；萼筒卵形或球形，萼檐不明显或无；花冠 4~5 裂，裂片蕾时镊合状排列；雄蕊与花冠裂片同数；子房下位，2 室或退化为 1 室，每室有胚珠 1 枚。果肉质。

约 80 种，广布于亚洲、非洲、欧洲以及南美洲的温带和热带。我国 38 种；浙江 3 种，温州也有。

### 分种检索表

1. 茎和枝方形，具倒生小刺。
   2. 叶片长为宽的 2 倍以上，线形、披针状线形或狭披针形，偶有披针形 ………………………………… 1. 金剑草 R. alata
   2. 叶片长不超过宽的 2 倍，心形至阔卵状心形，有时近圆心形 ……………………………………………2. 东南茜草 R. argyi
1. 茎和枝圆柱形，无倒生小刺 ……………………………………………………………………………3. 浙南茜草 R. austrozhejiangensis

### 1. 金剑草 图 317

**Rubia alata** Wall.

多年生攀援草本。茎和枝有 4 棱或 4 翅，通常棱上或多或少有倒生皮刺。叶 4 片轮生，薄革质，线形、披针状线形或狭披针形，偶有披针形，长 3.5~9cm，宽 0.4~2cm，顶端渐尖，基部圆至浅心形，边缘反卷，常有短小皮刺，两面均粗糙；叶柄 2 长 2 短，均有倒生皮刺，有时叶柄很短或无柄。花序腋生或顶生，通常比叶长；花冠稍肉质，白色或淡黄色，外面无毛，冠管长 0.5~1mm，裂片 5，长 1.2~1.5mm；雄蕊 5。浆果成熟时黑色，球形或双球形，直径 5~7mm。花期 5~8 月，果期 8~11 月。

见于永嘉、文成、苍南、泰顺，生于山坡林缘或灌丛中，亦见于村边和路边。

### 2. 东南茜草 图 318

**Rubia argyi** (Lévl. et Vant.) Hara ex Lauener

多年生攀援草本。茎、枝均有4直棱或4狭翅，棱上有倒生钩状皮刺，无毛。叶4片轮生，茎生的偶有6片轮生，通常一对较大，另一对较小，叶片纸质，心形至阔卵状心形，有时近圆心形，长(1~)2~4.5(~5)cm，宽(1~)1.5~3.5(~4)cm，顶端短尖或骤尖，基部心形，极少近浑圆，边缘和叶背面的基出脉上通常有短皮刺，两面粗糙，或兼有柔毛，基出脉通常5~7条；叶柄长0.5~5cm。圆锥状聚伞花序顶生或腋生；花冠白色或黄绿色，冠管长0.5~0.7mm，裂片(4)~5，长0.5~1.4mm；雄蕊5。果球形，成熟时黑色，直径5~7mm。花期7~9月，果期9~11月。

图 317 金剑草

本市各地常见，常生于林缘、灌丛或村边园篱等处。

## 3. 浙南茜草 图 319

**Rubia austrozhejiangensis** Z. P. Lei, Y. Y. Zhou et R. W. Wang

本种和东南茜草 *Rubia argyi* (Lévl. et Vant.) Hara ex Lauener 类似，区别在于：本种茎和枝圆柱形，无倒生小刺；叶片卵形至卵状披针形，3~5 脉；花冠裂片稍反卷；果较小，直径 3~4mm。而东南茜草茎和枝方形，具倒生小刺；花冠裂片伸展；果直径 5~7mm。

见于文成、泰顺，生于山坡林下。

图 318 东南茜草

图 319　浙南茜草

## 21. 六月雪属（白马骨属） **Serissa** Comm. ex Juss.

小灌木。揉碎有臭味。叶小，对生，近无柄；托叶位于叶柄间，分裂，裂片刺毛状，宿存。花腋生或顶生，单生或簇生；萼筒倒圆锥形，萼檐 4~6 裂，宿存；花冠漏斗状，花冠筒内部和喉部均被毛，顶端 4~6 裂，裂片在蕾时镊合状排列；雄蕊 4~6，着生于花冠筒上，花丝稍与花冠筒连生，花药近基部背着生；花盘大；子房下位，2 室，每室有 1 枚胚珠，花柱较雄蕊短，柱头 2 裂。核果球形，干燥，蒴果状。

2 种，分布于我国、日本及印度。我国 2 种；浙江 2 种，温州也有。

### ■ 1. 六月雪　图 320

**Serissa japonica** (Thunb.) Thunb.

小灌木。高 60~90cm。小枝灰白色，幼枝被短柔毛。叶片坚纸质，狭椭圆形或狭椭圆状倒卵形，长 6~15mm，宽 2~6mm，全缘，具缘毛，后渐脱落，干后反卷，上面沿中脉被短柔毛，下面沿脉疏被柔毛，后渐脱落；叶柄极短；托叶基部宽，先端分裂成刺毛状。花单生或数花簇生，无梗；萼檐 4~6 裂，裂片三角形，长约 1mm；花冠白色而带红紫色，长 1~1.5cm，顶端 4~6 裂。果小，干燥。花期 5~6 月，果期 7~8 月。

见于本市各地，生于溪边或杂木林内。

常栽培供绿化。

图 320　六月雪

### ■ 2. 白马骨　图 321

**Serissa serissoides** (DC.) Druce

小灌木。高30~100cm。小枝灰白色，幼枝被短柔毛。叶片纸质或坚纸质，通常卵形或长圆状卵形，长1~3cm，宽0.5~1.2cm，全缘，干后稍反卷，上面沿中脉被短柔毛，下面沿脉疏被柔毛；叶柄极

图 321　白马骨

短；托叶基部宽，先端分裂成刺毛状。数花簇生，无梗；萼檐4~6裂，裂片钻状披针形，长3~4mm；花冠白色，漏斗状，长约5mm，顶端4~6裂。果小，干燥。花期7~8月，果期10月。

见于本市各地，生于山坡路旁、溪边灌丛或石缝中。

本种与六月雪 *Serissa japonica* (Thunb.) Thunb. 的主要区别在于：本种的叶片长1~3cm，宽0.5~1.2cm；花冠白色，冠筒与萼檐裂片等长。而六月雪的叶片稍小，长6~15mm，宽2~6mm；花冠白色而带红紫色，冠筒比萼檐裂片长。

## 22. 鸡仔木属 Sinoadina Ridsd.

小乔木至中乔木。叶对生；托叶2浅裂，裂片先端钝圆，早落。头状花序通常7~11个，再组成单总状式聚伞圆锥状排列，顶生；萼筒短，萼檐5裂；花冠高脚蝶状或窄漏斗状，5裂；雄蕊5；子房2室，每室具胚珠4~12枚。蒴果从基部至顶部4裂。

单种属，分布于我国、日本、缅甸和泰国，浙江和温州也有。

### ■ 鸡仔木　水冬瓜

**Sinoadina racemosa** (Sieb. et Zucc.) Ridsd.

落叶乔木。高达10m。小枝红褐色，具皮孔。叶片薄革质，宽卵形或卵状宽椭圆形，长6~15cm，宽4~9cm，边缘多少浅波状，上面无毛或有时被极稀疏柔毛，下面脉腋内具簇毛，有时沿脉疏被柔毛；托叶浅2裂，裂片近圆形，早落。头状花序径（不连花柱）约1.2cm；花冠淡黄色，长约5mm。蒴果倒卵状楔形，长约5mm。花期6~7月，果期8~10月。

《泰顺县维管束植物名录》记载泰顺有产，但未见标本。

木材褐色，供制家具、农具、火柴杆、乐器等；树皮纤维可供制麻袋、绳索及人造棉等。

## 23. 丰花草属 Spermacoce Linn.

草本或矮小亚灌木。小枝常四棱形。托叶与叶柄或叶片基部合生成鞘，顶部细裂为刚毛状。花小，排成腋生或顶生的花束或聚伞花序；萼管倒卵形或倒圆锥形，萼檐2~4裂，裂片间常有齿；花冠漏斗状或高脚碟状，蕾时镊合状排列；雄蕊4；子房下位，2室，每室有胚珠1枚。蒴果，成熟时2瓣裂或仅顶部纵裂；种子干后表面光滑、具横纹、具颗粒状凸起或具1纵沟槽。

约150种，分布于热带和亚热带地区。我国5种；浙江2种，温州也有。

## ■ 1. 阔叶丰花草 图 322

**Spermacoce alata** Aublet

多年生披散草本。全株被毛，茎和枝四棱柱形。叶片椭圆形或卵状椭圆形，长 2~7.5cm，宽 1~4cm，先端锐尖或钝，基部阔楔形而下延，上面平滑；叶柄长 4~10mm，扁平；托叶膜质，被粗毛，顶端有数条长于鞘的刺毛。数花丛生于托叶鞘内，无花梗；萼檐 4 裂；花冠漏斗状，淡紫色，偶有白色，长 3~6mm，顶端 4 裂。蒴果椭圆形，长约 3mm，直径约 2mm，被毛。种子近椭圆形，长约 2mm，干后浅褐色或黑褐色，无光泽，表面具颗粒状凸起。

原产于南美洲，温州永嘉、瓯海、瑞安、平阳、泰顺有归化，多见于废墟和荒地上。

## ■ 2. 山东丰花草 图 323

**Spermacoce shandongensis** (F. Z. Li et X. D. Chen) Govaerts

一年生草本。分枝多，直立或斜升，高 10~30cm；枝微呈四棱形，被短毛。叶无柄，叶片

图 322 阔叶丰花草

图 323 山东丰花草

纸质，线状披针形，长 2~4cm，宽 3~5mm，顶端渐尖，两面粗糙，干后边缘微背卷，侧脉不明显；托叶鞘顶端截平，具数条浅黄色长刺毛。花单生于叶腋，无梗；萼檐 4 裂；花冠粉红色，近漏斗形，长约 4mm，顶部 4 裂。蒴果倒卵形，长 3~3.5mm，被疏柔毛，成熟时 2 瓣裂，具种子 2。种子长圆形，长约 2.5mm，干后黄褐色，有 1 纵沟槽。花果期 8~9 月。

见于平阳(南麂列岛)，生于山坡路旁或空旷地。

《浙江植物志》记载平阳（南麂列岛）有丰花草 *Spermacoce pusilla* Wall. in Roxb. 的分布，经观察比较形态描述，发现《浙江植物志》中记载的丰花草可能是此种的误定。丰花草的种子干后表面具横纹，而山东丰花草的种子干后表面具 1 纵沟槽。

本种与阔叶丰花草 *Spermacoce alata* Aublet 的主要区别在于：后者种子干后表面具颗粒状凸起。

## 24. 乌口树属 Tarenna Gaertn.

乔木或灌木。叶对生；托叶生于叶柄间，脱落。花组成顶生伞房花序式的聚伞花序；萼筒形状各式，萼檐不明显 5 裂；花冠漏斗状或高脚碟状，檐部 5（4）裂，裂片旋转排列；雄蕊 5（4）；子房下位，2 室，每室有胚珠 1 至多数。浆果，革质或肉质。

约 370 种，分布于热带和亚热带亚洲与非洲，以及马达加斯加和太平洋群岛。我国 18 种；浙江 1 种，温州也有。

### ■ 白花苦灯笼 图 324

**Tarenna mollissima** (Hook. et Arn.) Rob.

灌木或小乔木。高达4m。叶片纸质，披针形、长圆状披针形或卵状椭圆形，全缘，上面密被短毡毛，下面密被柔毛；叶柄长5~15mm，密被短柔毛；托叶密被柔毛。伞房状聚伞花序顶生；萼管近钟形，长2~3mm；花冠白色，长约1cm，顶端5或4裂，长约5mm；雄蕊5或4；胚珠每室多枚。果近球形，被柔毛，黑色，直径约5mm。花期7~8月，果期9~11月。

见于乐清、永嘉、瑞安、文成、平阳、苍南、泰顺，生于山地、沟边的林中或灌丛中。

根和叶入药，有清热解毒、消肿止痛之功效。

图 324 白花苦灯笼

## 25. 钩藤属 Uncaria Schreb.

攀援灌木。叶对生；托叶位于叶柄间，全缘或2裂。花紧密地聚合成1个腋生或顶生头状花序，无小苞片，头状花序通常单生或有时再组成总状花序；不发育的花序梗常变为弯转钩状刺；萼檐5裂；花冠管状漏斗形，花冠筒延长，顶端5裂；雄蕊5；子房2室，每室有多枚胚珠。蒴果长，形状各式，聚合成1球体，室间开裂为2枚分果瓣。

约 34 种，热带亚洲至澳大利亚有 29 种，非洲和马达加斯加岛有 3 种，热带美洲有 2 种。我国 12 种；浙江 1 种，温州也有。

图 325 钩藤

■ **钩藤** 图 325

**Uncaria rhynchophylla** (Miq.) Miq. ex Havil.

常绿攀援灌木。小枝四棱状柱形，光滑无毛。叶片纸质或厚纸质，椭圆形、宽椭圆形或宽卵形，长 6~12cm，宽 3~6cm，全缘，干后上面暗红褐色，无毛或被极稀粗短毛，下面粉红褐色或锈红色，无毛或沿中脉有疏柔毛，脉腋内有簇毛；叶柄长 5~15mm；托叶 2 深裂，裂片线形，长 8~12mm，早落。头状花序单个腋生或几个组成顶生的总状花序，直径（不连花柱）1.5~2cm；不育花序的花序梗在叶腋上方弯转成钩状刺；花冠黄色，长 6~8mm。蒴果倒圆锥形，长 5~8mm。花期 6~7 月，果期 8~10 月。

见于乐清、永嘉、洞头、瑞安、文成、平阳、泰顺，常生于山谷溪边的疏林或灌丛中。

带钩藤茎为著名中药（钩藤），能清血平肝、息风定惊。

# 130. 忍冬科 Caprifoliaceae

灌木或木质藤本，稀小乔木或多年生草本。叶对生，稀轮生，单叶或奇数羽状复叶；无或稀有托叶。聚伞花序，有时为轮伞花序；花两性，辐射对称或两侧对称；花冠合瓣，4~5裂，裂片覆瓦状，稀镊合状排列；雄蕊4~5，着生于花冠筒部并与花冠裂片互生；子房下位。果为浆果、核果或蒴果，内具1至多数种子。种子有胚乳。

13 属约 500 种，主要分布于北温带。我国 12 属 200 余种；浙江 6 属 41 种 4 亚种 12 变种；温州 5 属 28 种 1 亚种 2 变种。

《Flora of China》将该科分为五福花科 Adoxaceae、忍冬科 Caprifoliaceae、锦带花科 Diervillaceae 和北极花科 Linnaeaceae 等，本志书沿用《浙江植物志》分科系统。

### 分属检索表

1. 叶为奇数羽状复叶 ······ **3. 接骨木属 Sambucus**
1. 叶为单叶。
  2. 花冠辐射对称，通常辐状，若为钟状或筒状则花柱极短 ······ **4. 荚蒾属 Viburnum**
  2. 花冠通常两侧对称，若为辐射对称，则具较长花柱。
    3. 灌木；叶具羽状脉；一个总梗上并生 2 花，两花的萼筒多少合生 ······ **2. 忍冬属 Lonicera**
    3. 灌木或小乔木；叶具羽状脉；相邻两花的萼筒分离。
      4. 雄蕊 4 枚 ······ **1. 六道木属 Abelia**
      4. 雄蕊 5 枚 ······ **5. 锦带花属 Weigela**

---

## 1. 六道木属 Abelia R. Br.

落叶，稀常绿灌木。小枝纤细。单叶对生、稀3片轮生；叶片全缘或有锯齿；具短柄；无托叶。花小，聚伞花序，腋生或生于侧枝顶端，有时成圆锥状花序；萼筒狭长，长圆形；花冠筒状、高脚碟状或钟形，4~5裂；雄蕊4；子房下位。果为薄革质，瘦果状核果，具1种子。种子近圆柱形；种皮膜质。

约 20 余种，分布于中国、日本、墨西哥及中亚。我国 9 种；浙江 4 种，温州也有。

### 分种检索表

1. 叶柄基部扩大和连合；枝节膨大 ······ **2. 南方六道木 A. dielsii**
1. 叶柄基部不连合；枝节不膨大。
  2. 花腋生，圆锥状，花冠漏斗形 ······ **1. 糯米条 A. chinensis**
  2. 花顶生和配对。
    3. 萼片 2；蜜腺不棍棒状 ······ **3. 黄花六道木 A. serata**
    3. 萼片 5；蜜腺棒状 ······ **4. 温州六道木 A. spathulata**

## 1. 糯米条 图 326

**Abelia chinensis** R. Br.

落叶半常绿灌木。高 1~3m。多分枝；幼枝红褐色，纤细，被短柔毛；老枝干皮撕裂。叶对生或 3 片轮生；叶片卵形，长 2~5cm，宽 1~3.5cm，先端急尖或渐尖，基部圆钝或心形，边缘近中上部具疏圆锯齿，正面散生白色短柔毛，背面近基部脉腋间具白色长柔毛；具短柄。圆锥状复花序；总花梗具短柔毛后脱落；萼筒圆柱形，萼裂 5，裂片椭圆形，果时变红色；花冠漏斗状，白色至粉红色，外被柔毛；雄蕊与花柱均伸出花冠筒。瘦果革质，具宿存而略增大萼片。花期 6~8 月，果期 10~11 月。

见于瑞安、文成、平阳、苍南、泰顺，生于 200~1000m 的山坡灌丛中。

## 2. 南方六道木

**Abelia dielsii** (Grachn.) Rehd. [*Zabelia dielsii* (Graebn.) Makino]

落叶灌木。高 1.5~3m。枝疏散；幼枝红褐色；老枝浅灰色。叶片纸质，卵状椭圆形、长圆形或披针形，长 3~8cm，宽 1~3cm，先端渐尖，基部楔形

胡仁勇 摄

胡仁勇 摄

周化斌 摄

图 326 糯米条

至宽楔形，边缘疏生锯齿或下部全缘，具缘毛，上面散生柔毛，下面近基部脉间密被短糙毛；叶柄基部联合膨大，疏被硬毛。花2数分别生于侧枝顶端叶腋；总花梗长0.6~1.2cm，花梗极短或几无；苞片3，着生于萼筒基部；萼4裂，裂片卵状披针形；花冠筒状钟形，白色至淡黄色，外具数纵肋。瘦果革质，具宿存而略增大萼片。花期4~6月，果期8~9月。

见于泰顺，生于海拔400~1100m的灌丛中。

## ■ 3. 黄花六道木　黄花双六道木　图327

**Abelia serata** Sieb. et Zucc. [*Diabelia serrata* (Sieb. et Zucc.) Land.]

落叶灌木。高达3m。树皮灰色纵裂。小枝栗色具短柔毛。叶卵形对生，两面疏生短柔毛，脉上毛较密，基部楔形，先端尖至渐尖，全缘或有稀疏锯齿，具缘毛，侧脉2~3对。聚伞花序1~2花，生于新枝顶端；总花梗2~3mm，花无梗；花萼条形，有短柔毛；花冠漏斗状，黄色或黄绿色，二唇形，上唇2裂，下唇3浅裂，上、下唇有橘色斑纹和长柔毛；雄蕊4，二强，稍外露。瘦果2，具宿存略增大萼片。花期5月，果期9月。

见于乐清（百岗尖）、永嘉（四海山），生于海拔约900m的灌丛中。

图327　黄花六道木

## ■ 4. 温州六道木　温州双六道木　图328

**Abelia spathulata** Sieb. et Zucc. [*Diabelia spathulata* (Sieb. et Zucc.) Land.]

落叶灌木。高达3m。小枝栗色，纤细，无毛。叶膜质卵形，基部圆形，先端渐尖；两面疏生短柔毛，边缘稀疏锯齿或全缘；叶柄长约4mm；侧脉2~4对，上凹下凸。聚伞花序成对生于小枝顶端；总花梗4~5（~9）mm；苞片3，披针形；花萼红色；萼片长圆状披针形的；花冠漏斗状，长约2.5cm，粉红色或白色带黄色，二唇形，上唇2裂，下唇3浅

图328　温州六道木

裂，上、下唇有橘色斑纹和长柔毛；雄蕊4，二强；花柱细，柱头头状，等长于花冠管。瘦果圆柱形，无毛或疏生短柔毛，具宿存略增大萼片。花期5月，果期6~10月。

见于永嘉（四海山），生于海拔700~900m的灌丛中。

## 2. 忍冬属 Lonicera Linn.

直立或攀援状灌木，落叶，稀常绿或半常绿。小枝髓部白色或黑褐色，有时中空；老枝皮常条状剥落；冬芽具1至数对芽鳞。单叶对生，稀轮生，全缘，稀具锯齿或浅裂；无托叶。花两性，常成对腋生，或轮状排列于小枝顶端；花冠黄、白、紫红等色，钟形或筒形。浆果，红、黄、蓝或黑色。种子卵圆形。

约180种，分布于非洲（北部）、亚洲、欧洲和北美洲。我国57种；浙江15种1亚种5变种；温州7种。

### 分种检索表

1. 直立灌木。
  2. 小枝髓部白色，实心；总花柄与叶柄等长……**6. 下江忍冬 L. modesta**
  2. 小枝髓部黑褐色，后变中空；总花梗短于叶柄……**4. 金银忍冬 L. maackii**
1. 木质缠绕藤本。
  3. 叶片或至少幼叶下面密被灰白色或灰黄色毡毛，毛之间无空隙……**7. 细毡毛忍冬 L. similis**
  3. 叶片下面无毛或被疏或密的糙毛、短柔毛或小刚毛，毛之间有空隙。
    4. 花冠长3cm以下……**1. 淡红忍冬 L. acuminata**
    4. 花冠长3~12cm。
      5. 幼枝暗红褐色；苞片大，叶状、卵形；花冠白色后变黄色……**3. 忍冬 L. japonica**
      5. 苞片小，非叶状。
        6. 叶片下面有许多蘑菇状橙黄色至橘红色腺；花冠外面疏被倒生微伏毛，且常具腺毛……**2. 菰腺忍冬 L. hypoglauca**
        6. 叶片下面具毡毛和硬糙毛，无腺体；花冠外面密生短柔毛和腺毛……**5. 大花忍冬 L. macrantha**

### ■ 1. 淡红忍冬　无毛淡红忍冬　短柄忍冬

图329

**Lonicera acuminata** Wall. [*Lonicera acuminata* Wall. var. *depilata* Hsu et H. J. Wang ; *Lonicera pampardnii* Lévl.]

半常绿木质藤木。幼枝暗红褐色，常被土黄色糙毛，或仅着花小枝顶端有毛，稀无毛。叶片薄革质，卵形或长圆形至线状披针形，长2.5~13cm，宽1.3~4.5cm，先端渐尖，基部圆形，边缘具缘毛，两面被糙毛或至少上面中脉有棕黄色短糙伏毛；叶柄2~15mm。双花集生于小枝顶端或单生于小枝上部叶腋；总花梗长被棕黄色糙毛；苞片钻形，小苞片卵形；花冠唇形，黄白色带红紫色，上唇直立，下唇反卷，囊部密生腺；雄蕊5，略高于花冠。浆果蓝黑色，具粉霜，卵球形。花期5~7月，果期10~11月。

见于瑞安、文成、泰顺，生于海拔50~1200m的灌丛中或岩石上。

可供观赏；花可入药。

### ■ 2. 菰腺忍冬

**Lonicera hypoglauca** Miq.

落叶木质藤木。幼枝密被淡黄褐色弯曲短柔毛。叶片纸质，卵形至卵状长圆形，先端渐尖，基部圆形或近心形，上面中脉被短柔毛，下面有时粉绿色，被毛和密布无柄或具极短柄，橙黄色至橘红色的蘑

图 329　淡红忍冬

菰形腺；叶柄长 5~12mm，密被短糙毛。双花单生或多花簇生于侧生短枝上，或于小枝顶端集合成总状；苞片线状披针形，长约 2mm，被毛，小苞片卵圆形，具缘毛；花冠白色，基部稍带红晕，后变黄色，略具香气，唇形，长 3.5~4.5cm。浆果近圆形，熟时黑色，稀具白粉。花期 4~5 月，果期 10~11 月。

见于乐清、永嘉、瑞安、文成、平阳、泰顺，生于海拔 50~800m 的山坡灌丛中或山谷溪边。

可供观赏；绿化用。

## ■ 3. 忍冬　金银花　图 330

**Lonicera japonica** Thunb.

半常绿木质藤木。茎皮条状剥落，多分枝；枝中空，幼枝暗红褐色，密被黄褐色开展糙毛及腺毛，下部常无毛。叶片纸质，卵形至长圆形到披针形，先端短尖，基部圆形至近心形，边缘具缘毛，小枝上部叶两面密被短柔毛，下部叶常无毛而下面带灰绿色，入冬略带红色；叶柄被毛。花双生，总花梗常单生于小枝上部叶腋；苞片叶状，小苞片小，缘毛明显；花冠白色，后变黄色，唇形，长 3~6cm，外面被倒生糙毛和腺毛。果离生，圆球形，熟时蓝黑色。花期 4~6 月，秋季有时也开花，果期 10~11 月。

本市各地都有分布，生于山坡路旁的灌丛中。

中药“金银花”主要品种，花入药能抗菌消炎、利尿。

## ■ 4. 金银忍冬　图 331

**Lonicera maackii** (Rupr.) Maxim. [*Lonicera maackii* (Rupr.) Maxim. f. *podocarpa* Franch.ex Rehd.]

落叶灌木。高达 6m。树皮暗灰色至灰白色，不规则纵裂。幼枝被短柔毛和微腺毛；小枝髓部黑褐色，后中空。冬芽小，卵圆形。叶片纸质至薄革质，卵状椭圆形至卵状披针形，稀菱状长圆形至圆卵形，长 2.5~8cm，宽 1.5~4cm，先端渐尖，基部楔形或圆钝，两面疏生柔毛，叶脉和叶柄均被腺质短柔毛；叶柄长 2~9mm。花成对腋生；苞片线形，有时叶状，长

图 330　忍冬

图 331　金银忍冬

3~7mm；小苞片合生，具缘毛；相邻两花的萼筒分离；花冠白色带紫红色；雄蕊 5。浆果暗红色，球状，半透明状。花期 4~6 月，果期 8~10 月。

见于永嘉，生于 100~3000m 的山谷溪边或路旁杂木林中。

可供观赏；花入药。

## ■ 5. 大花忍冬　图 332

**Lonicera macrantha** (D. Don) Spreng.[*Lonicera macranthoides* Hand.-Mazz.]

半常绿木质蔓枝藤本。幼枝、叶柄和总花梗均被开展黄褐色长糙毛并散生短腺毛。幼枝红褐色或紫红褐色；老枝赫红色。叶片厚纸质，卵形、长圆状披针形至披针形，边缘具长粗缘毛，背面网脉隆起具毡毛和硬糙毛并杂有橘红色或淡黄色腺；叶柄长 3~10mm，有扭曲。双花腋生，常于小枝顶端密集成多节的伞房状花序；花冠白色，后变黄色，唇形，长 4.5~9cm，外面疏生腺毛和糙毛，内面被密柔毛，下唇反卷，短于花冠筒 2~3 倍。浆果圆球形，黑色。花期 4~5（~7）月，果期 7~8 月。

图 332　大花忍冬

见于瑞安、文成、平阳、泰顺，生于海拔300~1200m的林下、山谷或山坡和灌丛中。

可绿化用；供观赏。

## 6. 下江忍冬 图 333

**Lonicera modesta** Rehd.

落叶灌木。高达2m。幼枝密被短柔毛；老枝纤维状纵裂；小枝髓部白色实心。冬芽具4棱角。叶片厚纸质，菱形或菱状卵形，长2~8cm，宽1.5~6cm，先端圆钝或突尖，有时微凹，基部楔形，边缘微波状，有短缘毛，上面被灰白色细点状鳞片；叶柄长2~5mm，具短柔毛。花成对腋生；总花梗

图 333　下江忍冬

被柔毛；苞片钻形，具缘毛；相邻两花萼筒合生至中部以上；花冠白色，基部渐变红色，唇形，外面有短柔毛，内面有密毛，基部具浅囊。相邻两果实圆球形，几全部合生，熟时半透明状鲜红色。花期4~5月，果期7~10月。

见于乐清、永嘉，生于海拔500~1200m的山坡林下或灌丛中。

供观赏。

## ■ 7. 细毡毛忍冬 图334

**Lonicera similis** Hemsl. [*Lonicera macrantha* var. *heterotricha* Hsu et H. T. Wang]

常绿木质蔓枝藤本。幼枝和总花梗均密被薄绒状短糙伏毛，有时具腺，后变栗褐色有光泽而近无毛；老枝茎皮淡紫褐色，不规则条状剥落。叶片革质，卵形、卵状披针形、长圆形至宽披针形，正面无毛，背面密被灰白色或灰黄色毡毛，网脉隆起呈明显的蜂窝状；叶柄长6~10mm。双花常密集于小枝顶端成圆锥状花序；苞片线状披针形，长2~4mm；花冠白色后变黄色，唇形，长3~4.5（~6）cm，外被倒糙毛和腺毛。浆果黑色，近圆形，常被蓝白粉，直径6~10mm。花期5~6（~7）月，果期9~10月。

见于瑞安、文成、平阳、泰顺，生于海拔400~1200m向阳的山坡上、灌丛中。

花蕾入药，为中药“山银花”的主要品种之一。

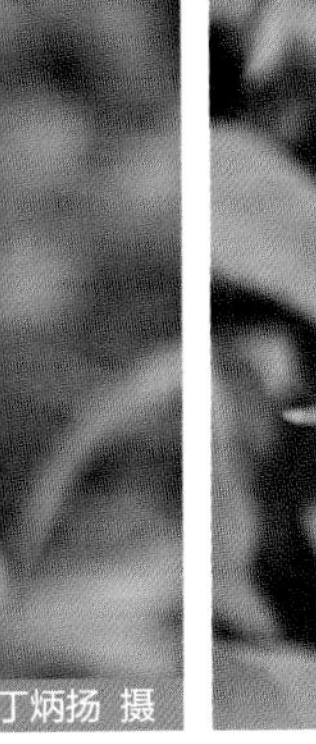


图334 细毡毛忍冬

# 3. 接骨木属 Sambucus Linn.

灌木或小乔木。全株有蜜腺。枝粗壮，具发达髓。叶对生；奇数羽状复叶，小叶片具锯齿；托叶叶状或缺或奶化成腺体。花序顶生，由小聚伞花序集合成复伞状或圆锥状；花小，常两性，白色或黄白色；花冠辐状，3~5裂；雄蕊5，花丝短，花药外向。浆果状核果；3~5种子，三棱形或椭圆形，淡褐色，略有皱纹。一些物种花时有恶臭味。

约10种，分布于温带到亚热带地区和热带山区。中国4种（1特有种）；浙江3种；温州2种。

## ■ 1. 接骨草 图335

**Sambucus javanica** Bl. [*Sambucus chinensis* Lindl.]

多年生草本或半灌木。茎高0.8~3m，圆柱形，具紫褐色棱条，髓部白色。奇数羽状复叶，有小叶3~9，侧生小叶片披针形、椭圆状披针形，先端渐尖，基部偏斜或宽楔形，边缘具细锯齿；小叶柄短或近无柄；叶片搓揉后有臭味。复伞形状花序，顶生；总花梗基部托有叶状总苞片，第1级辐射枝三至五出；不孕性花成黄色杯状腺体，不脱落；可孕性花小，白色带黄；萼筒杯状；花柱短，3浅裂。果近圆形，熟时橙黄色至红色。花期4~8月，果期8~10月。

本市各地都有分布，生于山坡、路旁、林缘或溪边。

全草入药。

图335 接骨草

## 2. 接骨木 图336

**Sambucus williamsii** Hance

落叶灌木或小乔木。高2~8 m。树皮暗灰色。小枝无毛；二年生枝浅黄色，皮孔粗大，密生，髓

图336 接骨木

部淡黄色。奇数羽状复叶，小叶3~7（~11），侧生小叶片狭椭圆形至长圆状披针形，长5~15cm，宽1.2~6cm，先端渐尖至尾尖，边缘有细锯齿，中下部有1或数枚腺齿；小叶柄短；顶生小叶片卵形或倒卵形，小叶柄长约2cm；叶搓揉后有臭味。圆锥状聚伞花序顶生；花小，白色或带淡黄色；萼筒杯状；雄蕊5。果球形或椭圆形，红色，稀蓝紫黑色；果核2~3，卵圆形至椭圆形，稍有皱纹。花期4~5月，果期6~9月。

见于瓯海（茶山、景山），生于山坡灌丛中。

供药用；也可栽培供观赏。

本种与接骨草 *Sambucus javanica* Bl. 的主要区别在于：本种是小乔木或灌木；茎无棱。

## 4. 荚蒾属 Viburnum Linn.

灌木或小乔木，落叶或常绿。冬芽裸露或有芽鳞。单叶对生或稀3片轮生。花序由小聚伞花序集合而成混合花序；花小，辐射对称，两性或有时周围或全部具白色大型的不孕花；花冠白色，少红色或粉红色，钟状、漏斗状或高脚碟状；雄蕊5。浆果状核果，红色、紫色、黑色或很少成熟时黄色；核多扁平，内含1种子。

大约200种，分布于亚洲和南美洲的温带和亚热带地区。我国73种；浙江16种3亚种5变种；温州14种1亚种2变种。

### 分种检索表

1. 圆锥花序或伞房状圆锥花序；果核浑厚而仅有1上宽下窄的深腹沟。
  2. 叶片革质，下面脉腋具腺体，近全缘；花冠辐状钟形……………………**11. 日本珊瑚树 V. odoratissimum** var. **awabuki**
  2. 叶柄颜色不如上述；花冠辐状，筒部长不超过1.5mm，裂片长于筒部。
    3. 叶片下面脉腋有小孔；圆锥花序尖塔形或近似伞房形，花序无毛……………………**7. 巴东荚蒾 V. henryi**
    3. 叶片下面脉腋无小孔或无腺体；圆锥花序伞房状，花序上有星状短柔毛……………**2. 伞房荚蒾 V. corymbiflorum**
1. 复伞形状花序；果核形状不如上述。
  4. 裸芽，当年生小枝基部无环状的芽鳞痕。
    5. 叶片下面仅沿脉被星状细弯毛；花序有总花梗；枝全为长枝；花序无大型的不孕花；花冠红色或紫红色……………………………………**17. 壶花荚蒾 V. urceolatum**
    5. 叶片下面有星状鳞毛；花序无总花梗；枝有长枝及短枝；花序仅在短枝上着生；周围有大型的不孕花，白色或微带红色 ……………………………………**16. 合轴荚蒾 V. sympodiale**
  4. 鳞芽，当年生小枝基部有环状的芽鳞痕。
    6. 侧脉不直达齿端；果核球形，无沟或近无沟；果实成熟时蓝色至蓝黑色………………**13. 球核荚蒾 V. propinquum**
    6. 叶片的侧脉通常直达齿端；果核非圆形，通常有背、腹沟；果实成熟时红色或稀可黑色或黑紫色。
      7. 花序周围有4~6大型的不孕花；果实成熟时由红色转为黑色 ……………………**12. 粉团荚蒾 V. plicatum**
      7. 花序无大型的不孕花；果实成熟时红色或稀可黑色或黑紫色。
        8. 叶片上面中脉隆起，下面全面散生金黄色及黑色两种腺点；花冠筒钟形，粉红色………**1. 金腺荚蒾 V. chunii**
        8. 叶片上面中脉多少凹陷或不隆起，下面无腺点或腺点特征不如上述；花冠辐射，白色。
          9. 叶片厚革质……………………………………**14. 具毛常绿荚蒾 V. sempervirens** var. **trichophorum**
          9. 叶片薄革质或纸质至厚纸质。
            10. 芽及叶片干后变黑色；花序或果序的总梗向下弯垂……………………**15. 饭汤子 V. setigerum**
            10. 芽及叶片干后不变黑色、黑褐色或灰黑色；花序或果序的总梗通常不向下弯垂。
              11. 叶常绿，叶老时薄革质，长圆状披针形，先端渐尖至长渐尖；果核腹面凹陷，形如勺状，果实成熟时红色……………………………………**8. 长叶荚蒾 V. lancifolium**
              11. 叶脱落，叶片老时膜质或纸质，形状不如上述；果核扁或稀可浅勺状，果实成熟时红色或黑紫色。

12. 叶片下面全面散生均匀而规则的金黄色、淡黄色或几无色腺点；小枝、芽、花序被毛，花冠及萼筒外面通常被毛；叶柄无托叶……………………………………………………………………………………**3. 荚蒾 V. dilatatum**

12. 叶片下面无腺点或稀可散生少数零星而不规则的红色腺点。

13. 叶柄有托叶，长不达 5mm ……………………………………………………**4. 宜昌荚蒾 V. erosum**

13. 叶柄无托叶，如偶有托叶，则最长的叶柄在 5 mm 以上。

14. 叶柄有或无托叶；果实成熟时黑色或黑紫色，果核腹面下陷成浅勺状 …………**10. 黑果荚蒾 V. melanocarpum**

14. 叶柄无托叶；果实成熟时红色，果核扁而不如上述。

15. 当年生小枝、冬芽、叶柄、萼筒及萼裂片明显被星状毛；花冠外面通常被毛。

16. 叶片上面无腺点；果核直径 4~5mm ……………………………………**5. 南方荚蒾 V. fordiae**

16. 叶片上面有腺点；果核直径 3~4mm ……………………………………**9. 吕宋荚蒾 V. luzonicum**

15. 当年生小枝及冬芽无毛；叶柄无毛或初时有少量简单的长伏毛；萼筒、萼裂片及花冠外面均无毛 …………………………………………………………**6. 光萼荚蒾 V. formosanum subsp. leiogynum**

## ■ 1. 金腺荚蒾 图 337

**Viburnum chunii** Hsu [*Viburnum chunii* subsp. *chengii* Hsu]

常绿灌木。高达 2m。当年生小枝四方形，无毛，基部有环状芽鳞痕。叶片纸质，卵状菱形或长椭圆形，长 5~10cm，宽 2~4cm，基部楔形，中部以上有 3~5 枚疏齿，中脉隆起，下面散生金黄色及黑褐色两种腺点，近基部第 1 对侧脉以下区域内有腺体，侧脉 3~5 对，最下方一对常呈离基三出脉状；叶柄紫红色。伞形状花序；总花梗长 0.5~1.5cm，第 1 级辐射枝五出；花冠粉红色，筒钟形，外有黄色腺点及疏生微毛；雄蕊稍短于花冠。果实球形，红色；果核扁。花期 5 月，果期 10~12 月。

见于文成、苍南、泰顺，生于海拔 100~900m 的山谷密林中或疏林下蔽阴处及灌木丛中。

## ■ 2. 伞房荚蒾 图 338

**Viburnum corymbiflorum** Hsu et S. C. Hsu

灌木或小乔木。高达 5m。枝及小枝黄白色至灰黄色。叶片纸质至近革质，长圆形，长 5~12cm，宽 3~5cm，先端急尖，基部圆形至宽楔形，边缘在近基部约叶片的 1/4~1/3 以上具锯齿，侧脉 4~6 对；叶柄粗壮，约 1cm。圆锥花序伞房状；苞片及小苞片早落；花冠白色，无毛；花萼绿色，萼筒无毛或几无毛，裂片长约为筒的 2~3 倍；雄蕊明显短于花冠。果实椭圆形，红色后变黑色，无毛；果核倒卵形或倒卵状长圆形，有深腹沟。花期 4~5

陈贤兴 摄

陈贤兴 摄

丁炳扬 摄

图 337　金腺荚蒾

图 338 伞房荚蒾

月，果期 6~7 月。

见于泰顺，生于海拔 1000~1200m 的山谷或山坡密林或灌木丛中湿润地。

## 3. 荚蒾 图 339

**Viburnum dilatatum** Thunb.

落叶灌木。高达 5m。当年生小枝淡灰棕色，基部有环鳞痕，芽、叶柄、花序及花萼被土黄色开展粗毛，后渐稀疏。叶片纸质，宽倒卵形或宽卵形，长 3~10cm，宽 2~7cm，先端急尖，边缘有波状尖锐牙齿，中脉下陷，叶背面常全面具金黄色、深或淡黄色或几无色的透亮腺点，侧脉 6~8 对，直达齿端；叶柄长 0.4~3cm；无托叶。花序复伞形状；总花梗长 1~4cm，不弯垂，第 1 级辐射枝五（至六）出；

图 339 荚蒾

花冠白色；雄蕊明显高出花冠。果实卵形至近球形，红色；果核扁，有 2 浅背沟及 3 浅腹沟。花期 5~6 月，果期 9~11 月。

分布于本市各地，生于海拔 50~1000m 的山坡灌丛中。

根、枝、叶可药用。

## ■ 4. 宜昌荚蒾　蚀齿荚迷　图 340

**Viburnum erosum** Thunb.[*Viburnum ichangense* Rehd.]

落叶灌木。高达 3 m。树皮浅褐色。当年生小枝基部有环鳞痕，连同芽、叶柄、花序及花萼均密被星状毛或简单长柔毛。叶片纸质，卵形、椭圆形或长圆状披针形，长 3~6cm，宽 1.5~4cm，先端急尖，基部圆形，边缘具尖齿，中脉下陷，近基部第 1 对侧脉以下区域内有腺体，侧脉直达齿端；叶柄粗壮；托叶 2，线状钻形，宿存。花序复伞状；总花梗 1~2.5cm，第 1 级辐射枝五（至六）出；花冠白色；雄蕊比花冠稍短。果实宽卵形，红色；果核扁，有 2 浅背沟及 3 浅腹沟。花期 4~5 月，果期 8~11 月。

本市各地都有分布，生于海拔 300~1300m 的山坡林中或灌丛中。

根、叶、果药用。

## ■ 5. 南方荚蒾

**Viburnum fordiae** Hance

落叶灌木。高达 5m。树皮浅棕色。当年生小枝基部有环状芽鳞痕，同芽、叶柄、花序均密被黄褐色至暗褐色绒状星状毛。叶片纸质，通常宽卵形，长 4~9cm，宽 2.5~5cm，两面都有星状短柔毛，正面有棕红色腺点，背面中脉凸起，边缘除基部外常具小齿，侧脉 5~7（~9）对直达齿端；叶柄长 5~15mm；无托叶。花序复伞状；总花梗长 1~3.5cm，不弯垂，第 1 级辐射枝五出；花冠白色，裂片长于筒部；雄蕊等于或稍高出花冠。果实红色，卵球形；果核扁，有 1 背沟及 2 腹沟。花期 4~5 月，果期 10~12 月。

见于永嘉、泰顺，生于海拔 50~1000m 的疏林、灌丛中。

## ■ 6. 光萼荚蒾　图 341

**Viburnum formosanum** Hayata subsp. **leiogynum** Hsu

落叶灌木。高达 4m。树皮浅棕色。当年生

图 340　宜昌荚蒾

图 341 光萼荚蒾

小枝无毛。叶片厚纸质，卵形，长 5~10cm，宽 3~5cm，先端渐尖，基部圆形至微心形，边缘具锯齿，中脉下陷，近基部 2~3 对侧脉脉腋常具簇聚毛，最下方一对侧脉以下区域内有腺体，侧脉 7~9 对，直达齿端；叶柄纤细，疏生单毛；无托叶。花序复伞状，初时被淡黄褐色星状短柔毛；总花梗 1~1.5cm，第 1 级辐射枝五出；萼筒星状短柔毛；花冠白色；雄蕊等长或高出花冠。果实近球形，红色；果核扁，有 2 浅背沟及 3 浅腹沟。花期 4~5 月，果期 9~10 月。

见于永嘉、泰顺，生于海拔 100~1100m 的山坡林中、林缘灌木丛中。

## ■ 7. 巴东荚蒾

**Viburnum henryi** Hemsl.

常绿或半常绿灌木或小乔木。高达 7m。当年生小枝常带红褐色；二年生小枝灰褐色或黄白色。叶片厚纸质至近革质，倒卵状长圆形至长圆形或狭椭圆形，长 5~13cm，宽 2~4cm，先端渐尖或急渐尖，基部楔形至圆形，边缘中部以上具浅锯齿或稀疏小凸齿，下面脉腋具明显的小孔，侧脉 5~8 对，全部或部分直达齿端；叶柄长 1~2cm，淡绿色或红色。圆锥花序；苞片及小苞片迟落或宿存；花冠白色，无毛，裂片长于筒部；雄蕊与裂片几等长。果头椭圆形，红色而后变紫黑色，无毛；果核稍压扁，椭圆形，有深腹沟。花期 6 月，果期 8~10 月。

见于泰顺，生于海拔 900~1200m 的山谷密林中的潮湿地或草坡上。

## ■ 8. 长叶荚蒾　披针形荚蒾　图 342

**Viburnum lancifolium** Hsu

常绿灌木。高达 4m。当年生小枝具 4 棱，同叶柄、叶片、花序、萼筒及萼裂片边缘均被黄褐色毛。叶片纸质，长圆状披针形，长 9~25cm，宽 1~4cm，先端长渐尖，基部圆形，两侧稍不对称，边缘 1/3 以上有疏锯齿，中脉下陷，侧脉 7~12 对，直达齿端，最下一对有三出脉状；叶柄长 8~23mm；无托叶。花序复伞形状；总花梗长 1~7cm，第 1 级辐射枝五出；雄蕊稍高出花冠。果实近球形，红色；果核常呈方圆形，背面凸起，腹面凹陷，有 2 宽浅沟。花期 4~5 月，果期 7~10 月。

图 342 长叶荚蒾

见于文成、泰顺，生于海拔 200~600m 的山谷溪边疏林中或山坡灌木丛中。

根可治肿毒。

## 9. 吕宋荚蒾 图 343

**Viburnum luzonicum** Rolfe

落叶灌木。高达 3m。树皮浅棕色。当年生小枝基部有环状芽鳞痕，连同芽、叶柄及花序均多少被黄或淡黄褐色星状毛。叶片纸质，卵形或卵状披针形至长圆形，有时近菱形，长 4~10cm，宽 2~5cm，正面（常仅沿叶缘）有金黄色或淡黄色透亮腺点，中脉下陷，近基部第 1 对侧脉以下区域内有腺体，侧脉 5~9 对，直达齿端；叶柄长 3~15mm；无托叶。花序复伞状；第 1 级辐射枝五出；花冠白色。果实卵圆形，红色；果核扁，有 3 极浅背沟及 2 浅腹沟。花期 4~6 月，果期 8~12 月。

见于瑞安、平阳、苍南、泰顺，生于海拔 100~700m 的疏林、灌丛或路旁。

图 343 吕宋荚蒾

图 344　日本珊瑚树

## 10. 黑果荚蒾

**Viburnum melanocarpum** Hsu

落叶灌木。高达 3.5m。树皮浅褐色。当年生小枝基部有环状芽鳞痕。冬芽密被黄色短星状毛。叶片纸质，倒卵形、近圆形或卵状宽椭圆形，长 6~12cm，宽 3~6cm，边缘有小尖齿，中脉下陷，下面中脉及侧脉上有少数长伏毛，脉腋常具少数白色簇聚毛，近基部第 1 对侧脉以下区域内有腺体，侧脉（4~）6~7（~10）对，直达齿端；托叶钻形或无。花序复伞形状；第 1 级辐射枝五出；萼筒具红褐色腺点；花冠白色，无毛。果实近球形，黑色或黑紫色；果核浅勺状。花期 4~6 月，果期 9~10 月。

见于永嘉、瑞安、泰顺，生于海拔约 1000m 的林中或灌丛中。

## 11. 日本珊瑚树　图 344

**Viburnum odoratissimum** Ker-Gawl. var. **awabuki** (K. Kock) Zabel ex Rumpl.

常绿灌木或小乔木。高达 15m。树皮灰褐色。当年小枝绿色或带红色。叶片革质，倒卵状长圆形至长圆形，先端钝或急尖，基部宽楔形，边缘波状或具波状粗钝锯齿，近基部全缘，下面脉腋通常有小孔，侧脉 4~9 对，孤形，近叶缘前网结；叶柄长 1~3.5cm，棕褐色或古铜色。圆锥花序；苞片及小苞片早落；花萼及花冠无毛；花冠钟形，白色而后来带黄色，有时带红色，裂片有反折；雄蕊稍超过花冠裂片；柱头常超出萼裂。果实椭圆形，红色而后变黑色；果核扁平，卵球形或椭圆形，有深腹沟。花期 3~5 月，果期 7~11 月。

见于乐清、泰顺，生于海拔 200m 以下的山坡林中或林缘。

## 12. 粉团荚蒾

**Viburnum plicatum** Thunb.

落叶灌木。高达 3m。当年生小枝基部有环状芽鳞痕，连同叶柄、叶片两面及花序被星状毛。叶片纸质，宽卵形、长圆状卵形、椭圆状倒卵形或倒卵形，长 4~10cm，宽 2~6cm，先端圆形而急尖，边缘具不规则锯齿，侧脉 8~14 对，紧密平行直达齿端；叶柄长 1~2cm。花序复伞状；第 1 级辐射枝六至八出，全部由大型不孕花组成；花冠白色。花期 4~5 月，不结实。

见于乐清、永嘉、瑞安、文成、平阳、泰顺，生于海拔 200~1200m 的灌木丛中。

根及茎供药用。

## ■ 13. 球核荚蒾 图 345

**Viburnum propinquum** Hemsl.

常绿灌木。高达 4m。树皮灰褐色。当年生小枝红棕色，基部有环状芽鳞痕，无毛。叶片革质，卵形至披针形或椭圆形，长 3~11cm，宽 1~5cm，先端渐尖，基部两侧常不对称，边缘近基部的全缘部分两侧各有 1~2 枚腺体，向上则为稀疏的小齿，具离基三出脉，侧脉不达齿端；叶柄带紫红色。花序复伞状，无毛；总花梗长 1~5cm，第 1 级辐射枝通常七出；花冠绿白色，辐射，裂片约与筒部等长。果实卵球形或近球形，成熟时蓝色至蓝黑色；果核球形，无沟或几无沟。花期 3~5 月，果期 5~10 月。

见于文成、泰顺，生于海拔 400~1300m 的山谷及山坡林中或灌木丛中。

全株可药用。

## ■ 14. 具毛常绿荚蒾 图 346

**Viburnum sempervirens** K. Koch var. **trichophorum** Hand.-Mazz.

常绿灌木。高 2~4m。当年生小枝四方形，幼枝、叶柄及花序被浓密星状短柔毛。叶片厚革质，干后

陈贤兴 摄

陈贤兴 摄

图 345 球核荚蒾

丁炳扬 摄

丁炳扬 摄

丁炳扬 摄

图 346 具毛常绿荚蒾

变黑色或黑褐色或灰黑色，椭圆形，长4~16cm，宽2.5~6.5cm，先端尖，基部渐狭至钝形，全缘或上部至近先端有少数浅齿，中脉下陷，两面有褐色腺点，近基部第1对侧脉以下区域内有腺体，侧脉4~5对，最下方一对常呈离基三出脉状。花序复伞形状，第1级辐射枝（四至）五出；花冠白色；雄蕊稍超出花冠。果实近球形，红色；果核背面凸起，腹面近扁平。花期5~6月，果期10~12月。

见于乐清、永嘉、瑞安、文成、平阳、苍南、泰顺，生于海拔100~1000m的山谷林缘、灌木丛中。

## 15. 饭汤子　茶荚迷　沟核茶荚迷　图347

**Viburnum setigerum** Hance[*Viburnum setigerum* var. *sulcatum* Hsu]

落叶灌木。高达4m。芽、叶片及花冠干后变黑色。当年生小枝有棱，无毛，基部有环状芽鳞痕。叶片纸质，叶形多变，卵状长圆形至卵状披针形，长7~15cm，宽3~6cm，先端长渐尖，边缘近中部以上有锯齿，中脉下陷，背面沿中脉及侧脉被浅黄色贴生疏长毛，第1对侧脉以下区域内有腺体，侧

丁炳扬 摄

丁炳扬 摄

胡仁勇 摄

周化斌 摄

图347　饭汤子

脉约8对，直达齿端；叶柄长1~2.5cm；无托叶。花序复伞形状；总花梗长0.3~4cm，弯垂；第1级辐射枝五出；花萼无毛；花冠白色，无毛。果实红色卵球形；果核扁。花期4~5，果期9~10月。

本市各地都有分布，生于海拔200~1300m的山谷溪边疏林中或山坡灌木丛中。果实、根入药。

## ■ 16. 合轴荚蒾 图348

**Viburnum sympodiale** Graebn.

落叶灌木或小乔木。高达10m。当年生小枝基部无芽鳞痕，幼枝、叶片下面脉上、叶柄及花序均被灰黄褐色星状鳞毛。冬芽裸露。叶片纸质，椭圆状卵形，长6~15cm，宽3~10cm，簇生在小枝尖，边缘有小锯齿，侧脉6~8对，直达齿端；叶柄长1.5~4cm；托叶2，有时无。花序复伞状，着生在短枝，无总花梗；第1级辐射枝五出；花冠白色；可孕花直径5~6mm；周围不孕花直径2.5~3cm。果实卵状椭圆形，红色后变紫黑色；果核稍扁，有1浅背沟及1深腹沟。花期4~5月，果期8~9月。

见于乐清、永嘉、瑞安、文成、泰顺，生于海拔800~1200m的林下或灌木丛中。

## ■ 17. 壶花荚蒾 图349

**Viburnum urceolatum** Sieb. et Zucc.

落叶灌木。高2~4m。当年生小枝基部无芽鳞痕；二年生小枝暗紫色。冬芽裸露，具柄。叶片纸质，卵状披针形，长7~16cm，宽4~6cm，先端渐尖，基部楔形、圆形至微心形，边缘有细钝齿或锯齿，

陈贤兴 摄

图348 合轴荚蒾

陈贤兴 摄

陈贤兴 摄

图349 壶花荚蒾

上面沿中脉有毛，下面仅沿脉被星状细弯毛，侧脉4~6对，近叶缘网结，连同中脉在上面下陷；叶柄1~4cm。花序复伞形状；总花梗长3~8cm，第1级辐射枝四至五出；萼筒无毛；花冠筒状钟形，红色或紫红色；雄蕊明显超出花冠。果实椭圆形，先红色而后变黑色；果核扁，有2背沟及3腹沟。花期6~7月，果期10~11月。

见于文成、泰顺，生于海拔600~1300m的山谷、山坡林中阴湿处或溪谷旁。

## 5. 锦带花属 Weigela Thunb.

落叶灌木或小乔木。幼枝稍四棱形，被短柔毛；小枝髓部坚实。单叶对生，叶缘具锯齿；具柄，稀无柄；无托叶。花较大，1至数花成腋生或顶生聚伞花序；萼筒长圆柱形，裂片5；花冠白色或粉红色至深红色，钟状漏斗形，5裂；雄蕊5。蒴果圆柱形，革质或微木质，先端有喙状物，2瓣裂。种子小，多粒，有棱角或有狭翅。

大约10种，分布于亚洲东北部。我国2种；浙江2种；温州1种。

图350 半边月

### ■ 半边月 水马桑 图350

**Weigela japonica** Thunb.

落叶灌木或小乔木。高达6m。幼枝四方形，有2列柔毛；老枝无毛。叶片长卵形、卵状椭圆形或倒卵形，长5~15cm，宽3~8cm，先端渐尖，基部宽楔形或圆形，边缘有锯齿，正面深绿色，疏生短柔毛，脉上毛较密，背面淡绿色，密生短柔毛；叶柄有柔毛。聚伞花序具1~3花，生于短枝叶腋或顶端；花冠白色至淡红色，漏斗状钟形，长2.5~3.5cm，外面疏生微毛或近无毛，中部以下急收窄呈管状。蒴果狭长，顶端有短柄状喙，疏生短柔毛。种子狭翅。花期4~5月，果期8~9月。

见于永嘉、瑞安、文成、泰顺，生于山坡或溪边的灌丛中。

## 存疑种

### ■ 盘叶忍冬

**Lonicera tragophylla** Hemsl.

落叶木质藤本。幼枝红褐色，无毛。叶片纸质，长圆形或卵状长圆形；花序下的1~2对叶片基部合生成盘状。花单生（非双生），6~9花集合成头状，生于分枝顶端；花冠白色而后变黄色或橙黄色。

《泰顺县维管束植物名录》记载泰顺有分布，但未见标本，野外调查未见，有待考证。

# 131. 败酱科 Valerianaceae

多年生直立草本，少为半灌木。根状茎横生，常有特殊气味。叶对生或基生，叶片羽状分裂。聚伞花序组成圆锥状或伞房状，稀头状；花小，两性，稀单性或杂性，稍两侧对称；花萼合生，裂片常不显著；花冠钟状或筒状；雄蕊3或4，有时退化为1或2，着生于花冠筒基部；雌蕊由3心皮组成，子房下位，3室，仅1室发育，胚珠1枚，倒生。果为瘦果，有时顶端具冠毛状宿存花萼或有苞片增大成翅果状。种子1。

12属约300种，大多数分布于北温带。我国3属约33种，分布于全国各地；浙江2属7种；温州2属6种。

本科有些种类可供药用，或作调香原料；少数种类的嫩叶可食用。

## 1. 败酱属 Patrinia Juss.

多年生直立草本。地下根茎有强烈腐臭味。基生叶丛生，花果期常枯萎或脱落；茎生叶对生，常一回或二回奇数羽状分裂或全裂，或不分裂，边缘常具粗锯齿或牙齿。聚伞花序组成伞房状或圆锥状；花小；萼齿5；花冠钟形，黄色或白色，裂片5；雄蕊4；子房下位，3室，仅1室发育，胚珠1枚。果为瘦果。种子1，扁椭圆形。

约20种，产于亚洲东部至中部和北美洲西北部。我国11种，全国各地均产；浙江4种，温州均有。

### 分种检索表

1. 茎枝及花序梗仅一侧有开展的白色粗糙毛；果无翅状苞片……………………**3. 败酱 P. scabiosifolia**
1. 茎枝及花序梗全部或仅两侧有毛；果有翅状苞片，贴生于下面成翅果状。
  2. 茎枝及花序梗有白色倒生粗毛或有时茎与叶几无毛；花白色；瘦果倒卵形……………**4. 白花败酱 P. villosa**
  2. 茎枝及花序梗有毛或几无毛；花黄色；瘦果倒卵形或长方形。
    3. 叶片通常不裂或基部有1~2对小裂片；花小，直径1~4mm；花冠有褐色或棕红色斑纹或斑点……………………**2. 少蕊败酱 P. monandra**
    3. 叶片3~7裂；花大，直径4~5(~6)mm；花冠无斑纹或斑点……………**1. 异叶败酱 P. heterophylla**

### ■ 1. 异叶败酱　墓回头　图351

**Patrinia heterophylla** Bunge [*Patrinia heterophylla* subsp. *angustifolia* (Hemsl.) H. J. Wang]

多年生草本。高30~80cm。根状茎横走。茎直立，有倒生粗毛。基生叶丛生，长5~8cm，宽3~5cm；茎生叶对生，长4~6cm，宽2~4cm，上部叶较窄，近无柄。伞房状聚伞花序顶生；花序梗有短糙毛；最下分枝处总苞片常有1或2对小裂片，条形；萼齿5；花冠黄色，裂片5，卵形，筒部长约2mm，基部一侧有浅囊距；雄蕊4；子房下位，柱头盾状或截头状。瘦果长圆形，顶端平截，有增大的翅状果苞，阔卵形，长5~6mm，宽4~5mm，膜质，顶端两侧有时1~2浅裂。花期8~10月，果期10~11月。

产于乐清、永嘉、瑞安、文成、苍南、泰顺等地，生于山坡、林边、路旁及阴湿沟谷草丛中。

《Flora of China》将窄叶败酱 *Patrinia heterophylla* subsp. *angustifolia* (Hemsley) H. J. Wang. 并入该种。

### ■ 2. 少蕊败酱　斑花败酱　图352

**Patrinia monandra** C. B. Clarke [*Patrinia punctiflora* Hsu et H. J. Wang]

二年生或多年生草本。高45~120cm。常无根状茎。茎密被倒生粗伏毛，上部毛常排成2纵列，周围有疏粗毛。单叶对生，纸质，长2.5~7cm，宽

图 351　异叶败酱

图 352　少蕊败酱

1~5cm，不分裂或稀基部具1枚或1~2对耳状小裂片；基生叶花时枯萎，叶柄长6cm，茎上部逐渐缩短至无柄。聚伞花序组成顶生疏散伞房状花序，具5~6级分枝；花梗极短；萼齿5；花冠钟状，淡黄色，裂片5；雄蕊1~4；子房3室。瘦果倒卵状椭圆形，不育子房室呈倒卵状凸起。种子扁椭圆形。花期8~10月，果期10~11月。

产于乐清、永嘉、洞头、文成、泰顺等地，生于海拔100~1300m的山坡草丛或疏林下、溪边、路旁。

全草及根茎药用，功效与败酱 *Patrinia scabiosifolia* Link同。

《Flora of China》将大斑花败酱 *Patrinia punctiflora* var. *robusta* Hsu et H. J. Wang. 并入该种。

## 3. 败酱 图353

**Patrinia scabiosifolia** Link [*Patrinia scabiosaefolia* Fisch. ex Trev.]

多年生草本。高70~150cm。根状茎横卧或斜生；茎直立，仅一侧被倒生粗毛或近无毛。基生叶丛生，花时枯落，边缘具粗锯齿；茎生叶对生，常羽状深裂或全裂，具2~5对侧裂片，顶生裂片大，具粗锯齿，

图353 败酱

无柄。花序为聚伞花序组成的大型伞房花序，顶生；花序梗上方一侧被开展白色粗糙毛；总苞线形，甚小；花小，萼齿不明显；花冠钟形，黄色，花冠5裂；雄蕊4，花丝不等长；子房长椭圆形。瘦果长圆形，长3~4mm，无翅状苞片，具3棱，2不育子房室中央稍隆起成棒槌状，能育子室稍扁平，向两侧延展成窄边状。椭圆形、种子扁平。花期7~9月，果期9~11月。

产于乐清、永嘉、文成、泰顺等地，常生于山坡林下、林缘和灌丛中以及路边。

全草（药材名：败酱草）和根茎及根入药，能清热解毒、消肿排脓、活血祛瘀。

## ■ 4. 白花败酱　攀倒甑　图354

**Patrinia villosa** (Thunb.) Juss.

多年生草本。高50~100cm。地下有细长走茎；茎枝被倒生粗白毛，或仅沿两侧各有1列倒生短粗伏毛。基生叶丛生；茎生叶对生，边缘有粗齿，不分裂或大头状深裂。聚伞花序多分枝，排列成伞房状圆锥聚伞花序；花序梗上密生或仅生2列粗毛。花白色，直径5~6mm；花萼小，5齿裂；花冠钟状，花冠筒短，5裂；雄蕊4，伸出；子房下位。瘦果倒卵形，与宿存增大苞片贴生；苞片近圆形，直径约5mm。花期8~10月，果期10~12月。

陈贤兴 摄

陈贤兴 摄

陈贤兴 摄

图354　白花败酱

产于本市各地，生于山坡林下、林缘和灌丛中以及路边。

全草及根茎药用，功效与败酱 *Patrinia scabiosifolia* Link 同。

## 2. 缬草属 Valeriana Linn.

多年生草本。根或根状茎常有浓烈气味。叶对生，羽状分裂或少为不裂。聚伞花序，形式种种；花两性，有时杂性；花萼裂片在花时向内卷曲，花小，白色或粉红色；花冠裂片5；雄蕊3，着生于花冠筒上；子房下位，3室，但仅1室发育而有胚珠1枚。果为1扁平瘦果，前面3脉、后面1脉、顶端有冠毛状宿存花萼。

本属约300余种，分布于欧亚大陆、南美和北美中部。我国21种；浙江2种，温州也有。

本属与败酱属 *Patrinia* Juss. 的主要区别在于：败酱属雄蕊4；瘦果顶端无冠毛；根部有强烈臭气。而本属雄蕊3；瘦果顶端有羽状冠毛；根部有浓烈气味。

### 1. 柔垂缬草 图355

**Valeriana flaccidissima** Maxim.

多年生草本。高20~60cm。植株稍多汁。匍枝细长，具有柄的心形或卵形小叶。基生叶与匍枝叶同形，有时3裂，钝头，波状圆齿或全缘；茎生叶卵形，羽状全裂，裂片3~7。花序顶生，或有时自上部叶腋出，成伞房状聚伞花序；花淡红色；花冠长2.5~3.5mm；雌雄蕊常伸出于花冠之外。瘦果线状卵形，长约3mm，光秃，有时被白色粗毛。花期4~6月，果期5~8月。

仅见于泰顺(乌岩岭)，生于海拔1000m的山坡林缘湿地。温州分布新记录种。

图355 柔垂缬草

### 2. 宽叶缬草

**Valeriana officinalis** Linn.[*Valeriana fauriei* Briq.]

多年生草本。茎直立，高40~80cm；茎有细纵棱，被粗毛，尤以节部为多，老时毛少。基部长出匍枝茎数条。茎生叶对生，卵形至宽卵形、羽状深裂。叶、基出叶和基部叶在花期常凋萎。花序顶生，成伞房状聚伞花序；花萼内卷；花冠淡紫红色或白色，5裂，下部筒状；雄蕊3，伸出。瘦果长卵形，长约4mm，顶端有白色羽状冠毛。种子1。花期5月，果期6月。

据文献记载泰顺有分布，但没见确切标本。

根茎及根供药用，可驱风、镇痉、治跌打损伤等。

本种与柔垂缬草 *Valeriana flaccidissima* Maxim. 的主要区别在于：本种匍匐茎较短，不具心状宽卵形单叶；瘦果长约4mm。

# 132. 葫芦科 Cucurbitaceae

一或多年生草质藤本。茎具卷须，卷须侧生于叶柄基部。叶互生，通常单叶，有时为鸟足状复叶；具柄；无托叶。花单性，雌雄同株或异株，稀两性；单生、簇生或集成花序。雄花：花萼5裂；花冠筒状或钟状，或完全分离，5裂，裂片蕾时覆瓦状或内卷式镊合状排列，全缘或边缘呈流苏状；雄蕊5或3，药室通直、弓曲或常“S”形折曲至多回折曲，纵裂，退化雌蕊存在或缺。雌花：花萼和花冠与雄花的相同；退化雄蕊存在或缺；子房下位，通常由3心皮合生组成，侧膜胎座，胚珠通常多枚。瓠果，常呈肉质浆果状或果皮木质，1室或3室。种子常多数，扁压状。

约123属800余种，多数分布于热带和亚热带地区，少分布至温带地区。我国35属151种及若干种下类型；浙江16属29种11变种；温州野生的8属13种。

**分属检索表**

1. 花冠裂片呈流苏状……………………………………………………………………**7. 栝楼属 Trichosanthes**
1. 花冠裂片全缘或近全缘，决不呈流苏状。
  2. 雄蕊5枚，药室卵形或长圆形，通直。
    3. 单叶。
      4. 叶片长三角形，基部戟状心形；花较小，花冠裂片长不及1cm；果实成熟后近中部盖裂……………………………………………………………………**1. 盒子草属 Actinostemma**
      4. 叶片多卵状心形；花较大，花冠裂片长约2cm；果实浆果状，成熟后不开裂……………**6. 赤瓟属 Thladiantha**
    3. 常为鸟足状复叶，具3~9小叶，极稀为单叶。
      5. 花稍大，花冠裂片长至少超过5mm；果实较大，圆筒状椭圆形、圆锥形、球形或棒形，内含种子6以上；种子周围有膜质翅或无翅……………………………………………………**3. 雪胆属 Hemsleya**
      5. 花极小，花冠裂片长不超过3mm；果实较小，球形，内含种子1~3；种子无翅…………**2. 绞股蓝属 Gynostemma**
  2. 雄蕊3枚。
    6. 药室弧曲或“之”字形折曲；雄花序近伞形或近伞房状；雌花单生……………………**5. 茅瓜属 Solena**
    6. 药室通直。
      7. 雄花组成总状或近伞房状花序；雌花单生或少数几花呈伞房状；雄蕊全部2药室…………**8. 马瓟儿属 Zehneria**
      7. 雄花簇生；雌花单生或簇生；雄蕊其中1枚具1药室而另2枚均具2药室……………………**4. 帽儿瓜属 Mukia**

## 1. 盒子草属 Actinostemma Griff.

纤细攀援草本。卷须分二歧或稀不分叉。叶片不分裂或3~5裂。花单性，雌雄同株，稀两性。雄花：组成总状或圆锥状花序；花萼辐状，筒部杯状，5裂；花冠辐状，5裂；雄蕊5，花药近卵形，无退化雌蕊。雌花：单生或簇生；稀雌雄同序；花萼和花冠与雄花的同形。果实卵状，自近中部环状盖裂。种子2~4。

1种，分布于东亚。我国南北有普遍分布，浙江和温州也有。

### ■ 盒子草 图356

**Actinostemma tenerum** Griff.

一年生柔弱缠绕草本。茎纤细，疏被长柔毛，后脱落。卷须二歧。叶片形状变异大，心状戟形、心状狭卵形或披针状三角形，长3~12cm，宽2~8cm，先端稍钝或渐尖，基部弯缺半圆形、长圆形、深心形，不分裂或茎下部的有3~5裂；叶柄长2~6cm。花单性，雌雄同株。雄花：组成总状或圆锥状花序；

图 356 盒子草

萼裂片线状披针形，长 2~3mm；花冠黄绿色，裂片披针形，先端尾状钻形，长 3~7mm；雄蕊 5。雌花：单生或双生；花萼和花冠与雄花的相同。果实绿色，卵形，阔卵形，长圆状椭圆形，长 1.6~2.5cm，直径 1~2cm，疏生暗绿色鳞片状凸起，自近中部盖裂，果盖锥形。种子 2~4，表面有不规则雕纹。花期 7~9 月，果期 9~11 月。

见于瓯海、瑞安、文成(百丈漈)、苍南(冬瓜屿)、泰顺，多生于水边草丛中。

种子及全草药用；种子含油。

## 2. 绞股蓝属 Gynostemma Bl.

多年生草质攀援藤本。卷须二歧或不分叉。叶互生；鸟足状复叶，具 3~9 小叶，边缘有锯齿；具叶柄。花小，单性，异株，白色或淡绿色，组成腋生而疏散的圆锥花序。雄花：花萼辐状，5 深裂；花冠辐状，5 深裂；雄蕊 5，药 2 室；无退化雄蕊。雌花：花萼和花冠与雄花的相同；具退化雄蕊。果球形，不开裂，内含 1~3 种子。种子有网状或瘤状凸起。

约17种，产于亚洲热带至东亚，自喜马拉雅至日本、马来群岛和新几内亚岛。我国14种；浙江3种；温州1种。

## ■ 绞股蓝 图357

**Gynostemma pentaphyllum** (Thunb.) Makino

多年生攀援草本。茎柔弱，有分枝，节上有毛或无毛。卷须常二歧或不分叉。鸟足状复叶，具3~9小叶，通常5~7小叶；小叶片卵状长圆形或披针形，中央小叶长3~12cm，宽1.5~3cm，侧生小叶较小，两面均疏被短硬毛。花单性异株。雄花：组成圆锥花序；花冠淡绿色或白色，5深裂，裂片边缘具缘毛状小齿，长约3mm；雄蕊5。雌花：组成圆锥花序，远较雄花短小，花萼及花冠似雄花。果实肉质不裂，球形，直径约5mm，成熟后黑色，光滑无毛，内含2种子。花期7~9月，果期9~10月。

本市各地常见，生于山谷密林、山坡疏林或路旁草丛。

全草入药。

本种变异较大，其小叶数目、毛被疏密、果梗长短及果实大小均存在一定变异。

陈贤兴 摄

陈贤兴 摄

陈贤兴 摄

图357 绞股蓝

## 3. 雪胆属 Hemsleya Cogn.

多年生草质藤本。块茎膨大，通常扁卵圆形或稀圆柱状。茎和小枝纤细，疏被短柔毛。卷须先端二歧。叶为鸟足状复叶，具 5~9(~11) 小叶；具柄。雌雄异株。聚伞总状花序至圆锥花序，腋生，总花序梗纤细，曲折。雄花：花萼轮状，基部偏肿，5 深裂；花冠辐状、碗状或盘状、陀螺状、灯笼状至伞状，浅黄色、黄绿色至橙红色，5 裂；雄蕊 5。雌花：通常与雄花同形或等大，稀异形或稍大。果实球形、圆锥形、圆筒状椭圆形或棒形，具 9~10 条纵棱或细纹。种子多数，外环有极狭或宽 2mm 以上的木栓质翅。

约 27 种，分布于亚洲热带和亚热带地区。我国 25 种；浙江 2 种；温州 1 种。

### ■ 浙江雪胆 图 358

**Hemsleya zhejiangensis** C. Z. Zheng

多年生攀援草本。块茎膨大，扁球形。茎和小枝细弱，疏被短柔毛，节上毛较密。卷须先端二歧。鸟足状复叶，具 4~9 小叶，通常 5 小叶；小叶片椭圆状披针形，中央小叶片长 6~11cm，宽 2~3.5cm，两侧渐小，先端渐尖，具小尖突，基部渐狭，边缘疏锯齿状，上面深绿色，下面灰绿色，疏被短柔毛，两面沿中肋及侧脉疏被小刺毛。雌雄异株。雄花：组成聚伞圆锥花序，花序轴曲折；花冠浅黄色，扁球形，直径 0.8~1cm。雌花：组成稀疏聚伞总状花序，花冠淡黄色，直径约 1.5cm。果实极长棒形，长 11~17cm，直径（中部）2~2.5cm，具纵纹 10 条，密布细疣突。种子暗棕色，长圆形，周生厚木栓质翅，密布皱褶，上、下端宽 4~5mm，两侧宽 2~3mm。花期 5~9 月，果期 8~11 月。

见于泰顺（乌岩岭），生于山谷灌丛和竹林下。

雷祖培 摄

雷祖培 摄

雷祖培 摄

图 358 浙江雪胆

## 4. 帽儿瓜属 **Mukia** Arn.

一年生攀援草本。全体被糙毛或刚毛。卷须不分歧。叶片常 3~7 浅裂，基部心形；叶柄极短或近无柄。花单性同株；花小，雄花簇生，雌花常单一或数花与雄花簇同生于一叶腋。雄花：花萼钟形，裂片 5，近钻形；花冠辐状，5 深裂；雄蕊 3，2 枚 2 室，1 枚 1 室，药室通直；退化子房腺体状。雌花：花萼和花冠与雄花的相同。浆果小形，不开裂。种子少数。

约 3 种，主要分布于亚洲、非洲以及澳大利亚的热带和亚热带。我国 2 种；浙江 1 种，温州也有。

### ■ 帽儿瓜

**Mukia maderaspatana** (Linn.) M. J. Roem.

一年生平卧或攀援草本。全株密被黄褐色糙硬毛。茎多分枝，粗壮，有棱沟及疣状凸起。卷须不分歧。叶片薄革质，宽卵状五角形或卵状心形，常 3~5 浅裂，长、宽均为 5~9cm，中间的裂片卵状三角形，先端稍钝圆，两侧的裂片稍短，有时向后延伸，边缘微波状或有不规则锯齿，基部心形，弯缺半圆形。雌雄同株。雄花：数花簇生于叶腋；花冠黄色，裂片卵状长圆形，长约 2mm，宽约 0.5mm；雄蕊 3；退化雌蕊球形。雌花：单生或 3~5 花与雄花在同一叶腋内簇生。果梗近无；果实熟后深红色，球形，直径约 1cm，平滑无毛。花期 5~9 月，果期 8~12 月。

见于苍南（马站），生于山坡岩石及灌丛中。

## 5. 茅瓜属 **Solena** Lour.

多年生攀援草本。茎、枝纤细。卷须单一。叶柄极短或近无；叶片全缘或各种分裂。花雌雄异株或同株。雄花：生于一短的总梗上呈伞状或伞房状花序；花萼筒钟状，裂片 5，近钻形；花冠黄色或黄白色；雄蕊 3，其中 2 枚具 2 药室，1 枚具 1 药室，药室弧曲或“之”字形折曲。雌花：单生；退化雄蕊 3。果实不开裂，外面光滑。

3 种，产于南亚和东南亚。我国 1 种 1 亚种；浙江 1 种，温州也有。

### ■ 茅瓜

**Solena heterophylla** Lour. [*Solena amplexicaulis* (Lam.) Gandhi]

攀援草本。茎、枝柔弱，无毛。卷须单一。叶片薄革质，多型，变异极大，卵形、长圆形、卵状三角形或戟形等，不分裂、3~5浅裂至深裂，长8~12cm，宽1~5cm，先端钝或渐尖，基部心形，弯缺半圆形，有时基部向后靠合，边缘全缘或有疏齿，上面脉上有微柔毛，下面几无毛；叶柄纤细，短，长0.5~1cm。雌雄异株。雄花：10~20花生于2~5mm长的花序梗顶端，呈伞房状花序；花极小；花冠黄色，外面被短柔毛，裂片开展，三角形，长约1.5mm；雄蕊3，药室弧状弓曲，具毛。雌花：单生于叶腋。果实红褐色，长圆状或近球形，长2~6cm，直径2~5cm，表面近平滑。花期5~8月，果期8~11月。

据《泰顺县维管束植物名录》记载泰顺有产，但未见标本。

块根药用。

## 6. 赤瓟属 **Thladiantha** Bunge

一年或多年生草质藤本，攀援或匍匐。茎有纵向棱沟。卷须单一或二歧。单叶；叶片全缘或3裂，基部心形，边缘有锯齿。花单性，雌雄异株。雄花：组成总状或圆锥状花序，稀单生；花萼钟状，5 裂；花冠钟状，黄色，5 深裂，裂片全缘；雄蕊 5，通常两两成对，1 枚分离，药室通直。雌花：单生、双生或 3~4 花簇生于一短花梗上；花萼和花冠与雄花的相同。果为浆果状，不开裂。种子多数，水平着生。

23种，主要分布于我国西南部，少数种分布到黄河流域以北地区，个别种分布至朝鲜、日本、印度半岛东北部、中南半岛和大巽他群岛。我国23种；浙江3种，温州也有。

## 分种检索表

1. 果实表面有明显的瘤状凸起；卷须单一；全株无毛或被稀疏短柔毛……**1. 长叶赤瓟 T. longifolia**
1. 果实表面无瘤状凸起。
   2. 植株全体密生黄褐色柔毛状硬毛；卷须上部二歧；叶片卵状心形、宽卵状心形或近圆形……**2. 南赤瓟 T. nudiflora**
   2. 植株全体几无毛；卷须单一；叶片长卵形或长卵状披针形……**3. 台湾赤瓟 T. punctata**

### 1. 长叶赤瓟 图359

**Thladiantha longifolia** Cogn. ex Oliv.

攀援草本。茎、枝无毛或被稀疏短柔毛。卷须单一。叶片卵状披针形或长卵状三角形，长8~18cm，下部宽4~8cm，先端急尖或短渐尖，基部深心形，弯缺开张，半圆形，上面有短刚毛，粗糙，脉上有短柔毛或近无毛，下面稍光滑，无毛。雌雄异株。雄花：3~9 (~12) 花生于总花梗上部成总状花序；花冠黄色，裂片长圆形或椭圆形，长1.5~2cm，宽约1cm；雄蕊5。雌花：单生或2~3花生于一短的总花梗上；花萼和花冠与雄花的同；退化雄蕊5，钻形。果实阔卵形，长达4cm，果皮有瘤状凸起。花期4~7月，果期8~10月。

见于泰顺（乌岩岭），生于山坡杂木林、沟边及灌丛中。

图359 长叶赤瓟

### 2. 南赤瓟 图360

**Thladiantha nudiflora** Hemsl. ex Forb. et Hemsl.
[*Thladiantha nudiflora* var. *membranacea* Z. Zhang]

攀援草本。全体密生黄褐色柔毛状硬毛。卷须上部二歧。叶片卵状心形、宽卵状心形或近圆形，长5~15cm，宽4~12cm，先端急尖或渐尖，基部弯缺开放或有时闭合，上面有短而密的细刚毛，下面密被淡黄色短柔毛。雌雄异株。雄花：组成总状花序；花冠黄色，裂片卵状长圆形，长约1.5cm；雄蕊5。雌花：单生；花萼和花冠同雄花的，但较之为大。果实长圆形，后变红色或红褐色，长4~5cm，直径3~3.5cm，有时密生毛及不甚明显的纵纹，后渐无毛。花期6~8月，果期9~10月。

图 360 南赤爬

见于永嘉、瓯海、文成、泰顺，生于沟边、山坡、路旁灌丛。

## 3. 台湾赤爬 图 361

**Thladiantha punctata** Hayata

攀援草本。全体几无毛。茎、枝有明显的纵向条纹。卷须单一。叶片长卵形或长卵状披针形，长 8~20cm，宽 6~10cm，先端渐尖，基部弯缺开放或有时内倾而靠合，半圆形。雌雄异株。雄花：花序常为总状或上部分枝成圆锥花序；花冠黄色，裂片长卵形或长卵状披针形，长约 2cm；雄蕊 5。雌花：常单生，稀 2~3 花生于长约 1cm 的总梗顶端；花萼和花冠同雄花的，花冠常较雄花的大。果实卵形或长圆形，长 3~5cm，直径 2~3.5cm，表面平滑。花期 6~7 月，果期 8~11 月。

见于永嘉、乐清、文成、泰顺，生于山坡、沟边林下或湿地。

本种的叶形有时和长叶赤爬 *Thladiantha longifolia* Cogn. ex Oliv. 的极相似，两者的主要区别在于：果实表面是否具瘤状凸起。

图 361　台湾赤瓟

## 7. 栝楼属 Trichosanthes Linn.

一年生或多年生攀援植物。茎多分枝，具棱和槽。卷须二至五歧。叶片通常全缘或3~9裂，边缘具细齿。花单性异株，稀同株。雄花：通常组成总状花序，有时有1单花与之并生，或为1单花；萼筒筒状，常自基部向顶端逐渐扩大，5裂；花冠白色，5裂，裂片先端撕裂成流苏状；雄蕊3，药室对折。雌花：常单生；花萼和花冠与雄花的相同。果球形、卵形或纺锤形，不开裂，平滑。种子多数，1或3室。

约100种，分布于亚洲和澳大利亚北部。我国33种；浙江4种1变种；温州3种。

**分种检索表**

1. 叶片宽卵形或圆形，常3~5浅裂或深裂；种子横长圆形，3室，中央室呈凸起的增厚环带，内有种子，两侧室大而圆形 ……………… **1. 王瓜 T. cucumeroides**

1. 种子卵状椭圆形，1室，压扁。

  2. 叶片较小，长、宽约4~6cm，3浅裂至中裂；雄花单生；花小，直径在3cm以下；花萼筒长约7mm ……………… **2. 湘桂栝楼 T. hylonoma**

  2. 叶片大，长、宽约5~20cm，（3~）5~7掌状浅裂或中裂；雄花常组成总状花序；花大，直径约3cm；花萼筒长约3cm以上 ……………… **3. 栝楼 T. kirilowii**

### 1. 王瓜　图 362

**Trichosanthes cucumeroides** (Ser.) Maxim.

多年生攀援草本。茎细弱，多分枝，被短柔毛。卷须二歧。叶片轮廓为阔卵形或圆形，长5~13(~19)cm，宽5~12cm，先端钝或渐尖，基部深心形，常3~5浅裂至深裂，有时不裂，上面被短绒毛及疏散短刚毛，下面密被短茸毛，基出掌状脉5~7条；叶柄长3~10cm。雌雄异株。雄花：组成总状花序或1单花与之并生；花萼筒喇叭形，长6~7cm，顶端5裂；花冠白色，裂片长圆状卵形，长1.4~1.5cm，先端具长的丝状裂片；雄蕊3；退化雌蕊刚毛状。雌花：单生，花萼及花冠与雄花的相同。果实卵圆形、卵状椭圆形或球

图 362 王瓜

形，直径4~5.5cm，熟时橙红色。种子横长圆形，长7~12mm，3室，中央室呈凸起的增厚环带，两侧室大，中空，近圆形。花期5~8月，果期8~11月。

见于乐清（大荆）、永嘉、瓯海、瑞安、文成、平阳、泰顺，生于山谷密林中或山坡疏林中或灌丛中。

## 2. 湘桂栝楼　小花栝楼

**Trichosanthes hylonoma** Hand.-Mazz. [*Trichosanthes parviflora* C. Y. Wu ex S. K. Chen]

草质攀援藤本。茎细弱，被短柔毛。卷须二歧。叶片轮廓阔卵状心形至圆心形，长 4~5cm，宽 4.5~6 cm，先端渐尖，基部心形，3 浅裂至中裂，上面疏被长柔毛，下面无毛，两面均有泡状小颗粒，基出脉 3 条；叶柄长 1.5~2cm，疏被柔毛，后有皮孔。雌雄异株。雄花：单生；花萼圆筒形，长约 7mm，被长柔毛；花冠裂片 5，倒卵形，长约 4mm，先端中央具小尖头，两侧具丝状裂片。花期 6~7 月，果期 9~10 月。

见于文成（石垟）、泰顺（垟溪、竹里），生于山坡路边。温州分布新记录种。

## 3. 栝楼　图 363

**Trichosanthes kirilowii** Maxim. [*Trichosanthes obtusiloba* C. Y. Wu ex C. Y. Cheng et C. H. Yueh]

多年生攀援草本。茎多分枝，被白色开展柔毛。卷须腋生，三至七歧。叶片轮廓近圆形或心形，长、宽均约 5~20cm，先端通常圆钝，基部心形，通常(3~)5~7 掌状浅裂或中裂，两面沿脉被长柔毛状硬毛，基出掌状脉 3~5 条；叶柄长 3~10cm，被长柔毛。雌雄异株。雄花：单生或数花排成总状花序，或单花与总状花序同生于叶腋；花萼筒长约 3.5cm；花冠白色，裂片倒卵形，长约 2cm，先端中央具 1 绿色尖头，两侧具丝状裂片，被柔毛；雄蕊 3。雌花：单生，萼筒长约 2.5cm，花冠与雄花的相同。果实近球形，熟时橙红色，光滑。种子 1 室。花期 6~8 月，果期 8~10 月。

见于永嘉、瓯海、瑞安、文成、平阳、泰顺，生于山坡林下、灌丛中、草地和村旁田边。

根、果实、果皮和种子入药，中药上分别称天花粉、栝楼、栝楼皮和栝楼子（瓜蒌仁）。

图 363 栝楼

## 8. 马㼎儿属 Zehneria Endl.

一年或多年生攀援或匍匐草本。卷须纤细，单一或二歧。叶片形状多变，全缘或 3 浅裂至深裂；具明显叶柄。花单性，雌雄同株或异株。雄花：组成总状或近伞房状花序，稀同时单生；花萼钟状，5 裂；花冠钟状，黄色或黄白色，5 裂；雄蕊 3，花药全部为 2 室，或 2 枚 2 室而 1 枚 1 室，药室常通直或稍弓曲，退化雌蕊形状不变。雌花：单生或少数几朵呈伞房状；花萼和花冠与雄花的相同。果实不开裂。种子多数。

约 55 种，分布于旧世界热带地区。我国 4 种；浙江 2 种，温州也有。

## 1. 钮子瓜 图 364

**Zehneria bodinieri** (Lévl.) W. J. de Wilde et Duyfjes

草质藤本。茎、枝细弱。叶片膜质，宽卵形或稀三角状卵形，长、宽均约3~10cm，上面被短糙毛，背面近无毛，先端急尖或短渐尖，基部弯缺半圆形，边缘有小齿或深波状锯齿，不分裂或有时3~5浅裂；叶柄长2~5cm。卷须丝状，单一，无毛。雌雄同株。雄花：常3~9花生于总梗顶端呈近头状或伞房状花序；花萼筒宽钟状；花冠白色，裂片上部常被柔毛；雄蕊3枚，2枚2室，1枚1室，有时全部为2室。雌花：单生，稀几花生于总梗顶端或极稀雌雄同序。果实球状或卵状，直径1~1.4cm，浆果状，外面光滑无毛。种子卵状长圆形，扁压，平滑，边缘稍拱起。花期4~8月，果期8~11月。

见于泰顺，浙江分布新记录种。

陈贤兴 摄

陈贤兴 摄

陈贤兴 摄

图 364 钮子瓜

## 2. 马㼎儿 图 365

**Zehneria japonica** (Thunb.) H. Y. Liu [*Zehneria indica* (Lour.) Keraudren]

一年生攀援草本。茎，枝纤细。卷须单一。叶片多型，三角状宽卵形、卵状心形或戟形，不裂或3~5浅裂，长2~7cm，宽2~8cm，先端急尖或渐尖，基部弯缺半圆形，两面具瘤基状毛，脉上尤密。雌雄同株。雄花：单生或簇生，稀2~3花生于短的总状花序上；花冠淡黄色，5裂，裂片长约2mm；雄蕊3，2枚具2药室，1枚具1药室；退化子房球形。雌花：在与雄花同一叶腋内单生或双生。果实长圆形或球形，长1~1.5cm，宽0.5~1cm，成熟后橘红色或红色。花期4~7月，果期7~10月。

见于永嘉、瓯海、文成、平阳（南雁荡山）、苍南（莒溪）、泰顺，常生于林中阴湿处、路旁、田边及灌丛中。

全草药用。

本种与钮子瓜 *Zehneria bodinieri* (Lévl.) W. J. de Wilde et Duyfjes 的主要区别在于：本种雄蕊插生在花萼筒上部，花丝长不超过花药；而钮子瓜的雄蕊插生在花萼筒基部，花丝长于花药。

图 365 马㼎儿

# 133. 桔梗科 Campanulaceae

一年生或多年生草本，稀灌木，或呈攀援状。通常有乳汁，具根状茎。叶互生或对生，稀轮生，叶片全缘，有锯齿或少有分裂；无托叶。花两性，辐射对称或两侧对称；花萼 4 ~ 6 裂，常宿存；花冠筒状、辐状、钟状或二唇状；雄蕊 5，与花冠裂片互生；子房下位，或半上位，少完全上位的，2~5 室；胚珠多数，中轴胎座。果通常为蒴果，顶端瓣裂或在侧面孔裂，少为浆果。种子多数。

约86余属2300余种，世界广布，但主产于温带和亚热带。我国16属159种；浙江有10属17种3亚种；温州有野生的9属14种3亚种。

本科植物有的具有止咳、化痰、润肺之效；某些种类亦可以用作观赏。

### 分属检索表

1. 花冠辐射对称，雄蕊分离。
  2. 花单生；果为浆果。
    3. 直立或蔓性草本 ······ **5. 轮钟草属 Cyclocodon**
    3. 多年生缠绕草本 ······ **3. 金钱豹属 Campanumoea**
  2. 果为蒴果。
    4. 蒴果顶端开裂。
      5. 缠绕草本；柱头裂片卵形或椭圆形 ······ **4. 党参属 Codonopsis**
      5. 直立草本；柱头裂片窄狭、线形。
        6. 花冠宽钟形；柱头 5 裂；蒴果裂瓣和花萼裂片对生 ······ **7. 桔梗属 Platycodon**
        6. 花冠狭钟形；柱头 2~5 裂；蒴果裂瓣和花萼裂片互生 ······ **9. 蓝花参属 Wahlenbergia**
    4. 蒴果由基部不规则地开裂、不裂或孔裂。
      7. 花柱基部有杯状或圆筒状花盘；花冠 5 浅裂 ······ **1. 沙参属 Adenophora**
      7. 花柱基部无花盘。
        8. 蒴果倒卵形或圆筒形，由基部向上瓣裂 ······ **2. 风铃草属 Campanula**
        8. 蒴果近圆柱形，上端侧面（2~）3 孔裂 ······ **8. 异檐花属 Triodanis**
1. 花冠两侧对称，雄蕊合生 ······ **6. 半边莲属 Lobelia**

## 1. 沙参属 Adenophora Fisch.

多年生草本。有白色乳汁。根胡萝卜状。茎直立，单一或自基部分枝。叶互生，少轮生。花通常大，下垂，成顶生疏松的假总状花序或圆锥花序；花萼钟形，与子房结合；花冠钟形，蓝色或白色，5 浅裂；雄蕊 5，花药细长；子房下位，3 室，胚珠多数。蒴果在基部 3 瓣裂。种子多数。

约 62 种，主产于欧洲与东亚。我国约 38 种，分布于南北各地区；浙江 4 种 1 亚种；温州 3 种 1 亚种。

### 分种检索表

1. 叶轮生；花序分枝通常也轮生 ······ **4. 轮叶沙参 A. tetraphylla**
1. 叶和花序分枝非轮生。
  2. 茎生叶无柄，或仅下部叶有极短的翅柄，花萼裂片线状披针形 ······ **3. 沙参 A. stricta**
  2. 茎生叶具短柄。
    3. 叶片卵状至卵状披针形；花萼裂片长卵形，最宽处在中下部通常多少重叠 ······ **1. 华东杏叶沙参 A. petiolata subsp. huadungensis**
    3. 叶片长椭圆形至狭披针形；花萼裂片线状披针形，不重叠 ······ **2. 中华沙参 A. sinensis**

## 1. 华东杏叶沙参 图 366

**Adenophora petiolata** Pax. et K. Hoffm. subsp. **huadungensis** (Hong) Hong et S. Ge [*Adenophora hunanensis* Nann f. subsp. *huadungensis* Hong]

多年生草本。根圆柱形。茎直立，茎高60~90cm，不分枝，无毛或稍有白色短硬毛。茎生叶至少下部的具柄，很少近无柄，叶长3~10cm，宽2~4cm。花序分枝长，组成大而疏散的圆锥花序；花萼筒部倒圆锥状，5裂；花冠钟状，蓝色、紫色或蓝紫色，长1.5~2cm，5裂；花盘短筒状，长1~2.5mm；花柱与花冠近等长。蒴果球状椭圆形，或近于卵状，长6~8mm，直径4~6mm。种子椭圆状，有1棱。花果期9~10月。

见于泰顺，生于山坡草地或林下草丛中。温州新记录亚种。

## 2. 中华沙参 图 367

**Adenophora sinensis** A. DC.

多年生草本。茎直立，不分枝，高20~90cm，无毛或疏生糙毛。基生叶卵圆形，基部圆钝，并向叶柄下延；茎生叶互生，下部的具长至2.5cm的叶柄，

吴棣飞 摄

吴棣飞 摄

图366 华东杏叶沙参

陈贤兴 摄

陈贤兴 摄

陈贤兴 摄

图367 中华沙参

上部的无柄或具短柄。花序常有纤细的分枝，组成狭圆锥花序；花梗纤细，长可达3cm；花萼通常无毛，常球状，5裂；花冠钟状，紫色或紫蓝色；花盘短筒状，长1~1.5mm；花柱超出花冠2~4mm。蒴果椭圆状球形或圆球状，长6~7mm，直径约5mm。种子椭圆状，棕黄色，有1狭翅状棱。花期8~10月。

见于永嘉，生于溪边草丛或灌丛中。温州新记录种。

## 3. 沙参 图368

**Adenophora stricta** Miq. [*Adenophora axilliflora* (Borb.) Borb.]

多年生草本。根圆柱形。茎高40~80cm，不分枝，常被短硬毛或长柔毛，少无毛。基生叶心形，大而具长柄；茎生叶无柄，或仅下部的叶有极短而带翅的柄，长3~8cm，宽1~5cm。花序常不分枝而成假总状花序，或有短分枝而成极狭的圆锥花序，极少具长分枝而为圆锥花序；花萼筒部常倒卵状，少为倒卵状圆锥形；花冠宽钟状，蓝色或紫色，5浅裂；花盘短筒状，长1~1.8mm，无毛；雄蕊5，花丝基部宽，边缘有密柔毛。蒴果椭圆状球形，长6~10mm，有毛。种子棕黄色，稍扁，有1棱，长约1.5mm。花果期8~10月。

见于泰顺，生于山坡草丛中。

根供药用，能滋补、祛寒热、清肺止咳，也有治心脾痛、头痛、妇女白带之效。

## 4. 轮叶沙参 图369

**Adenophora tetraphylla** (Thunb.) Fisch.

多年生草本。根圆锥形。茎直立，高可达1m，不分枝，无毛或近无毛。茎生叶3~6片轮生，无柄或有不明显叶柄，长2~14cm，宽达2.5cm。花序狭圆锥形，分枝轮生，花下垂；花萼筒倒圆锥形，5裂；花冠筒状钟形，口部稍缢缩，蓝色、蓝紫色，长7~11mm，裂片短，三角形，长2mm；雄蕊5，花丝基部变宽，边缘具密柔毛；花盘细管状，长2~4mm；蒴果球状圆锥形或卵圆状圆锥形，长5~7mm，直径4~5mm。种子黄棕色，长圆状圆锥形，稍扁，有1棱，并由棱扩展成1白带。花果期7~10月。

见于永嘉、瑞安、文成、泰顺等地，生于山坡草地和灌丛中。

根供药用，有清热养阴、润肺止咳之效。

图368 沙参

图 369　轮叶沙参

## 2. 风铃草属 Campanula Linn.

一年生或多年生草本，直立或匍匐。叶互生。花单生于叶腋或顶生，或组成圆锥花序状。花萼与子房贴生，裂片 5；花冠钟状，少有辐状，5 裂；雄蕊 5，离生；子房下位，3~5 室，柱头 3~5 裂。蒴果 3~5 室，带有宿存的花萼裂片，在侧面的顶端或在基部孔裂。种子多数。

约 420 种，几乎全在北温带，多数种类产于欧亚大陆北部。我国近 22 种，主产于西南山区；浙江 1 种，温州也有。

### ■ 紫斑风铃草

**Campanula punctata** Lam.

多年生草本。全体被刚毛。具细长而横走的根状茎。茎直立，粗壮，高 20~50cm，通常在上部分枝。基生叶具长柄，叶片心状卵形；茎生叶下部的有带翅的长柄，上部的无柄，三角状卵形至披针形，边缘具不整齐钝齿。花顶生于主茎及分枝顶端，下垂；花萼裂片长三角形，裂片间有 1 卵形至卵状披针形而反折的附属物，它的边缘有芒状长刺毛；花冠白色，带紫斑，筒状钟形，长 3~6.5cm，裂片有睫毛。蒴果半球状倒锥形，脉很明显。种子灰褐色，矩圆状，稍扁，长约 1mm。花期 6~9 月。

见于泰顺，生于山地林中、灌丛及草地中。

## 3. 金钱豹属 Campanumoea Bl.

多年生缠绕草本。具胡萝卜状根。叶常对生或互生。花单朵腋生或顶生，或与叶对生，或在枝顶集成有 3 花的聚伞花序；花萼不同程度地贴生于子房，或完全不贴生，或甚至与花的其他部分远离；花冠宽钟形；雄蕊 4~6；子房下位，4~6 室；柱头 4~6 裂。果为浆果，球状，顶端平钝。种子多数。

约 2 种 1 亚种，分布于亚洲东部热带、亚热带地区。我国 2 种 1 亚种，分布于南方各地区。浙江 1 亚种，温州也有。

### ■ 金钱豹　图 370

**Campanumoea javanica** Bl. subsp. **japonica** (Makino) Hong

多年生草质缠绕藤本。茎无毛，多分枝，有乳汁。叶对生或互生，心形，叶片长3~7cm，宽2.5~6cm，边缘有浅钝齿；叶柄长1.4~4.8cm。花单生于腋生；花萼无毛，5裂近基部，裂片三角状披针形，长0.9~1.8cm；花冠黄色或淡黄绿色，钟形，

图 370 金钱豹

长达1.2cm，裂片卵状三角形；雄蕊5，花丝线形；子房下位，花柱无毛，柱头球形。浆果近球形，黑紫色，直径1~1.2cm。种子多数。花果期 8 ~ 9 月。

见于永嘉、瑞安、文成、平阳、泰顺，生于山地、草坡或丛林中。

根药用，有补虚益气、润肺生津之效，可替党参用。

## 4. 党参属 Codonopsis Wall.

多年生草本。有乳汁。根常肥大，肉质或木质。茎直立或缠绕、攀援、倾斜、上升或平卧。叶互生，对生，簇生或假轮生。花单生于叶腋或顶端，或与叶相对；花萼 5 裂，筒部与子房贴生；花冠阔钟状、钟状、漏斗状、管状钟形或管状，5 裂；雄蕊 5；子房下位或近下位，通常 3 室，每室胚珠多数。果为蒴果，圆锥状。种子多数。

全属42种，分布于亚洲东部和中部。我国约40种，全国均产，但主产于西南各地区；浙江1种，温州也有。

### ■ 羊乳 图 371

**Codonopsis lanceolata** (Sieb. et Zucc.) Trautv.

多年生缠绕草本。根常肥大呈纺锤状。植株光滑无毛或茎叶疏生柔毛。叶在主茎上的互生，长 0.8~1.4cm，宽 3~7mm，在小枝顶端的叶通常 2~4 片簇生，而近于对生或轮生状，长 3~10cm，宽 1.5~4cm。花单生或对生于小枝顶端；花萼贴生至

图 371 羊乳

子房中部，筒部半球状，裂片卵状三角形，全缘；花冠阔钟状，浅裂，黄绿色或乳白色，内有紫色斑；花盘肉质，无毛，深绿色；花丝钻状，基部微扩大，长约4~6mm；子房半下位。蒴果下部半球状，上部有喙，直径约2~2.5cm。种子多数，细小，卵形，有翅，棕色。花果期9~10月。

见本市各地，生于山地灌木林下沟边阴湿地区或阔叶林内。

根供药用，治病后体虚、乳汁不足及各种痈疽肿毒。

## 5. 轮钟草属 **Cyclocodon** Griff. ex Hook. f. et Thom.

一年生或多年生草本，直立或上升。茎多分枝。叶对生，很少轮生。花单生，顶生或腋生，或二歧聚伞花序；小苞片丝状或叶状，或缺；花萼贴生于子房下部、中部或下面，裂片4~6，裂片条形或条状披针形，边缘有齿，极少全缘的；花冠管状，4~6裂；雄蕊4~6；子房4~6室，胚珠极多。浆果近球形。种子极多。

3种，分布于喜马拉雅到琉球群岛、菲律宾、巴布亚新几内亚。我国3种均产；浙江1种，温州也有。

### ■ 轮钟草　长叶轮钟草　图372

**Cyclocodon lancifolius** (Roxb.) Kurz [*Campanumoea lancifolia* (Roxb.) Merr.]

多年生直立或蔓性草本。茎无毛，高可达1m，中空，分枝多而长。叶对生，偶有3片轮生的，长6~15cm，宽1~5cm。花通常单花顶生兼腋生，有时3花组成聚伞花序；花梗或花序梗长1~10cm，花梗中上部或在花基部有1对丝状小苞片；花萼仅贴生至子房下部，裂片5~6；花冠白色或淡红色，管状钟形，5~6裂至中部；雄蕊5~6；子房5~6室。浆果球状，熟时紫黑色，直径5~10mm。种子极多数，呈多角体。花期7~10月。

见于文成、泰顺等地，生于山地灌丛及草地中。

根药用，无毒，甘而微苦，有益气补虚、祛瘀止痛之效。

陈贤兴 摄

陈贤兴 摄

陈贤兴 摄

图372　轮钟草

## 6. 半边莲属 Lobelia Linn.

多年生草本。茎直立或匍匐。叶互生。花单生于叶腋，或成总状花序顶生，或由总状花序再组成圆锥花序。花两性；花萼贴生于子房，花萼筒卵状、半球状或浅钟状，5裂，全缘或有小齿，果期宿存；花冠钟形，两侧对称，二唇形，上唇裂片2较深，下唇裂片3；雄蕊5；子房下位或半下位，2室，中轴胎座，胚珠多数。蒴果。种子多数。

全属414余种，分布于各大陆的热带和亚热带地区。我国23种，主要分布于长江流域以南各地区；浙江5种，温州也有。

### 分种检索表

1. 通常平卧的草本，无毛，节上常生根。
  2. 叶片狭披针形或线形……………… 1. 半边莲 L. chinensis
  2. 叶片圆卵形、心形或卵形……………… 4. 铜锤玉带草 L. nummularia
1. 直立草本，有毛。
  3. 苞片长于花；花萼和花梗及叶片下面脉上具极短的毛；花萼裂片披针状线形，边缘有小齿……………… 2. 江南山梗菜 L. davidii
  3. 苞片短于花；花萼和花梗及叶片均无毛；花萼裂片全缘。
    4. 花萼裂片三角状披针形，长5～7 mm；花冠下唇的裂片边缘密生柔毛……………… 5. 山梗菜 L. sessilifolia
    4. 花萼裂片钻状线形，长1.8~2.2cm；花冠筒内有短柔毛，裂片无毛……………… 3. 东南山梗菜 L. melliana

### 1. 半边莲 图373

**Lobelia chinensis** Lour.

多年生矮小草本。茎细弱，匍匐，节上生根，分枝直立，高6~15cm，无毛。叶互生，长8~20mm，宽3~7mm，全缘或顶部有明显的锯齿。花单生于叶腋，花梗细，长超出叶外；花萼筒倒长锥状，5裂；花冠粉红色或白色，5裂；雄蕊5，花丝中部以上联合，花丝筒无毛，未联合部分的花丝侧面生柔毛，花药管状，长约2mm，背部无毛或疏生柔毛。蒴果倒锥状，长约6mm。种子椭圆状，稍扁压，近肉色。花果期4~5月。

图373　半边莲

见于本市各地，生于水田边、沟边及潮湿草地上。

全草可供药用，有清热解毒、利尿消肿之效。

## 2. 江南山梗菜 图 374

**Lobelia davidii** Frand.

多年生草本。高可达 180cm。主根粗壮。茎直立，分枝或不分枝，幼枝有纵条纹，无毛或有极短的倒糙毛，或密被柔毛。叶螺旋状排列，茎生叶长 6~17cm，宽达 2~7cm。总状花序顶生，长 20~50cm；苞片卵状披针形至披针形，比花长；花萼筒倒卵状，5 裂；花冠紫红色或红紫色，近二唇形；雄蕊 5，在基部以上联合成筒，花丝筒无毛或在近花药处生微毛，下方 2 花药顶端生髯毛。蒴果球状，直径 6~10mm，底部常背向花序轴，无毛或有微毛。种子黄褐色，稍压扁，椭圆状，一边厚而另一边薄，薄边颜色较淡。花果期 8~10 月。

见于泰顺，生于山地林缘或沟边较阴湿处。

根供药用。

## 3. 东南山梗菜 图 375

**Lobelia melliana** E. Wimm.

多年生草本。高 80~150cm。主根粗。茎禾杆色，无毛。叶螺旋状排列，长 6~16cm，宽 1.5~4cm，薄纸质。总状花序生于主茎和分枝顶端，长 15~40cm，花稀疏，下部花的苞片与叶同形，向上变狭至线形，长于花；花萼筒半椭圆状，顶端 5 裂，果期外展；花冠淡红色，长 12~17mm，檐部近二唇形；雄蕊基部密生柔毛，在基部以上联合成筒，花丝筒无毛。蒴果近球形，上举，直径 5~6mm，无毛。种子长圆状，稍压扁，表面有蜂窝状纹饰。花果期 8~11 月。

见于文成、泰顺等地，生于林下沟谷或林中潮湿地。

根、叶或带花全草入药，性味功能与山梗菜 *Lobelia sessilifolia* Lamb. 相同。

图 374　江南山梗菜

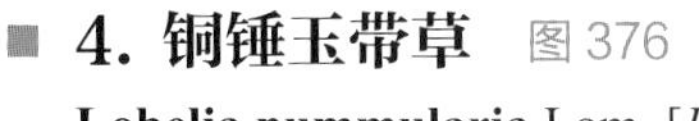
图 375　东南山梗菜

## ■ 4. 铜锤玉带草　图 376

**Lobelia nummularia** Lam. [*Pratia nummularia* (Lam.) A. Br. et Aschers.]

多年生草本。有白色乳汁。茎平卧，长 12~55cm，被开展的柔毛，节上生根。叶互生，长 1~2.5cm，宽 0.6~1.8cm。花单生于叶腋；花萼筒坛状；花冠紫红色、淡紫色、绿色或黄白色，檐部二唇形，裂片 5；雄蕊 5，在花丝中部以上联合，花丝筒无毛，花药管长逾 1mm，背部生柔毛，下方 2 花药顶端生髯毛。果为浆果，紫红色，椭圆状球形，长 1~2cm。种子多数，近圆球状，稍压扁，表面有小疣突。花果期 6~10 月。

见于永嘉、瑞安、文成、平阳、苍南、泰顺等地，生于田边、路旁以及丘陵、低山草坡或疏林中的潮湿地。

全草供药用。

## ■ 5. 山梗菜　图 377

**Lobelia sessilifolia** Lamb.

多年生草本。根状茎直立；茎直立，高 40~120cm，圆柱状，通常不分枝，无毛。叶螺旋状排列，厚纸质，长 2.5~7cm，宽 3~16mm。总状花序顶生，长 8~35cm；苞片叶状，窄披针形，比花短；花萼筒杯状钟形，5 裂；花冠蓝紫色，近二唇形；雄蕊 5，在基部以上联合成筒，花药接合线上密生

图 376　铜锤玉带草

柔毛，仅下方2花药顶端生笔毛状髯毛。蒴果倒卵状，长8~10mm，宽5~7mm。种子近半圆状，一边厚，一边薄，棕红色，长约1.5mm，表面光滑。花果期7~9月。

见于瓯海、文成、泰顺等地，生于山坡沼泽处及山脚水沟草丛中。

根、叶或全草入药；有小毒；又可供观赏。

图 377　山梗菜

## 7. 桔梗属 Platycodon A. DC.

多年生草本。有白色乳汁。根胡萝卜状。茎直立。叶轮生至互生，无毛。花单生，少有数花生于枝顶；花萼5裂，裂片狭；花冠宽漏斗状钟形，5裂；雄蕊5，离生；子房半下位，5室，胚珠多数。蒴果倒卵形，在顶端室背5裂，裂瓣与花萼裂片对生。种子多数。

单种属，分布于亚洲东部。我国南北各地区均有分布，浙江和温州也有。

### ■ 桔梗 图378

**Platycodon grandiflorus** (Jacq.) A. DC.

多年生草本。茎高20~120cm。根圆柱形，肉质。茎通常无毛，不分枝，极少上部分枝。叶全部轮生，部分轮生至互生，长2~7cm，宽1.5~3.5cm，上面绿色，下面有白粉，有时脉上有短毛或瘤突状毛。单花顶生，或数花集成假总状花序，或有花序分枝而集成圆锥花序；花萼筒部半圆球状或圆球状倒锥形，被白粉，裂片三角形，或狭三角形，有时齿状；花冠大，长1.5~4.0cm，蓝色或紫色。蒴果球状，或球状倒圆锥形，或倒卵状，长1~2.5cm，直径约1cm。花果期8~10月。

见于永嘉、瑞安、平阳（南麂列岛），生于山地、山坡的阳处草丛、灌丛中。

根药用；花大，蓝色或紫色，可供观赏。

图378 桔梗

## 8. 异檐花属 Triodanis Linn.

一年生小草本植物。根细小，纤维状，深入土中3~5cm。植株高30~45cm，多不分枝。叶互生，叶片卵形。1~3花成簇，腋生及顶生；花冠蓝色或紫色；花细小。蒴果近圆柱形，形似炮弹，在蒴果的上端侧面薄膜状2孔裂，众多的种子就从这两孔中逸出繁殖。种子卵状椭圆形。

6种，分布于美洲。我国1种1亚种，均为外来归化植物，现我国安徽、福建、台湾、浙江等地区已有发现；浙江省的舟山、金华以及温州的永嘉、鹿城等地也有发现。

### ■ 1. 穿叶异檐花 图379

**Triodanis perfoliata** (Linn.) Nieuwl.

一年生草本植物。高10~30cm。茎方形，有棱沟，疏生白色柔毛。叶互生，叶片圆卵形，边缘有粗锯齿，基部心形，半抱茎。花瓣蓝色。果实形似炮弹状；花果期5~8月。温州分布新记录种。

原产于北美洲，温州永嘉（岩头）等地有归化，生于溪边滩头、路旁。

图 379　穿叶异檐花

## 1a. 卵叶异檐花　图 380

**Triodanis perfoliata** subsp. **biflora** (Ruiz et Pav.) Lammers [*Triodanis biflora* (Ruiz et Pav.) Greene]

本亚种与原种的主要区别在于：本亚种叶卵形，不抱茎。

原产于美洲，温州永嘉、鹿城、文成、泰顺等地有归化，生于山坡草丛、路边。

图 380　卵叶异檐花

## 9. 蓝花参属 **Wahlenbergia** Schrad. ex Roth

一年生或多年生草本。茎直立或匍匐状。叶互生或对生。花顶生或与叶对生，排成圆锥状；花萼贴生至子房顶端；萼筒钟形或倒圆锥形，5 裂；花冠钟状，5 裂；雄蕊 5，与花冠分离，花丝基部常扩大，花药长圆状；子房下位，2~5 室，柱头 2~5 裂。蒴果 2~5 室，在宿存的花萼顶端室背开裂。种子多数。

约 260 种，主产于南半球，少数分布于热带和欧洲。我国 2 种，分布于华南、云南至陕西南部；浙江 1 种，温州也有。

### ■ 蓝花参 兰花参 图 381

**Wahlenbergia marginata** (Thunb.) A. DC.

多年生草本。株高 20~40cm。植株纤细，茎直立，基部匍匐，自基部多分枝。叶互生，叶片倒披针形至线状披针形，长 1~3cm，宽 0.2~0.4cm；近无叶柄。花顶生或腋生，具长花梗，排成圆锥状；花萼筒部倒卵状圆锥形，5 深裂，裂片线状披针形，长 2~3mm；花冠紫色，钟形，5 裂，裂片椭圆形长圆形；雄蕊 5，花丝基部 3 裂，有缘毛。蒴果倒圆锥形，长 5~7mm，有 10 不明显的肋，直径 3~4mm；花萼宿存，果成熟后为褐色。种子多数，褐色。花果期 2~5 月。

见于本市各地，分布于开阔地、荒废地、海滨、透光佳的阔叶林缘。

全株药用。

陈贤兴 摄

陈贤兴 摄

图 381 蓝花参

# 134. 菊科 Compositae (Asteraceae)

草本，稀半灌木或灌木。叶互生或对生，稀轮生；无托叶。花辐射对称或两侧对称；头状花序外围（缘花）为舌状花而中央（盘花）为管状花，或全为管状花，或全为舌状花；头状花序外有总苞；花萼通常变态成鳞片状、刺毛状或毛状的冠毛，有时完全退化；花冠管状或舌状，管状花顶端4~5裂，舌状花顶端2~5裂；雄蕊5，稀4，聚药雄蕊；雌蕊1，2心皮合生，子房下位，1室，具1倒生胚珠，花柱纤细，顶端2裂。果为瘦果。种子无胚乳。

1600~1700 属约 24000 种，广布于全球，以温带为多。我国 248 属 2336 种；浙江 100 余属约 220 种；温州 69 属 151 种 1 亚种 5 变种。

## 分属检索表

1. 植物体无乳汁；头状花序具异型花（缘花为舌状花，盘花为管状花）或均为管状花的同型花组成。
  2. 花药基部钝或微尖；花柱分枝大多非钻形。
    3. 叶通常对生；花柱分枝圆柱形，上端常具棒锤状或稍扁的附器；头状花序盘状，具同型的管状花。
      4. 花药顶端截形，无附属体；外层总苞片基部结合成环状……………………**1. 下田菊属 Adenostemma**
      4. 花药项端尖，具附属体；外层总苞片基部分离。
        5. 冠毛膜片状，下部宽，上部渐狭长……………………**2. 藿香蓟属 Ageratum**
        5. 冠毛粗毛状，多数，分离……………………**29. 泽兰属 Eupatorium**
    3. 叶互生或对生；花序分枝上端非棒锤状，或稍扁而钝，具附器或无；头状花序辐射状，边缘常具舌状花，或花序盘状而无舌状花。
      6. 叶互生；花柱分枝通常一面平一面凸起，上端具尖或三角形附器，有时上端钝。
        7. 舌状花黄色；冠毛为多数长糙毛……………………**57. 一枝黄花属 Solidago**
        7. 舌状花白色、红色或紫色；冠毛各式或无冠毛。
          8. 头状花序小，盘状，边缘具管状雌花，中央为两性花；瘦果顶端具有 2 枚短硬毛……………………**21. 鱼眼草属 Dichrocephala**
          8. 状状花序较大，辐射状，边缘具舌状雌花或头状花序盘状，具细管状雌花；冠毛存在或无。
            9. 头状花序具明显展开的舌状雌花。
              10. 总苞片多层，覆瓦状排列或 2 层，近等长；舌状花通常 1 层。
                11. 冠毛 1~2 层，外层极短或膜片状。
                  12. 头状花序平或凸起……………………**8. 紫菀属 Aster**
                  12. 头状花序呈蜂窝状……………………**61. 联毛紫菀属 Symphyotrichum**
                11. 冠毛多层，不等长，全部毛状……………………**66. 碱菀属 Tripolium**
              10. 总苞片 2~4 层，狭窄，等长；舌状花 2~3 层……………………**27. 飞蓬属 Erigeron**
            9. 头状花序有细管状的雌花，无明显的舌状花；冠毛绵毛状……………………**28. 白酒草属 Eschenbachia**
      6. 花柱分枝顶端通常截形，无或有尖或三角形附器，有时分枝钻形。
        13. 叶对生或互生；冠毛为短膜片状、刺状或冠状。
          14. 总苞片草质即绿色似叶。
            15. 头状花序单性，具同型花，雌雄同株；雌头状花序内层总苞片结合成囊状，有喙及钩刺。
              16. 雄头状花序的总苞片 1 层，分离；雌头状花序的总苞具多枚钩刺……………………**68. 苍耳属 Xanthium**
              16. 雄头状花序的总苞片结合；雌头状花序的总苞具 1 列钩刺或瘤……………………**4. 豚草属 Ambrosia**
            15. 头状花序杂性，具异型花，或有时雌花不存在而头状花序具同型花；头状花序内层总苞片不结合成囊状。
              17. 冠毛不存在，或芒状、短冠状、小鳞片状。
                18. 瘦果圆柱形，或舌状花的瘦果具 3 棱，管状花的瘦果两侧压扁。

19. 总苞片 2 层，外层 5~6 枚，匙形，有腺毛 ………………………………………… **55. 豨莶属 Sigesbeckia**
19. 总苞片 1 至数层，外层不为匙形，无腺毛。
20. 托片平，狭长；舌片小，2 层 ……………………………………………………… **23. 鳢肠属 Eclipata**
20. 托片内凹或对褶，多少包裹小花。
21. 头状花序小，具结实的舌状花；无冠毛或具短鳞片，宿存。
22. 外层总苞与内层总苞片近等长；叶具明显的柄 ………………………… **45. 卤地菊属 Melanthera**
22. 外层总苞片长于内层总苞片；叶无柄或近无柄 ……………………… **60. 蟛蜞菊属 Sphagneticola**
21. 头状花序大，具不育或无性的舌状花；冠毛膜片状，具 2 枚芒，脱落 ………………………………
……………………………………………………………………………………… **35. 向日葵属 Helianthus**
18. 瘦果背腹扁。
23. 冠毛鳞片状或芒状而无倒刺。
24. 植株无毛或被毛，但非银白色；花黄色 ………………………………………… **16. 金鸡菊属 Coreopsis**
24. 植株被银白色绒毛；花白色或黄色 …………………………………………… **47. 银胶菊属 Parthenium**
23. 冠毛芒状，具尖锐倒刺，宿存。
25. 叶对生或有时在茎上部互生；花柱分枝有微小的瘤状凸起；瘦果顶端有 2~4 枚具倒刺的芒 ………………
……………………………………………………………………………………………… **10. 鬼针草属 Bidens**
25. 茎生叶互生；花柱分枝具长毛；瘦果顶端有 2 枚具倒刺的芒 ………………… **32. 鹿角草属 Glossocardia**
17. 冠毛膜片状，顶端芒状或钝 ………………………………………………………… **31. 牛膝菊属 Galinsoga**
14. 总苞片全部或边缘干膜质；头状花序盘状或辐射状。
26. 头状花序单生或排列呈伞房状或头状。
27. 中型直立草本；雌花 1 层，或不存在 ………………………………………… **14. 菊属 Chrysanthemum**
27. 矮小平卧草本；雌花多层。
28. 雌花具管状的花冠；花药上端无附片；瘦果不压扁 …………………………… **13. 石胡荽属 Centipega**
28. 雌花无花冠；花药上端有附片；瘦果压扁。
29. 瘦果边缘宽翅无横皱纹，无毛；花托乳突果期伸长成果柄 ……………………… **17. 山芫荽属 Cotula**
29. 瘦果边缘狭翅有横皱纹，顶端有长柔毛；花托乳突果期不伸长 ……………… **58. 裸柱菊属 Soliva**
26. 头状花序通常排列呈总状或圆锥状。
30. 头状花序直径约 7mm；瘦果具 5 棱；冠毛鳞片状，顶端撕裂 ……………… **20. 芙蓉菊属 Crossostephium**
30. 头状花序直径 1. 5~4mm；瘦果具 2 棱；冠毛无 ……………………………………… **7. 蒿属 Artemisia**
13. 叶互生；冠毛通常毛状；头状花序辐射状或盘状。
31. 两性花不结实；花柱不分枝 ………………………………………………………… **49. 蜂斗菜属 Petasites**
31. 两性花结实；花柱分枝上端截形，或尖，或有附器。
32. 花柱分枝顶端非截形；头状花序具同型的两性管状花。
33. 花柱分枝有细长钻形的附器；总苞片有小外苞片。
34. 外围雌花的花冠丝状，没有扩大的檐部 ………………………………………… **26. 菊芹属 Erechtites**
34. 外围雌花的花冠辐射状，具扩大的檐部。
35. 花冠逐渐扩大成极短的檐部；花柱分枝顶端截形，至少画笔状 ……… **18. 野茼蒿属 Crassocephalum**
35. 花冠基部骤然扩大；花柱分枝纤细，尖锐 ……………………………………… **34. 菊三七属 Gynura**
33. 花柱分枝有短锥形附器；总苞无小外苞片 ……………………………………… **25. 一点红属 Emilia**
32. 花柱分枝顶端截形，具画笔头状毛或为圆锥形。
36. 基生叶和茎下部叶的叶柄非鞘状。
37. 头状花序仅具同型的管状两性花；花冠白色或带红色 ……………………… **62. 兔儿伞属 Syneilesis**
37. 头状花序具异型花，雌花舌状，两性花管状；花冠黄色。
38. 花药药隔基部圆柱状，狭，无增大的边缘基细胞。
39. 叶具掌状脉；总苞有时具外总苞 ………………………………………… **56. 蒲儿根属 Sinosenecio**
39. 叶具羽状脉；总苞无外总苞 ……………………………………………… **65. 狗舌草属 Tephroseris**
38. 花药药隔基部棒状或倒卵形，有增大的边缘基细胞 ………………………………… **54. 千里光属 Senecio**
36. 基生叶和茎下部叶的叶柄基部鞘状抱茎；头状花序辐射状，具舌状的雌花，或盘状而仅具管状花；花柱

40. 幼叶向外卷叠；花药基部钝；瘦果无毛 ……………………………………………………………**44. 橐吾属 Ligularia**
40. 幼叶向内卷叠；花药基部 2 裂成线状的尾；瘦果被密毛……………………………**30. 大吴风草属 Farfugium**
2. 花药基部钝尖、箭形或尾形；若钝则花柱分枝钻形。
41. 花柱分枝细长，圆柱状钻形，先端渐尖，无附器；头状花序盘状，具同型的管状花。
42. 头状花序密集成复头状花序并围以 2~3 片苞叶，头状花序各具 1 至少数花；冠毛少数，刺毛状 ……………………………………………………………………………………………………………**24. 地胆草属 Elephantopus**
42. 头状花序分散，各具多数花；冠毛多数，糙毛状…………………………………………**67. 斑鸠菊属 Vernonia**
41. 花柱分枝非细长钻形；头状花序盘状，无舌状花，或辐射状而边缘具舌状花。
43. 花柱分枝处下部有毛环，毛环以上分枝或不分枝；头状花序仅具同型的管状花，有时具不结实的舌状花。
44. 瘦果具平整的基底着生面。
45. 瘦果密被柔毛，顶端无边缘；头状花序为羽状分裂的苞叶所包围 …………**9. 苍术属 Atractylodes**
45. 瘦果无毛，顶端具边缘；头状花序不为羽状分裂的苞叶所包围。
46. 总苞片具钩状的刺毛 ……………………………………………………………………**6. 牛蒡属 Arctium**
46. 总苞片无钩状的刺毛。
47. 叶具刺；总苞片先端及边缘具直刺 ……………………………………………… **15. 蓟属 Cirsium**
47. 叶通常无刺或有短刺；总苞片无刺。
48. 总苞片背面具龙骨状附片；瘦果具 13~16 纵肋 ……………**36. 泥胡菜属 Hemisteptia**
48. 总苞片背面无龙骨状附片；瘦果无纵肋，具 4 棱……………**53. 风毛菊属 Saussurea**
44. 瘦果歪斜的基底着生面，或具侧面着生面。
49. 总苞片具长刺；花药下端的尾部结合……………………………………………**63. 山牛蒡属 Synurus**
49. 总苞片具小刺或无刺；花药下端的尾分离 ……………………………………**52. 漏芦属 Rhaponticum**
43. 花柱分枝处以下无毛环，分枝上端截形，无附器，或有三角形附器；头状花序具异型花。
50. 头状花序的管状花冠浅裂，不作二唇状。
51. 头状花序盘状，具异型花，雌雄同株（同花序），或具同型花，雌雄异株（异花序），雌花管状或细管状。
52. 总苞片草质，干时质坚硬；花序托无托片，但有托毛；两性花花柱分枝纯，丝状。
53. 叶基部下延贴茎成翅状，具短疣毛；花药基部钝或具小尖头……… **41. 六棱菊属 Laggera**
53. 叶具柄或无柄，基部不下延；茎无翅，被柔毛；花药基部有尾且结合‥**11. 艾纳香属 Blumea**
52. 总苞片干膜质或膜质，透明，有时内层开展成辐射状。
54. 两性花不结实；花柱不分枝或浅裂 ……………………………………………**5. 香青属 Anaphalis**
54. 两性花全部或大部分能结实；花柱分枝………………………………… **33. 鼠麴草属 Gnaphalium**
51. 头状花序辐射状或盘状，具异型花，或仅具同型的两性花，雌雄同株（同花序）；雌花舌状或管状。
55. 头状花序辐射状，雌花舌状；瘦果顶端具毛状冠毛。
56. 草本或半灌木植物；瘦果近圆柱形，无毛；冠毛非糙毛状 …………… **37. 旋覆花属 Inula**
56. 亚灌木；瘦果椭圆形，有毛；冠毛糙毛状 ………………………………… **22. 羊耳菊属 Duhaldea**
55. 头状花序盘状，雌花管状；瘦果顶端无冠毛 ………………………………… **12. 天名精属 Carpesium**
50. 头状花序的管状花冠不规则深裂，或作二唇状。
57. 两性花的花冠 5 深裂，裂片等长或不等长而成不明显的二唇形。
58. 草本或灌木；叶互生或老枝上簇生；冠毛为细糙毛状 ………………………… **48. 帚菊属 Pertya**
58. 草本；叶基生或根部丛生；冠毛为羽毛状 ……………………………………**3. 兔儿风属 Ainsliaea**
57. 草本；两性花的花冠显著二唇形，上唇 1~2 裂，下唇 3~4 裂；冠毛为刺毛状。
59. 植株二型，春秋季形态不同；叶片羽状分裂 ……………………………… **43. 大丁草属 Leibnitzia**
59. 植株单型；叶片全缘 ……………………………………………………**51. 兔耳一枝箭属 Piloselloides**
1. 植物体有乳汁；头状花序仅为同型的舌状花组成。
60. 瘦果无冠毛，顶端两侧各有 1 钩刺或否 ………………………………………………**42. 稻槎菜属 Lapsanastrum**
60. 瘦果有羽毛状或糙毛状冠毛，顶端两侧无钩刺。
61. 全株被粗硬毛；冠毛羽毛状 ……………………………………………………………………**50. 毛连菜属 Picris**
61. 植株无毛或被毛；冠毛单毛状或糙毛状。
62. 瘦果无瘤状或鳞片状凸起。

63. 冠毛细而坚挺，不互相纠缠；头状花序具少数小花。
  64. 瘦果顶端无喙或具极短的喙状物。
    65. 舌状花紫色或淡紫红色；外层总苞片短，内层苞片长……………………**46. 假福王草属 Paraprenanthes**
    65. 舌状花黄色。
      66. 草本植物；瘦果顶端无收缢，压扁，具不等形纵肋……………………**69. 黄鹌菜属 Youngia**
      66. 亚灌木或草本植物；瘦果顶端有收缢，每面有 10 纵肋……………………**19. 假还阳参属 Crepidiastrum**
  64. 瘦果顶端有明显的喙。
    67. 喙长于或等长于或极少短于瘦果本体……………………**40. 莴苣属 Lactuca**
    67. 喙短于瘦果本体。
      68. 瘦果有 10 凸起的锐纵肋……………………**39. 苦荬菜属 Ixeris**
      68. 瘦果有 8~10 凸起的钝纵肋……………………**38. 小苦荬属 Ixeridium**
63. 冠毛柔软，纤细，相互纠缠；头状花序通常具 80 数以上小花……………………**59. 苦苣菜属 Sonchus**
62. 叶全部基生；头状花序单生于花莛之上；瘦果上部有瘤状或鳞片状凸起……………………**64. 蒲公英属 Taraxacum**

## 1. 下田菊属 Adenostemma J. R. et G. Forst.

一年生草本。全株光滑无毛或有腺毛。叶对生或上部互生，叶片全缘或有锯齿，常具基出三脉。头状花序排成疏松伞房状，腋生或顶生；总苞半球形，总苞片 2 层，草质；花序托平坦，无托片；小花全部两性，管状，顶端 5 齿裂，结实。瘦果钝三角形，顶端圆钝，有腺点和乳突；冠毛 3~5 枚，棒锤状，先端具腺，基部结合成短环状。

约 20 种，主要分布于热带美洲。我国 1 种 2 变种；浙江 1 种 1 变种，温州也有。

### 1. 下田菊 图 382

**Adenostemma lavenia** (Linn. ) Kuntze

一年生草本。茎直立或基部弯曲，高 20~80cm，通常上部叉状分枝，被短柔毛。叶对生，有时上部互生；基部叶片较小；中部叶片较大，卵圆形，长 5~20cm，宽 3~10cm，先端急尖或渐尖，基部楔形，叶缘有重锯齿，两面有稀疏的短柔毛，通常沿脉较密；叶柄长 1~5cm，有狭翼。头状花序呈松散伞房

图 382　下田菊

排列；花梗密被棕色短柔毛，直径 7~10mm；总苞片 2 层，近等长，绿色；花两性，管状，白色，顶端 5 齿裂，全部结实。瘦果倒披针形；冠毛 3 枚，基部结合成环状，顶端有棕黄色的腺体。花果期 8~11 月。

本市各地常见，生于山坡路边草丛。

全草入药，有清热解毒、祛风清肿之效。

### 1a. 宽叶下田菊

**Adenostemma lavenia** var. **latifolium** (D. Don) Hand.-Mazz.

本变种与原种的区别在于：叶片卵形或宽卵形，基部心形或浑圆。

见于泰顺，生于沟谷林下。

## 2. 藿香蓟属 Ageratum Linn.

一年生或多年生草本。茎直立，被毛。叶对生或上部叶互生。头状花序小，在茎或枝端排列呈紧密的伞房状或圆锥状；总苞半球状，总苞片 2~3 层，线状披针形，不等长；花序托平坦或稍凸起，常无托片；花萼变态为膜片状或鳞片状；花两性，管状，顶端 5 齿裂。瘦果具 5 纵棱，具膜片状或鳞片状冠毛。

约 30 种，主要分布于中美洲。我国引进栽培后归化 2 种，浙江及温州也有。

### 1. 藿香蓟 胜红蓟 图 383

**Ageratum conyzoides** Linn.

一年生草本。茎直立，高 10~60cm，通常上部叉状分枝。叶对生，有时上部互生；自中部叶片向上、下渐小；叶片卵圆形或菱状卵形，长 3~12cm，宽 1~7cm，先端急尖，基部圆钝或宽楔形，边缘具圆锯齿，基出 3 脉或不明显 5 脉，两面被白色稀疏短柔毛并具黄色腺点；叶柄长 1~4.5cm。头状花序在茎端排列呈密伞房状；总苞半球形，直径约 5mm，总苞片 2 层，长圆形或披针状长圆形，先端急尖；管状花紫色或白色，顶端 5 裂。瘦果黑褐色，具 5 棱，冠毛膜片状，5 或 6 枚。花果期 5~11 月。

原产于中南美洲，温州各地普遍归化，生于路边草丛屋旁荒地。

可作绿肥或供提芳香油；全草入药，有清热解毒、止血、止痛之效。

方本基 摄

丁炳扬 摄

丁炳扬 摄

图 383 藿香蓟

## 2. 熊耳草　图 384

**Ageratum houstonianum** Mill.

一年生草本。茎直立，高 30~70cm，被白色绒毛或薄棉毛。无明显主根。叶对生，有时上部的叶近互生，宽或长卵形，或三角状卵形，中部茎叶长 2~6cm，宽 1~4cm，或长与宽相等；自中部向上及向下和腋生的叶渐小或小；叶片边缘有规则的圆锯齿，先端圆形或急尖，基部心形或平截，基出 3 脉或不明显 5 脉，两面被白色稀疏短柔毛；具叶柄。头状花序排列呈伞房或复伞房花序；总苞钟状，直径约 6mm；总苞片 2 层，狭披针形，顶端长渐尖，外面被较多的腺质柔毛；管状花淡紫色。瘦果黑色，具 5 棱；冠毛膜片状。花果期 7~12 月。

原产与热带美洲，本市各地有归化，生于路边草丛屋旁荒地。

本种与藿香蓟 *Ageratum conyzoides* Linn. 的主要区别在于：叶片基部心形或截形；总苞片狭披针形，全缘，外面密被腺质柔毛；花淡紫色。

丁炳扬 摄

丁炳扬 摄

丁炳扬 摄

图 384　熊耳草

## 3. 兔儿风属 Ainsliaea DC.

多年生草本。茎直立，单生，稀有分枝。下部叶通常基生，上部叶小，互生，叶片全缘或具锯齿。头状花序排列呈穗状、总状或狭圆锥状；总苞圆筒状，总苞片多层，覆瓦状排列，由外向内渐增长；花序托小，无托片；花全为管状，顶端5裂，裂片不等长或二唇形，两性，结实。瘦果长圆柱状，稍扁，具纵棱或无棱，冠毛1层，羽毛状。

约70种，分布于亚洲东南部。我国约44种，主要分布于长江流域及以南各地区；浙江3种，温州也有。

**分种检索表**

1. 叶片5~8片基生；茎、叶均被棕色长毛 ………… **1. 杏香兔儿风 A. fragrans**
1. 叶聚生于茎中下部，呈莲座状或近轮生。
  2. 叶片具离基三出脉 ………… **3. 三脉兔儿风 A. trinervis**
  2. 叶片不具以上特征 ………… **2. 铁灯兔儿风 A. macroclinidioides**

### ■ 1. 杏香兔儿风 图385

**Ainsliaea fragrans** Champ. ex Benth.

多年生草本。根状茎匍匐状。花茎直立，高20~35cm，密被棕色长毛，不分枝。叶基部假轮生，叶片长3~10cm，宽2~6cm，先端圆钝，基部心形，全缘，上面无毛或疏被毛，下面有时紫红色，被棕色长柔毛；叶柄长3~8cm，被毛。头状花序具短梗，排列呈总状；总苞细筒状，长约15mm；花全为管状，白色，稍有杏仁气味，两性，结实。瘦果倒披针状长圆形，压扁，密被硬毛；冠毛多层，羽毛状，黄棕色。花果期8~10月。

见于本市各地，以山区为常见，生于山坡疏林下、山脊灌草丛。

全草药用，具清热解毒、祛风活血之效。

### ■ 2. 铁灯兔儿风 阿里山兔儿风 图386

**Ainsliaea macroclinidioides** Hayata

多年生草本。茎直立或斜升，高25~45cm，密被棕色长柔毛或脱落。叶5~8片聚生于茎中下部呈莲座状，叶片长3~7cm，宽2~4cm，先端急尖，基部圆形或浅心形，边近全缘或具芒状小齿，上面近无毛，下面疏被长毛；羽状叶脉显著；但叶柄长3~7cm。头状花序无梗或具短梗，排列呈总状；总苞管状，长约10mm；总苞片外层的较短；花全为管状，具3小花，两性，结实。瘦果倒披针形，稍压扁，密被硬毛；冠毛羽毛状，污白色。花果期6~11月。

见于本市各地，以山区为常见，生于海拔1300m以下的山坡和山谷林下、山顶灌丛。

图385 杏香兔儿风

图 386　铁灯兔儿风

## ■ 3. 三脉兔儿风　图 387

**Ainsliaea trinervis** Y. C. Tseng

多年生草本。茎直立，高 30~60cm。叶丛中及叶腋内被毛。根状茎短，须根极密。叶聚生于茎的中部，通常离基 13~25cm，叶片纸质，狭椭圆形或披针形，长 5~10cm，宽 5~13mm，顶端长渐尖，具凸尖头，基部渐狭，边缘具芒状细齿，两面均无毛；

图 387　三脉兔儿风

基出脉3条，在两面均凸起，网脉无；具叶柄。头状花序具柄，内含3小花，于茎顶排成圆锥花序；总苞圆筒形，直径2~3mm；花全部两性，白色。瘦果圆柱形，密被粗毛；冠毛淡黄色或污黄色，羽毛状，基部稍联合。花果期7~11月。

见于瓯海、文成、泰顺，生于山坡和山谷林下。

## 4. 豚草属 **Ambrosia** Linn.

一年生或多年生草本。茎直立，分枝。叶互生或对生，叶片全缘、羽状或掌状分裂或细裂。头状花序小，单性，雌雄同株；雄性的头状花序排列成穗状或总状，总苞半球形或蝶形，花冠管状；雌性的头状花序在雄花序下方叶腋内，单生或密集成团伞状，通常具1雌花，总苞有结合的总苞片，外面有瘤或刺，花冠通常无。瘦果卵形；冠毛无。

约40种，分布于全球。我国3种，分布于长江流域各地区；浙江2种，温州1种。

### ■ 豚草 图388

**Ambrosia artemisiifolia** Linn.

一年生草本。茎直立，高20~250cm，多分枝。下部叶对生，上部叶互生，叶片一至三回羽裂，两面被白毛或上面无毛。头状花序单性，雌雄同株；雄性头状花序有短梗，在枝端排列成总状，花冠淡黄色，长2mm，总苞蝶形；雌性头状花序无柄，着生于雄花序轴基部的数个叶腋内，单生或数个聚生，每个雌花序下有叶状苞片，总苞倒卵状倒圆锥形，囊状，顶端有5~8尖齿，内只有1雌花，无花冠与冠毛，花柱2，丝状，伸出总苞外。瘦果倒卵形，无毛，包被在坚硬的总苞内。花果期7~11月。

原产于北美洲，温州乐清、洞头、平阳等沿海地区和岛屿有归化，生于荒地、路边、沟旁或农田中。

丁炳扬 摄

丁炳扬 摄

丁炳扬 摄

图388 豚草

## 5. 香青属 Anaphalis DC.

多年生草本。全株密被白色绵毛或腺毛。叶互生，叶片全缘；无柄。头状花序多数，排列呈伞房状或复伞房状；总苞片上半部通常干膜质；花序托蜂窝状，无托片；花两性或单性；花全为管状；缘花顶端2~4齿裂，雌性，结实；盘花两性，不结实，或有时全为雄花或雌花；花药基部箭形，有细长的尾部；花柱2浅裂。瘦果长椭圆形，有腺和乳头状凸起；冠毛1层，刺毛状。

约80余种，主要分布于亚洲热带和亚热带，少数分布于温带及北美洲和欧洲。我国50种，主要分布于西部和西南部；浙江1种，温州也有。

### ■ 香青 图389

**Anaphalis sinica** Hance [*Anaphalis sinica* f. *pterocaula* (Franch. et Sav.) Ling]

多年生草本。根状茎木质；茎直立，丛生，高20~40cm，被白色绵毛。下部叶在花期枯萎；中部叶片长圆形或倒披针状长圆形，长4~6cm，宽3~13mm，基部渐狭，沿茎下延成狭翅或上部节间几无翅，全缘；上部叶片较小，披针状线形；全部叶片被薄绵毛，下面杂有腺毛。头状花序密集排列呈复伞房状；总苞直径4~6mm，总苞片外层的卵圆形，浅褐色，被蛛丝状毛，内层的舌状长圆形；雌株头状花序中央有1~4雄花；雄株头状花序全部为雄花。瘦果长椭圆形，被有小腺点；冠毛略长于花冠。花果期7~10月。

见于乐清、永嘉、文成、平阳、泰顺，生于海拔500m以上向阳的山坡或山麓林下、山坡草丛或岩石缝中。

全草可供提芳香油；供药用，可治慢性气管炎。

本种有1变型翅茎香青*Anaphalis sinica* f. *pterocaula* (Franch. et Sav. ) Ling，与原种的主要区别在于：叶下延成狭或宽翅，全上部节间也有翅。其分布和生境与原种相同。由于存在过渡类型，本志不作划分。

图389 香青

## 6. 牛蒡属 Arctium Linn.

二年生或多年生草本。根粗壮。茎直立，粗壮，多分枝。叶互生，有时基部丛生，叶片大型，不分裂；具长柄。头状花序单生或多数；总苞片先端延长成针齿而钩状内弯；花序托近肉质，被刚毛状托片；花全为管状，两性；花药基部箭形，有尾；花柱分枝处下部有毛环。瘦果椭圆形或倒卵形，多棱，无毛；冠毛多层，短刺状。

约10种，产于亚洲和欧洲温带地区。我国2种，南北均产；浙江1种，温州也有。

■ **牛蒡** 图 390

**Arctium lapppa** Linn.

二年生草本。根粗大肉质。茎直立，高1~2m，粗壮，被稀疏的乳突状蛛丝毛并混杂以棕黄色的小腺点。基生叶宽卵形，具长柄；中部叶互生，长40~50cm，宽30~40cm；上部叶片渐小；全部叶片上面绿色，有疏短糙毛和黄色小腺点，下面灰白色，被绒毛及黄色小腺点。头状花序排列呈疏松的伞房状或圆锥状；总苞直径1.5~2cm，总苞片先端钩状内弯；花冠紫红色。瘦果倒长卵形或偏斜倒长卵形；冠毛短刚毛状。花果期6~7月。

见于文成（石垟）、泰顺（乌岩岭），生于山脚草丛，可能为栽培后逸生。

果实供药用。

图 390 牛蒡

## 7. 蒿属 Artemisia Linn.

一二年生或多年生草本，稀为半灌木或小灌木。常有浓烈的挥发性香气。茎直立。叶互生，叶片不分裂乃至一至三回羽状分裂；基生与茎下部叶具柄，中部与上部者具短柄或无柄。头状花序小，排列呈总状或圆锥状；总苞片常干膜质；花序托凹形或半球形；缘花管状，雌性，结实；盘花管状，两性，能结实或否；花柱毛刷状。瘦果具2棱；无冠毛。

约300余种，广布于北半球温带。我国186种，分布于南北各地；浙江约23种1变种；温州13种1变种。

本属植物多数种类含挥发油、有机酸及生物碱；许多种类入药，为常见药用植物，有消炎、止血、利尿、解表、祛痰、平喘、降压、抗疟、利胆、驱虫、抗过敏之效；少数种类嫩叶可供制作糕点食用。

### 分种检索表

1. 叶片为二至三回羽状分裂，裂片线形或细线形。
  2. 头状花序仅缘花结实，盘花不结实。
    3. 多年生草本，主根常数根，稀单一；茎生叶的裂片先端钝……………………………… **4. 茵陈蒿 A. capillaris**
    3. 一至二年生草本，主根单一；茎生叶的裂片先端急尖 ……………………………… **12. 猪毛蒿 A. scoparia**
  2. 头状花序缘花和盘花均结实。
    4. 叶裂片先端急尖；头状花序圆锥状，直径1. 5~2. 5mm……………………………… **1. 黄花蒿 A. annua**
    4. 叶裂片先端钝尖；头状花序圆锥形或倒圆锥状，直径4~5mm……………………………… **5. 滨蒿 A. fukudo**
1. 叶片不分裂或一回羽状分裂，裂片椭圆形至线状披针形。

5. 叶片边缘有锯齿但不分裂；总苞片边缘带白色 ……………… **2. 奇蒿 A. anomala**
5. 叶片浅裂或深裂；总苞片边缘非白色（白苞蒿除外）。
6. 基生叶片倒卵形，中部叶片楔形，不分裂或先端 3~5 浅裂；盘花不结实 ……………… **7. 牡蒿 A. japonica**
6. 叶片形状多样，但非倒卵形、楔形或匙形，边缘通常羽状分裂；缘花和盘花均结实。
7. 叶羽轴具栉齿状小裂片；叶片两面被灰白色蛛丝状毛 ……………… **13. 白莲蒿 A. stechmanniana**
7. 叶羽轴无栉齿状小裂片。
8. 叶片两面密被灰白色或浅灰绵毛或绒毛。
9. 上部叶片 3 深裂可不分裂，上面具白色小腺点 ……………… **3. 艾蒿 A. argyi**
9. 上部叶片羽状分裂，上面无白色小腺点 ……………… **6. 印度蒿 A. indica**
8. 叶片上面被疏的短柔毛、蛛丝状毛或无毛。
10. 中上部叶羽状分裂或几不分裂，裂片长圆状披针形或锯齿状 ……………… **8. 白苞蒿 A. lactifolia**
10. 中上部叶羽状深裂，裂片披针形，全缘。
11. 叶片较大，长 5~15cm，宽 3. 5~8cm；头状花序直径 1. 5mm 以上。
12. 头状花序直径约 3mm，总苞片 4 层 ……………… **10. 野艾蒿 A. lavandulaefolia**
12. 头状花序直径约1.5mm，总苞片 3 层 ……………… **11. 红足蒿 A. rubripes**
11. 叶片较小，长 3~5cm，宽 2~3cm；头状花序直径约 1mm ……………… **9. 矮蒿 A. lancea**

## 1. 黄花蒿 图 391

**Artemisia annua** Linn.

一年生草本。植株具特殊气味。茎直立，高 40~110cm，中部以上多分枝，无毛。基部及下部叶在花期枯萎；中部叶片长 4~5cm，宽 2~4cm，二至三回羽状深裂，叶轴两侧具狭翅，裂片先端尖，基部耳状，两面被短柔毛，具短叶柄；上部叶小，通常一回羽状细裂，无叶柄。头状花序排列呈圆锥状；总苞直径约 1.5mm，无毛，总苞片 2~3 层，边缘宽膜质；缘花 4~8 朵，雌性；盘花较多数，两性，与缘花均管状，黄色，结实。瘦果椭圆形，光滑。花果期 6~10 月。

丁炳扬 摄

丁炳扬 摄

图 391 黄花蒿

见于洞头，生于海拔 600m 以下的路边草丛及荒地。

全草为中药之“青蒿”，含挥发油、青蒿素，有利尿健胃之效，对治疗疟疾有效。

## 2. 奇蒿　六月霜　图 392

**Artemisia anomala** S. Moore

多年生草本。茎直立，高60~120cm，中部以上常分枝，被柔毛。下部叶片长7~11cm，宽3~4cm，先端渐尖，基部渐狭成短柄，边缘有尖锯齿，上面被微糙毛，下面被蛛丝状微毛或近无毛；上部叶渐小。头状花序无梗，在茎枝顶及上部叶腋排列呈大型的圆锥状；总苞近钟形，总苞片3~4层，无毛；缘花雌性，盘花两性，均管状，白色，结实。瘦果微小，长圆形，无毛。花果期6~10月。

本市各地均有，但以山区为常见，生于海拔200~1400m 的林缘、山坡、灌草丛中。

全草为中药之“刘寄奴”，清热利湿、活血行瘀、通经止痛；干燥花序泡茶饮，解渴防暑。

## 2a. 密毛奇蒿

**Artemisia anomala** var. **tomentella** Hand.-Mazz.

本变种与原种的主要区别在于：叶下面密被短柔毛。

见于瑞安、平阳等地，生于山坡林下。

## 3. 艾蒿　图 393

**Artemisia argyi** Lévl. et Vant.

多年生草本。茎直立，高可达 1m，粗壮，被白色绵毛。基部叶在花期枯萎；中部叶片宽广，往上变小，3~5 羽状浅裂或深裂，裂片披针形，上面具白色小腺点和绵毛，下面被灰白色绒毛，基部具假托叶；顶端花序下的叶常全缘披针形。头状花序在茎枝端排列呈总状或圆锥状；总苞卵形，直径约2mm，总苞片 4~5 层，外层被短绒毛；缘花雌性；盘花两性，均管状，带紫色，结实。瘦果椭圆形，

丁炳扬 摄

图 392　奇蒿

丁炳扬 摄

丁炳扬 摄

图 393 艾蒿

图 394 茵陈蒿

长约 8mm，无毛。花果期 8~10 月。

见于瑞安、平阳（顺溪）、泰顺（垟溪），各地栽培，野生较少见，生于山坡地边草丛，房前屋后时有栽培。

叶入药，有散热止痛、温经止血之功效。

## 4. 茵陈蒿 图 394

**Artemisia capillaris** Thunb.

多年生草本。高 40~100cm。茎直立，木质化，紫色；老枝光滑；幼枝被细柔毛。营养枝上的叶，具叶柄，叶片二至三回羽状裂或掌状裂，密被白色绢毛；花枝上的叶无柄，羽状全裂，裂片呈线形或毛管状，基部抱茎，无毛。头状花序密集成圆锥状；总苞球形，苞片 3~4 层，边缘膜质；花杂性，淡紫色，均为管状花；雌花长约 1mm；两性花略长。瘦果长圆形，无毛。花期 9~10 月。果期 11~12 月。

见于洞头、文成、平阳、泰顺，多生于海滩、河边或近溪流的山坡上。

## 5. 滨蒿

**Artemisia fukudo** Makino

二年生草本。茎直立，高20~30cm，粗壮，具纵条纹，分枝多而纤细，通常向上拱曲。根出叶密集，莲座状，叶片宽扇形，3~4掌状深裂，初被蛛丝状毛，后变无毛；茎下部的叶片裂片疏离，线形，宽2mm；叶柄长达12cm；茎上部叶片3裂或线形，全缘。头状花序圆锥形或倒圆锥形，在分枝上呈狭长的圆锥状；总苞宽倒圆锥形，被蛛丝状毛或无毛片，总苞片3~4层；花序托凸起；花管状，均结实。瘦果倒卵状长圆形，长1.2~2mm，稍压扁，无毛。花果期9~12月。

见于苍南(北关岛)，生于海滨沙地。温州分布新记录种。

## 6. 印度蒿　五月艾　图 395

**Artemisia indica** Willd.

多年生草本。茎直立，高40~90cm，基部木质化。下部叶片一回羽状分裂；中部叶片椭圆形，3~7裂，裂片椭圆形，先端尖，基部楔形，两面均被灰白色或淡灰色绒毛；上部叶片卵状披针形，羽状分裂。头状花序在茎枝端排列呈总状或圆锥状；总苞卵形，直径约3mm，总苞片3层，外层的卵状三角形，草质，内层的卵形，膜质，初时稍被绒毛，后变无毛；缘花雌性；盘花两性，均管状，黄色，结实。瘦果圆锥形，褐色。花果期9~11月。

见于洞头、平阳、泰顺等地，生于海拔500m以下的谷地草丛、路旁荒地。

嫩叶可作糕点食用。

图 395　印度蒿

## 7. 牡蒿　南牡蒿　图 396

**Artemisia japonica** Thunb.

多年生草本。茎直立，高30~100cm，基部木质化。基部叶片长匙形，3~5深裂，裂片先端圆钝，基部楔形，两面均被微毛，具长叶柄及假托叶；中部叶片近楔形，先端具齿或近掌状分裂，无叶柄，有1~2假托叶；上部叶片3裂或不裂，卵圆形，基部具假托叶。头状花序排列呈圆锥状，具线形苞叶；总

图 396　牡蒿

苞卵形，直径1~2mm，总苞片4层，无毛；缘花管状，黄色，雌性，结实；盘花管状，黄色，两性，不结实。瘦果长圆形，无毛；冠毛无。花果期7~11月。

见于永嘉、洞头、瑞安、文成、平阳、泰顺，生于海拔800m以下的山坡灌草丛或山谷疏林下、路边荒野。

全草含挥发油，供药用。

## 8. 白苞蒿　四季菜　图397

**Artemisia lactifolia** Wall. ex DC.

多年生草本。茎直立，高0.8~1.5m，多分枝，无毛，具条棱。下部叶片花期枯萎；中部叶片倒卵形，长9~13cm，宽5~8cm，一或二回羽状深裂，顶生裂片通常披针形，先端尾尖，基部楔形，两面均无毛，具叶柄和假托叶；上部叶片3裂或不裂，边缘具细锯齿，无柄。头状花序排列呈圆锥状；总苞钟状或卵形，直径约2mm，总苞片3~4层，边缘膜质；缘花雌性；盘花两性，均管状，黄白色或白色，结实。瘦果圆柱形，具细条纹，无毛。花果期9~11月。

本市各地均产，生于低海拔的山脚灌丛、溪沟边草丛。

全草入药，具清热解毒、止咳、理气之效。

图397　白苞蒿

## 9. 矮蒿 图 398

**Artemisia lancea** Vant. [*Artemisia feddei* Lévl. et Vant. ]

多年生草本。根状茎横生；茎直立，高40~80cm，中上部多分枝，密被微毛。下部叶在花期枯萎；中部叶片长3~5cm，宽2~3cm，羽状深裂，裂片1~3，披针形，上面绿色，无毛或疏被毛，下面被灰色短茸毛，全缘，稍反卷；上部叶片小，披针形，基部具1对小裂片。头状花序长圆形，密集排列呈狭圆锥状；总苞直径约1mm，总苞片4层，近无毛；缘花雌性；盘花两性，均管状，紫红色，结实。瘦果长椭圆形，无毛。花果期9~11月。

本市各地均产，生于向阳山坡灌草丛中。

## 10. 野艾蒿 图 399

**Artemisia lavandulaefolia** DC.

多年生草本。茎直立，高30~80cm，多分枝，密被短毛。基部叶在花期枯萎，具长柄及假托叶；中部叶片长椭圆形，长5~8cm，宽3.5~5cm，二回羽状深裂，线状披针形，上面被短柔毛及白色腺点，下面密被灰白色绵毛；上部叶片小，披针形，全缘。头状花序多数，具短梗及线形苞叶，下垂，着生于茎枝端呈圆锥状；总苞长圆形，直径约3mm，被蛛丝状毛，总苞片4层；缘花雌性；盘花两性，均管状，

丁炳扬 摄

丁炳扬 摄

丁炳扬 摄

图 398 矮蒿

图 399　野艾蒿

红褐色，结实。瘦果椭圆形，无毛。花果期 9~11 月。

本市各地广泛分布，生于山坡林下、荒野地、路边屋旁等。

## 11. 红足蒿

**Artemisia rubripes** Nakai

多年生草本。茎直立，高 30~120cm，有微毛。下部叶片在花期枯萎；中部叶片长 6~16cm，宽 4~9cm，一至二回羽状深裂，侧裂片 2~3 对，裂片狭披针形，常稍反卷，上面近无毛，下面具灰白色蛛丝状毛，具线形假托叶；上部的叶片 3 裂或不裂。头状花序具短梗和线形苞叶，排列成狭的圆锥状；总苞长圆形或钟形，直径约 1.5mm，总苞片 3 层，稍有蛛丝状毛，边缘膜质，背面有绿色中脉；缘花雌性；盘花两性，均管状，黄色，结实。瘦果微小，无毛。花果期 10~11 月。

据《浙江植物志》记载乐清有产，但未见标本。

## 12. 猪毛蒿 图400

**Artemisia scoparia** Waldst. et Kit.

一至二年生草本。主根单一。茎高20~60cm，有多数开展或斜升的分枝，红褐色或紫色，具香味。嫩枝上的叶密集簇生，密被白色丝状毛；茎下部叶片二至三回羽状全裂，具长柄；中部叶片一至二回羽状全裂，裂片极细，柄短；上部叶，无柄；茎生叶裂片先端急尖。头状花序在茎枝端排列呈圆锥状；总苞直径1~1.3mm，总苞片2~3层，边缘宽膜质；缘花管状，雌性，结实；盘花管状，两性，不结实。瘦果椭圆形，褐色。花果期9~11月。

见于永嘉、瓯海、洞头、瑞安、平阳、苍南，散生于海拔200~1500m的山坡疏林下、山谷路旁草丛中。

幼苗药用，具清热利湿、消炎止痛之效；中药“茵陈”大多是本种的根出叶。

## 13. 白莲蒿

**Artemisia stechmanniana** Besser [*Artemisia sacrorum* auct. non Ledeb.]

多年生草本。茎直立，高50~80cm，基部木质化，多分枝，幼时被蛛丝状毛，后近无毛。下部叶在花期枯萎；中部叶片卵圆形或长圆形，二回羽状深裂，基部下延，羽轴具栉齿状小裂片，两面被灰白色蛛丝状毛，具假托叶；上部叶小，羽状浅裂或齿状，近无柄。头状花序具短梗和线性苞叶，在茎枝端排列呈窄圆锥状；总苞近球形，直径约3mm，总苞片3~4层，通常有白色蛛丝状毛；缘花雌性，盘花两性，均管状，黄色，结实。瘦果椭圆形，无毛。花果期9~11月。

见于乐清（西门岛），生于海拔500m以下的山坡灌草丛或岩石上。温州分布新记录种。

全草含挥发油，能入药，具清热解毒、止血、消炎、利湿之效。

丁炳扬 摄

图400 猪毛蒿

丁炳扬 摄

## 8. 紫菀属 Aster Linn.

多年生稀一年生草本。茎直立，单生或上部有分枝。叶互生。头状花序单生，或排列呈伞房状或圆锥状；总苞片数层，草质或革质；花序托平或凸起，有小凹点；缘花舌状，1~2层，顶端具2~3不明显的齿，雌性；盘花管状，顶端5裂，两性；花药基部钝；花柱分枝上端具披针形或三角形的附器。瘦果长圆形或倒卵形，具2边肋；冠毛有或无，白色或红褐色。

约152种，分布于北温带。我国120余种；浙江有14种1亚种6变种；温州10种1亚种2变种。

参照《Flora of China》将紫菀属 *Aster*、狗娃花属 *Heteropappus*、东风菜属 *Doellingeria*、马兰属 *Kalimeris*、裸菀属 *Miyamayomena* 归为一属。

### 分种检索表

1. 冠毛短，膜片状或狭环状。
  2. 瘦果顶端具白色环状痕迹，而无冠毛……………… **9. 狭叶裸菀 A. sinoangustifolius**
  2. 瘦果顶端具糙毛状或膜片状短冠毛。
    3. 叶片两面有疏微毛或近无毛，纸质；瘦果较小，长不超过2mm ……………… **4. 马兰 A. indicus**
    3. 叶片两面密被毡状毛，厚纸质；瘦果较大，长2.3mm以上 ……………… **8. 毡毛马兰 A. shimadae**
1. 冠毛长，毛状，有或无外层的膜片。
  4. 管状花稍两侧对称，其中1裂片较长。
    5. 茎直立，上部有分枝；头状花序较大，直径3~5cm……………… **3. 狗娃花 A. hispidus**
    5. 茎平卧或斜升，自基部分枝；头状花序较小，直径2.5~3cm ……………… **1. 普陀狗娃花 A. arenarius**
  4. 管状花辐射对称，5裂片等长。
    6. 瘦果椭圆形；冠毛糙毛状。
      7. 茎中部以上的叶常具楔形具翅的柄；头状花序直径1.8~2.4cm；总苞片不等长……………… **7. 东风菜 A. scaber**
      7. 茎中部以上的叶常具不具翅的柄；头状花序直径2.5~4cm；总苞片近等长…… **5. 短冠东风菜 A. marchandii**
    6. 瘦果长圆形或倒卵形，被疏毛；冠毛常2层。
      8. 总苞半球形，总苞片2~4层；头状花序有梗，单生，排列成伞房状。
        9. 总苞片草质；叶脉羽状……………… **6. 琴叶紫菀 A. panduratus**
        9. 总苞片干膜质；叶脉离基三出 ……………… **10. 三脉叶紫菀 A. trinervius** subsp. **ageratoides**
      8. 总苞倒圆锥状，总苞片多层；头状花序无梗或有梗，单生于叶腋或排列成圆锥状。
        10. 茎中部叶抱茎；头状花序较大，总苞直径10~18mm，总苞片外面无毛……… **11. 陀螺紫菀 A. turbinatus**
        10. 茎中部叶基渐狭抱茎；头状花序较小，总苞直径5~7mm，总苞片外被短密毛……………… **2. 白舌紫菀 A. baccharoides**

### ■ 1. 普陀狗娃花 图401

**Aster arenarius** (Kitamura) Nemoto [*Heteropappus arenarius* Kitamura]

二或多年生草本。主根粗壮，木质化。茎平卧或斜升，自基部分枝，近无毛。叶质厚；基生叶匙形，长3~6cm，宽1~1.5cm，顶端圆形或稍尖，基部渐狭，全缘或有时疏生粗大牙齿，具缘毛；下部茎生叶在花期枯萎；中部及上部叶匙形或匙状矩圆形，长1~2.5cm，宽0.2~0.6cm。头状花序单生于枝端，有苞片状小叶；总苞半球形；缘花舌状，1层，淡蓝色或淡白色，雌性；盘花管状，黄色，两性。瘦果倒卵形，浅黄褐色，扁，被绢状柔毛；冠毛短鳞片状，污白色；管状花冠毛刚毛状，淡褐色。花果期8~11月。

见于瓯海、洞头、瑞安、平阳、苍南，生于海滨沙地、湿润旷地。

### ■ 2. 白舌紫菀 图402

**Aster baccharoides** ( Benth. ) Steetz.

多年生草本或亚灌木。根粗壮扭曲。茎直立，

图 401 普陀狗娃花

高 50~100cm，多分枝，有棱，无毛或多少被卷曲的密短毛。基部叶早枯落；下部叶匙状长圆形，长达 10cm，宽达 1.8cm，上部有疏齿；中部叶长圆形或长圆披针形，较短，全缘或上部有小尖头状疏锯齿；上部叶渐小，近全缘；全部叶上面被短糙毛，下面被短毛或有腺点，或仅沿脉有粗毛。头状花序排列成圆锥状或单生；总苞倒锥状；总苞片 4~7 层，有缘毛；缘花舌状，白色；盘花管状。瘦果狭长圆形，稍扁，有时两面有肋，被密短毛；冠毛白色，1 层，白色。花期 7~10 月，果期 8~11 月。

见于洞头（林岙）、苍南（莒溪）、泰顺（垟溪），生于山坡草丛或林下。

图 402 白舌紫菀

### 3. 狗娃花 图 403

**Aster hispidus** Thunb. [ *Heteropappus hispidus* (Thunb. ) Less.]

一年或二年生草本。茎直立，高 30~45cm，常丛生，被粗毛。基部及下部叶在花期枯萎，叶片倒卵状披针形，长 5~15cm，宽 1.5~2.5cm，先端钝或圆形，基部渐狭成柄，全缘或有疏齿；中部叶片长圆状披针形至线形，长 3~7cm，宽 0. 3~1.5cm，常全缘；上部叶片小，线形。头状花序直径 3~5cm；总苞半球形，总苞片 2 层，近等长，具上曲的粗毛，常有腺点；缘花舌状，浅红色或白色；盘花管状。瘦果倒卵形，有细边肋，被密毛；冠毛在舌状花中极短，白色，膜片状，在管状花中糙毛状，初白色，后带红色。花果期 5~10 月。

图 403　狗娃花

见于永嘉、洞头、平阳、泰顺等地，生于山坡草地、路旁和溪边、海边岩缝。

## 4. 马兰　图 404

**Aster indicus** Linn. [*Kalimeris indica* (Linn.) Sch.-Bip.]

多年生草本。根状茎有匍匐枝。茎直立，高30~50cm，被短毛。叶质薄，叶片披针形至倒卵状长圆形，被疏微毛或无毛；基部叶在花期枯萎；茎下部及中部叶片具齿或近全缘，具柄；上部叶片渐小，全缘，无柄。头状花序排列呈疏伞房状；总苞半球形，直径6~9mm，总苞片2~3层，覆瓦状排列，先端钝或稍尖，上部草质，有疏短毛，边缘膜质，有缘毛；缘花舌状，紫色，1层；盘花管状，多数。瘦果倒卵状长圆形，极扁，边缘有厚肋，上部被腺及短柔毛；冠毛短毛状，易脱落。花果期7~10月。

本市有广泛分布，生于低海拔的田埂、地边、沟边草丛或山坡灌草丛。

嫩茎叶可作蔬菜；全草药用，能利小便、退热、止咳。

## 4a. 多型马兰　图 405

**Aster indicus** var. **polymorpha** Linn. [*Kalimeris indica* var. *polymorpha* (Linn. ) Kitamura]

本变种与原种的主要区别在于：叶片倒卵状长圆形，下部及中部叶片呈羽状深裂，有2~4对裂片，裂片线形；上部叶片线形，全缘，或有1对裂片；总苞片倒卵状长圆形。花果期8~9月。

见于乐清、永嘉，生于田埂和路旁。

图 404　马兰

图405 多型马兰

## ■ 5. 短冠东风菜

**Aster marchandii** Lévl. [*Doellingeria marchandii* (Lévl. ) Ling]

多年生草本。根状茎粗壮。茎直立，高30~90cm，粗壮，基部分枝，被短柔毛。叶在花期枯萎，叶片心形，长7~10cm，宽7~10cm，先端尖或近圆形，基部急狭成长达17cm的叶柄，边缘有具小尖头的锯齿；中、上部叶渐小，有下延成翅状的短柄；全部叶质厚，上面有疏糙毛，下面浅色，仅沿脉有短毛。头状花序直径2.5~4cm；总苞宽钟状，宽6~7mm；总苞片约3层，近等长。缘花舌状，白色，10余花；盘花管状，无毛。瘦果倒卵形或长椭圆形，除边肋外一面有2肋，一面有1肋，被粗伏毛；冠毛褐色。花期8~10月。

《浙江植物志》记载乐清有分布，但未见标本。

## ■ 6. 琴叶紫菀 图406

**Aster panduratus** Nees ex Walp.

多年生草本。根状茎粗壮。茎直立，高50~90cm，上部有分枝，全体被长粗毛和黏质的腺毛。叶片较大；基部叶片常在花后枯萎，匙状长圆形，具柄；中上部叶片基部圆耳形或心形，半抱茎或抱茎；全部叶片两面被长贴伏毛和密短毛。头状花序直径2~2.5cm，单生或排列成疏散的伞房状；总苞半球形，总包片被密短毛及腺点；缘花舌状，红色或淡紫色；盘花管状，顶端裂片外卷。瘦果倒卵状，扁平，两面有肋；冠毛白色或稍红色。花果期8~10月。

见于乐清、永嘉、鹿城、洞头、瑞安、平阳、苍南、泰顺，生于山坡疏林下、路旁草丛。

## ■ 7. 东风菜 图407

**Aster scaber** Thunb. [*Doellingeria scaber* (Thunb.) Nees]

多年生草本。根状茎粗壮。茎直立，高25~80cm，上部有分枝，被微糙毛。基部叶在花期枯萎，叶片心形，长9~15cm；中部叶片较小，

图406 琴叶紫菀

卵状三角形，基部圆形或稍截形；全部叶片质厚，两面被微糙毛，网脉明显。头状花序少数，直径 1.8~2.4cm；总苞半球形，总苞片 3 层，先端尖或钝，具缘毛；缘花舌状，白色，约 10 花，舌片线状长圆形，雌性；盘花管状，顶端裂片线状披针形，两性。瘦果倒卵圆形或椭圆形，具 5 肋，无毛；冠毛污黄白色，长 3.5~4mm，具多数微糙毛。花果期 8~10 月。

见于乐清、永嘉、瑞安、文成、平阳、泰顺，生于山坡林缘或草丛、高山草地。

根状茎供药用，治毒蛇咬伤。

丁炳扬 摄

丁炳扬 摄

图 407　东风菜

## 8. 毡毛马兰　图 408

**Aster shimadae** (Kitamura) Nemoto [*Kalimeris shimadae* (Kitamura) Kitamura]

多年生草本。根状茎粗壮。全株密被短粗毛。茎直立，高 30~120cm，多分枝。下部叶在花期枯落；中部叶倒卵形、倒披针形或椭圆形，长 3~7cm，宽 1.5~3cm，先端圆钝，基部渐狭，有 1~3 对浅齿或全缘，近无柄；上部叶渐小，倒披针形或条形；全部叶质厚，两面被毡状密毛。头状花序单生于枝端且排成疏散的伞房状；总苞半球形；总苞片 3 层，全部背面被密毛，有缘毛。缘花舌状，1 层，浅紫色；盘花管状。瘦果倒卵圆形，极扁，灰褐色，边缘有肋，被短贴毛；冠毛膜片状，锈褐色，不脱落。花果期 7~8 月

《浙江植物志》记载乐清有分布，但未见标本。

高末 摄

图 408　毡毛马兰

## 9. 狭叶裸菀　窄叶裸菀　图 409

**Aster sinoangustifolius** Brouillet, Semple et Y. L. Chen [*Aster angustifolius* Chang ; *Miyamayomena angustifolia* (Chang) Y. L. Chen ]

多年生草本。茎直立或稍弯曲，高 30~60cm，有棱状沟纹，上部有少数分枝或不分枝，疏生白色短毛。下部叶花期早落，生存的叶条状披针形，长 6~15cm，宽 8~25mm，先端急尖，基部渐狭成翼柄状，边缘微粗糙，中、上部边缘有疏离的细锯齿，下面苍白，有短贴毛或变光滑；最上部叶全缘。头状花序单生于枝端，直径约 2.5cm，有长梗；总苞半球形；总苞片 3~4 层，有橘黄色细脉纹；缘花舌状，1 层，淡紫色或淡蓝色；盘花管状，无毛。瘦果长倒卵形，有 4~5 肋，呈多角形，无冠毛。花果期 5~10 月。

见于永嘉、文成、泰顺，生于山谷溪边、石滩地及林缘草丛。

图 409 狭叶裸菀

## ■ 10. 三脉叶紫菀 卵叶三脉紫菀 微糙三脉叶紫菀 图410

**Aster trinervius** Roxb. subsp. **ageratoides** (Turcz.) Grierson [*Aster ageratoides* Turcz.; *Aster ageratoides* Turcz. var. *oophyllus* Ling ; *Aster ageratoides* Turcz. var. *scaberulus* (Miq.) Ling) ]

多年生草本。根状茎粗壮。茎直立，高40~90cm，常被糙毛。叶片长圆状披针形或狭披针形；下部叶在花期枯落；中部叶片长6~15cm，宽1.5~5cm；上部叶片渐小，基部楔形，叶柄具翅；全部叶片上面被密糙毛，下面被疏短柔毛或除沿脉外无毛，通常离基三出脉。头状花序直径1.5~2cm，排列呈伞房状或圆锥状；总苞倒锥状半球形；缘花舌状，紫色或浅红色；盘花管状，黄色。瘦果倒卵状长圆形，有边肋，被短粗毛；冠毛浅红褐色或污白色。花果期9~11月。

本市各地常见，以山区为主，生于海拔800~1300m的山坡林下或路旁草丛。

《Flora of China》将其降级为三脉叶紫菀 *Aster trinervius* Roxb. 的亚种。

图 410 三脉叶紫菀

图411　陀螺紫菀

## 11. 陀螺紫菀　图411

**Aster turbinatus** S. Moore

多年生草本。根状茎粗短。茎直立，高60~100cm，粗壮，常生，被糙毛。下部叶在花期常枯落，叶片卵圆形或卵圆披针形，长4~10cm，宽3~7cm，先端尖，基部截形或圆形，渐狭成4~8（~12）cm具宽翅的柄；中部叶无柄，长圆或椭圆披针形，有浅齿，基部有抱茎的圆形小耳；上部叶渐小；全部叶厚纸质，两面被短糙毛。头状花序单生或2~3个簇生于上部叶腋，有密集而渐转变为总苞片的苞叶；总苞倒锥形；缘花舌状，蓝紫色；盘花管状。瘦果倒卵状长圆形，两面有肋，被密粗毛；冠毛白色。花果期8~11月。

本市各地广泛分布，生于低山山坡、林下阴地。

## 11a. 仙百草　图412

**Aster turbinatus** var. **chekiangensis** C. Ling

本变种与原种的区别在于：茎下部的叶片中部以下作柄状收缩，基部深耳状抱茎；茎上部多分枝；头状花序较小；舌状花白色。

见于永嘉，生于山坡疏林下或灌草丛。模式标本采自于永嘉。

图 412 仙百草

## 9. 苍术属 Atractylodes DC.

多年生草本。根状茎横生或结节状；茎直立，稍有分枝。叶互生，叶片边缘具刺状齿。头状花序单生于茎端，被羽状分裂的叶状苞片所包围；总苞片外层的叶状；花序托肉质，有稠密的托毛；头状花序全部为管状花，两性，或为雌花；花药基部箭形；花柱分枝处下部具毛环。瘦果顶端平截，密被柔毛；冠毛羽毛状，基部联合成环状。

约 7 种，分布于东亚。我国 5 种，南北均有分布；浙江 2 种，温州也有。

### 1. 苍术 图 413

**Atractylodes lancea**（Thunb.）DC.

多年生草本。根状茎结节状，表面粗糙，黑褐色，断面黄白色，散生棕红色油室。茎直立，高 30~60cm。叶互生；基生叶片多为 3 裂，中裂片特大，侧裂片较小，基部楔形，多数无柄抱茎，常于开花前凋落；中部叶片椭圆形或椭圆状披针形，长 4.5~7cm，宽 1.5~2.5cm，先端急尖，基部圆形，不分裂或羽状浅裂，边缘有细刺状锯齿，无柄。头状花序直径约 2cm，顶生；叶状苞片羽状深裂；总苞钟形，总苞片 5~7 层；花全为管状，白色或稍带紫红色。瘦果倒卵圆形，密被白色长柔毛；冠毛棕黄色。花果期 7~10 月。

温州科技学院标本室有一标本，但产地生境不详。

根状茎入药。

### 2. 白术 图 414

**Atractylodes macrocephala** Koidz.

多年生草本。根状茎结节状，肥大；茎直立，高 20~50cm，全体光滑无毛。茎中部叶片 3~5 羽状全裂，顶裂片倒长卵形或椭圆形，侧裂片倒披针形或长椭圆形，长 4.5~7cm，宽 1.5~2cm，叶柄长 3~6cm；紧接花序下部的叶片不裂，无柄；全部叶片无毛，边缘或裂片边缘有刺状缘毛或刺齿。头状花序直径约 3.5cm，顶生；叶状苞片针刺状，羽状全裂；总苞宽钟形，总苞片 9~10 层，覆瓦状排列，先端钝，边缘具白色蛛丝状毛；花全为管状，紫红色，顶端 5 深裂。瘦果倒圆锥形，被稠密白色长柔毛；冠毛污白色。花果期 8~10 月。

见于文成、泰顺，多为栽培，偶见野生。

本种与苍术 *Atractylodes lancea*（Thunb.）DC. 的主要区别在于：叶片 3~5 羽状全裂；头状花序大，直径约 3.5cm。

图 413 苍术

图 414 白术

## 10. 鬼针草属 Bidens Linn.

一年生或多年生草本。茎直立或匍匐。叶对生或有时在茎上部互生，叶片全缘或具齿、缺刻或羽状分裂。头状花序总苞钟状或近半球形；总苞片基部常合生，外层草质，短或伸长为叶状；花序托具干膜质托片；缘花舌状；盘花管状，两性、结实；花药基部钝或近箭形；花柱顶端具附器。瘦果扁平或具4棱，顶端有2~4枚具倒刺的芒刺。

约 230 多种，广布于热带及亚热带，尤以美洲种类最为丰富。我国 9 种，遍布全国各地，多为荒野杂草；浙江 5 种，温州也有。

**分种检索表**

1. 总苞片外层的叶状；瘦果楔形或倒卵状楔形，顶端截平，通常具 2 枚芒刺。
  2. 茎中部叶片羽状全裂，顶生裂片具柄；盘花花冠顶端 5 裂 ······ **3. 大狼杷草 B. frondosa**
  2. 茎中部叶片羽状深裂；盘花花冠顶端 4 裂 ······ **5. 狼杷草 B. tripartita**
1. 总苞片外层的草质，非叶状；瘦果线状，顶端渐狭，通常具 3（~4）枚芒刺。
  3. 叶片通常三出全裂；总苞片外层匙形，先端增宽 ······ **4. 鬼针草 B. pilosa**
  3. 叶片通常一至二回羽状分裂；总苞片外层披针形，先端不增宽。
    4. 顶生裂片卵形，边缘具整齐的锯齿 ······ **2. 金盏银盘 B. biternata**
    4. 顶生裂片狭窄，边缘具稀疏不规则的粗齿 ······ **1. 婆婆针 B. bipinnata**

### 1. 婆婆针 图 415

**Bidens bipinnata** Linn.

一年生草本。茎直立，高 30~90cm，通常四棱状。中下部叶对生，上部叶互生；叶片长 5~14cm，二回羽状深裂，边缘有不规则尖齿或钝齿，两面多少有短毛；下部叶有长柄、向上逐渐变短。头状花序直径 6~10mm，有长梗；总苞杯状，基部有柔毛，外层总苞片长椭圆形，草质，被短柔毛，内存膜质；具托片；缘花舌状，黄色，不结实；盘花管状，黄色。瘦果线形，略扁，具 3~4 棱，有瘤状凸起及小刚毛，顶端芒刺 3~4 枚，稀 2 枚，具倒刺毛。花果期 9~10 月。

见于乐清、永嘉、洞头、瑞安、文成、泰顺，生于路边荒地、山坡、田间、溪滩边。

图 415 婆婆针

## 2. 金盏银盘 图 416

**Bidens biternata**（Lour.）Merr. et Sherff.

一年生草本。茎直立，高 30~90cm，略具 4 棱角，通常无毛。叶片为一回羽状全裂，顶生裂片长 2~7cm，宽 1~3cm，先端渐尖，基部楔形，两面均被柔毛，侧生裂片 1~2 对，下部的 1 对具明显的柄，三出复叶状分裂或仅一侧具 1 裂片，边缘均有锯齿；叶柄长 1~5cm。头状花序直径 7~10mm，有长梗；总苞杯状，总苞片外层的线形，被短柔毛；花序托具托片；缘花舌状，淡黄色，舌片顶端 3 齿裂，不结实，或有时舌状花缺；盘花管状，黄色，顶端 5 齿裂，两性，结实。瘦果线形，黑色，具棱，两端稍狭，顶端有芒刺 3~4 枚。花果期 9~10 月。

见于本市各地，生于村旁荒地或路边草丛。

## 3. 大狼杷草 大狼把草 图 417

**Bidens frondosa** Linn.

一年生草本。茎直立，高 40~100cm，多分枝，被疏毛或无毛。叶对生，叶片一回羽状全裂，裂片

图 416　金盏银盘

图 417　大狼杷草

3~5，长 3~10cm，宽 1~3cm，先端渐尖，基部楔形，边缘具粗锯齿，通常下面被稀疏短柔毛，顶生裂片具柄；具叶柄。头状花序直径 1.2~2.5cm，单生于茎端或枝端；总苞钟状或近半球形，外层苞片披针形或匙状倒披针形，叶状，具缘毛，内层长圆形，膜质；缘花舌状，花不发育，极不明显或无舌状花；盘花管状，顶端 5 裂，两性、结实。瘦果扁平，狭楔形，顶端截平，有 2 枚芒刺。花果期 8~10 月。

原产于北美洲，现本市各地均有归化，生于路边荒地、草丛。

## 4. 鬼针草 图 418

**Bidens pilosa** Linn.

一年生草本。茎直立，高 30~70cm，钝四棱形，通常无毛。茎下部叶较小，3 裂或不分裂，通常在开花前枯萎；中部叶 3 全裂，稀羽状全裂，顶生裂片较大，长椭圆形或卵状长圆形，长 3~7cm，边缘有锯齿，无毛或疏被短柔毛，两侧裂片有时偏斜，叶柄长 1~2cm；上部叶片较小，3 裂或不分裂，线状披针形。头状花序直径 8~9mm，梗长 1~5cm；总

图 418 鬼针草

图 419　狼杷草

苞近半球形，总苞片线状匙形，草质；花序托具托片；缘花舌状，白色或黄色；盘花管状，黄褐色，两性，结实。瘦果黑色，线状披针形，略扁，具棱，顶端具 3~4 枚芒刺。花果期 9~11 月。

原产于热带美洲，现本市各地有归化，生于路边荒地、草丛。

### ■ 5. 狼杷草　狼把草　图 419

**Bidens tripartita** Linn.

一年生草本。茎直立或匍匐，高 20~80cm，上部略四方形，无毛，少分枝。叶对生；下部的叶片较小，不分裂，通常于花期枯萎；中部叶片通常 3~5 深裂，顶生裂片较大，长椭圆状披针形，长 5~11cm，宽 1.5~3cm，两侧裂片较小，与顶生裂片边缘均具疏锯齿，具柄；上部叶片较小，3 裂或不裂。头状花序直径 1~2cm，具较长的梗；总苞盘状，外层苞片匙状倒披针形，叶状，内层长椭圆形，膜质；花序托具长椭圆形或线性托片；缘花无；盘花管状，黄色，两性。瘦果扁平，边缘有倒钩刺，顶端通常有 2 枚芒刺。花果期 9~10 月。

见于乐清、永嘉、鹿城、文成、苍南、泰顺等地，生于路旁草丛。

## 11. 艾纳香属 Blumea DC.

一年或多年生草本或亚灌木。常有香气。茎直立，斜升或攀援状，被毛。叶互生，边缘具齿或羽状分裂。头状花序排列成密生的聚伞状，再组成圆锥、穗状或伞房状；总苞半球形、圆柱形或钟状，总苞片 4~5 层，外常被柔毛；花全为管状；缘花雌性，多数，结实；盘花少数，两性花。瘦果小，圆柱形，通常有棱；冠毛 1 层，糙毛状，白色、淡褐色。

约有80余种，分布于热带、亚热带的亚洲、非洲及大洋洲。我国30种，分布于长江流域以南的各地区；浙江6种，温州也有。

### 分种检索表

1. 攀援植物，茎基部木质；花序托密被长柔毛……………………………………**4. 东风草 B. megacephala**
1. 直立草本；花序托有疏短毛或无毛。
  2. 冠毛非白色。
    3. 茎高40~80cm；瘦果具10棱，被腺状毛，冠毛红褐色或棕红色…………**1. 台湾艾纳香 B. formosana**
    3. 茎粗壮，高150~250cm；瘦果具12棱，被疏毛，冠毛黄褐色或污黄色……**3. 裂苞艾纳香 B. martiniana**
  2. 冠毛白色。
    4. 花序托无毛。
      5. 叶主要茎生，茎中部叶片边缘有规则硬锯齿；总苞片先端紫红色…………**2. 毛毡草 B. hieraciifolia**
      5. 叶主要基生，茎生叶小而少或退化，边缘有不规则细密齿；总苞片绿色……**6. 拟毛艾纳香 B. sericans**
    4. 花序托被毛；下部叶片长圆形，边缘向下反卷；头状花序排成开展的圆锥花序……**5. 长圆叶艾纳香 B. oblongifolia**

## 1. 台湾艾纳香 图420

**Blumea formosana** Kitamura

多年生草本。根簇生，肉质。茎直立，高40~80cm，具条棱，上部分枝，被柔毛。基部叶较小；中部叶片倒卵状长圆形，长12~20cm，宽4~3.5cm，基部楔形渐狭，边缘疏生点状细齿或小尖头，两面被毛，杂有腺体，近无柄；上部叶渐小，长圆形至长圆状披针形；最上部叶片苞片状。头状花序排列成顶生的圆锥花序；总苞球状钟形，总苞片外层密被柔毛并杂有腺体；花托平；花全为管状，冠毛红褐色或

丁炳扬 摄

丁炳扬 摄

丁炳扬 摄

图420 台湾艾纳香

棕红色；缘花多数，雌性；盘花少数，两性。瘦果圆柱形，具10棱，被腺状毛；冠毛红褐色。花果期8~11月。

见于乐清、永嘉、鹿城、瑞安、文成、平阳、苍南、泰顺，生于山坡草丛、疏林下、山地路旁。

## 2. 毛毡草

**Blumea hieraciifolia** (Spreng.) DC.

多年生草本。茎直立，高50~70cm，不分枝或自基部分枝，具条棱，被密毛，杂有腺毛。叶主要茎生，中下部叶椭圆形，稀倒卵形，长7~10cm，宽2~3.5cm，基部渐狭，下延，近无柄；上部叶渐小，叶片圆形至长圆形披针状，所有叶边缘均有尖齿，上面有密绒毛，下面或两面密生黄褐色绢毛或绵毛。头状花序2~7个簇生，排列成穗状圆锥花序；总苞钟形，总苞片外层密被绒毛，往里渐无毛；花托稍凸，无毛；花全为管状，黄色；缘花多数，雌性；盘花少数，两性。瘦果圆柱形，具10棱，被毛；冠毛白色。花果期12月至翌年4月。

见于平阳、泰顺，生于路旁。

## 3. 裂苞艾纳香

**Blumea martiniana** Vaniot

多年生草本。茎直立，粗壮，高150~250cm，具条棱，被厚绵毛。下部叶长达40cm，宽15cm，叶柄长5~6cm；中部和上部叶椭圆状披针形，较下部叶小，最小仅长4~10cm，宽1~3.5cm；全部叶基部渐狭，几不下延，边缘有点状或具短尖的细齿，两面均被毛，侧脉约13对。头状花序多数，排列成紧密的大圆锥花序，被密绵毛；总苞半球形，总苞片带淡红色，顶端钝且反折，条裂或撕裂状；花托蜂窝状，无毛；花均为管状，黄色；缘花多数，雌性；盘花两性。瘦果圆柱形，具12棱，被疏毛；冠毛黄褐色或污黄色。花果期11~12月。

《泰顺县维管束植物名录》记载泰顺有分布，未见标本。

## 4. 东风草　大头艾纳香　图421

**Blumea megacephala** (Randeria) Chang et Tseng

攀援状草质藤本或基部木质。茎多分枝，有明显的沟纹，被疏毛或后脱毛。下部和中部叶片

丁炳扬 摄

丁炳扬 摄

高末 摄

丁炳扬 摄

图421　东风草

卵形、卵状长圆形或长椭圆形，长 7~10cm，宽 2.5~4cm，先端短尖，基部圆形，边缘有疏细齿或点状齿，上面有光泽，干时常变淡黑色，网状脉极明显，具短柄；小枝上部的叶较小。头状花序疏散，通常在腋生小枝顶端排列成总状或近伞房状花序，再排成大型具叶的圆锥花序；总苞半球形，总苞片内层长于最外层的 3 倍；花全为管状，黄色；缘花多数，雌性；盘花少数，两性。瘦果圆柱形，有 10 棱，被疏毛；冠毛糙毛状，白色。花期 8~11 月。

见于瑞安、文成、平阳、苍南、泰顺，生于林缘或灌丛中，或山坡、丘陵阳处。

## ■ 5. 长圆叶艾纳香 图 422

**Blumea oblongifolia** Kitamura

多年生草本。主根粗壮。茎直立，高 50~70cm，基部分枝，具条棱，被长柔毛。基生叶通常小于中部叶；中部叶片长圆形或椭圆状长圆形，长 9~13cm，宽 4~6cm，先端急尖或钝，基部楔形，边缘有不规则重锯齿，两面均被毛，侧脉 5~7 对，近无叶柄；上部叶渐小，边缘有尖齿或角状疏齿，稀全缘，无柄。头状花序多数，排成顶生开展的疏圆锥花序；总苞圆球状钟形；总苞片外面被毛；花托蜂窝状，被白色粗毛；花全为管状，黄色；缘花多数，雌性；盘花少数，两性。瘦果圆柱形，被疏白色粗毛；冠毛白色。花果期 8 月至翌年 4 月。

见于乐清、永嘉、瑞安、文成、平阳、泰顺，生于路旁、田边、山坡草丛。

## ■ 6. 拟毛艾纳香 丝毛艾纳香 拟毛毡草

**Blumea sericans** ( Kurz ) Hook. f.

多年生草本。茎直立，高 40~80cm，具条棱，被白色绒毛。叶基生，呈莲座状；基部叶倒卵状匙形或倒披针形，长 6~12cm，宽 2.5~3.5cm，先端圆钝，基部长渐狭，下延而成具长翅的柄，边缘有不

丁炳扬 摄

图 422 长圆叶艾纳香

丁炳扬 摄

丁炳扬 摄

规则的密细齿，两面均被毛，上面毛后渐脱落，侧脉 5~6 对，明显；茎生叶疏生，向上渐小，边缘有规则的细齿，两面被毛。头状花序常 2~7 个球状簇生，排成穗状狭圆锥花序；总苞圆柱状或钟形；花托稍凸，有泡状小凸起；花全为管状，黄色；缘花多数，雌花；盘花少数，两性。瘦果圆柱形，具 10 棱，被疏毛；冠毛白色。花果期 4~8 月。

见于苍南（莒溪）、泰顺，生长于平地田边。

## 12. 天名精属 Carpesium Linn.

多年生草本。茎直立。叶互生，叶片全缘或具不规则的牙齿。头状花序顶生或腋生，通常下垂；总苞片 3~4 层，干膜质或外层的草质，呈叶状；花序托扁平，无托毛；花全为管状；缘花雌性，结实；盘花管状，两性，结实；花药基部箭形，尾细长；花柱 2 深裂，裂片顶端钝。瘦果细长，顶端收缩成喙状，喙顶具软骨质环状物；无冠毛。

约 21 种，多数分布于亚洲中部，特别是我国西南山区，少数种类广布于欧亚大陆。我国 17 种；浙江 3 种，温州也有。

### 分种检索表

1. 叶片边缘有不规则的钝齿，齿端有腺体状胼胝体；头状花序单生于叶腋，近无梗，排列成穗状……**1. 天名精 C. abrotanoides**
1. 叶片边缘全缘或有不规则齿，齿端无腺体状胼胝体；头状花序生于分枝的顶端，有梗。
   2. 叶柄有翅；头状花序较大，直径 15~18mm；叶状苞片多枚，外层总苞片线形……………… **2. 烟管头草 C. cernuum**
   2. 叶柄无翅；头状花序较小，直径 6~8mm；叶状苞片 2~4 枚，外层总苞片宽卵形………… **3. 金挖耳 C. divaricatum**

### ■ 1. 天名精 图 423

**Carpesium abrotanoides** Linn.

多年生粗壮草本。茎直立，高 30~80cm，上部密被短柔毛。基生叶花时凋萎；茎下部叶片宽椭圆形或长椭圆形，长 8~16cm，宽 4~7cm，先端钝或锐尖，基部楔形，边缘具不规则的钝齿，齿端有腺体状胼胝体，下面密被短柔毛，有细小腺点，叶柄长 5~15mm；茎上部叶片较小。头状花序多数，直径 5~10mm，近无梗，生于茎端或沿茎、枝一侧着生于叶腋，着生于茎枝端者具披针形苞叶 2~4 枚；总苞钟形或半球形，直径 6~8mm，总苞片 3 层，外层的较短；花全为管状，黄色。瘦果顶端有短喙。

丁炳扬 摄

方本基 摄

方本基 摄

图 423 天名精

花果期 9~11 月。

见于乐清、永嘉、洞头、苍南、泰顺，生于山坡林下、林缘、草丛。

全草药用，具清热解毒、祛痰止血之效。

## 2. 烟管头草 图 424

**Carpesium cernuum** Linn.

多年生草本。茎直立，高 50~60cm，密被白色长柔毛及卷曲的短柔毛。基部叶常于花时凋萎；茎下部叶片较大，长椭圆形，长 6~12cm，宽 4~6cm，先端急尖或钝，基部渐狭下延于叶柄，略有波状齿，上面被倒伏柔毛，下面被白色长柔毛，两面均有腺点；中部叶片略小，具短柄；上部叶片渐小，近全缘。头状花序单生于茎枝端，向下弯曲，直径 15~18mm，基部有叶状苞片；总苞半球形，总苞片 4 层，外层线形，被长柔毛，内层长圆形，干膜质；花全为管状，缘花黄色。瘦果线形，两端稍狭，上端顶部具黏汁。花果期 7~10 月。

本市各地均产，生于山坡林缘、林下、草丛。

全草入药；也可供提芳香油，作调制香精原料。

图 424 烟管头草

## 3. 金挖耳 图 425

**Carpesium divaricatum** Sieb. et Zucc.

多年生草本。茎直立，高 20~70cm，中部以上分枝。基部叶花时凋萎；下部叶片卵形，长 5~12cm，宽 3~6cm，先端急尖或钝，基部圆形，边缘有不规则锯齿，上面被具球状膨大基部的柔毛，下面被白色短柔毛，具长柄；中部叶片长椭圆形，先端渐尖，基部楔形，叶柄较短；上部叶片渐变小，几全缘，近无柄。头状花序单生于茎、枝端，俯垂，直径 6~8mm，基部有 2~4 枚叶状苞，其中 2 枚较大；总苞卵状球形，总苞片 4 层，外层的宽卵形，外面被柔毛，中内层干膜质；花全为管状。瘦果细长圆柱形，顶端具短喙。花果期 6~10 月。

本市各地均产，生于山坡海拔 250~1500m 的疏林下、灌草丛。

全草入药，有清热解毒、消炎祛瘀之效。

图 425 金挖耳

## 13. 石胡荽属 Centipega Lour.

一年生匍匐状小草本。全体无毛或微被蛛丝状毛。叶互生，叶片全缘或有锯齿。头状花序小，球形或盘状，单生于叶腋，无梗或有短梗；总苞半球形，总苞片2层，长圆形，近等长；花序托平坦，无托毛；缘花细管状，多层，顶端2~3齿裂，雌性，结实；盘花管状，少数，顶端4裂，两性，结实；花药基部钝，顶端无附片；花柱分枝短，顶端钝或截形。瘦果具4棱，边缘有长毛；冠毛鳞片状或缺。

约6种，产于亚洲、大洋洲及南美洲。我国有1种，浙江及温州也有。

■ **石胡荽** 球子草 图426

**Centipega minima** (Linn.) A. Br. et Aschers.

一年生小草本。茎多分枝，高5~20cm，匍匐状，微被蛛丝状毛或无毛。叶互生，叶片楔状倒披针形，长7~15mm，宽3~5mm，先端钝，基部楔形，边缘有锯齿，无毛或下面微被蛛丝状毛或腺点。头状花序小，直径约3~4mm，扁球形，单生于叶腋，无梗或具极短梗；总苞半球形，总苞片2层，外层较大，椭圆状披针形，绿色，边缘透明膜质；缘花细管状，多层，顶端2~3齿裂；盘花管状，淡紫红色，顶端4深裂。瘦果圆柱形，具4棱，棱上有长毛；冠毛鳞片状或缺。花果期7~10月。

本市各地均产，生于屋旁旷地、路边或田边草丛。

全草入药，称“鹅不食草”。

图426 石胡荽

## 14. 菊属 Chrysanthemum Linn.

多年生草本或灌木。茎直立，分枝或不分枝。叶互生，叶片不分裂或一至二回掌状或羽状分裂。头状花序单生于茎顶，或在茎枝端排列呈伞房状；总苞浅碟状，总苞片4~5层，膜质，或中、外层草质而边缘羽状深裂或浅裂；花序托凸起；缘花舌状，雌性；盘花管状，顶端5齿裂，两性；花药基部钝；花柱分枝线形，顶端截形。瘦果近圆柱状而下部收窄，有5~8纹肋；无冠毛。

约30余种，主要分布于我国以及日本、朝鲜、俄罗斯。我国17种；浙江4种；温州野生的2种。

## 1. 野菊 图 427

**Chrysanthemum indicum** Linn.
[*Dendranthema indicum* (Linn. ) Des Moul.]

多年生草本。茎直立，高25~80cm，基部常匍匐，上部分枝，被细柔毛。叶互生；基部叶在花期脱落；中部叶片卵形或长圆状卵形，长3~8cm，宽1.5~3cm，羽状深裂，顶裂片大，侧裂片常2对，边缘浅裂或有锯齿；上部叶片渐小；全部叶片上面有腺体及疏柔毛，下面毛较密，基部渐狭成有翅的叶柄，假托叶有锯齿。头状花序直径1.5~2.5cm，在枝端排列呈伞房状圆锥花序；总苞半球形，总苞片4层，边缘宽膜质；缘花舌状，黄色，雌性；盘花管状，两性。瘦果倒卵形，有光泽，具数条纵细肋；无冠毛。花果期10~11月。

本市各地有广泛分布，生于海拔300~1500m的山坡林下或草丛、海边灌草丛或岩缝。

全草入药，有清热解暑、平肝明目、凉血降压之效。

丁炳扬 摄

丁炳扬 摄

丁炳扬 摄

图 427 野菊

## ■ 2. 甘菊 图 428

**Chrysanthemum lavandulifolium** (Fisch. ex Trautv.) Makino [*Dendranthema lavandulifolium* (Fisch. ex Trautv.) Ling et Shih]

多年生草本。茎直立，高 30~100cm，自中部以上多分枝，有稀疏的柔毛。基部和下部叶片花期凋落；中部叶片宽卵形或椭圆状卵形，长 2~5cm，宽 1.5~4.5cm，二回羽状分裂，具长 5~10mm 的叶柄，柄基部有分裂的假托叶或无；上部叶片羽裂、3 裂或不裂；全部叶两面同色或几同色，被稀疏柔毛或上部几无毛。头状花序直径 1.2~1.8cm，在茎端排列呈疏散的伞房状；总苞碟形，总苞片约 5 层，边缘白色或浅褐色；缘花舌状，黄色，舌片椭圆形，顶端全缘或 2~3 齿裂。瘦果长 1.2~1.5mm。花果期 9~11 月。

见于乐清、永嘉、文成、泰顺，生于 1000m 以上的山坡林下和路旁草丛。

《中国植物志》注明该种与野菊 *Chrysanthemum indicum* Linn. 存在杂交可能，需进一步确认。

本种与野菊 *Chrysanthemum indicum* Linn. 的主要区别在于：叶片二回羽状分裂，叶柄基部有分裂的假托叶或无；头状花序较小。

图 428 甘菊

# 15. 蓟属 Cirsium Adans.

一年生或多年生草本。叶互生，叶片通常羽状深裂或有锯齿，边缘有针刺。头状花序单生或数个簇生或再排列成各式花序；总苞钟状或半球形，总苞片多层，覆瓦状排列，外层的先端尖锐或具刺；花序托扁平或隆起，被稠密的长托毛；花全为管状，顶端 5 裂，两性或雌性；花药基部有耳；花柱分枝下部具毛环。瘦果稍压扁，长圆形或倒卵形；冠毛羽毛状，基部结合成环，整体脱落。

约 250~300 种，分布于北温带。我国 46 种，广布于全国；浙江 8 种；温州 3 种。

### 分种检索表

1. 花两性；果期冠毛与花冠等长或较短。
   2. 叶片羽状分裂；总苞片先端急尖或渐尖，不膜质扩大 ······ **1. 蓟 C. japonicum**
   2. 叶片不分裂；总苞片先端常膜质扩大 ······ **2. 线叶蓟 C. lineare**
1. 花单性，雌雄异株；果期冠毛常长于花冠 ······ **3. 刺儿菜 C. setosum**

## ■ 1. 蓟 大蓟 图 429

**Cirsium japonicum** Fisch. ex DC.

多年生草本。块根纺锤状。茎直立，高 30~70cm，全体被多节长毛。基生叶花期存在，叶片长倒卵状椭圆形，长 8~20cm，宽 3~9cm，羽状深裂，边缘有大小不等的锯齿，基部下延成翼柄；中部叶片长圆形，羽状深裂，基部抱茎；上部叶片较小；裂片和裂齿顶端均有针刺。头状花序球形，通常顶生；总苞钟状，直径约3cm，总苞片多层，向内层渐长，外层先端长渐尖，有短刺，内层先端渐尖成软针刺状；花全为管状，紫色或玫瑰色。瘦果偏斜楔状倒披针形，具明显的5棱；冠毛多层，羽毛状，基部连合成环。花果期8~10月。

本市各地常见，以山区为主，生于海拔1200m以下的山坡灌草丛、田边或荒地草丛。

根、叶药用；嫩茎、叶可作饲料。

## 2. 线叶蓟 图430

**Cirsium lineare**（Thunb.）Sch.-Bip.

多年生草本。高60~120cm，被稀疏的蛛丝毛及长多节毛至近无毛。根直伸。下部和中部的茎生叶片长椭圆形或披针形，长6~10cm，宽2~2.5cm；向上的叶片渐小，与中、下部叶同形或较狭；全部叶片不分裂，先端急尖，基部渐狭成翼柄，边缘有细密的针刺，叶上面绿色，被长或短多节毛，下面色淡，被稀疏的蛛丝状薄毛。头状花序在茎枝顶端排成伞房状，稀单生；总苞卵球形，直径1.5~2cm，

图429 蓟

图430　线叶蓟

图431　刺儿菜

总苞片约6层，向内层渐长，外层的先端有针刺；花管状，紫红色。瘦果倒金字塔状，顶端截形；冠毛多层，羽毛状，基部连合成环。花果期9~11月。

见于乐清、永嘉、鹿城、瑞安、文成、泰顺，生于山坡疏林、路旁草丛。

### 3. 刺儿菜　小蓟　图431

**Cirsium setosum** (Willd.) M. Bieb.

多年生草本。茎直立，高30~60cm，幼茎被白色蛛丝状毛。基生叶和中部茎生叶片椭圆形或椭圆状倒披针形，长7~10cm，宽1.5~2.5cm，先端钝或圆，基部楔形，近全缘或有疏锯齿，两面绿色，有白色蛛丝状毛；无叶柄。头状花序单生于茎端或在枝端排成伞房状；花单性，雌雄异株；雄花序总苞长约18mm，雌花序总苞长约25mm；总苞卵形，直径1.5~2cm，总苞片约6层，向内层渐长，外层的长椭圆状披针形，中内层的披针形，先端有刺；花管状，紫红色或白色。瘦果椭圆形或长卵形，略扁平；冠毛羽毛状，污白色。花果期5~10月。

见于泰顺，生于海拔500m以下的荒地、田间地边和溪滩。

全草入药，有利尿、止血之效。

## 16. 金鸡菊属 Coreopsis Linn.

一年生或多年生草本。茎直立。叶对生或上部叶互生，叶片全缘或一回羽状分裂。头状花序较大，单生或排列成松散的伞房状，具长梗；总苞半球形；花序托平或稍凸起，托片膜质；缘花舌状，舌片开展，雌性，结实；盘花管状，两性，结实。瘦果长圆形或倒卵形，顶端截形；冠毛尖齿状、鳞片状或芒状。

约 100 种，主要分布于美洲和非洲南部及夏威夷岛等地。我国栽培 3 种，浙江也有；温州 1 种，栽培或逸生。

### ■ 大花金鸡菊 图 432

**Coreopsis grandiflora** Hogg. ex Sweet

多年生草本。茎直立，高 20~90cm，下部常有稀疏的糙毛，上部有分枝。叶对生；基部叶片披针形或匙形，具长叶柄；下部叶片羽状全裂，裂片长圆形；中部及上部叶片 3~5 深裂，裂片线形或披针形，中裂片较大，两面及边缘有细毛。头状花序单生于枝端，直径 4~5cm，具长梗；总苞片外层的较短，披针形，有缘毛，内层的较长，卵形或卵状披针形；托片线状钻形；缘花舌状，黄色，舌片宽大；盘花管状。瘦果宽椭圆形或近圆形，边缘具膜质宽翅；冠毛 2 枚，鳞片状。花果期 5~9 月。

原产于美国，各地有栽培，瑞安、文成有逸生，生于路边。

常栽培供观赏。

丁炳扬 摄

丁炳扬 摄

丁炳扬 摄

图 432 大花金鸡菊

## 17. 山芫荽属 Cotula Linn.

一年生草本。叶互生，羽状分裂或全裂。头状花序小，单生于枝端或叶腋或与叶对生；总苞半球形或钟状，总苞片 2~3 层，不等长，边缘常狭膜质；花序托平或凸起，无托毛；缘花数层，雌性，能育，无花冠或为极小的 2 齿状；盘花两性，能育，花冠筒状，黄色，冠檐 4~5 裂；花药基部钝；花柱分枝顶端截形或钝。瘦果矩圆形或倒卵形，压扁，被腺点，无冠毛。

55 种，主产于南半球。我国 2 种；浙江 1 种，温州也有。

### ■ 芫荽菊

**Cotula anthemoides** Linn.

一年生小草本。茎具多数铺散的分枝，多少被淡褐色长柔毛。叶互生，二回羽状分裂，两面疏生长柔毛或几无毛；基生叶倒披针状长圆形，长 3~5cm，宽 1~2cm，有稍膜质扩大的短柄；茎生叶长圆形或椭圆形，长1.5~2cm，宽0.7~1cm，基部半抱茎。头状花序通常单生于枝端，直径约5mm，花序梗纤细，长5~12mm，被长柔毛或近无毛；总苞半球形；总苞片2层，内层显著短小；花托乳突果期伸长成果梗；缘花雌性，多数，无花冠；盘花两性，少数，花冠管状，黄色，4裂。瘦果倒卵状矩圆形，扁平，边缘有粗厚的宽翅，被腺点。花果期10~12月。

见于平阳，生于路边荒地或绿化带中。

## 18. 野茼蒿属 Crassocephalum Moench

多年生或一年生草本。茎直立。叶互生，叶片常具齿或分裂。头状花序顶生，常排列呈伞房状；总苞钟形，总苞片等长；花序托平坦，上有小窝，无托片；花全为管状，花冠逐渐扩大成极短的檐部，两性，结实；花药基部圆钝；花柱分枝线形，顶端截形，画笔头状。瘦果圆柱形，具纵棱，顶端和基部具环；冠毛白色。

约21种，主要分布于热带非洲。我国1种，浙江及温州也有。

### ■ 野茼蒿 革命菜 图433

**Crassocephalum crepidioides**（Benth.）S. Moore
[*Gynura crepidioides* Benth.]

一年生草本。茎直立，高30~80cm，无毛或被稀疏短柔毛。叶互生，叶片卵形或长圆状倒卵形，长5~12cm，宽3~7cm，先端尖或渐尖，基部楔形或渐狭下延至叶柄，边缘有不规则的锯齿或基部羽状分裂，侧裂片1~2对，两面近无毛或下面被短柔毛；叶柄长1~3cm。头状花序顶生或腋生，具长梗，排列呈伞房状；总苞钟形，基部截平，有狭线形的外苞片，总苞片先端尖，具狭的膜质边缘，外面疏被短柔毛；花管状，橙红色。瘦果狭圆柱形，橙红色，具纵肋；冠毛白色，绢毛状。花果期7~11月。

原产于热带美洲，本市广泛归化，生于低海拔的屋旁或路边荒地、林缘灌草丛。

嫩茎、叶可作蔬菜，也可作绿肥。

丁炳扬 摄

丁炳扬 摄

高末 摄

图433 野茼蒿

## 19. 假还阳参属 Crepidiastrum Nakai

一年生、二年生或多年生草本，有时为亚灌木。全部叶不裂或羽状浅裂；基生叶莲座状茎；茎生叶常抱茎。头状花序呈伞房花序式排列于枝顶；总苞狭圆筒状，总苞片外短内长；花托平，无托毛；花均为舌状，黄色或白色。瘦果纺锤形，微扁，有 10 棱，顶端截形，无喙；冠毛白色，糙毛状。

约 15 种，分布于亚洲中部与东部，包括太平洋各群岛。中国 9 种；浙江 3 种，温州也有。

**分种检索表**

1. 茎粗短木质；瘦果顶端无喙或具极短的喙状物……2. 假还阳参 C. lanceolatum
1. 草质茎，一年生或多年生；瘦果顶端具喙。
   2. 基生叶花时常枯萎；瘦果具 11~14 细纵棱……1. 黄瓜假还阳参 C. denticulatum
   2. 基生叶花时常存在；具 10 细纵棱……3. 尖裂假还阳参 C. sonchifolium

### 1. 黄瓜假还阳参　苦荬菜　图 434

**Crepidiastrum denticulatum** (Houtt.) Pak et Kawano
[*Ixeris denticulata* (Houtt. ) Stebb.]

一年生或二年生草本。主根细圆锥形，褐色。茎直立，高 30~50cm，上部多分枝。基生叶花时枯萎，叶片长 5~8cm，宽 2~3cm，先端急尖，基部渐狭成柄，边缘波状齿裂，或羽状分裂，裂片具细锯齿；茎生叶叶片狭卵形，较基生叶稍小，先端急尖，基部耳状，微抱茎，边缘具不规则锯齿。头状花序具梗，直径约 1.5cm，排列呈伞房状；总苞圆筒形，长 6~7mm，总苞外苞片小，总苞片 1 层，先端钝或急尖；花全为舌状，黄色。瘦果纺锤形，黑褐色，具 11~14 细纵棱，棱间有浅沟，先端具粗短喙；冠毛 1 层，刚毛状，白色。花果期 9~10 月。

见于本市各地，生于荒地、山坡路边或草丛中。

### 2. 假还阳参　图 435

**Crepidiastrum lanceolatum** (Houtt. ) Nakai

多年生草本。茎直立或基部分枝斜上升，高 15~40cm。基生叶匙形，长 10~12cm，宽 2~2.5cm，顶端钝或圆形，基部收窄，边缘全缘，稍厚，两面无毛；茎生叶小，披针形，长 3.5cm，宽 1.5cm，稀疏排列。头状花序稀疏伞房花状排列；总苞圆柱状钟形，长 5~6mm，总苞片 2 层，外层小，披针形，内层长，长 5mm，顶端钝，两面无毛；全部小花舌状，花冠管外面被柔毛。瘦果扁，近圆柱状，长 4mm，

丁炳扬 摄

丁炳扬 摄

丁炳扬 摄

图 434　黄瓜假还阳参

图 435 假还阳参

有 10 纵肋；冠毛白色，长 3.5mm，糙毛状。花果期 7~10 月。

见于洞头、瑞安、平阳、苍南，生于海滨岩缝、路边、山坡。

## 3. 尖裂假还阳参 抱茎苦荬菜 图 436

**Crepidiastrum sonchifolium** (Maxim.) Pak et Kawan
[*Ixeris sonchifolia* (Bunge ) Hance]

多年生草本。根长圆锥形，淡黄色。茎直立，高 30~50cm，上部多分枝。基生叶花时常存在，叶片长 3~6cm，宽约 2cm，先端圆或急尖，基部楔形下延，边缘具齿或不整齐羽状分裂，叶脉羽状，具短柄；中部叶片线状披针形；上部叶片卵状长圆形，先端尾状渐尖，基部耳状抱茎，无柄。头状花序具梗，直径约 1cm，排列呈伞房状圆锥式；总苞圆筒形，长 5~6mm；总苞片 1 层，先端钝；花全为舌状，黄色。瘦果纺锤形，黑色，具 10 条细纵棱，两侧纵棱上具刺状小凸起，先端有短喙，喙长约 1mm；冠毛 1 层，刚毛状，白色。花果期 4~6 月。

见于乐清、洞头、文成、泰顺，生于山坡路边。

图 436　尖裂假还阳参

## 20. 芙蓉菊属 Crossostephium Less.

半灌木。小枝及叶密被灰色短柔毛。叶互生；全缘或2~5裂。头状花序盘状，有短柄，在枝端排成有叶的总状花序或圆锥花序；总苞半球形，总苞片3层，近等长；花托蜂窝状；缘花管状，近压扁，具腺点，雌性；盘花管状，具腺点；花药顶端有矩圆形附片。瘦果长圆形，基部狭，通常具5棱；冠毛顶端撕裂状。

单种属，分布于中亚、东亚、菲律宾及美国加利福尼亚。我国有野生或栽培，浙江及温州也有。

### ■ 芙蓉菊 图437

**Crossostephium chinense** (Linn. ) Makino

半灌木。茎直立，高10~30cm，上部多分枝，密被灰色短柔毛。叶聚生于枝顶，叶片狭匙形或狭倒披针形，长2~4cm，宽4~5mm，全缘或有时3~5裂，顶端钝，基部渐狭，两面密被灰色短柔毛，质地厚。头状花序盘状，生于枝端叶腋，排成有叶的总状花序；总苞半球形，总苞片3层，外、中层等长，叶质，几无毛；缘花管状，雌性，顶端2~3裂齿，具腺点；盘花管状，两性，顶端5裂齿，外面密生腺点。瘦果矩圆形，长约1.5mm，基部收狭，具5~7棱，被腺点；冠状冠毛撕裂状。花果期全年。

见于洞头、瑞安、平阳、苍南，生于海滨岩缝。

丁炳扬 摄

丁炳扬 摄

陈贤兴 摄

图437 芙蓉菊

## 21. 鱼眼草属 Dichrocephala L' Hérit. ex DC.

一年生草本。叶互生，叶片全缘、琴状或羽状分裂，裂片具粗齿。头状花序小，球状或半球状，排列呈圆锥状；总苞不明显；花序托圆柱状，无毛；花全部管状；缘花多数，细管状，雌性，结实；盘花钟状，两性。瘦果扁平状，有厚的边缘；冠毛无或两性花的具2枚短硬毛。

约5~6种，分布于亚洲和非洲。我国3种；浙江1种，温州也有。

### ■ 鱼眼草 鱼眼菊 图438

**Dichrocephala integrifolia** (Linn. f. ) Kuntze

[*Dichrocephala auriculata* (Thunb. ) Druce]

一年生草本。茎直立或铺散，高12~50cm。茎通常粗壮，被白色长或短绒毛，后脱离近无毛。叶卵形、椭圆形或披针形，长4~8cm，宽2~5cm，大头羽裂，有粗锯齿，上部叶裂片较多，基部渐狭成具翅的长或短柄；叶两面被稀疏的短柔毛。头状花序小，球形，直径 3~5mm，排列成疏松或紧密的伞房状近圆锥状；总苞片 1~2 层，膜质，长圆形或长圆状披针形，稍不等长；缘花多层，紫色，细管状；盘花黄绿色，少数，钟状，两性。瘦果压扁，倒披针形，边缘脉状加厚；无冠毛，或两性花瘦果顶端有 1~2 枚细毛状冠毛。花果期 4~8 月。

见于本市各地，生于山地、平川耕地、荒地或水沟边。

高末 摄

高末 摄

高末 摄

图 438　鱼眼草

## 22. 羊耳菊属 Duhaldea DC.

多年生草本或灌木。茎直立。叶互生，叶片被密绵毛。头状花序常单生，有时排列成紧密伞房花序；总苞片多层；缘花白色；盘花两性，黄色或白色，结实。瘦果椭圆形，有毛；冠毛糙毛状。

大约15种，分布于亚洲。我国7种；浙江1种，温州也有。

### ■ 羊耳菊 图439

**Duhaldea cappa** (Buch.-Ham. ex D. Don) Pruski et Anderb. [*Inula cappa* (Buch.-Ham. ) DC.]

半灌木。根状茎粗壮。茎直立，高40~150cm，粗壮，多分枝，被绵毛。单叶互生，叶片狭矩圆形至近倒卵形，长7~10cm，先端渐尖至钝形，边缘有小锯齿，基部浑圆至广楔形，叶面绿色，有腺点，被粗毛，背白色，密被绢毛或绵毛。头状花序顶生或近顶的腋生，组成稠密的伞房花丛；总苞片数列，矩形至广披针状，被短毛，边缘膜质，成熟后反卷；花托秃裸，有窝点；缘花舌状，雌性；盘花管状，黄色，两性，结实。瘦果长圆柱形，长约1.5mm，被绢毛；冠毛糙毛状，污白色。花期6~11月。

本市各地均产，生于荒山、丘陵、山腰以下草丛中或灌木丛中。

丁炳扬 摄

丁炳扬 摄

丁炳扬 摄

图439 羊耳菊

## 23. 鳢肠属 Eclipta Linn.

一年生草本。茎直立或匍匐状，被糙硬毛。叶对生；叶片全缘或稍有齿缺。头状花序顶生或腋生，具梗；总苞宽钟状，总苞片2层，草质，外层较宽；花序托平，具线状托片；缘花舌状，2层，顶端2浅裂或全缘，两性，结实；盘花管状，顶端4~5裂，两性，结实；花药基部钝；花柱分支扁平，顶端具短三角形附器。舌状花的瘦果狭，具3棱；管状花的瘦果较粗壮，具齿或有2芒刺；无冠毛。

约4钟，分布南美洲和大洋洲；我国有1种，南北均有分布；浙江及温州也有。

### ■ 鳢肠 墨旱莲 图440

**Eclipta prostrata** Linn.

一年生草本。茎匍匐状或近直立，高10~50cm，通常自基部分枝，被粗硬毛，全株干后常变黑。叶片长圆状披针形或线状披针形，长3~8cm，宽5~12mm，先端渐尖，基部楔形，全缘或有细齿，两面密被硬糙毛，基三出脉；无叶柄。头状花序腋生或顶生，卵形，直径5~8mm，有梗；总苞片2层，先端钝或急尖，外部被紧贴的糙硬毛；缘花舌状，白色，顶端2浅裂或全缘；盘花管状，白色，顶端4齿裂。瘦果三棱形或扁四棱形，顶端具1~3枚细齿，边缘具白色的肋；冠毛退化成2~3枚小鳞片。花果期8~10月。

本市各地均产，生于低山山坡、路旁、荒地、屋旁。

全草入药。

丁炳扬 摄

丁炳扬 摄

高末 摄

图440 鳢肠

## 24. 地胆草属 Elephantopus Linn.

多年生草本。茎直立，被柔毛。叶互生，无柄，或具短柄，全缘或具锯齿。头状花序多数，密集成团球状复头状花序，复头状花序基部被数枚叶状苞片所包围，具坚硬的花序梗，在茎和枝端单生或排列成伞房状；总苞圆锥状；总苞片 2 层；花全为管状，紫红色或白色，两性，结实；瘦果长圆形，顶端截形，具棱；冠毛刺毛状，基部宽扁。

30 余种，分布于热带地区。我国 2 种，浙江及温州也有。

### ■ 1. 地胆草 图 441

**Elephantopus scaber** Linn.

多年生草本。根状茎平卧或斜升，具多数纤维状根。茎直立，高 20~40cm，常多少二歧分枝，粗糙，密被白色长硬毛。基生叶花期存在，莲座状，叶片匙形或长圆状倒披针形，长 5~18cm，宽 2~4cm，边缘有钝锯齿；茎生叶少而小，全部叶片两面均被毛，并下面有腺点。复头状花序多数，生于枝端，排列呈伞房状，基本被 3 枚叶状苞片包围，苞片具明显凸起的脉，被糙毛和腺点；花全部管状，紫红色，两性，结实。瘦果有棱，被柔毛；冠毛污白色，为 4~6 枚硬刺毛。花果期 8~10 月。

见于乐清、永嘉、洞头、瑞安、平阳、苍南、泰顺，生于山坡路旁、田边地角。

丁炳扬 摄

丁炳扬 摄

丁炳扬 摄

图 441　地胆草

图 442　白花地胆草

### 2. 白花地胆草　图 442

**Elephantopus tomentosus** Linn.

多年生草本。根状茎粗壮，斜升或平卧，具纤维状根。茎直立，高0.8~1m，或更高，多分枝，具棱条，具腺点。叶散生于茎上；基部叶在花期常凋萎；下部叶长圆状倒卵形，长8~20cm，宽3~5cm，基部渐狭成具翅的柄，稍抱茎；上部叶近无柄或具短柄；最上部叶极小；全部叶上面皱而具疣状凸起，下面被密长柔毛和腺点。团球状复头状花序基部有3枚卵状心形的叶状苞片；花冠白色，漏斗状，长5~6mm。瘦果长圆状线形，具10条肋，被短柔毛；冠毛污白色，具5枚硬刚毛，基部急宽成三角形。花期8月至翌年5月。

见于苍南（南关岛），生于山坡旷野、路边及灌丛中。温州分布新记录种。

本种与地胆草 *Elephantopus scaber* Linn. 的区别在于：基部叶在花期常凋萎，花冠白色。

## 25. 一点红属 Emilia Cass.

一年生或多年生草本。茎直立，常为粉绿色，有乳汁。叶大部分基生或茎生叶互生；叶片全缘或具齿或琴状分裂。头状花序单生或排成疏散的伞房花序式，具长梗；总苞片 1 层；花序托扁平，无托片；花全部管状，两性，结实；花药基部钝；花柱分枝上端有短锥形的附器。瘦果近圆柱形，有 5 纵肋或棱，两端截平；冠毛绢毛状。

约100种，主要分布于东半球热带，少数分布于美洲。我国3种，产于西南部至东南部；浙江3种；温州野生的2种。

## 1. 小一点红　细红背叶　图443

**Emilia prenanthoidea** DC.

一年生柔弱草本。茎直立或斜升，高20~50cm，无毛。基部叶小，密集，上部的稀疏，互生；叶片卵形、卵圆形、倒披针形至线状长圆形，长2~97cm，宽1~2cm，先端钝，基部渐狭成长柄，全缘或具疏齿，上面绿色，下面有时紫色；下部叶具柄，具狭翅，上部的叶无柄，抱茎，箭形或具宽耳。头状花序直径达1.3cm，具长梗；总苞圆柱形或狭钟形，绿色；总苞片等长，短于花冠；花管状，紫红色。瘦果圆柱形，长约3mm，具10肋，无毛；冠毛丰富，白色，细软。花果期5~0月。

见于本市各地，生于山坡路旁、花坛、农田或屋旁路边。

## 2. 一点红　图444

**Emilia sonchifoia**（Linn.）DC.

一年生草本。茎直立或近直立，高10~50cm，多分枝，无毛或疏被柔毛。叶带肉质；下部叶片通常卵形，长5~10cm，琴状分裂或具钝齿；上部叶片较小，卵状披针形，无柄，抱茎，下面常带紫红色。头状花序直径10~12mm，有长梗；总苞圆筒状，基部稍膨大，总苞片1层，绿色，等长；花全为管状，紫红色，顶端5裂。瘦果圆柱形，有5纵肋；冠毛白色而软。花果期5~8月。

本市各地有广泛分布，生于菜园地、山坡和路边草丛、花坛绿化带。

全草入药，具凉血解毒、活血散瘀之效。

本种与小一点红 *Emilia prenanthoidea* DC. 的主

丁炳扬 摄

图443　小一点红

丁炳扬 摄

陈贤兴 摄

图444　一点红

要区别在于：下部叶片琴状分裂或具钝齿，上部的叶极小而全缘，总苞片约与花冠等长；而小一点红下部叶卵形或缺，上部叶线状长圆形；总苞片短于花冠。

## 26. 菊芹属 Erechtites Raf.

一年生或多年生草本。叶互生，全缘或齿状或羽状分裂。头状花序异性，盘状，排成顶生的伞房花序；花小，全为管状，外围2至多列雌性，丝状，3~4齿裂；盘花管状，两性或不孕性，5裂；总苞片数枚，1列，基部有较小的外苞片数枚。瘦果有丰富的冠毛。

有15种，分布于美洲和大洋洲。我国2种，南方有分布；浙江1种，温州也有。温州分布新记录属。

## ■ 梁子菜 图 445

**Erechtites hieraciifolius** (Linn. ) Raf. ex DC.

一年生草本。高 40~100cm，不分枝或上部多分枝，具条纹，被疏柔毛。叶无柄，具翅，叶形变化很大；茎下部叶长椭圆形、倒披针形或披针形，基部渐狭；茎上部叶卵状披针形，基部半抱茎。头状花序较多数，长约 15mm，宽 1.5~1.8mm，在茎端排列成伞房状；总苞筒状，基部有数枚线形小苞片；总苞片外面无毛或被疏生短刚毛；小花多数，全部管状，淡绿色或带红色；外围小花 1~2 层，雌性，花冠丝状；中央小花两性，花冠细管状。瘦果圆柱形，具明显的肋；冠毛丰富，白色。花果期 6~10 月。

原产于北美南部，瓯海、瑞安、文成、泰顺有归化，生于山坡灌草丛，山脚草丛。温州分布新记录种。

图 445 梁子菜

## 27. 飞蓬属 Erigeron Linn.

一年生或多年生草本。茎直立。叶互生，叶片全缘或有锯齿。头状花序排列呈伞房状或圆锥状；总苞卵形、钟形或半球形，总苞片2~4层，覆瓦状排列；花序托平滑或有小窝孔及睫毛；缘花雌性，结实；盘花管状，顶端5齿裂，两性，结实；花药基部钝；花柱分枝顶端具附器。瘦果扁压，被毛；具冠毛。

约400种，广布于全球，主产于北温带。我国39种，南北均产；浙江5种，温州也有。

### 分种检索表

1. 头状花序具显著展开的舌状雌花。
  2. 茎被长硬毛或上弯的短硬毛……………………………………………………………………**1. 一年蓬 E. annuus**
  2. 茎被长柔毛；中部和上部叶片较小，基部抱茎……………………………………**4. 费城飞蓬 E. philadelphicus**
1. 头状花序有细管状雌花，无明显舌状花或仅外层有直立的短舌片。
  3. 茎、叶具开展长柔毛；头状花序小，直径3~4mm………………………………………**3. 小蓬草 E. canadensis**
  3. 茎、叶被弯曲短柔毛；头状花序较大，直径5mm以上。
    4. 叶边缘平整，每边有4~8粗锯齿；头状花序组成塔状大型圆锥花序，头状花序直径5~8cm……………………………………………………………………………………**5. 苏门白酒草 E. sumatrensis**
    4. 叶边缘常呈波状，具粗锯齿或全缘；头状花序组成开展的聚伞状圆锥花序，头状花序直径8~10mm……………………………………………………………………………………**2. 香丝草 E. bonariensis**

### ■ 1. 一年蓬 图446

**Erigeron annuus**（Linn.）Pers.

一年生或二年生草本。茎直立，高30~60cm，上部有分枝，被开展的长硬毛或上弯的短硬毛。基部叶花期枯萎，叶片长圆形或宽卵形，长4~15cm，宽1.5~4cm，基部渐狭呈具翅的长柄，边缘具粗齿；

丁炳扬 摄

丁炳扬 摄

丁炳扬 摄

图446　一年蓬

中部和上部叶片较小，边缘有不规则的齿或近全缘，两面有短硬毛。头状花序直径1~1.5cm，排列呈疏圆锥状；总苞半球形，总苞片3层，外面密被腺毛和疏长节毛；缘花舌状，白色或淡蓝色；盘花管状，黄色。瘦果披针形；冠毛异形，雌性的冠毛极短，膜片状，两性花的为粗毛状。花果期5~10月。

原产于北美，本市有广泛归化，生于路边、旷野、山坡荒地。

全草入药，治疟疾。

## ■ 2. 香丝草 野塘蒿 图447

**Erigeron bonariensis** Linn. [ *Conyza bonariensis* (Linn. ) Cronq. ]

一年生或二年生草本。全体略带灰绿色。茎直立，高20~90cm，中部以上常分枝，密被短柔毛和长粗毛。基部叶密集，花期常枯萎；下部叶片倒披针形或长圆状披针形，长3~8cm，宽5~15mm，先端急尖或稍钝，基部渐狭成长柄，边缘具粗齿或羽状浅裂；中上部叶片狭披针形或线形，两面均密被粗毛，具齿或全缘。头状花序直径约8~10mm，排列呈总状或圆锥状；总苞椭圆状卵形，外面密被灰白色短糙毛；缘花细管状，白色；盘花管状，淡黄色。瘦果线状披针形，被疏短毛；冠毛淡红褐色。花果期5~7月。

原产于南美洲，本市有广泛归化，生于低海拔的旷野和路边荒地等。

丁炳扬 摄

丁炳扬 摄

丁炳扬 摄

图447 香丝草

## 3. 小蓬草　加拿大蓬　小飞蓬　图 448

**Erigeron canadensis** Linn. [*Conyza canadensis* (Linn.) Cronq.]

一年生草本。茎直立，高 30~100cm，上部多分枝，被脱落性粗糙毛。基部叶花期常枯萎；下部叶片倒披针形，长 6~8cm，宽 1~1.5cm，先端急尖或渐尖，基部渐狭成柄，边缘具疏锯齿或全缘；中部和上部叶片较小，边缘有睫毛，近无柄或无柄。头状花序多数，直径 3~4mm，排列呈圆锥状；总苞半球形，总苞片外层的短，内层的长，外面被疏毛；缘花舌状，白色，舌片短小，顶端具 2 钝小齿；盘花管状，黄色，顶端具 4~5 齿裂。瘦果线状披针形，稍压扁，被贴伏微毛；冠毛污白色，糙毛状。花果期 7~10 月。

原产于北美洲，本市有广泛归化，生于生于旷野、荒地、田边和路边草丛。

嫩茎、叶可作饲料。

## 4. 费城飞蓬　春一年蓬　图 449

**Erigeron philadelphicus** Linn.

一年生或二年生草本。茎直立，高 30~60cm，上部有分枝，被长柔毛。叶片长圆形或宽卵性；中部和上部叶片较小，基部抱茎。头状花序直径 1~1.5cm，排列呈疏圆锥状；总苞半球形；缘花

图 448　小蓬草

图 449 费城飞蓬

舌状，多而细，白色略带粉红色、白色或淡蓝色；盘花管状，黄色。瘦果披针形；冠毛异形，雌性的冠毛极短，膜片状，两性花的为粗毛状。花果期 4~10 月。

原产于北美洲，温州鹿城、瓯海有归化，生于路边绿化带、旷地。

## 5. 苏门白酒草 图 450

**Erigeron sumatrensis** Retz. [*Conyza sumatrensis* (Retz. ) Walker]

一年生或二年生草本。茎直立，高 80~120cm，粗壮，被较密灰白色上弯糙短毛，杂有开展的疏柔毛。基部叶密集，花期凋落；下部叶片倒披针形或

图 450 苏门白酒草

披针形，长6~10cm，宽1~2cm，先端急尖或渐尖，基部渐狭成柄，边缘上部具粗齿；中部和上部叶片渐小，具齿或全缘，两面密被糙短毛。头状花序多数，直径5~8mm，呈大型的圆锥状；总苞卵状长圆柱状，总苞片3层；缘花细管状，无舌片，雌性，结实；盘花管状，淡黄色，两性，结实；瘦果线状披针形，压扁，被微毛；冠毛初时白色，后变黄褐色。花果期5~11月。

原产于南美洲，本市有广泛归化，生于路边或田边荒地、低海拔山坡草丛。

## 28. 白酒草属 Eschenbachia Moench

一二年生或多年生草本。茎直立，具粗毛或糙毛。叶互生，叶片全缘、具齿或深裂。头状花序球形，排列呈总状、伞房状或圆锥状；总苞半球形，总苞片3~4层；花序托平滑或有小窝孔及睫毛；缘花细管状，雌性，结实；盘花管状，顶端5齿裂，两性，结实；花柱分枝上端具短披针形附器。瘦果长圆形或披针形，极扁；冠毛绵毛状。

世界种数不明确，主要分布于热带或亚热带。我国约6种，分布于南部或西南部；浙江1种，温州也有。

### ■ 白酒草 图451

**Eschenbachia japonica** (Thunb. ) J. Koster [*Conyza japonica* (Thunb. ) Less.]

一年或二年生草本，高30cm左右。茎直立，少分枝，全株被长柔毛或粗毛。单叶互生；叶片披针形或卵状披针形，长3~5cm，宽1~2cm，先端急尖，边缘有锯齿，两面被长柔毛；基生叶具短叶柄，茎生叶无柄半抱茎。头状花序数个聚集成伞房状，稀单生；总苞钟状，总苞片2~3层，边缘膜质；缘花雌性，2至多层，有小舌片或成丝状，带紫色；两性花筒状，黄色。瘦果小，扁，有2~5棱；冠毛1层，糙毛状。花果期5~9月。

见于本市各地，分布以山区为主，生于山坡林缘、林下，路边草丛。

陈贤兴 摄

丁炳扬 摄

陈贤兴 摄

图451 白酒草

## 29. 泽兰属 Eupatorium Linn.

多年生草本或半灌木。叶对生或有时茎上部互生；基生叶通常在花后凋落；叶片边缘有锯齿至分裂。头状花序排列呈伞房状；总苞球形、钟状，总苞片2至多层，覆瓦状排列；花序托平坦而有小凹点，无毛；小花全部为两性，管状，顶端5裂；花药基部钝，顶端有膜质附属体；花柱分枝丝状，凸出花冠外。瘦果有5纵棱，顶端截平；冠毛1层，粗毛状。

约600种，大多数分布于美洲，少数分布于欧洲、非洲和亚洲。我国14种，广布于全国各地；浙江5种2变种；温州5种。

**分种检索表**

1. 叶片两面无毛或仅下面有疏柔毛，无腺点 ………… **3. 佩兰 E. fortunei**
1. 叶片两面有毛或仅下面有毛，有腺点。
  2. 叶具基三出脉；叶无柄或近无柄 ………… **5. 林泽兰 E. lindleyanum**
  2. 叶具羽状脉；叶有长2~20mm的柄。
    3. 叶片卵形或宽卵形或卵状披针形；基部圆形或浅心形 ………… **2. 华泽兰 E. chinense**
    3. 叶片长椭圆形、卵状长椭圆形或披针形；基部楔形或宽楔形。
      4. 叶柄长10~20mm；内层总苞片先端钝或圆 ………… **4. 泽兰 E. japonicum**
      4. 叶柄长约5mm；内层总苞片先端急尖 ………… **1. 大麻叶泽兰 E. cannabinum**

### ■ 1. 大麻叶泽兰 图452

**Eupatorium cannabinum** Linn.

多年生草生。茎直立，高50~100cm，淡紫红色，被短柔毛或至后期脱落。叶对生；下部叶在花期凋落；中部叶片3全裂，中裂片大，侧生裂片小，与中裂片同形，叶柄长5mm；上部叶片渐小，3全裂或不分裂，两面被稀疏白色短柔毛及腺点，边缘有锯齿；叶脉羽状。头状花序排列呈密集的复伞房状；总苞钟状，总苞片2~3层，外层的短于内层的，紫红色；花管状，紫红色或粉红色，外被稀疏黄色腺点。瘦果圆柱形，具5棱，散布黄色腺点；冠毛白色。花果期6~7月。

见于文成、苍南、泰顺，生于海拔500~1300m的山坡疏林下和沼泽地上。温州分布新记录种。

丁炳扬 摄

丁炳扬 摄

图452 大麻叶泽兰

## 2. 华泽兰　多须公　图 453

**Eupatorium chinense** Linn.

多年生草本。茎直立，高 1~1.3cm，被污白色短柔毛。叶对生；基部叶花期枯落；中部叶片卵形、宽卵形或卵状披针形，基部圆形或心形，边缘粗锯齿，下面有柔毛间有腺点，叶脉羽状；叶柄极短或无。头状花序排列呈疏散的复伞房状；总苞钟状，总苞片 3 层，外层的短，卵形，被短柔毛及稀疏腺点，中、内层的渐长，长椭圆形，外面无毛，有黄色腺点，先端钝；头状花序有 5 花，花管状，白色或红色。瘦果圆柱形，有 5 棱，淡黑褐色，有黄色腺点。花果期 6~10 月。

见于乐清、永嘉、文成、平阳、苍南、泰顺，生于山坡草地、林缘、林下灌丛。

根和叶入药，有消炎退热、消肿止痛之效。

## 3. 佩兰　图 454

**Eupatorium fortunei** Turcz.

多年生草本。茎直立，高 40~90cm，绿色或红紫色，被稀疏的短柔毛。叶对生，有时上部叶互生；叶片长 6~11cm，宽 2~5cm，无腺点，下面偶有疏柔毛，边缘具齿，具羽状脉；有时中部叶片 3 全裂或深裂，中裂片较大，侧生裂片与中裂片同形但较小；叶柄长 1~2cm。头状花序排列呈复伞房状；总苞钟状，总苞片 2~3 层，紫红色，外面无毛和腺点，先端钝；花管状，白色或带微红色，外面无腺点。瘦果椭圆形，淡黑褐色，具 5 棱；冠毛白色。花果期 9~11 月。

丁炳扬 摄

丁炳扬 摄

陈贤兴 摄

图 453　华泽兰

图 454 佩兰

见于鹿城、洞头、瑞安、文成、泰顺等地，生于海拔 500m 以下的路边灌丛及山坡草丛中。

全草含挥发油；叶含香豆精，根含兰草素；全草可供药用。

### 4. 泽兰 白头婆 图 455

**Eupatorium japonicum** Thunb.

多年生草本。茎直立，高 50~120cm，被白色短柔毛。叶对生；基部叶花期枯萎；中部叶片椭圆形或卵状长椭圆形，基部宽或狭楔形，边缘有裂齿，两面有毛和腺点或至少下面有腺点，叶脉羽状；叶柄长 10~20mm。头状花序排列呈紧密的伞房状；总苞钟状，总苞片 3 层，外层的极短，披针形，中层及内层的渐长，长椭圆形或长椭圆状披针形，先端钝或圆形；头状花序具 5 花，花管状，白色或粉红色。瘦果椭圆形，淡黑褐色，具 5 棱，被多数黄色腺点；冠毛白色。花果期 6~10 月。

见于本市各地，生于山坡疏林下或山顶灌草丛中。

茎叶入药。

图 455 泽兰

### ■ 5. 林泽兰　白鼓钉　图 456

**Eupatorium lindleyanum** DC. [*Eupatorium japonicum* var. *tripartitum* Makino]

多年生草本。茎直立，高 0. 5~1.2m，被细柔毛，老时毛渐脱落。叶对生或上部的互生；基生叶花期脱落；中部茎生叶片不分裂或三全裂，质厚，先端尖，基部楔形，基出三脉，下面有黄色腺点；无柄或几无柄。头状花序多数，排列呈伞房状；总苞钟形，总苞片 3 层，外层的短，披针形或宽披针形，中、内层的渐长，长椭圆形，先端急尖，绿色或紫红色；头状花序有 5 花，花管状，淡红色。瘦果圆柱形，有 5 纵棱及多数腺体。花果期 5~10 月。

见于乐清、洞头、瑞安、文成、泰顺等地，生于海拔 200~1000m 的山坡荒地和路边灌草丛中。

图 456　林泽兰

## 30. 大吴风草属 Farfugium Lindl.

多年生草本。根茎粗壮。叶基生；基生叶有长柄，肾形，幼时向内卷叠；茎生叶互生，苞片状。头状花序在茎端排成伞房状；总苞圆筒状；总苞片 2 层；花序托浅蜂窝状；缘花舌状，1 列，雌性；盘花管状，两性；花药基 2 裂成线状的尾。瘦果圆筒形，被密毛；冠毛糙毛状。

单种属，产于我国和日本，浙江及温州也有。

### ■ 大吴风草　图 457

**Farfugium japonicum** (Linn. ) Kitamura

多年生草本。根茎粗壮。茎花莛状，高达 70cm，幼时被密的淡黄色柔毛。叶全部基生，莲座状，叶质厚，叶片肾形，长 4~15cm，宽 6~30cm，先端圆形，基部心形，全缘或有小齿至掌状浅裂，两面幼时被灰色柔毛；叶柄长 10~38cm，基部扩大，抱茎，鞘内被密毛；茎生叶 1~3，苞叶状，长圆形或线状披针形，长 1~2cm，抱茎。头状花序直径 4~6cm，排列成伞房状；总苞钟形或宽陀螺形；总苞片 2 层；缘花舌状，黄色，舌片长圆形或匙状长圆形；盘花管状。瘦果圆柱形，有纵肋；冠毛白色与花冠等长。花期 8 月 ~12 月，果期可至翌年 3 月。

见于本市沿海及岛屿，生于林下或林边阴湿地、溪沟边、石崖下。

图 457 大吴风草

## 31. 牛膝菊属 **Galinsoga** Ruiz et Cav.

一年生草本。茎直立，分枝。叶对生，叶片全缘或有锯齿，具基出三脉。头状花序多数，有长梗，在茎枝端排列呈疏散的伞房状；总苞宽钟状或半球形，总苞片1~2层，草质；花序托圆锥状，托片质薄；缘花舌状，雌性，结实；盘花管状，顶端5齿，两性，结实。瘦果倒卵状三角形，有棱；冠毛膜片状，边缘流苏状，或舌状花的为毛状。

约5种，主要分布于热带美洲。我国2种，归化；浙江1种，温州也有。

图 458 牛膝菊

■ **牛膝菊** **睫毛牛膝菊** 图 458

**Galinsoga parvifolia** Cav. [*Galinsoga ciliata* auct. non (Raf.) Blake]

一年生草本。茎直立，高 10~40cm，全部茎枝和花柄被开展的短柔毛和腺毛。叶对生；叶片卵形或长椭圆状卵形，长 2~6cm，宽 1~3.5cm，先端渐尖，基部圆形或宽楔形，边缘有浅钝锯齿，常为基三出脉，两面被白色短柔毛；向上的叶渐小，通常披针形；叶柄长 1~2cm，具短柔毛。头状花序半球形或宽钟状，直径 6mm；总苞片 1~2 层，先端圆钝，膜质；托片边缘撕裂；缘花舌状，舌片白色，顶端 3 齿裂；盘花管状，黄色，两性。瘦果 3 棱或 4~5 棱，被白色微毛；冠毛膜片状，白色，边缘流苏状，固结于冠毛环上。花果期 7~11 月。

原产于热带美洲，本市各地有归化，生于山坡、房屋旁、路边、田间草丛。

根据《中国植物志》与《Flora of China》描述，牛膝菊 *Galinsoga parvifolia* Cav. 在中国有广泛归化，而睫毛牛膝菊 *Galinsoga ciliata* (Raf.) Blake = 粗毛牛膝菊 *Galinsoga quadriradiata* Ruiz et Pavon 仅中国台湾、庐山有归化，因此认为温州分布的应为牛膝菊。

## 32. 鹿角草属 Glossocardia Cass.

多年生草本。根状茎粗。茎直立，分枝，无毛。基生叶密集，叶片羽状深裂，具长叶柄；茎生叶互生。头状花序小，单生或排列呈伞房花序；总苞片 1~4 层，总苞钟形；缘花舌状，1 层，雌性，结实；盘花管状，两性，结实。瘦果无毛，背部压扁，线形或卵形，上端截形，有 2 枚宿存的被倒刺毛的芒。

本属 11 种，分布于非洲、亚洲热带地区及大洋洲。我国仅 1 种，浙江及温州也有。

■ **鹿角草** **香茹** 图 459

**Glossocardia bidens** (Retz.) Veldkamp [*Glossogyne tenuifolia* (Labill.) Cass.]

一年生草本。茎直立，四棱形，高30~50cm，暗褐色，有毛。基生叶密集，具长柄；茎生叶对生或互生，二至三回羽状深裂，裂片线形，宽约3mm，先端尖，全缘，叶柄较短。头状花序顶生，直径约7mm；总苞2~3列，苞片线状披针形，先端尖；管状花黄色，先端5裂。瘦果线形，长1~1.5cm，棕黑色。有4棱，顶端有针刺2枚，长约5mm。花期8~9月。

见于洞头，生于海滨岩缝。

图 459 鹿角草

## 33. 鼠麴草属 Gnaphalium Linn.

一二年生或多年生草本。茎直立或斜升，常被白色绵毛。叶互生，叶片全缘，无或具短柄。头状花序小，簇生，排列呈伞房状或穗状，顶生或腋生；总苞半球形或钟形，总苞片 2~4 层，半透明；花序托平坦，无托片；花全为管状；缘花多数，雌性，结实；盘花少数，两性，结实。瘦果椭圆形或倒卵形；冠毛 1 层，分离或基部连合成环。

约 200 种，广布于全球。我国 19 种，分布于南北各地；浙江 6 种，温州也有。

### 分种检索表

1. 基生叶莲座状，花时宿存；头状花序密集成头状……………………………… **4. 细叶鼠麴草 G. japonicum**
1. 基生叶非莲座状，花时常枯萎；头状花序排列成伞房状或穗状。
  2. 头状花序排列呈伞房状；总苞片金黄色、柠檬黄色或淡黄色、褐色，有光泽。
    3. 粗壮草本；有明显 3 条脉；总苞片常淡白色带微黄色，稀褐色 ……………… **1. 宽叶鼠麴草 G. adnatum**
    3. 无明显 3 条脉；总苞片金黄色、柠檬黄色。
      4. 叶片匙形或匙状倒披针形；冠毛基部联合成 2 束 ……………………………… **2. 鼠麴草 G. affine**
      4. 叶片线形或宽线形；冠毛基部分离……………………………………… **3. 秋鼠麴草 G. hypoleucum**
  2. 头状花序排列呈穗状；总苞片麦秆黄色或污黄色，无光。
    5. 叶片具 5~7 条脉；冠毛基本合生成环 ……………………………… **5. 匙叶鼠麴草 G. pensylvanicum**
    5. 叶片具 1 条脉；冠毛基本分离……………………………………… **6. 多茎鼠麴草 G. polycaulon**

### ■ 1. 宽叶鼠麴草 图 460

**Gnaphalium adnatum** (Wall. ex DC. ) Kitamura

多年生草本。茎直立，高 30~50cm，粗壮，基部木质，上部有伞房状分枝，密被绵毛。基生叶花期凋落；中部及下部叶叶片倒披针状或倒卵状长圆形，长 4~9cm，宽 1~2.5cm，先端短尖，基部下延抱茎，全缘，两面密被白色绵毛，中脉在两面均高起；上部花序枝的叶小，线形。头状花序直径 5~6mm，在枝端密集成球状，再排成大的伞房花序；总苞近球形，总苞片 3~4 层，长约 4mm；缘花细管状，多数，顶部 3~4 齿裂，具腺点，雌性，结实；盘花管状，少数，具腺点，两性，结实。瘦果圆柱形，具乳头状凸起；冠毛白色。花期 8~10 月。

见于乐清、永嘉、瑞安、文成、泰顺，生于山坡、路旁草丛或灌丛中。

图 460　宽叶鼠麹草

## 2. 鼠麹草　图 461

**Gnaphalium affine** D. Don

二年生草本。茎直立，通常自基部分枝，丛生状，高 10~40cm，全体密被白色绵毛。基部叶花后凋落；下部和中部叶片匙状倒披针形，长 2~6cm，宽 3~10mm，先端圆形，基部下延，全缘，两面被白色绵毛，下面较密；无叶柄。头状花序多数，直

图 461　鼠麹草

径 2~3mm，近无梗，在枝顶密集呈伞房状；总苞钟形，直径约 2~3mm，总苞片 2~3 层，金黄色，膜质，有光泽；花序托稍凹，无托毛；缘花细管状；盘花管状。瘦果倒卵形或倒卵状圆柱形，有乳头状凸起；冠毛粗糙，污白色，基部联合。花果期 4~7 月。

见于本市各地，生于田埂、荒地、路旁草地。

嫩茎和叶可做糕点食用；全草入药，能镇咳、祛痰、降血压。

## ■ 3. 秋鼠麴草

**Gnaphalium hypoleucum** DC. [*Gnaphalium hypoleucum* var. *amoyense* (Hance) Hand.-Mazz.]

一年生草本。全株被白色绒毛。茎直立，高 30~70cm，密被白色绒毛或老时较稀。基部叶通常花后凋落；下部叶片线形，长 4~8cm，宽 3~7mm，先端渐尖，基部狭，稍抱茎，全缘，上面绿色，有稀疏短柔毛和腺毛，下面密被白色绒毛，中脉显著；中部和上部叶较小。头状花序多数，直径 4mm，在茎枝端密集排列呈伞房状；总苞球状钟形，总苞片 4~5 层，金黄色，有光泽，外层的被绒毛，内层的无毛；缘花细管状，顶端 3 齿裂；盘花管状，顶端 5 裂。瘦果长圆形，有细点，无毛；冠毛绢毛状，基部分离，黄白色。花果期 9~10 月。

见于乐清、永嘉、鹿城、洞头、瑞安、文成、平阳、泰顺，生于山坡林缘草丛或疏林下。

## ■ 4. 细叶鼠麴草　白背鼠麴草　图 462

**Gnaphalium japonicum** Thunb.

多年生草本。茎纤细，常自基部发出数条匍匐的小枝，花时高8~15cm，密被白色绵毛。基生叶在花期宿存，呈莲座状，叶片线状披针形或线状倒披针形，长3~10cm，宽3~7mm，先端具短尖头，基部渐狭下延，上面绿色，或稍有白色绵毛，下面厚被白色绵毛，叶脉1条；茎生叶片向上逐渐短小，线形，长2~3cm，宽2~3mm。头状花序少数，直径2~3mm，无梗，在枝端密集呈球状；总苞近钟形，总苞片3层；缘花管状，顶端3齿裂；盘花管状，顶端5浅裂。瘦果椭圆形，密被棒状腺体；冠毛粗糙，白色。花果期4~7月。

图 462　细叶鼠麴草

见于本市各地，分布以山区为主，生于海拔 500m 以下的路旁旷地、山坡草丛或耕地上。

## ■ 5. 匙叶鼠麴草　图 463

**Gnaphalium pensylvanicum** Willd.

一年生草本。茎直立或斜升，高 20~35cm，基部常分枝，被白色绵毛。下部叶片匙形，长 2~6cm，宽 1~1.5cm，先端钝圆，基部长渐尖，全缘或微波状，两面被灰白色绵毛，下面较密，侧脉 2~3 对，无柄；中上部叶片匙状长圆形。头状花序多数，直径约 3mm，数个成束簇生，再排成穗状花序；总苞卵形，总苞片 2 层，膜质，外层的卵状

图 463　匙叶鼠麴草

长圆形，内层的与外层的近等长，线形，外面被绵毛；花序托凹入，无毛；缘花细管状，顶端3齿裂；盘花管状，顶端5浅裂。瘦果长圆形，有乳头状凸起；冠毛污白色，基部联合成环。花果期5~6月。

见于乐清、永嘉、鹿城、洞头、瑞安、文成、平阳、苍南、泰顺，生于地边或林缘草丛。

本种常被定为多茎鼠麴草 *Gnaphalium polycaulon* Pers.，区别是：后者植株较挺直，花序较密集。

## 6. 多茎鼠麴草　图 464

**Gnaphalium polycaulon** Pers.

一年生草本。茎高10~25cm，多分枝，下部匍匐或斜升，密被白色绵毛或下部有时脱离。下部叶片倒披针形，长2~4cm，宽4~8mm，先端短尖，基部长渐狭，下延，无柄，全缘或有时微波状，两面被毛或上面有时脱离；中部和上部的叶片较小，先端具短尖头或中脉延伸成刺尖状。头状花序多数，在枝端密集成穗状花序；总苞卵形，污黄色；花托平或仅中央稍凹；缘花细管状，多数，顶端3齿裂，雌性，结实；盘花少数，两性，结实。瘦果圆柱形，具乳头状凸起，冠毛污白色，基部分离。花果期1~6月。

见于乐清、永嘉、文成、平阳、苍南、泰顺，生于山坡路旁、路边草地、田间。

图 464 多茎鼠麹草

## 34. 菊三七属 Gynura Cass.

多年生或一年生草本。茎直立，稀攀援。叶互生，叶片具羽状脉，稀具假托叶。头状花序顶生，常排列呈伞房状；总苞基部有数枚小外苞片，总苞片 1 层；花序托上有多数小窝，无托片；花全为管状，常伸出总苞外，花冠基部骤然扩大，两性，结实；花柱分枝顶端有长钻形附器。瘦果圆柱形，具数条纵棱；冠毛绢毛状，白色。

约 40 种，主要分布于亚洲、非洲和澳大利亚。我国 10 种，分布于西南至东南部；浙江 3 种，温州也有。

**分种检索表**

1. 叶柄不具托叶；叶片下面红紫色……………………………………………………1. 红风菜 G. bicolor
1. 叶柄全部或至少中下部叶具托叶 2。
  2. 植株高 30~50cm；叶缘波状齿刻或琴状分裂……………………………2. 白背三七草 G. divaricata
  2. 植株高 45~80cm；叶片大部分羽状分裂……………………………………3. 菊三七 G. japonica

### ■ 1. 红风菜 两色三七草 图 465

**Gynura bicolor** (Rox. ex Will.) DC.

多年生草本。根粗。茎直立，高达 90cm，无毛，多分枝，带紫色，有细棱，嫩茎被微毛，后变无毛，全株带肉质。叶片椭圆形或倒披针形，长 5~15cm，宽 3~6cm，先端尖，基部下延，边缘有不规则粗锯齿，下面红紫色；茎上部的叶片有显著假托片。头状花序顶生或腋生，排列成伞房状；总苞筒状，总苞片草质；缘花管状，黄色；盘花管状，橙红色。瘦果长圆形，有纵肋；冠毛白色，绢毛状。花果期 10 月。

见于本市各地，栽培或逸生，生于屋旁空地或路边。

嫩枝可食；入药，可治血崩。

### ■ 2. 白背三七草 白子菜 图 466

**Gynura divaricata** (Linn.) DC.

多年生草本，高 30~50cm。根茎块状。茎紫红色，被短毛。叶质厚，通常集中于下部，叶长卵形成矩圆状倒卵形，先端钝或短尖，基部楔尖，有时有 2 耳，

图 465　红风菜

图 466　白背三七草

叶缘具不规则缺刻及锯齿，并有灰白色短缘毛，上面绿色，秃净或疏被灰白色短毛，主脉上较多；叶柄短或无。花茎根出，疏被短毛。头状花序顶生，数花，直径 1~1.5cm；总苞 2 轮，缘状披针形，外轮的短，被灰白色短毛；花全部管状，金黄色；雄蕊 5，花药联合，着生于冠管的 1/2 处；雌蕊花柱细长，外露，柱头 2 裂。瘦果成熟时深褐色，有线条；冠毛白色。花果期 8~10 月。

图 467 菊三七

见于鹿城、瑞安，常为栽培，偶有逸生，生于路旁、屋旁。

### 3. 菊三七 菊叶三七 图 467

**Gynura japonica** (Thunb.) Juel. [*Gynura segetum* (Lour.) Merr.]

多年生草本。根肉质肥大，须根纤细。茎直立，高 45~80cm，粗壮，具纵条纹，稍被柔毛。基部叶簇生，叶片匙形，全缘，有锯齿或羽状深裂，花时凋落；中部叶互生，膜质，叶片长椭圆形，长 10~23cm，宽 5~15cm，羽状深裂，先端渐尖，基部楔形，边缘具不整齐的疏锯齿，两面疏被柔毛，中脉粗壮，叶柄长约 2mm；上部叶片小，近无柄，基部通常具 2 假托叶。头状花序直径 1~1.5cm；总苞钟形，总苞片线状披针形，边缘膜质；管状花黄色，顶端 5 裂；雄蕊内藏；花柱伸出。瘦果圆柱形，被疏毛；冠毛白色。花果期 7~10 月。

见于永嘉、洞头、瑞安、文成、平阳、泰顺，常为栽培，也有野生，生于山坡、路旁、屋旁。

根或全草入药，有散瘀止血、解毒消肿之效。

## 35. 向日葵属 Helianthus Linn.

一年或多年生草本。植株高大，被毛。叶对生，或上部或全部互生，叶片常有离基三出脉；有柄。头状花序大或较大，单生或排列呈伞房状；总苞盘型或半球形，总苞片膜质或叶质；花序托平坦或隆起，托叶干膜质；缘花舌状，舌瓣展开，雌性，不结实；盘花管状，两性，结实。瘦果长圆形或倒卵圆形，稍压扁；冠毛膜片状或芒刺状，早落。

约 100 种，主要分布于北美，少数分布于南美洲的秘鲁、智利等地。我国引入栽培 4 种；浙江 3 种 1 变种；温州归化的 1 种。

### 菊芋 图 468

**Helianthus tuberosus** Linn.

多年生草本。地下茎块状。茎直立，高 1~3m，具分枝，被糙毛及刚毛。下部叶通常对生，上部叶互生；下部叶片卵圆形或卵状椭圆形，长 10~16cm，宽 3~6cm，先端渐尖，基部宽楔形或圆形，边缘有粗锯齿，上面有短粗毛，下面被柔毛，具离基三出脉，有长柄；上部叶片基部渐狭，下延成具狭翅的短柄。头状花序直径 5~9cm，单生于枝端，直立；总苞片多层，披针形，外面被短伏毛；

图 468 菊芋

托片长圆形，先端不等 3 浅裂；缘花舌状，黄色，舌片长椭圆形；盘花管状，黄色。瘦果楔形，上端有 2~4 枚锥状扁芒。花果期 8~10 月。

原产于北美洲，本市各地常见栽培，有时逸生。生于屋旁、路边、田间。

块茎俗称“洋姜”、“生地”，富含淀粉，可食用或作酱菜。

## 36. 泥胡菜属 **Hemisteptia** Bunge ex Fisch. et Mey.

一年生草本。茎直立，上部分枝。叶互生，叶片琴状分裂，两面异色。头状花序大，排列呈疏散的伞房状；总苞片外层先端有小鸡冠状凸起；花序托被稠密的托毛；花全为管状，顶端 4~5 深裂而多少黏着成为二唇，两性，结实。廋果长圆形或倒卵形，有 13~16 纵肋；冠毛 2 层，外层冠毛羽毛状，脱落，内层冠毛鳞片状，宿存。

单种属，产于亚洲和澳大利亚。我国及浙江有分布，温州也有。

### ■ 泥胡菜 图 469

**Hemisteptia lyrata** (Bunge) Fisch. et Mey.

一年生草本。茎直立，高 30~80cm，有纵条纹，光滑或有蛛丝状毛。基生叶莲座状，有柄，叶片倒披针形或披针状椭圆形，长 7~21cm，宽 2~6cm，羽状深裂或琴状分裂，顶裂片较大，上面绿色，下面密被白色蛛丝状毛；中部叶片椭圆形，无柄；上部叶片小，线状披针形至线形，全缘或浅裂。头状花序少数，具长梗，在枝端排列呈疏松伞房状；总苞倒圆锥状钟形，直径 1.5~3cm，总苞片外层的呈卵形，外面先端有小鸡冠状凸起，内层的线形；花全为管状，紫红色，裂片线形。瘦果长圆形或倒卵形；冠毛白色。花果期 5~8 月。

见于本市各地，生于田边或路旁草丛、林缘荒地。

图 469　泥胡菜

## 37. 旋覆花属 Inula Linn.

多年生、稀一或二年生草本或半灌木。茎直立。叶互生，叶片全缘或有齿，基部常抱茎。头状花序单生或排列呈伞房状或圆锥形；总苞半球形、倒卵圆状或宽钟状，总苞片多层，覆瓦状排列；花序托平或稍凸起，有许多小窝孔，无托片；缘花舌状，顶端有 2~3 齿，雌性，结实；盘花管状，顶端 5 齿裂，两性，结实；花药基部箭形，具长尾；花柱分枝舌状，顶端近圆形、钝或截形。瘦果近圆柱形，通常有 4~5 棱；冠毛 1~2 层，毛状。

约 100 种，分布于欧洲、非洲和亚洲，以地中海为主。我国 4 种，分布于南北各地；浙江 3 种；温州 1 种。

### ■ 旋覆花　图 470

**Inula japonica** Thunb.

多年生草本。根状茎短，横走或斜升。茎直立，高 20~60cm。基部和下部叶在花期枯萎；中部叶片长圆形或长圆状披针形，长 5~9cm，宽 1.5~3cm，先端急尖，基部狭窄，无柄或半抱茎，全缘或有小尖头状疏齿，两面有疏毛，下面有腺点，脉上具较密的长毛；上部叶片渐狭小。头状花序具梗，直径 3~4cm，排列呈疏散的伞房状；总苞半球形，直径 1.3~1.7cm，总苞片约 5 层，线状披针形，最外层的常叶质而较长；

图 470　旋覆花

缘花舌状，黄色；盘花管状。瘦果圆柱形，有10沟，顶端截形；冠毛1层，灰白色。花果期8~11月。

见于永嘉、洞头、瑞安、平阳，生于海拔800m以下的山坡路旁、湿润草地或沟谷草丛、江边堤岸草丛。

全株入药，用于感冒、咽炎等引起的咽喉肿痛。

## 38. 小苦荬属 Ixeridium (A. Gray) Tzvel.

多年生草本，有时有长根状茎。茎直立，具分枝。叶羽状分裂或不分裂；基生叶花期生存，极少枯萎脱落。头状花序在茎枝顶端排成伞房状；总苞圆柱状，总苞片2~4层；小花舌状，黄色，极少白色或紫红色。瘦果压扁，褐色，少黑色，有8~10钝肋，上部通常有上指的小硬毛，顶端急尖成细丝状的喙；冠毛白色或褐色，糙毛状。

约20~25种，分布于东亚及东南亚地区。我国13种；浙江7种；温州3种。

### 分种检索表

1. 叶片边缘无锯齿……2. 细叶小苦荬 I. gracile
1. 叶片边缘有锯齿或羽状深裂。
  2. 舌状小花10~11；叶片边缘有凹齿或羽状深裂……3. 褐冠小苦荬 I. laevigatum
  2. 舌状小花5~7；叶片无凹齿或羽裂……1. 小苦荬 I. dentatum

### 1. 小苦荬 齿缘苦荬菜 图471

**Ixeridium dentatum** (Thunb.) Tzvel. [*Ixeris dentata* (Thunb.) Nakai]

多年生草本。根状茎短。茎直立，高30~40cm，无毛，上部多分枝。基生叶叶片倒披针形或倒长圆状披针形，长3~10cm，宽1~2cm，先端急尖，基部下延，边缘钻状锯齿或稍羽状分裂；茎生叶叶片披针形或长圆状披针形，长3~7cm，宽1~2cm，基部稍扩大抱茎，无柄。头状花序具梗，直径约1.5cm，排列呈伞房状；总苞圆筒形，长6~8mm，总苞外苞片小，总苞片1层，披针形；花全为舌状，黄色，顶端5齿裂。瘦果纺锤形，具10细纵棱，先端有短喙，喙长约0.5mm；冠毛1层，刚毛状，白色。花果期4~6月。

本市有广泛分布，生于山坡或山谷林缘、林下、田间、荒地。

### 2. 细叶小苦荬 细叶苦荬菜

**Ixeridium gracile** (D. C.) Pak et Kawano [*Ixeris gracilis* (D. C.) Stebb.]

多年生草本。茎直立，高10~70cm，具分枝，无毛。基生叶长椭圆形、线状长椭圆形、线形或狭线形，长4~15cm，宽0.4~1cm，向两端渐狭，基部有长或短的狭翼柄；茎生叶少数，狭披针形、线状披针形或狭线形，上部渐狭，基部无柄；全部叶两面无毛，边缘全缘。头状花序在茎枝顶端排成伞房花序或伞房圆锥花序；总苞极小，圆柱状；总苞片2层，外层的少数且极小；小花舌状，6数，花序梗极纤细。瘦果褐色，长圆锥状，有细肋10，具细丝状弯曲的喙，长1mm；冠毛褐色或淡黄色，微糙毛状，长3mm。花果期3~10月。

见于乐清、文成、平阳、苍南、泰顺，生于山坡或山谷林缘、林下、田间、荒地、路边。温州分布新记录种。

### 3. 褐冠小苦荬 平滑苦荬菜 图472

**Ixeridium laevigatum** (Bl.) Pak et Kawano [*Ixeris laevigata* (Bl. ) Sch.-Bip.]

多年生草本。茎单生或簇生，分枝，无毛。基生叶椭圆形、长椭圆形、倒披针形或狭线形，长5~18cm，宽0. 3~3cm，边缘有凹齿，齿顶有小尖头，极少全缘或羽状深裂，具长叶柄，有狭翼；茎生叶

图 471　小苦荬

少数，不分裂，无柄或具短柄；全部叶两面无毛。头状花序小，多数，排列呈伞房状或圆锥状花序；花序梗纤细；总苞圆柱状，长 5~6mm，总苞片 2 层；小花舌状，10~11 数，黄色。瘦果褐色，长圆锥状，有 10 钝棱，具 1.8mm 的丝状细喙；冠毛褐色或黄色，微粗糙。花果期 3~8 月。

见于乐清、永嘉、瓯海、瑞安、文成、平阳、苍南、泰顺，生于山坡林缘、林下、田间、草丛。

图 472　褐冠小苦荬

## 39. 苦荬菜属 Ixeris Cass.

一二年生或多年生草本。基生叶花期存在。茎直立或稀匍匐，有分枝。基生叶莲座状，有叶柄；茎生叶互生，全缘、具齿或羽裂，无柄或具柄。头状花序在枝顶排列呈伞房状；总苞圆筒形，总苞片2~3层，外短内长；花托平；花全为舌状花，黄色，两性，结实。瘦果纺锤形，稍扁平，有10棱，顶端有喙；冠毛白色，2层，纤细。

约20种，分布于东亚和南亚。我国4种，浙江及温州也有。

**分种检索表**

1. 叶片基部扩大抱茎。
  2. 基部耳状抱茎……………………………………**1. 中华苦荬菜 I. chinensis**
  2. 基部箭头状半抱茎…………………………………**3. 苦荬菜 I. polycephala**
1. 叶基部不扩大抱茎。
  3. 叶片圆形或椭圆形，全缘或有1尖齿裂……………**4. 圆叶苦荬菜 I. stolonifera**
  3. 叶片匙状倒披针形或倒披针形，边缘有锯齿至羽状分裂……**2. 剪刀股 I. japonica**

### ■ 1. 中华苦荬菜　中华小苦荬

**Ixeris chinensis** (Thunb.) Kitagawa [*Ixeridium chinensis* (Thunb.) Tzvel.]

多年生草本。根状茎横走。茎直立，高20~40cm，基部多分枝。基生叶叶片披针形或长圆状披针形，长10~20cm，宽1~1.5cm，先端渐尖，基部楔形下延，近全缘、边缘具齿或不整齐羽状分裂，具叶柄；茎生叶叶片披针形，长5~9cm，宽3~10mm，基部微抱茎，全缘或疏具齿。头状花序直径约2cm；总苞圆筒形，直径约2mm，总苞外苞片极小，白色，边缘具齿，总苞片披针形，先端钝；花全为舌状，白色或带淡紫色。瘦果狭披针形，红褐色，长2~4 mm，具10细纵棱，先端有喙，喙长2.5~4mm；冠毛刚毛状，白色。花果期4~6月。

《泰顺县维管束植物名录》记载泰顺有分布，但未见标本。

### ■ 2. 剪刀股　图473

**Ixeris japonica** (N. L. Burman) Nakai [*Ixeris debilis* (Thunb.) A. Gray]

多年生草本。植株具长匍匐茎，茎上部分枝，高10~25cm，无毛。基生叶莲座状，叶片匙状倒披针形或倒披针形，长5~12cm，宽1~2cm，先端钝圆，基部下延成叶柄，全缘或疏锯齿或下部浅羽状分裂；

丁炳扬 摄

丁炳扬 摄

图473　剪刀股

花茎上叶片仅1~2或无，披针形，全缘，无柄。头状花序直径1.5~2cm，具梗；总苞长13~15mm，总苞外苞片副萼状，长约2mm，总苞片长圆状披针形，花后背面中脉增厚成龙骨状；花全为舌状，黄色，顶端5齿裂。瘦果纺锤形，长7~8mm，红棕色或黄棕色，具短喙，喙长1~2mm，肋间有深沟，肋翼锐。花果期4~6月。

见于乐清、永嘉、鹿城、瑞安、平阳，分布以沿江、沿海为主，生于路边草丛中。

## 3. 苦荬菜　多头苦荬菜　图474

**Ixeris polycephala** Cass. ex DC.

二年生草本。主根细长，黄褐色。茎直立，高15~25cm，通常自基部分枝。基生叶叶片线状披针形，长10~20cm，宽0.5~1cm，先端渐尖，基部楔形下延，全缘，稀羽状分裂，具短柄；茎生叶叶片披针形或长圆状披针形，长8~10cm，宽7~10mm，基部箭形抱茎。头状花序具梗；总苞花期钟形，果期成坛状，直径3~4mm，总苞外苞片5，极小，总苞片1层，披针形，边缘膜质；花全为舌状，黄色。瘦果纺锤形，黄褐色，具10纵棱，棱间沟较深而棱锐，先端有喙，喙长约1.5mm；冠毛刚毛状，白色。花果期4~5月。

见于乐清、洞头、瑞安、苍南、泰顺，生于山坡路边、荒地、草丛。

全草供药用。

徐跃良 摄

## 4. 圆叶苦荬菜　小剪刀股　图475

**Ixeris stolonifera** A. Gray.

多年生草本。根垂直直伸，生多数须根。有长匍匐茎，匍匐茎纤细，常有分枝，无毛。节上常生不定根。基生叶花期存在，有长柄，叶片圆形或椭圆形，长1~3cm，宽0.8~1.5cm，边缘全缘或有1尖齿裂，先端有微凹。头状花序少数，2~3花，成伞房状排列；总苞钟状，总苞片2~3层，外层的极短，内层的长，边缘白色膜质；小花舌状，黄色。瘦果褐色，长椭圆形，无毛，有10高起的尖翅肋，顶端急尖成细喙，喙长1.5mm，细丝状；冠毛白色，刚毛状。花期10月。

见于瑞安、文成、苍南、泰顺，生于路边。

徐跃良 摄

徐跃良 摄

图474　苦荬菜

图 475 圆叶苦荬菜

## 40. 莴苣属 **Lactuca** Linn.

一二年生或多年生草本或半灌木。具乳汁。茎直立。叶片不裂或分裂。头状花序在枝顶排列呈伞房状、圆锥状或总状圆锥式；总苞在花后卵形；花全为舌状花，黄色，具 5 齿，两性，结实。瘦果椭圆形、倒卵形或倒披针形，黄褐色或黑色，背腹压扁，两侧各有纵肋，喙粗短或有时细长（但不为丝状）；冠毛白色，刚毛状，粗糙。

50~70 种，分布于北温带。我国 12 种；浙江 6 种 3 变种；温州 4 种。

个别种常栽培作为叶菜。

### 分种检索表

1. 基部具稀疏皮刺；瘦果每面具 7~9 纵肋 ……………………………………………………………… **4. 毒莴苣 L. serriola**
1. 基部不具稀疏皮刺；瘦果每面具 1~3 纵肋。
    2. 植株中部以上叶片不分裂。
        3. 中上部叶片卵形或卵状三角形；瘦果每面具 3 细纵纹，顶端喙不明显 ……………………**3. 毛脉翅果菊 L. raddeana**
        3. 中上部叶片线形或线状披针形；瘦果每面具 1 细纵纹，顶端喙粗短……………………………………**2. 翅果菊 L. indica**
    2. 植株中部以上叶片羽状分裂或二回羽状分裂 ……………………………………………………… **1. 台湾翅果菊 L. formosana**

## 1. 台湾翅果菊 图 476

**Lactuca formosana** Maxim. [*Pterocypsela formosana* (Maxim. ) Shih]

一年生或二年生草本。主根圆锥形。茎直立，高约 40cm，中部以上分枝，疏被开展的曲柔毛，有时甚密。叶片椭圆状倒卵形，长 8~11cm，宽 4~5cm，先端急尖，基部呈耳状抱茎，边缘羽状分裂，裂片边缘具尖锐小齿，上面被短毛，下面沿脉疏被长柔毛。头状花序直径约 1.5cm，具梗，排列呈伞房状；总苞圆筒状，直径约 5mm，总苞片 3~4 层，无毛；花全为舌状花，淡黄色，舌瓣长约 8mm。瘦果卵状椭圆形，扁平，黑褐色，每面具 3 纵肋，中肋明显，喙细长，长约 2 mm；冠毛白色，刚毛状，近等长。花果期 5~9 月。

见于本市各地，生于屋旁、路边、田间草丛。

丁炳扬 摄

丁炳扬 摄

丁炳扬 摄

丁炳扬 摄

图 476 台湾翅果菊

## 2. 翅果菊　多裂翅果菊　图 477

**Lactuca indica** Linn. [*Pterocypsela indica* (Linn.) Shih ;*Pterocypsela lacciniata* (Houtt. ) Shih]

二年生草本。主根圆锥形。茎直立，高可达 80cm，常不分枝，无毛。叶片纸质，下部早落，中、上部叶披针形，长 13~17cm，宽 1~1.6cm，先端渐尖，基部抱茎，全缘或二回羽状或倒向羽状分裂，边缘具针刺，上面暗绿色，无毛，下面浅绿色，无毛或沿中脉被极稀疏的柔毛，上部叶片小，线形或线状披针形。头状花序直径约 2cm，排列呈圆锥状；总苞钟状，直径 3~6mm，总苞片 3~4 层，无毛；花全为舌状花，淡黄色，舌片长约 9mm。瘦果椭圆形，压扁，深褐色，每面具 1 纵肋，喙粗短，长约 1mm；冠毛白色，刚毛状，近等长。花果期 6~10 月。

本市各地广泛分布，生于屋旁、路边、荒地草丛。

《Flora of China》将多裂翅果菊 *Pterocypsela lacciniata* (Houtt. ) Shih 归并于本种。

丁炳扬 摄

丁炳扬 摄

图 477　翅果菊

## 3. 毛脉翅果菊　高大翅果菊　图 478

**Lactuca raddeana** Maxim. [*Pterocypsela elata* (Hemsl.) Shih]

二年生草本。主根圆锥形。茎直立，高可达 150cm，疏被长柔毛。叶片纸质，椭卵状三角形或上部者菱状椭圆形，长 10~18cm，宽 5~8cm，先端

丁炳扬 摄

图 478　毛脉翅果菊

急尖，基部楔形下延成短柄，微抱茎，边缘不规则齿裂，上面深绿色，下面浅绿色，中脉疏被长柔毛，中上部叶片卵形或卵状三角形。头状花序多，直径1~1.5cm，具梗，排列呈圆锥状；总苞圆筒状，直径3~4mm，总苞片常3层，无毛；花全为舌状花，淡黄色。瘦果倒卵状长圆形，扁平，棕褐色，有紫红色斑点，每面具3纵肋，喙极短；冠毛白色，刚毛状，近等长。花果期6~7月。

见于永嘉、瑞安、文成、平阳、泰顺，主要分布于山区，生于山坡林缘、林下和路旁。

### ■ 4. 毒莴苣　野莴苣　图 479

**Lactuca serriola** Torner

一年生草本。茎直立，高60~180cm，基部具稀疏皮刺，于茎中部以上或基部分枝。叶互生，中、下部叶狭倒卵状披针形或披针形，全缘或仅具稀疏的牙齿状刺。头状花序多数，于茎顶排列成疏松的圆锥状；总苞3层，外层苞片宽短，在果实成熟时总苞开展或反折；花全为舌状花，花冠淡黄色，干后变蓝紫色。瘦果两面扁平，倒披针形，长3~3.5mm，宽约1mm，灰褐色或黄褐色，每面有（5~）7~9条纵肋，沿肋条上部有向上直立的白色刺毛，喙细长，长约5mm左右；冠毛白色，与喙约等长。花果期8~9月。

图 479　毒莴苣

见于鹿城，生于路边草丛。温州分布新记录种。

## 41. 六棱菊属　Laggera Sch.-Bip. ex K. Koch

一年生或多年生草本。茎直立，被绒毛、短柔毛或无毛。叶互生，叶片全缘或有齿刻，基部沿茎下延成茎翅，具短疣毛；无柄。头状花序腋生或顶生，排列呈圆锥状；总苞钟状；苞片多列，质硬；花序托平；缘花舌状，雌性，结实；盘花管状，两性，结实。瘦果圆柱形，通常有10棱；冠毛刚毛状，白色，易脱落。

约20种，分布于热带亚洲至热带非洲。我国3种；浙江1种，温州也有。

### ■ 六棱菊　臭灵丹　图 480

**Laggera alata** (D. Don) Sch.-Bip. ex Oliv.

多年生草本。茎直立，高40~100cm，基部木质，上部多分枝，有沟纹，密被淡黄色腺状柔毛。叶长圆形或匙状长圆形、长8~18cm，宽2~7.5cm，先端钝，基部渐狭，沿茎下延成茎翅，边缘有疏细齿，

图 480　六棱菊

两面密被腺毛；上部或枝生叶小，狭长圆形或线形。头状花序，多数，下垂，直径约 1cm，作总状花序式着生于具翅的小枝叶腋内，在茎枝顶端排成大型总状圆锥花序；总苞近钟形，长约 12mm，总苞片约 6 层；缘花舌状，雌性，盘花管状，两性，均多数，淡紫色，结实；瘦果圆柱形，有 10 棱，冠毛刚毛状，白色，易脱落。花果期 9~10 月。

见于乐清、永嘉、文成、平阳、泰顺，生于山坡草丛、林下、山脚路旁。

## 42. 稻槎菜属 **Lapsanastrum** Pak et K. Bremer

一年生或二年生草本，有乳汁。茎直立，通常近基部分枝。叶互生，叶片常羽状分裂。头状花序小，具长梗，排列呈疏伞房状或圆锥状；总苞圆筒状钟形，总苞片外层的小，内层的草质，近等长；花全为舌状，黄色，顶端平截，具5齿，两性，结实。瘦果长圆形，略扁，具多数纵肋，顶端圆或平截，两侧有钩刺或否；无冠毛。

4 种，分布于中国、日本、韩国。我国 4 种，分布于华东、华中和台湾；浙江 2 种；温州 1 种。

图 481 稻槎菜

■ **稻槎菜** 图 481

**Lapsanastrum apogonoides** (Maxim. ) Pak et K. Bremer [*Lapsana apogonoides* Maxim.]

一年生或二年生草本。茎纤细，高约 10cm，多分枝，疏被细毛或近无毛。基生叶丛生，叶片倒披针形，长 3~9cm，宽 1.5~2cm，羽状分裂，顶端裂片最大，卵圆形，先端钝或急尖，两侧裂片向下逐渐变小，上面绿色，下面浅绿色，无毛，叶柄长 1~2cm；中部叶片 1~2 片，较基生叶小，具柄或近无柄。头状花序具梗，排列呈伞房状圆锥花序；总苞圆筒状，总苞片 2 层；花全为舌状，黄色，多数。瘦果长圆形，长约 4.5mm，稍扁，两面各有 5~7 纵肋，顶端两侧各有 1 钩刺，无冠毛。花果期 4 月。

见于本市各地，生于田野、荒地、路旁。

## 43. 大丁草属 Leibnitzia Cass.

多年生草本。多少被绵毛。花茎直立，不分枝。叶基生。头状花序单生于花茎顶端；总苞片 2 至多层，外层的较内层的短；花序具异型花；缘花 1~2 层，二唇形或管状二唇形，雌性，结实；盘花管状，二唇形，两性，结实；有时秋天的花序仅具管状花；花药基部具尾；花柱分枝粗短，顶端钝。瘦果长圆柱形或纺锤形，扁或稍扁；冠毛羽毛状或刺毛状。

约 80 种，主要分布于非洲，次为亚洲东部及东南部。我国 20 种，分布于南北各地，以西南地区为多；浙江 3 种；温州 1 种。

图 482 大丁草

### ■ 大丁草 图 482

**Leibnitzia anandria** (Linn.) Turcz. [*Gerbera anandria* (Linn.) Sch. -Bip.]

多年生草本。春型和秋型的植株不同型；春型植株矮小，高 8~18cm，具舌状花和管状花；秋型植株较高大，高 30~50cm，仅具管状花。叶全部基生，叶片倒披针状长椭圆形或椭圆状宽卵形，长 2~6cm，宽 2~5cm，先端钝，基部心形至楔形下延，提琴状羽裂或有圆波状齿，两面被白色绵毛。花茎 1~3，密被白色绵毛。头状花序单生，直径约 2cm；总苞片 3 层；舌状花如存在则 1 层，紫色，项端 2 浅裂，雌性；盘花管状，两性，结实。瘦果纺锤形，被短毛，具纵肋；冠毛污白色。春型花果期 4~5 月，秋型花果期 4~10 月。

见于乐清、永嘉、鹿城、洞头、瑞安、文成、泰顺，生于海拔约 1500m 的山顶灌草丛及林缘。

## 44. 橐吾属 Ligularia Cass.

多年生草本。茎直立，通常单生。叶互生或全部基生，叶片肾形、心形或掌状分裂；有长柄，叶柄基部常变宽成鞘状。头状花序成总状或伞房状排列；总苞筒形、钟形或半球形；花序托呈浅蜂窝状，无托片；缘花舌状或管状，雌性，结实；盘花管状，顶端 5 裂，两性，结实。瘦果光滑，具肋；冠毛糙毛状。

约 130 种，主产于亚洲温带。我国 100 种，多数产于西南地区；浙江 7 种 1 变种；温州 2 种。

### ■ 1. 蹄叶橐吾 图 483

**Ligularia fischeri** (Ledeb.) Turcz.

多年生草本。茎直立，高 50~70cm，上部及花序被黄褐色、有节短柔毛。下部叶片肾形或宽心形，长 8~15cm，宽 12~20cm，先端圆钝，基部深心形，边缘有整齐的锯齿，下方不外展，两面无毛，叶脉近掌状，叶柄长，基部鞘状抱茎；中、上部叶片较小，具短柄。头状花序多数，在茎端排列呈总状；总花梗细，下部的长达 9cm，上部的渐短；总苞宽钟形，直径 1~1.4cm，总苞片 2 层，外面无毛，内层的具宽膜质边缘；缘花舌状，黄色，舌片长圆形；盘花管状。瘦果圆柱形，无毛；冠毛红褐色，短于花冠筒部。花果期 6~10 月。

见于永嘉、泰顺，生于较高海拔的山坡或沟谷林下。

图 483　蹄叶橐吾

## 2. 大头橐吾　图 484

**Ligularia japonica** (Thunb.) Less.

多年生草本。茎直立，高可达1m，无毛或被蛛丝状毛。下部叶片大，长、宽达30cm以上，基部稍心形，掌状3~5全裂，裂片再掌状浅裂，小裂片羽状浅裂或具锯齿，两面有脱落性柔毛，叶柄长，基部常扩大而抱茎；中部以上叶片渐小，掌状深裂，具扩大抱茎的短柄。头状花序排列呈伞房状，直径近10cm；总花梗长，密被短柔毛；总苞半球形，直径约2cm，总苞片2层，外面被白色柔毛，内层的具宽膜质边缘；缘花舌状，黄色；盘花管状，多数。瘦果细圆柱形，具纵肋；冠毛红褐色。花果期5~9月。

见于文成、泰顺，生于山坡林下、路旁灌丛。

本种与蹄叶橐吾 Ligularia fischeri (Ledeb.) Turcz. 的主要区别在于：叶片掌状 3~5 裂，头状花序排列或伞房状。

图 484　大头橐吾

## 45. 卤地菊属 Melanthera Rohr

多年生草本或亚灌木。叶对生，稍肉质。头状花序呈伞房状；总苞片 2 层；缘花舌状，雌性；盘花管状，两性。雌性花结成的瘦果 3 角形，两性花结成的瘦果四棱形；冠毛缺或具 1 层短毛。

大约 20 种，分布于非洲、亚洲、美洲和太平洋岛屿等。我国 1 种，浙江及温州也有。

### ■ 卤地菊　图 485

**Melanthera prostrata** (Hemsl.) W. L. Wagner et H. Rob. [*Wedelia prostrate* (Hook. et Arn. ) Hemsl.]

一年生草本。全体密被疣基短糙毛。茎匍匐，长 25~90cm 或更长，分枝，基部茎节生不定根。叶对生，叶片卵形或披针状卵形，长 1~1.5cm，宽 4~9mm，先端钝，基部稍狭，边缘有 1~3 对不规则齿，稀全缘；叶柄缺或具 5mm 的短柄。头状花序少数，直径约 10mm，单生于茎顶或上部叶腋，无梗或有短梗；总苞近球形，直径约 9mm，总苞片 2 层；托片折叠成倒卵状长圆形；缘花舌状，黄色，1 层，舌片长圆形；盘花管状，黄色。瘦果倒卵状三棱形，顶端截平，但中央稍凹入，凹入处密被短毛；无冠毛及冠毛环。花期 6~10 月。

见于瑞安、平阳，生于海岸沙土地。

图 485　卤地菊

## 46. 假福王草属 Paraprenanthes Chang ex Shih

一二年生或多年生草本。具乳汁。茎直立，上部分枝。头状花序多数，在枝顶排列呈圆锥状或圆锥状伞房花序；总苞片外层的极短小，内层的最长，淡紫色，通常无毛；花全为舌状花，淡紫红色或紫色，两性，结实。瘦果纺锤形，淡黑色，上部收缩呈白色，顶端无喙，每边有 4~6 细纵肋；冠毛 2 层，刚毛状，微粗糙。

近 20 种，分布于东亚和南亚。我国 15 种，分布于秦岭以南、西藏东部大部分地区；浙江 2 种，温州也有。

## ■ 1. 林生假福王草

**Paraprenanthes diversifolia** (Vaniot) N. Kilian
[*Paraprenanthes sylvicola* Shih]

一年生草本。茎直立，高 50~150cm，单生，上部分枝，无毛。基生叶及中、下部叶三角状戟形或卵状戟形，长 5.5~15cm，宽 4.5~9cm，先端急尖，边缘具波状浅锯齿，叶柄长 5~9cm，有翅或无；叶片向上渐小，与下部同形。头状花序多数，在茎枝顶端排列成总状圆锥花序或狭圆锥花序；总苞圆筒状，直径 2mm，在花期后不成卵状；总苞片 2~3 层，偶有染红紫色；花全为舌状花，约 11，紫红色或紫蓝色。瘦果纺锤状，粗厚，顶端白色，无喙，每面有 5~6 不等粗的细肋；冠毛糙毛状，白色。花果期 2~8 月。

见于文成，生于山谷、山坡林下潮湿地。

## ■ 2. 假福王草　毛枝假福王草　图 486

**Paraprenanthes sororia** (Miq.) Shih
[*Paraprenanthes pilipes* (Migo) Shih]

多年生草本。茎直立，高 70~150cm，单一不分枝，无毛或上部被多节毛。下部叶早落；中部叶片卵形或长卵形，长 6~17cm，宽 6~13cm，羽状深

丁炳扬 摄

丁炳扬 摄

丁炳扬 摄

图 486　假福王草

裂或全裂，顶裂片宽戟形或心形或椭圆形，边缘具不规则短芒状齿，叶柄长3~10cm，具狭翅；上部叶片不分裂，菱状披针形或菱形，具短柄。头状花序多数，排列呈圆锥状；总苞圆筒状，总苞片3层，无毛；花全为舌状花，淡紫红色。瘦果椭圆状披针形，黑褐色，每面有4~6纵肋，肋细，顶端无喙；冠毛2层，刚毛状，白色。花果期6~7月。

见于乐清、永嘉、瑞安、文成、平阳、泰顺，生于路边或林下草丛中。

本种与林生假福王草*Paraprenanthes diversifolia* (Vaniot) N. Kilian的主要区别在于：本种叶片大头羽状分裂，而后者叶片三角状戟形或卵状戟形。

## 47. 银胶菊属 Parthenium Linn.

一年生或多年生草本，亚灌木或直立灌木。叶互生、全缘，具齿或羽裂。头状花序小，异性，放射状，排成圆锥花序或伞房花序；舌状花少数，1列，短，雌性而结实，白色或黄色；盘花两性，不结实；花冠5齿裂；总苞片2列。瘦果扁平，腹面龙骨状，与托片合生；冠毛鳞片状或芒刺状。

约24种，分布于美洲北部、中部和南部以及西印度群岛。我国1外来的驯化种和1栽培的种；浙江1种，温州也有。温州分布新记录属。

### 银胶菊 图487

**Parthenium hysterophorus** Linn.

一年生草本。茎直立，高0.6~1m，多分枝，具条纹，被短柔毛。下部和中部叶二回羽状深裂，羽片3~4对，卵形，上面被基部为疣状的疏糙毛，下面的毛较密而柔软；上部叶无柄，羽裂。头状花序多数，排成开展的伞房花序；总苞宽钟形或近半球形，直径约5mm，总苞片2层；舌状花1层，5枚，白色；管状花多数，裂片具乳头状凸起。雌花瘦果倒卵形，干时黑色，被疏腺点；冠毛鳞片状，长圆形，顶端截平或有时具细齿。花期4~10月。

原产于热带美洲，温州瓯海（郭溪）有归化，生于路旁，空旷地。浙江归化植物新记录种。

图487 银胶菊

## 48. 帚菊属 Pertya Sch.-Bip.

多年生草本或灌木。小枝纤细。叶聚生于小枝之顶或侧芽上，叶片全缘或有锯齿。头状花序单生于或簇生于叶腋或枝端，具梗或无；总苞狭钟状，总苞片多数；花序托小，裸露；花全为管状，两性，结实；花药有长尾。瘦果倒卵状长圆形，具棱或无，被柔毛；冠毛毛状，多层。

约24种，分布于日本至阿富汗。我国17种，浙江4种；温州2种。

### 1. 心叶帚菊 图488

**Pertya cordifolia** Mattf.

多年生草本或亚灌木。茎直立，高30~90cm，被短糙毛。叶互生，叶片纸质，阔卵状心形，长3~7cm，宽1.5~6cm，先端渐尖，基部心形或圆形，边缘具波状齿或疏离的点状细齿，上面疏被短糙毛，下面浅绿色，被疏柔毛，基出脉3条；叶柄短，基部膨大包围腋芽。头状花序1~3，具梗，顶生或腋生；总苞狭钟形，总苞片约7层，稍带红紫色，疏被毛；花全为管状；小花11数，白色。瘦果长圆形，长约6mm，宽约2mm，具10纵棱，被丝状毛；冠毛毛状，污白色。花期9~10月。

见于乐清、永嘉、瑞安、文成、苍南、泰顺，生于山坡、路旁。

图488 心叶帚菊

### ■ 2. 长花帚菊 卵叶帚菊 图489

**Pertya scandens** (Thunb.) Sch.-Bip.

半灌木。茎细长，多分枝，灰褐色，被短柔毛。叶二型；一年生枝的叶多数，稀疏、互生，叶片卵形，先端急尖，基本近圆形，边缘具小短尖齿，基三出脉，近无柄；二年生枝的叶3~4片簇生，叶片狭卵形，两端渐狭，边缘具牙齿，齿端具小短尖，秋季枯死。头状花序单一，具短梗，顶生；总苞狭钟状，长约1.2cm；花全为管状，约13花，白色。瘦果长圆形，长约5.5mm，具10纵棱，被白色粗状毛；冠毛刚毛状，红褐色。花期10~11月。

见于乐清，生于山谷溪滩边。温州分布新记录种。

本种与心叶帚菊 *Pertya cordifolia* Mattf. 的区别在于：叶二型；头状花序，单生于枝顶。

图489 长花帚菊

## 49. 蜂斗菜属 Petasites Mill.

多年生草本。全株被白色茸毛或绵毛。花茎于早春先于叶抽出。茎生叶互生，退化成苞片状；基生叶后出，具长柄，叶片心形、肾形或肾状圆形。头状花序生于茎端；总苞钟形或圆柱形；花序托平坦，无托片；花雌雄异株；雌花细管状，顶端平截或延伸成一短舌，能结实；雄花或两性花管状，顶端5裂，不能结实。瘦果狭长圆形；冠毛多数，刚毛状。

约18种，分布于北温带。我国6种，分布于东北、华东和西南部；浙江1种，温州也有。

■ **蜂斗菜** 图490

**Petasites japonica** (Sieb. et Zucc. ) Maxim.

多年生草本。根状茎粗壮。花茎高10~20cm，中空；雌株花茎在花后高达60cm，全株被白色茸毛或蛛丝状绵毛。茎生叶片苞叶状，披针形，先端钝尖，基部抱茎；基生叶后出，叶片圆肾形，直径8~15cm，先端圆形，基部耳状深心形，边缘具不整齐牙齿，两面通常被白色蛛丝状绵毛，叶脉掌状；叶柄长10~30cm。总苞片2层，近等长，狭椭圆形或狭长圆形，先端钝；雌花细管状，白色，顶端通常具不规则的2~3裂齿；雄花或两性花管状，黄白色，顶端5裂。瘦果无毛；冠毛白色，毛状。花果期4~5月。

见于乐清（智仁）、永嘉（四海山）、瓯海（泽雅）、平阳、苍南（玉苍山）、泰顺，生于山坡田边、路边草丛。

根状茎入药。

图490 蜂斗菜

## 50. 毛连菜属 Picris Linn.

一二年生或多年生草本。全株被粗硬毛，有乳汁。茎直立。叶互生。头状花序具长梗，排列呈伞房状或圆锥状；总苞钟形或壶形，总苞片 2~3 层，外层的较短，内层的近等长；花全为舌状花，黄色，顶端平截，具 5 齿，两性，结实。瘦果线形或长圆形，稍扁，具纵棱与横皱纹或具小凸刺，先端无喙或具短喙；冠毛 1 层，羽毛状。

约 40 种，分布于地中海、西亚和东亚。我国 5 种，除华南外广布；浙江 1 种，温州也有。

### ■ 毛连菜

**Picris japonica** Thunb. [*Picris hieracioides* Linn. subsp. *japonica* (Thunb.) Krylov]

二年生草本。根多分枝。茎直立，高30~50cm，上部多分枝，全株被钩状硬毛，基部常呈紫红色。基生叶花期枯萎；下部叶片倒披针形，长10~15cm，宽1~2.5cm，先端渐尖，基部渐狭成具翅的柄，边缘具疏锯齿，两面被具钩的硬毛；中部叶片披针形，较下部叶小，稍抱茎。头状花序具长梗，在枝顶排列呈伞房状，苞叶线形；总苞筒状钟形，总苞片3层，边缘膜质，外被长硬毛和短毛；花全为舌状花，多数，黄色。瘦果纺锤形，稍呈镰刀状弯曲，红褐色至黑褐色，具纵棱和横皱纹；冠毛羽毛状，淡黄白色，易脱落。花果期5~10月。

《泰顺县维管束植物名录》记载有分布，但未见标本。

## 51. 兔耳一枝箭属 Piloselloides (Less.) C. Jeffrey ex Cufod.

多年生草本。叶莲座状，叶片倒卵形至长椭圆形，全缘。花茎直立，单生；头状花序单生；总苞钟形，苞片 2 层；花序托平，蜂窝状，无毛；缘花 2 层，雌性；盘花管状，两性；花柱先端具乳突。瘦果纺锤形，具棱，有长喙；冠毛刚毛状。

2 种，分布于非洲、亚洲和澳大利亚。我国 1 种，浙江及温州也有。

### ■ 兔耳一枝箭　毛大丁草　图 491

**Piloselloides hirsuta** (Forsskål) C. Jeffrey ex Cufod. [*Gerbera piloselloides* (Linn.) Cass.]

多年生草本。主根肥厚，密被绒毛。叶簇生于茎的基部，叶片长圆形或卵形，长 5~10cm，宽 2.5~5cm，先端钝或圆，基部楔形，边缘全缘，幼时上面具柔毛，老时脱落，下面密被绒毛。花茎直立，单生，高 10~40cm，被淡褐色绵毛；头状花序单生，直径约 3.5~cm；总苞钟形，总苞片密被淡褐色绵毛；缘花2层，外层的舌状，内层的长管状，二唇形，雌性，结实；盘花管状，稍二唇形，两性，结实。瘦果纺锤形，稍扁，有纵肋和细柔毛，喙在花时短，成熟时则与瘦果等长；冠毛橙红色。花果期 4~5 月。

见于永嘉、洞头、泰顺，生于山坡草丛、路边、林缘。

图 491　兔耳一枝箭

## 52. 漏芦属 Rhaponticum Vaill.

多年生草本。茎直立，单生，不分枝或分枝，或无茎。头状花序同型，大，单生于茎端或茎枝顶端；总苞半球形；花托稍凸起，被稠密的托毛；全部小花两性，管状，花冠紫红色，很少为黄色。瘦果长椭圆形，压扁，4 棱，顶端有果缘；冠毛 2 至多层，向内层渐长，褐色，基部连合成环，整体脱落，刚毛糙毛状或短羽毛状。

约 26 种，分布于欧洲、非洲、亚洲及大洋洲。我国 4 种；浙江 1 种，温州也有。

■ **华漏芦** 华麻花头 图 492

**Rhaponticum chinense** (S. Moore) L. Martins et Hidalgo [*Serratula chinensis* S. Moore]

多年生草本。根纺锤状。茎高约 80cm，直立，具细棱，被柔毛，不分枝或上部少分枝。叶有柄，椭圆形、长椭圆形或披针形，长 4~13cm，宽 1.5~7cm，顶端急尖或渐尖，基部渐狭，边缘有胼体状细齿，上面绿色，下面淡绿色，有微糙毛。头状花序 1~4，单生于枝顶，梗稍膨大；总苞钟状，总苞片 7 层，无毛，外层的卵形，中层的矩圆形，内层的条形，均具淡褐色干膜质的边缘，顶端圆钝；花冠紫色，长约 3cm，筒部与檐部等长。瘦果矩圆形，长约 5mm；冠毛刚毛状，不等长，污黄色，有时带紫色。花果期 6~10 月。

见于文成、泰顺，生于山坡路旁、林缘。

图 492 华漏芦

## 53. 风毛菊属 Saussurea DC.

二年生或多年生草本。茎通常具棱，有翅或无翅。叶互生，叶片边缘具牙齿或羽状分裂。头状花序；总苞片全缘或有齿，稀具紫色膜质附片；花序托通常密被托毛；花全为管状，两性，结实；花药基部箭形，尾部延长，通常具流苏状缘毛或绵毛；花柱分枝处下部具毛环。瘦果椭圆形至棍棒形；冠毛常 2 层，外层的短，刚毛状或羽毛状，基部连合呈环状。

约有400余种，分布于亚洲和欧洲。我国约300种，各地均产；浙江5种；温州4种。

### 分种检索表

1. 头状花序少数，较大，直径2~4cm，单生于枝端……………………………………………… **3. 三角叶风毛菊 S. deltoidea**
1. 头状花序多数，较小，直径不超过1. 5cm，排列成伞房状。
    2. 叶下面被粗伏毛和金黄色腺点；总苞片被锈褐色短毛和黄色腺点……………………… **2. 心叶风毛菊 S. cordifolia**
    2. 叶下面被柔毛或蛛丝状毛或无毛；总苞片被蛛丝状绵毛或后脱落。
        3. 总苞宽钟形；外层总苞片披针状线形，先端外展或外弯…………………… **4. 黄山风毛菊 S. hwangshanensis**
        3. 总苞狭钟形；外层总苞片卵形，先端具小刺尖……………………………………… **1. 庐山风毛菊 S. bullockii**

## 1. 庐山风毛菊　天目风毛菊　图493

**Saussurea bullockii** Dunn [*Saussurea tiemushanensis* Chen]

多年生草本。根状茎斜生。茎直立，高45~90cm，上部分枝，被薄绵毛或蛛丝状毛。叶片近革质，下部三角形，长8~12cm，宽7~9cm，先端渐尖，基部心形，呈圆耳状，边缘具波状锐齿，上面被短糙毛，下面被薄蛛丝状绵毛或后无毛，具长叶柄，基部半抱茎；上部叶渐小，具短柄。头状花序直径约1cm，排成伞房状圆锥花序；总苞倒圆锥形，被细绵毛，长16~18mm，总苞片先端具小刺尖；花管状，紫色，长达13mm；花药基部具缘毛状附属物。瘦果圆筒形，长5~6mm，上部具小冠；冠毛白色，外层的短而粗糙，内层的羽毛状。花果期7~10月。

见于泰顺，生于山坡。温州分布新记录种。

丁炳扬 摄

周庄 摄

图493　庐山风毛菊

## 2. 心叶风毛菊　锈毛风毛菊

**Saussurea cordifolia** Hemsl. [*Saussurea dutaillyana* Franch.]

多年生草本。根状茎粗壮，基部被残存叶柄。茎直立，高40~90cm，具条纹，被锈褐色短柔毛。基生叶和茎下部叶片卵形或卵状心形，长10~17cm，宽5~10cm，先端渐尖，基部心形，具圆耳，边缘具粗锐齿，被粗伏毛，下面有金黄色腺点，叶柄长达20cm，具狭翅和锈色短柔毛，基部膨大抱茎；上部叶片小，具短炳。头状花序多数，直径达7mm，排列呈伞房状；总苞倒圆锥形，长约1cm，总苞片被锈褐色短毛和腺点，先端稍弯；花管状，紫色。瘦果圆筒形，长约3mm，无毛；冠毛白色，外层的刚毛状，内层的羽毛状。花果期9~10月。

见于永嘉，生于山坡灌草丛。温州分布新记录种。

## 3. 三角叶风毛菊　三角叶须弥菊　图494

**Saussurea deltoidea**（DC.）Sch. -Bip. [*Himalaiella deltoidea* (DC.) Raab-Straube]

多年生草本。茎直立，高40~90cm，具纵条

图 494 三角叶风毛菊

纹，上部被蛛丝状绵毛或柔毛。叶纸质或膜质；茎中下部的叶片长圆形、卵状心形或三角状心形，长10~21cm，先端渐尖，基部心形或下延呈楔形，边缘具不规则波状齿，下面密被灰白色绵毛，叶柄有翅；茎上部的叶片小，披针形或卵状披针形，具叶柄。头状花序直径2~4cm，单生于茎枝顶端；总苞宽钟形，被蛛丝状绵毛，总苞片绿色或先端紫色，先端开展或反折；花管状，白色，长1.2~1.5cm。瘦果四棱形，表面黑色，长约4mm，先端有具齿的小冠；冠毛白色，羽毛状。花果期9~10月。

见于乐清、永嘉、文成、平阳、泰顺，生于山坡林缘、路旁草丛。

### 4. 黄山风毛菊 图 495

**Saussurea hwangshanensis** Ling

多年生草本。根茎粗，匍匐状。茎直立，高达50cm，具纵肋，被柔毛。茎下部的叶片心形，长8~16cm，宽6~10cm，先端长渐尖，基部心形，边缘具粗而开展的三角状锯齿，上面和边缘具短硬毛，

图 495 黄山风毛菊

下面除中脉被柔毛外无毛，具掌状五出脉，叶柄与叶片等长，被柔毛，基部膨大；茎中上部的叶片渐狭，具短柄或无柄。头状花序4~8，排成松散的圆锥状伞房花序；总苞宽钟形，直径10~14mm，基部圆形，密被蛛丝状绵毛，总苞片先端外展或外弯；管状花长15mm。瘦果长3. 5mm，褐紫色，无毛；冠毛刚毛状，淡褐色或白色。花果期9~10月。

见于永嘉、文成、泰顺，生于林下或路边草丛。

## 54. 千里光属 Senecio Linn.

多年生草本，稀灌木。茎直立或蔓生。叶基生或互生，叶片全缘或分裂，常具羽状脉。头状花序排列呈伞房状或圆锥状；总苞钟状，总苞片1层或近2层，等长，离生或近基部合生，基部常有数枚外苞片；花序托平坦或隆起，无托片；缘花舌状，1层，雌性，结实；盘花管状，两性，结实；花药隔基部棒状或倒卵形，有增大边缘基细胞；花柱分枝顶端稍扩张，被短毛，呈画笔状。瘦果近圆柱状，有纵棱；冠毛毛状，白色。

约1000种，除南极洲外广布于全球。我国63种；浙江3种；温州2种1变种。

## 1. 林荫千里光

**Senecio nemorensis** Linn.

多年生草本。茎直立，高40~100cm，单生或有时丛生，疏被短毛或近无毛。下部叶在花期枯萎；中部叶多数，互生，叶片披针形至长圆状披针形，长8~13cm，宽2~3cm，先端渐尖，基部渐狭呈楔形，边缘具细锯齿，两面无毛或下面疏被曲柔毛，中脉粗壮，叶柄具狭翅，或近无柄而半抱茎；上部叶片狭小，线状披针形至线形，无柄。头状花序多数，在茎端排列呈复伞房状，外有数枚线形小外苞片；总苞片8~10，线状长圆形，先端急尖，外面被短柔毛；缘花舌状，黄色；盘花管状。瘦果圆柱形，无毛；冠毛污白色或有时为白色。花果期8~10月。

温州有一份标本存于温州大学标本馆，但产地生境不详。

本种与千里光 *Senecio scandens* Buch-Ham. ex D. Don 的主要区别在于：茎直立，叶片边缘有整齐的细锯齿。

## 2. 千里光 图 496

**Senecio scandens** Buch. -Ham. ex D. Don

多年生草本。茎通常攀援状，曲折，长60~200cm，多分枝，初疏被短柔毛。叶互生；叶片卵状披针形至长三角形，长3~7cm，宽1.5~4cm，先端长渐尖，基部楔形至截形，边缘具不规则钝齿、波状齿或近

丁炳扬 摄

丁炳扬 摄

胡仁勇 摄

图 496 千里光

全缘，有时下部具1对或2对裂片，两面疏被短柔毛或上面无毛，叶柄长2~9mm；上部叶片渐小，线状披针形，近无柄。头状花序多数，在茎枝端排成开展的复伞房状或圆锥状聚伞花序；总苞杯状，直径4~5mm，总苞片线状披针形，边缘膜质；缘花舌状，黄色；盘花管状，黄色。瘦果圆柱形，被短毛；冠毛白色或污白色。花果期10~11月。

见于本市各地，生于山坡或山沟灌草丛、疏林下或路边草丛。

茎叶入药，具清热解毒、抗菌消炎、凉血明目、杀虫止痒、去腐生肌之效。

### ■ 2a. 缺裂千里光

**Senecio scandens** var. **incisus** Franch.

本变种与原种的主要区别在于：叶片羽状浅裂，具大顶生裂片，基部常有1~6小侧裂片；花期8月至翌年2月。

见于文成、泰顺，生于山坡疏林下或路边草丛。

## 55. 豨莶属 Sigesbeckia Linn.

一年生草本。茎直立，具双叉状分枝，多少被腺毛。叶对生，叶片具锯齿。头状花序排列呈疏散的圆锥状；总苞片2层，外层的线状匙形，有腺毛，开展，内层的倒卵形或长圆形，包围瘦果一半；花序托小，托片直立；缘花舌状，舌片顶端通常2~3齿裂，雌性，结实；盘花管状，顶端5齿裂或为2~4齿裂，两性，结实或内部的不结实。瘦果倒卵状椭圆形，有4~5棱；无冠毛。

约4种，广布于热带、亚热带和温带。我国3种，南北各地常见；浙江3种，温州也有。

**分种检索表**

1. 花梗和枝的上部无紫褐色头状具柄腺毛和长柔毛。
   2. 花梗和枝的上部密生短柔毛；叶片边缘不规则；分枝常成复二岐状……………………………………2. 豨莶 S. orientalis
   2. 花梗和枝的上部疏生平伏短柔毛；叶片边缘有规则的齿；分枝不成二岐状………………1. 毛梗豨莶 S. glabrescens
1. 花梗和枝的上部有紫褐色头状具柄腺毛和长柔毛……………………………………………………………3. 腺梗豨莶 S. pubescens

### ■ 1. 毛梗豨莶 图497

**Sigesbeckia glabrescens** Makino

一年生草本。茎直立，高30~80cm，通常上部分枝，被平贴短柔毛。基部叶花期枯萎；中部叶片卵圆形、三角状卵圆形，长5~11cm，宽3~7cm，边缘具规则的齿；上部叶片较小，卵状披针形，两面被柔毛，下面有腺点，基三出脉。头状花序在枝端排列呈疏散的圆锥状，直径10~12mm，花序梗疏生平伏短柔毛；总苞钟状，外面密被紫褐色腺毛，外层苞片线状匙形，内层苞片倒卵状长圆形；缘花舌状；盘花管状。瘦果倒卵形，4棱，有灰褐色环状凸起。花果期9~10月。

见于本市各地，生于路边、旷野荒草地。

### ■ 2. 豨莶 图498

**Sigesbeckia orientalis** Linn.

一年生草本。茎直立，高约30~150cm，上部分枝常成复二歧状，被灰白色短柔毛。叶片纸质，三角状或菱状卵圆形至披针形，长4~18cm，宽4~12cm或生于下部的更大，先端急尖而钝，基部阔楔形，下延成具翼的柄，边缘有规则的浅裂或粗齿，具腺点，两面被毛，三出基脉。头状花序直径1.5~2cm，通常排列成具叶的伞房状，有柔毛；总苞钟状；总苞片被头状具柄的腺毛；托片显著内凹，背部有腺毛；缘花舌状，黄色，雌性，结实；盘花管状，较多，两性，结实。瘦果倒卵圆形，有棱，黑色，通常弯曲；冠毛无。花期4~9月，果期6~11月。

见于本市各地，生山坡、林缘及路旁草丛。

图 497　毛梗豨莶

图 498　豨莶

图 499 腺梗豨莶

■ **3. 腺梗豨莶** 图 499

**Sigesbeckia pubescens** Makino

一年生草本。茎直立，高 30~90cm，上部多分枝，被长柔毛和糙毛。中部叶片宽卵形或宽卵状三角形，长 7~18cm，宽 5~7cm，下延成具翼的柄，边缘有尖齿；上部叶片渐小；全部叶基三出脉，两面被平贴短柔毛，沿脉有长柔毛。头状花序生于枝顶，直径 2~3cm；花序梗密生紫褐色腺毛和长柔毛；总苞片外面密生紫褐色腺毛，外层的线状匙形或宽线形，内层的卵状长圆形；缘花舌状；盘花管状。瘦果倒卵圆状，顶端有灰褐色环状凸起。花果期 10~11 月。

见于本市各地，生于海拔 800m 以下的路旁荒地、地边草丛中。

## 56. 蒲儿根属 Sinosenecio B. Nord.

一年生或二年生草本。茎直立，常被长柔毛或蛛丝状毛。叶基生或互生，叶片全缘或分裂，常具掌状脉。头状花序排列呈伞房状；总苞宽钟形或半球形，总苞片 1 层或近 2 层，等长，基部常有数枚外苞片；花序托平坦或隆起，无托片；缘花舌状，1 层，雌性，结实；盘花管状，两性，结实；花药隔基部圆柱形，无增大边缘基细胞；花柱分枝顶端稍扩张，被短毛，呈画笔状。瘦果近圆柱状，有纵棱；冠毛毛状，白色。

约 36 种，主产于我国，少数种类分布延至朝鲜、缅甸和中南半岛，另有 1 种产于北美洲。我国 35 种；浙江 1 种，温州也有。

■ **蒲儿根** 图 500

**Sinosenecio oldhamianus** (Maxim. ) B. Nord.
[*Senecio oldhamianus* Maxim.]

一年生或二年生草本。茎直立，高 30~60cm，上部多分枝，下部被白色蛛丝状绵毛。叶互生；中下部叶片心状圆形或宽卵状心形，先端尖，基部心形，边缘具不规则三角状牙齿，下面密被白色蛛丝状绵毛，叶脉掌状；上部叶渐小，叶片三角状卵形，具短柄。头状花序直径 1~1.5cm，在茎枝端排列呈复伞房状；总苞片外面微被毛；缘花舌状，黄色，顶端全缘或 3 齿裂；盘花管状。瘦果倒卵状圆柱形，长约 1mm；冠毛白色。花果期 4~6 月。

见于本市各地，生于海拔 1000m 以下的山沟、山坡、水边、路旁林缘或疏林下。

图 500　蒲儿根

## 57. 一枝黄花属 Solidago Linn.

多年生草本。茎直立，基部木质化。叶互生。头状花序小，排列呈总状或蝎尾状；总苞长圆形或钟状，总苞片 3~4 层，外层的较内层的短；花序托平坦，常有小凹点，无托片；缘花 1 层，舌状，雌性；盘花管状，顶端 5 齿裂，两性；花药基部钝；花柱分枝，上端具箭头形或披针形的附器。瘦果圆柱形或有棱角；冠毛粗糙，1~2 层，白色。

约 125 种，分布于北美洲，少数分布于欧洲和亚洲。我国 4 种，南北均有；浙江 2 种，温州也有。

### 1. 加拿大一枝黄花　图 501

**Solidago canadensis** Linn.

多年生粗壮草本，高可达 2.5m。根状茎匍匐。茎直立，高可达 250cm，茎基部带紫色，具短糙毛。单叶互生；叶片披针形或线状披针形，长 5~12cm，下部叶片先端渐尖，边缘有尖锐锯齿，上部叶全缘；叶片具 3 纵脉；上面具短柔毛，下面无毛或具绒毛；叶脉密生柔毛。头状花序小，在花序分枝上排列成蝎尾状，再组合成开展的大型圆锥花序；总苞片线状披针形，长 3~4mm，先端稍钝；缘花舌状，金黄色，雌性；盘花管状，黄色，两性。瘦果具白色冠毛。花果期 8~11 月。

原产于北美洲，温州乐清、永嘉、鹿城、瓯海、龙湾、洞头、瑞安、平阳、苍南有归化，生于废墟、山坡、荒地、道路沿线的灌草丛中。

### 2. 一枝黄花　图 502

**Solidago decurrens** Lour.

多年生草本。茎直立，高 20~70cm，基部略带紫红色。叶片卵圆形、长圆形或披针形，长 4~8cm，宽 1.5~4cm，先端急尖或渐尖，基部楔形渐狭，边缘有锐锯齿，向上渐变小至近全缘。头状花序直径 5~8mm，单一或 2~4 聚生于一腋生的短枝上，再排列呈总状或圆锥状；总苞片 3 层，外层的卵状披针形，内层的披针形；缘花舌状，8 花，黄色，雌性；盘花管状，两性。瘦果圆筒形，具棱，光滑或于顶端略有疏柔毛；冠毛粗糙，白色。花果期 9~10 月。

本市各地均有分布，以山区为主，生于海拔 300~1500m 的山坡灌草丛、路旁或地边草丛。

全草入药，有散热祛湿、消积解毒、消肿止痛之效。

图 501　加拿大一枝黄花

图 502　一枝黄花

本种与加拿大一枝黄花 *Solidago canadensis* Linn. 的主要区别在于：后者植株粗壮，有发达的根状茎，叶为离基三出脉，上面很粗糙；头状花序排列成蝎尾状。

## 58. 裸柱菊属 Soliva Ruiz et Pav.

一年生或越年生披散草本。叶互生，常分裂为极细的裂片；头状花序无梗，聚生于短茎上，盘状；总苞半球形，总苞片 2 层，近等长，边缘膜质；花序托平坦，无托片；缘花无花冠，雌性，结实；盘花管状，两性，通常不结实；花药顶端具附片。雌花瘦果扁平，边缘有翅，顶冠以宿存芒状的花柱；无冠毛。

约 8 种，分布于南美洲和大洋洲。我国 1 种，浙江及温州也有。

### ■ 裸柱菊　图 503

**Soliva anthemifolia** (Juss.) R. Br.

一年生或越年生草本。矮小，茎平卧。叶基生或互生，具柄，二至三回羽状分裂，裂片线形，全缘或 3 裂，被长柔毛或近无毛。头状花序无梗，聚生于短茎上，近球形；总苞片 2 层，长圆形或披针形，顶端渐尖，边缘干膜质；缘花多数，雌性，无花冠，结实；盘花少数，两性，花筒筒状，黄色，常不结实。瘦果倒披针形，扁平，长约 3mm，边缘具厚翅，顶端圆钝，有白色的绢毛和宿存的花柱。花果期全年。

原产于南美洲，本市各地均有归化，生于荒田、田间、菜地、花坛的草丛中。

图 503　裸柱菊

## 59. 苦苣菜属 Sonchus Linn.

一年生或多年生草本。具乳汁。茎直立。叶互生，叶片边缘有齿缺或羽状分裂，裂片常具尖齿，基部常成耳状抱茎。头状花序排列呈疏松的伞房状或圆锥状，稀单生；总苞片外层的较内层的短；花全为舌状花，黄色，具5齿，两性，结实。瘦果卵形至椭圆形，略扁，顶端无喙；冠毛多数，二型，一为较粗的直毛，另一为极细的柔毛。

约50种，主要分布于北温带。我国8种，南北均产；浙江4种；温州3种。

**分种检索表**

1. 一年生或一至二年生草本；瘦果每面具3纵肋；花期4~11月。
  2. 叶片羽状分裂；花序梗被腺毛；瘦果具横皱纹……2. 苦苣菜 S. oleraceus
  2. 叶片不规则羽状分裂或具密而不等长的刺状齿；瘦果不具横皱纹……1. 续断菊 S. asper
1. 多年生草本；瘦果每面具5纵肋；花期1~9月……3. 苣荬菜 S. wightianus

### 1. 续断菊 花叶滇苦菜 图504

**Sonchus asper** (Linn. ) Hill

一年生草本。根纺锤形，褐色。茎直立，高30~45cm，无毛或上部被腺毛。下部叶片长椭圆形，长5~11cm，宽1~4cm，基部下延呈翅柄，边缘不规则羽状分裂或具密而不等长的刺状齿；中、上部叶片基部扩大成圆耳抱茎。头状花序数个，具梗，在茎端密集排列呈伞房状；总苞钟状，直径8~10mm；花全为舌状，多数，黄色。瘦果倒长卵形，黄褐色，压扁状，两面各具3纵肋，肋间无横皱纹；冠毛白色。花果期5~11月。

丁炳扬 摄

丁炳扬 摄

丁炳扬 摄

图504 续断菊

原产于欧洲，温州乐清、永嘉、文成、苍南有归化，生于路边、林下草丛中或荒地中。温州分布新记录种。

叶苦味，供药用。

## 2. 苦苣菜 图 505

**Sonchus oleraceus** Linn.

一二年草本。根圆锥状，须根纤维状，多数。茎直立，中空，高 40~70cm，具棱，中上部及顶端疏被短柔毛与褐色腺毛。叶互生，叶片长 15~20cm，宽 3~8cm，羽状深裂，顶端裂片大，侧生裂片不对称，先端渐尖，基部扩大抱茎，边缘具刺状尖齿。头状花序直径约 2cm，具长梗，花序梗被腺毛，呈伞房状；总苞圆筒形；花全为舌状，多数，黄色。瘦果倒卵状椭圆形，稍扁，两面各有 3 纵肋，肋间有粗糙细横纹；冠毛白色。花果期 4~10 月。

原产于欧洲，本市各地有归化，生于山坡、林下、林缘、田间灌草丛。

全草入药；亦可作青饲料或栽培作蔬菜。

## 3. 苣荬菜 图 506

**Sonchus wightianus** DC. [*Sonchus arvensis* auct. non Linn.]

多年生草本。具根状茎。茎直立，高 30~150cm，上部分枝。基生叶多数，与中、下部叶均为倒披针形或长椭圆形，羽状或倒向羽状分裂，长 6~24cm，宽 1.5~6cm，边缘有小锯齿或小尖头；向上叶片小或极小，披针形或线形；全部叶基部渐窄成长或短翅柄，但中部以上茎叶无柄，基部耳状扩大半抱茎，

丁炳扬 摄

丁炳扬 摄

丁炳扬 摄

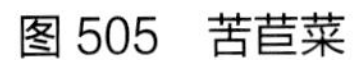

图 505 苦苣菜

两面无毛。头状花序在茎枝顶端排成伞房状花序；总苞钟状；总苞片3层，外面具腺毛；缘花舌状，多数，黄色。瘦果稍压扁，长椭圆形，每面有5肋；冠毛白色，柔软，彼此纠缠，基部连和成环。花果期1~9月。

原产于欧洲，温州乐清、瑞安、平阳有归化，生于村边荒地、路旁、田间草丛。

图506 苣荬菜

## 60. 蟛蜞菊属 Sphagneticola O. Hoffm.

一年生或多年生草本。茎直立或匍匐，被粗糙毛。叶对生，叶片具齿，稀全缘，不分裂。头状花序顶生或腋生，具长柄；总苞钟形或半球形，总苞片2层，草质；花序托平，托片折叠；缘花舌状，黄色雌性，结实；盘花管状，黄色，两性，结实。瘦果楔状长圆形或倒卵形，压扁或两性花瘦果有3棱，顶端圆，被柔毛；冠毛无或为冠毛环或短鳞片。

约60种，分布于热带地区。我国5种；浙江2种；温州1种。

### ■ 蟛蜞菊 图507

**Sphagneticola calendulacea** (Linn. ) Pruski [*Wedelia chinensis* (Osbeck) Merr.]

多年生草本。全体密被短糙毛。茎直立或基部葡匐，分枝，有沟纹。叶对生，叶片倒披针形、椭圆形或狭椭圆形，长2~6cm，宽6~13mm，先端急尖或钝，基部狭，全缘或有1~3对疏齿，无柄。头状花序单生于枝端或叶腋，具长细梗；总苞钟形，直径约1cm，总苞片2层，内层的较小；托片线形，较总苞片略短；缘花舌状，黄色，舌片卵状长圆形；盘花管状，黄色。瘦果倒卵形，顶端圆，多疣状凸起，具3棱；有具浅齿的冠毛。花期3~9月。

见于鹿城、洞头、文成、平阳、苍南，生于路旁草丛、山坡林间。温州分布新记录种。

图 507 蟛蜞菊

## 61. 联毛紫菀属 Symphyotrichum Nees

一年生或多年生草本。根直伸或具根状茎。茎直立，通常上部分枝。叶片椭圆形或披针形，偶心形，全缘或有锯齿；叶柄有或无。头状花序多数，通常成圆锥状、总状或复伞房状；总苞片近等长；花序托呈蜂窝状；缘花舌状，粉红色或蓝紫色；盘花管状，两性，结实。瘦果倒卵形或倒圆锥形，无毛或具短糙伏毛，具棱；冠毛宿存，白色至褐色。

大约 90 种，分布于亚洲、欧洲、北美洲和南美洲。我国 3 种；浙江 1 种，温州也有。

### ■ 钻叶紫菀 钻形紫菀 图 508

**Symphyotrichum subulatum** (Michx.) G. L. Nesom
[*Aster sublatus* Michx.]

一年生草生。全株无毛。茎直立，高 40~80cm，稍肉质，基部常略紫红色，上部多分枝。叶片倒披针形或线状披针形，长 6~9cm，宽 5~10mm，先端急尖，基部楔形，全缘，无叶柄；上部叶片渐狭窄至线形。头状花序排列呈圆锥状，直径 8~10mm；

图 508 钻叶紫菀

总苞钟形，总苞片3~4层，线状钻形，背部绿色，边缘膜质，顶端略带红色；缘花舌状，细小，红色；盘花管状。瘦果长圆形，略被毛；冠毛红褐色。花果期9~10月。

原产于北美洲，本市有广泛归化，主要分布于沿海地区，生于抛荒地、路边或田边。

## 62. 兔儿伞属 Syneilesis Maxim.

多年生草本。茎直立，基部通常木质化。基生叶通常1片，花后脱落，具长叶柄；茎生叶互生，少数，有长柄，基部多少抱茎，但不成鞘状。头状花序多数，呈复伞房状；总苞基部具2~3线形外苞片；花序无托片；花全为管状，两性，结实；花药基部短箭形；花柱分枝不等长，顶端钝，被毛。瘦果圆柱形，具纵棱；冠毛毛状。

约5种，分布于东亚。我国4种；浙江2种；温州1种。

### ■ 南方兔儿伞 图509

**Syneilesis australis** Ling [*Syneilesis aconitifolia* auct. non (Bunge) Maxim.]

多年生草本。根状茎横走。茎高30~90cm，略带棕褐色。叶片较大，圆形，直径30~40cm，干时近膜质，基部宽盾形，裂片长圆状披针形，通常宽2~3cm。头状花序直径5~7cm，排列成伞房状，分枝开展，基部有线形外苞片；总苞圆筒状，总苞片1层，长椭圆形，边缘膜质；花管状，淡红色，顶端5裂。瘦果圆柱形，无毛；冠毛微粗糙。花果期6~8月。

见于本市各地，生于海拔1200m以下的山坡阔叶林或竹林下、林缘灌草丛。

根入药，能活血。

本种以往被定为兔儿伞 *Syneilesis aconitifolia* (Bunge) Maxim.，区别在于：后者叶的裂片较狭，宽4~8mm；花序分枝较密集，不开展。

丁炳扬 摄

丁炳扬 摄

丁炳扬 摄

图509 南方兔儿伞

## 63. 山牛蒡属 Synurus Iljin

多年生草本。茎具分枝。叶互生，叶片大型，卵形或心形，具柄。头状花序大型，花时弯曲；总苞片坚硬，先端有长刺，外面的较小，外弯，内面的直立；花序托密生长托毛；花全为管状，两性，结实；花药基部的尾连合，围绕着花丝；花柱分枝处下部有毛环。瘦果长椭圆形，稍压扁，顶端截形；冠毛多层，基部连合成环。

单种属，分布于东亚及亚洲北部蒙古。我国1种，浙江及温州也有。

### ■ 山牛蒡　图510

**Synurus deltoides** (Ait.) Nakai [*Synurus pungens* (Franch. et Savat.) Kitamura]

多年生草本。茎直立，高达1.5m，粗壮，密被厚绒毛，上部稍分枝。基生叶与下部茎生叶片心形、卵形或卵状三角形，长12~23cm，宽10~20cm，先端急尖，基部心形、戟形或平截，叶柄长可达30cm，有狭翅；向上叶片渐小，边缘有锯齿或针刺，具短柄至无柄；全部叶两面异色，上面绿色，具多节毛，下面灰白色。头状花序单生于茎顶，下垂，直径3~5cm；总苞球形，先端具刺；花全为管状，紫红色。瘦果长椭圆形；冠毛褐色，整体脱落。花果期8~10月。

见于永嘉、文成、泰顺，生于海拔1000~1500m的山坡林下及林缘草丛中。

图510　山牛蒡

## 64. 蒲公英属 Taraxacum Weber

多年生草本。无茎。具乳汁。叶基生，呈莲座状。头状花序单生于花莛顶端，花莛直立，自基部抽出，无叶，通常在上部被蛛丝状长柔毛；总苞钟形，总苞片数层，外层的较短，先端常外折，最内层的直立而狭；花全为舌状花，黄色，稀白色，舌片顶端平截，具5齿，两性，结实。瘦果长圆形，稍扁，无毛，有棱，具小瘤状凸起或小刺，先端喙细长；冠毛多数，刚毛状，白色。

约2000种，主要分布于北温带。我国70种，各地广布；浙江1种，温州也有。

### ■ 蒲公英　蒙古蒲公英　图511

**Taraxacum mongolicum** Hand. -Mazz.

多年生草本。根圆柱形。植株大部分被蛛丝状柔毛。叶基生，叶片倒狭卵形或倒卵状披针形，长5~10cm，宽1~2cm，边缘具细齿、波状齿、羽状浅裂至倒向羽状深裂，顶生裂片较大，三角状戟形，侧生裂片较小，宽三角形，下面近无毛；叶柄具翅。花莛与叶等长或较之稍长；头状花序直径达3.5cm，单生于枝顶；总苞钟形，花全为舌状花，多数，鲜黄色，稀白色。瘦果长椭圆形，暗褐色，具纵棱和横瘤，中部以上的横瘤具刺状凸起，具长喙；冠毛刚毛状，白色。花果期4~6月。

见于乐清、鹿城、洞头，生于田边或路边。

图 511 蒲公英

## 65. 狗舌草属 **Tephroseris** (Reichb. ) Reichb.

多年生草本。茎直立，常被蛛丝状毛。叶常基生；叶片全缘或有波状锯齿，常具羽状脉。头状花序排列呈伞房状聚伞花序；总苞半球形或钟形，总苞片 1 层或 2 层，基部常有数枚外苞片；花序托平坦，无托片；缘花舌状，雌性，结实；盘花管状，两性，结实；花药隔基部圆柱形，无增大边缘基细胞；花柱分枝顶端稍扩张，呈画笔状。瘦果近圆柱状；冠毛毛状。

约 50 种，分布于北温带至欧亚的北极地区，1 种延至北美洲。我国 14 种；浙江 2 种；温州 1 种。

### ■ 狗舌草

**Tephroseris kirilowii** (Turcz. ex DC. ) Holub
[*Senecio kirilowii* Turcz. ex DC.]

多年生草本。茎直立，高 20~35cm，单生，全株密被蛛丝状毛。基生叶呈莲座状，叶片长圆形或倒卵状长圆形，长 5~9cm，宽 1.5~2.5cm，先端钝圆，基部渐狭沿柄下延成翅，叶柄长 0.5~2cm；茎生叶少数且小，线状披针形。头状花序在茎端排列呈伞房状或假伞形；总苞筒状，直径达 1cm；总苞片线形或长圆状披针形；缘花舌状，黄色，顶端 3 齿裂；盘花管状，多数，顶端 5 裂。瘦果圆柱形，棕褐色，被白色硬毛；冠毛长约 1cm。花果期 4~6 月。

见于乐清、永嘉、平阳（南麂列岛）、泰顺，生于海拔 500m 以下的田梗或山坡路旁草丛。

## 66. 碱菀属 **Tripolium** Nees

一年生草本。茎直立。叶互生，全缘或有疏齿。头状花序稍小，排列呈伞房状；总苞近钟状；总苞片边缘常带红紫色，肉质；花托平，蜂窝状；缘花舌状，舌片蓝紫色或浅红色，雌性；盘花管状，黄色，两性；花柱分枝附片肥厚。瘦果狭长圆形，扁，有厚边肋，两面各有 1 细肋，无毛或有细毛；冠毛白色或浅红色，花后增长。

单种属，分布于欧洲、亚洲、北美洲和非洲北部。我国分布，浙江及温州也有。

### ■ 碱菀 图 512

**Tripolium pannonicum** (Jacq.) Dobrocz. [*Triplium vulgare* Nees]

一年生草本。茎直立，高 30~50cm，单生或数个丛生，基部带红色。叶互生；基部叶在花期枯萎；下部叶片长圆状披针形或线形，长 5~10cm，宽 5~12mm，先端尖，基部渐狭，全缘或有疏齿，无柄；上部叶片渐小，苞叶状；全部叶两面无毛，

肉质。头状花序排列成复伞房状；总苞近管状，花后钟状；总苞片3层，边缘或上部暗紫色；缘花舌状，蓝紫色或淡黄色，雌性；盘花管状，黄色，两性。瘦果狭长圆形，稍扁，具边肋，每面具1肋，被伏毛；冠毛多层，污白色，花后伸长达14~18mm。花果期8~10月。

见于乐清、永嘉、洞头、龙湾、瑞安、平阳，生于盐碱地、海边湿地及草甸子。温州分布新记录种。

图512 碱菀

## 67. 斑鸠菊属 Vernonia Schreb.

草本或灌木，有时藤本。叶互生，稀对生，叶片全缘或具齿，两面或下面常具腺；具柄或无柄。头状花序多数，排列呈圆锥状、伞房状或总状或数个密集成圆球状，稀单生；总苞钟形、圆柱形、卵形或近球形；花序托平；花全为管状，两性；花药具小耳。瘦果圆柱形或陀螺状，具棱，顶端截形；冠毛通常2层，内长外短。

约1000种，主要分布于热带地区。我国约27种；浙江2种，温州均有。

### 1. 夜香牛 图513

**Vernonia cinerea** (Linn.) Less.

一年生或多年生草本。茎直立，高20~50cm，上部分枝，或稀自基部分枝而呈铺散状，具条纹，被灰色贴生短柔毛，具腺点。下部和中部叶菱状卵形、菱状长圆形或卵形，长3~6.5cm，宽1.5~3cm，顶端尖或稍钝，基部楔状狭成具翅的柄，边缘具疏锯齿，或波状，两面被毛与腺点，具柄；上部叶渐小。头状花序直径约6mm，在茎枝端排列成伞房状圆锥花序；总苞钟形，被短柔毛和腺；花托平，具边缘具细齿的窝孔；花管状，花淡红紫色，两性，结实。瘦果圆柱形，顶端截形，基部缩小，被密短毛和腺点；冠毛白色。花果期7~10月。

见于乐清、永嘉、洞头、瑞安、文成、平阳、苍南、泰顺，生于山坡林缘、路旁灌草丛。

### 2. 台湾斑鸠菊

**Vernonia gratiosa** Hance

攀援藤本。茎长超3m，多分枝，枝圆柱形，有条纹，被密灰褐色绒毛。叶互生，具短柄，厚纸质，长圆形或披针状长圆形，顶端短渐尖，基部楔圆形，全缘或具疏小尖头，叶脉在下面不明显凸起，上面

图 513 夜香牛

被疏短毛或近无毛，下面被密柔毛。头状花序直径10~15mm，在枝端或叶腋排列成圆锥状；总苞钟状；花托稍凸起，有蜂窝状小孔；花约10数，全部结实，花冠紫色。瘦果圆柱形，长3~3.5mm，略扁压，具10纵肋；冠毛污褐色或红褐色。花果期8月至翌年2月。

见于泰顺，生于溪边灌丛或疏林中。

本种与夜香牛 *Vernonia cinerea* (Linn.) Less. 的主要区别在于：本种为攀援藤本，茎长超过3m；头状花序直径10~15mm。

## 68. 苍耳属 **Xanthium** Linn.

一年生草本。茎直立，粗壮，多分枝。叶互生，叶片全缘或多少分裂；具叶柄。头状花序单性，雌雄同株。雄性的头状花序球形；总苞半球形；花序托圆柱形，托片包围管状花；管状花顶端5齿裂。雌性的头状花序卵圆形；总苞卵形，外层的分离，内层的结合成囊状，内具2室，每室具2小花，表面具钩状刺，顶端具2喙；雌花无花冠。瘦果2，倒卵形，包藏于具钩刺的总苞中；冠毛无。

约25种，分布于美洲、欧洲、亚洲及非洲北部。我国3种，南北均产；浙江2种，温州也有。

## 1. 加拿大苍耳

**Xanthium canadense** Mill.

一年生草本。植株上部及分枝密被白色短伏毛。茎高50~70cm，紫红色，密生紫黑色斑点。叶互生；下部叶片大，心形，上部叶片小，卵状三角形，3浅裂至中裂，有时5裂；叶脉通常紫红色。雄性花序，黄白色，下部为雌性花序，长椭圆形。果实密生刺；果毛熟时褐色。花果期9~10月。

原产于北美洲，洞头（元觉）有归化。生于路边荒地。

《Flora of China》将本种归并于苍耳 *Xanthium strumarium* Linn.，但项茂林等（2012）认为本种植株密被白色短状毛，茎、叶柄、叶脉均呈紫红色而与苍耳明显不同。暂录于此，其分类地位有待进一步研究。

## 2. 苍耳 图514

**Xanthium strumarium** Linn. [*Xanthium sibiricum* Patrin. ex Widder]

一年生草本。茎直立，高30~80cm。叶片三角状卵形或心形，基部心形，边缘有不规则的粗锯齿或3~5不明显浅裂，具基三出脉，下面被糙伏毛；具叶柄。雄性的头状花序球形，被短柔毛，花序托柱状，具多数雄花；雌性的头状花序椭圆形，内层结合呈囊状，连同喙部长12~15mm，在瘦果成熟时变硬，外面有疏生具钩的刺，刺长1.5~2.5mm；喙坚硬，锥形，少有结合呈1喙。瘦果2，倒卵形。花果期9~10月。

见于本市各地，生于海拔600m以下的路旁或田边荒地。

带总苞的果实，名苍耳子，供药用，具利尿、发汗之效。

图514 苍耳

## 69. 黄鹌菜属 Youngia Cass.

一二年生或多年生草本。具乳汁。茎直立，常基部分枝。基生叶丛生，平铺状，单叶，叶片通常倒披针形；中上部叶片互生，少或多退化，具柄或无柄。头状花序，苞片披针形或线形；花全为舌状花，常黄色，两性，结实。瘦果纺锤形或长圆形，稍扁，顶端无喙，有不等形的纵肋，其中3~5条较明显；冠毛多数，1层，白色或淡黄色。

30种，分布于东亚。我国28种，全国广布；浙江6种；温州3种。

**分种检索表**

1. 瘦果顶端不收窄成粗短喙状物。
    2. 植株较高大；基生叶长达23cm，宽6~7cm；瘦果有约14棱……………………………**2. 异叶黄鹌菜 Y. heterophylla**
    2. 基部叶片长8~12cm，宽0.5~2cm；瘦果具纵肋，其中2~4条较粗……………………………**3. 黄鹌菜 Y. japonica**
1. 瘦果顶端渐窄成粗短喙状物；叶片琴状羽裂……………………………**1. 红果黄鹌菜 Y. erythrocarpa**

### ■ 1. 红果黄鹌菜 图515

**Youngia erythrocarpa** (Vant.) Babc. et Stebb.

一年生草本。茎直立，高30~50cm，不分枝或从基部分枝。叶片琴状羽裂，长4~7cm，宽2~4cm，顶裂片三角形，基部截形，侧裂片2~3对，上面1对较大，椭圆形或长圆形，两面被疏短柔毛；叶柄长1.5~2cm。头状花序小，总苞长4~6mm，具细梗，排列成圆锥状；总苞圆柱形，果期钟形，基部外苞片线状披针形；花全为舌状，黄色，长约6mm。瘦果暗红色，长约2.5mm，具粗细不等的纵肋，先端无喙；冠毛白色。花果期4~9月。

见于瓯海，生于路旁林缘。

### ■ 2. 异叶黄鹌菜 图516

**Youngia heterophylla** (Hemsl.) Babc. et Stebb.

一年生或二年生草本。茎直立，高30~100cm，单生或簇生，上部分枝，被毛。基生叶椭圆形，顶端圆或钝，边缘有凹尖齿，或大头羽状深裂或几全裂，长达23cm，宽6~7cm，顶端急尖、钝或圆形，向下方的侧裂片渐小，全部基生叶叶柄长3.5~11cm，被短柔毛；最上部叶披针形或狭披针形，不分裂；全部叶或基生叶下面紫红色。头状花序排成伞房花序；总苞圆柱状，长6~7mm；总苞片4层；花全为舌状，黄色。瘦果黑紫色，纺锤形，长3mm，顶端无喙，有约14棱；冠毛糙毛状，白色。花果期4~10月。

丁炳扬 摄

图515 红果黄鹌菜

丁炳扬 摄

陈贤兴 摄

图 516　异叶黄鹌菜

见于乐清、永嘉、瑞安、苍南、泰顺，生于山坡林下、路旁、溪谷岩缝。

## 3. 黄鹌菜　图 517

**Youngia japonica** (Linn. ) DC.

一年生草本。茎直立，高 20~40cm，上部分枝，常被细柔毛。基部叶片长 8~12cm，宽 0.5~2cm，琴状或羽状浅裂至深裂，顶端裂片较侧生裂片大，侧生裂片向下渐小；花茎上无叶或有 1 至数枚退化至羽状分裂叶片。头状花序小，总苞长 4~6mm，排列成聚伞状圆锥式；基部外苞片极小，三角形或卵形；花全为舌状，黄色，两性，结实。瘦果纺锤形，褐色，稍扁平，具纵肋，其中有 2~4 条较粗，具细刺，被刚毛，先端无喙；冠毛白色。花果期 4~10 月。

见于本市各地，生于山坡林下、林缘、路边、田间草丛及屋旁。

图 517　黄鹌菜

## 存疑种

### 1. 腺梗菜
**Adenocaulon himalaicum** Edgew.

多年生草本。根状茎匍匐。茎被蛛丝状绒毛。叶柄具翅。头状花序排列呈圆锥状；花白色。

《泰顺县维管束植物名录》记载泰顺有分布，但未见标本，野外调查也未见，特此存疑，有待进一步研究。

### 2. 青蒿
**Artemisia caruifolia** Buch.-Ham.

一年至二年生草本。叶片二回羽状分裂，裂片线形，中轴及羽轴两侧有栉齿，中脉不凸起。头状花序 3.5~4.5mm。

《泰顺县维管束植物名录》记载泰顺有分布，但未见标本，野外调查也未见，特此存疑，有待进一步研究。

### 3. 全缘马兰
**Aster pekinensis** (Hance) F. H. Chen [*Kalimeris integrifolia* Turcz. ex DC.]

多年生草本。叶片线状披针形或长圆形或有时倒披针形，全缘，两面被粉状短柔毛。

《泰顺县维管束植物名录》记载泰顺有分布，但未见标本，野外调查也未见，特此存疑，有待进一步研究。

### 4. 飞廉
**Carduus crispus** Linn.

二年生或多年生草本。茎圆柱形，具纵棱，并附有绿色的翅，翅有针刺。叶羽状深裂，裂片边缘具刺。头状花序干缩；总苞钟形，黄褐色；花紫红色。冠毛刺状。

《泰顺县维管束植物名录》记载泰顺有分布，但未见标本，野外调查也未见，特此存疑，有待进一步研究。

### 5. 山柳菊
**Hieracium umbellatum** Linn.

多年生草本植物。茎直立，基部常淡红紫色。中上部茎叶多数或极多数，互生，无柄。总苞黑绿色，钟状，全部总苞片顶端急尖，外面无毛。

《泰顺县维管束植物名录》记载泰顺有分布，但未见标本，野外调查也未见，特此存疑，有待进一步研究。

### 6. 线叶旋覆花
**Inura 1inariifolia** Turcz.

多年生草本。茎直立，基部常有不定根。基部叶和下部叶在花期常生存，线状披针形，边缘常反卷，下面有长伏毛和腺点。头状花序直径 1.5~2.5cm。

《泰顺县维管束植物名录》记载泰顺有分布，但未见标本，野外调查也未见，特此存疑，有待进一步研究。

### 7. 矢镞叶蟹甲草
**Parasenecio rubescens** (S. Moore) Y. L. Chen [*Cacalia rubescens* (S. Moore) Matsuda]

多年生草本。茎有明显条纹，无毛，不分枝。基部叶在花期凋落。头状花序梗粗，具 1~2 线形小苞片；花冠黄色。

《泰顺县维管束植物名录》记载泰顺有分布，但未见标本，野外调查也未见，特此存疑，有待进一步研究。

### 8. 风毛菊
**Saussurea japonica** (Thunb.) DC.

二年生草本。茎直立，具纵棱，疏被细毛和腺毛。基生叶具长柄，叶片长椭圆形，通常羽状深裂，基部有时下延成翅状。头状花序密集成伞房状；总苞顶端具膜质圆形的附片，背面和顶端通常紫红色。

《泰顺县维管束植物名录》记载泰顺有分布，但未见标本，野外调查也未见，特此存疑，有待进一步研究。

# 中文名称索引

**T**

# 拉丁学名索引

## H

## R

# 温州市行政区划示意图

## 温州市行政区划表

全市共辖60个街道、65个镇、6个乡；322个社区、210个居民区、5405个行政村

| 区县市 | 类别 | 数量 | 下辖街道、乡镇 |
|---|---|---|---|
| 鹿城区 | 街道 | 7 | 五马、松台、滨江、南汇、七都、双屿、仰义 |
| | 镇 | 1 | 藤桥镇 |
| 龙湾区 | 街道 | 11 | 蒲州、永中、海滨、海城、状元、瑶溪、沙城、天河、灵昆、永兴、星海 |
| 瓯海区 | 街道 | 12 | 景山、新桥、娄桥、梧田、三垟、南白象、茶山、潘桥、郭溪、瞿溪、丽岙、仙岩 |
| | 镇 | 1 | 泽雅镇 |
| 瑞安市 | 街道 | 10 | 安阳、玉海、锦湖、东山、上望、莘塍、汀田、飞云、仙降、南滨 |
| | 镇 | 5 | 塘下、陶山、湖岭、马屿、高楼 |
| 乐清市 | 街道 | 8 | 乐成、城东、城南、盐盆、翁垟、白石、石帆、天成 |
| | 镇 | 9 | 柳市镇、北白象镇、虹桥镇、淡溪镇、清江镇、芙蓉镇、大荆镇、仙溪镇、雁荡镇 |
| 洞头县 | 街道 | 4 | 北岙、东屏、元觉、霓屿 |
| | 镇 | 1 | 大门镇 |
| 洞头县 | 乡 | 1 | 鹿西乡 |
| 永嘉县 | 街道 | 8 | 东城、北城、南城、江北、东瓯、三江、黄田、乌牛 |
| | 镇 | 10 | 桥头镇、桥下镇、大若岩镇、碧莲镇、巽宅镇、岩头镇、枫林镇、岩坦镇、沙头镇、鹤盛镇 |
| 平阳县 | 镇 | 10 | 昆阳镇、鳌江镇、水头镇、萧江镇、万全镇、腾蛟镇、麻步镇、山门镇、顺溪镇、南雁镇 |
| | 乡 | 1 | 青街畲族乡 |
| 苍南县 | 镇 | 10 | 灵溪镇、龙港镇、金乡镇、钱库镇、宜山镇、马站镇、矾山镇、桥墩镇、藻溪镇、赤溪镇 |
| | 乡 | 2 | 凤阳畲族乡、岱岭畲族乡 |
| 文成县 | 镇 | 9 | 大峃镇、珊溪镇、玉壶镇、南田镇、黄坦镇、西坑畲族镇、百丈漈镇、峃口镇、巨屿镇 |
| | 乡 | 1 | 周山畲族乡 |
| 泰顺县 | 镇 | 9 | 罗阳镇、司前畲族镇、百丈镇、筱村镇、泗溪镇、彭溪镇、雅阳镇、仕阳镇、三魁镇 |
| | 乡 | 1 | 竹里畲族乡 |

### 图例

设区市行政中心　机场　省界　县道

县（市、区）行政中心　汽车站　设区市界　乡道

乡(镇)政府 街道办事处 驻地　码头　县(市、区)界　小路

行政村　学校　乡(镇、街道)界　街区路

国家级、省级风景区　医院　铁路及火车站　规划道路

国家级、省级森林公园　大楼　高速公路及编号 服务区、收费站、互通　桥梁

国家级、省级自然保护区　市场　在建高速公路　隧道

国家级文保单位　寺庙　国道及编号　河流、水库

重要旅游景点　塔　省道及编号　渠道

注：本图界线不作划界依据

基础地理底图资料由浙江省测绘与地理信息局、温州市测绘与地理信息局 提供